NOUVEAUX ÉLÉMENTS DE GÉOMÉTRIE

PAR

Ch. MÉRAY

CORRESPONDANT DE L'INSTITUT (ACADÉMIE DES SCIENCES)
PROFESSEUR HONORAIRE A L'UNIVERSITÉ DE DIJON

TROISIÈME ÉDITION

(Réduction et refonte partielle de l'édition de 1903)

A l'usage des Ecoles primaires supérieures, des Ecoles normales d'instituteurs, des Ecoles pratiques de commerce et d'industrie, des Ecoles professionnelles, et de toutes les classes élémentaires dans les Etablissements d'enseignement secondaire.

DIJON

P. JOBARD, IMPRIMEUR-ÉDITEUR
Place Darcy, 9

1906

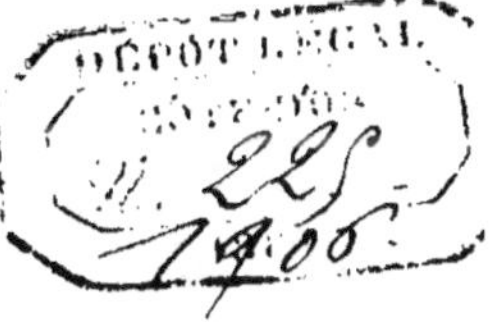

NOUVEAUX

ÉLÉMENTS DE GÉOMÉTRIE

DU MÊME AUTEUR

NOUVEAUX
ÉLÉMENTS DE GÉOMÉTRIE

PAR

Ch. MÉRAY

CORRESPONDANT DE L'INSTITUT (ACADÉMIE DES SCIENCES)
PROFESSEUR HONORAIRE A L'UNIVERSITÉ DE DIJON

TROISIÈME ÉDITION

(Réduction et refonte partielle de l'édition de 1903)

A l'usage des Ecoles primaires supérieures, des Ecoles normales d'instituteurs, des Ecoles pratiques de commerce et d'industrie, des Ecoles professionnelles, et de toutes les classes élémentaires dans les Etablissements d'enseignement secondaire.

DIJON

P. JOBARD, IMPRIMEUR-ÉDITEUR

Place Darcy, 9

1906

AVIS

Pour marquer la distinction essentielle à faire entre eux, les énoncés des axiomes ont été imprimés en **caractères romains gras**, ceux des théorèmes en *caractères italiques*.

On a employé l'*italique gras* pour ceux de quelques théorèmes dont les démonstrations ont été supprimées, soit qu'elles reposent sur des principes au-dessus du niveau des mathématiques élémentaires, soit qu'elles comportent des longueurs disproportionnées à ce qu'elles ajoutent à la visibilité intuitive des faits, soit encore, parce qu'elles sont très faciles à rétablir.

Les parties du texte qui sont signalées par le signe ❊, concernent des matières pour l'exposition desquelles le temps manque dans certaines classes, ou bien, dont l'importance relative est secondaire. *Elles peuvent être omises sans aucun inconvénient pour l'intelligence du reste.*

Tous les élèves sont expressément invités à étudier les diverses parties du surplus avec le même soin, et à suivre les raisonnements sur des figures tracées par eux-mêmes, d'après celles de l'ouvrage ou les indications du texte.

FIGURES ET NOMS

des lettres grecques employées dans les notations.

A,	α	alpha.	N,	ν	nu.
B,	β, ε	bêta.	Ξ,	ξ	xi.
Γ,	γ	gamma.	O,	o	omicron.
Δ,	δ	delta.	Π,	π, ϖ	pi.
E,	ε	epsilon.	P,	ρ	rhô.
Z,	ζ	dzêta.	Σ,	σ, ς	sigma.
H,	η	êta.	T,	τ	tau.
Θ,	θ	thêta.	Υ,	υ	upsilon.
I,	ι	iôta.	Φ,	φ	phi.
K,	κ	kappa.	X,	χ	khi.
Λ,	λ	lambda.	Ψ,	ψ	psi.
M,	μ	mu.	Ω,	ω	ômega.

TABLE DES MATIÈRES

AVERTISSEMENT

Après ses premiers essais faits partiellement en 1876-77-78-79 par
M. Chancenotte, à Dijon, essais des plus satisfaisants, étouffés néan-
moins par les autorités universitaires de l'époque, et suivis de longues
années d'oubli, le nouvel enseignement de la Géométrie fondé sur les
théories dont j'avais hasardé la publication en 1874, a été inauguré
intégralement : dans les Ecoles normales d'instituteurs, en 1900-01,
par M. Billiet, à Auxerre ; dans les Ecoles primaires supérieures, en
1902-03, par M. Monnot, à Dijon ; dans les classes supérieures de
l'Enseignement secondaire, en 1903-04, par M. l'abbé Boudier, à l'Ecole
Saint-François de Sales de Dijon ; dans les Ecoles pratiques de
Commerce et d'Industrie, en 1904-05, par M. H. Tourrette, à Clermont-
Ferrand ; dans les classes inférieures de l'Enseignement secondaire,
en 1905-06, par M. l'abbé Lamblin, à l'Ecole Saint-François de Sales
précitée, par M. Wilbois, à l'Ecole des Roches, par M. Russet, au Lycée
de Troyes. A l'heure actuelle, il est donné normalement dans vingt à
trente établissements semblables, publics ou libres, disséminés en
France, de Saint-Lô à Nîmes, de Quimper à Nancy ; il y a fait les frais
d'une centaine de cours annuels ; il a concouru à l'éducation scientifique
de deux mille élèves environ, dont les âges s'échelonnent de 11 à 18 et
20 ans ; il commence à exciter l'attention des pays étrangers (1). En
1905, les portes des établissements d'instruction publique en France
s'ouvraient officiellement à ses principes essentiels (2), et, mis aussitôt

---

(1) En particulier, la « Revista de Ciencias », publiée à Lima (n° de décembre 1905), annonce
son entrée prochaine au « Collège national » du Pérou. — Des communications semblables pour
le « Landerziehungsheim » de Glarisegg (Suisse), pour les « Escuelas Pias » de Irache (Espagne),
viennent de m'être adressées par MM. L. Defossez et Amadeo Ponz, professeurs de mathématiques dans ces établissements.

(2) « ... Un décret du 27 juillet 1905, complété par des instructions publiées le 9 septembre, a
« modifié les programmes de mathématiques dans l'enseignement secondaire. On a introduit les
« principes de la méthode de M. Méray en géométrie, et il faut en féliciter le Ministre de l'Instruc-
« tion publique... » (C.-A. Laisant : *Initiation mathématique*, p. 160. — 1906, Paris,
Hachette et Cⁱᵉ).

Une faute des plus regrettables est échappée au rédacteur technique anonyme de la partie de
ces instructions qui concerne la géométrie : c'est la *fin* du cours *seulement*, qu'il indique pour les
rapprochements à faire entre les faits de l'espace et ceux du plan. Cependant, les rapports si
nombreux des maîtres qui enseignent la nouvelle géométrie, avaient tous déclaré que l'exposition
simultanée des propriétés de la droite et du plan *dans l'espace*, n'offre aucune difficulté spéciale
pour *les plus jeunes enfants*, que cette ordonnance figure précisément parmi celles de mes inno-
vations qui apportent dans leurs classes, le plus de cette « attention », de cet « intérêt », de cet
« entrain », de cette « vie », cette prompte intelligence du dessin, qu'ils signalent à l'envi. D'autre
part, la « fusion des deux géométries » a été, demeure l'objectif exclusif du mouvement de réforme
qui est né en Italie en 1884, et ne s'y éteint nullement.

en appétit par ce déblaiement du filon, citant ou omettant mon nom, les fabricants de livres classiques « conformes aux derniers programmes » lançaient sans retard, des compromis de circonstance entre mes idées et ces traditions euclidiennes déchues maintenant de leur tyrannie, qui, la veille encore, étaient exclusivement prônées et toujours exploitées. Enfin, l'édition de mes *Nouveaux Éléments*, que j'ai publiée vers la fin de 1903, a été favorisée de demandes venues de presque partout en France et à l'étranger, et déjà ses 2,000 exemplaires sont quasi-épuisés.

Dans ces succès, qui, si largement, couvrent ma témérité et récompensent mes efforts, la plus grande part appartient aux maîtres dont l'esprit a été assez indépendant et sérieux pour secouer le joug si pesant des vieux préjugés et ne pas condamner une œuvre avant tout examen, dont le caractère a eu assez de dévouement et de fermeté pour essayer celle-ci en chaire dès qu'ils l'ont approuvée, dont l'habileté a su faire sortir de chaque essai ces résultats toujours surprenants qui entraînent successivement leurs collègues. C'est du fond du cœur, que je les remercie encore une fois, avec le regret de ne pouvoir plus les nommer tous. Une joie, que sa répétition est impuissante à émousser, m'a été apportée cent fois par les communications qu'ils veulent bien m'adresser depuis six ans : à l'unanimité, ils me disent que les élèves sont attirés, intéressés, excités par la nouvelle Géométrie, que leurs pas y sont assurés et rapides, que, chez eux, elle accélère et assoit fermement la formation de l'esprit mathématique, la connaissance de l'espace, l'intelligence du dessin, qu'à eux-mêmes, professeurs, elle plaît et fait gagner du temps, qu'ils s'y attachent au fur et à mesure qu'ils l'ont étudiée plus minutieusement et enseignée plus longtemps.

A ces témoignages si flatteurs, des critiques se sont mêlées, que l'espace me manque toutefois pour discuter en détail. Je suis heureux de les avoir vu porter sur de simples particularités de mon édition de 1903, sans viser jamais le fond même de mon travail. Je voudrais procurer pleine satisfaction aux désidératas qu'elles impliquent ; malheureusement je ne le pourrais. Quelques-uns se contredisent, parce que les menus besoins des classes, les sentiments des maîtres, ne sont pas partout exactement les mêmes. D'autres, qu'ont dictés les mêmes besoins envisagés sous leurs traits généraux, s'arrêtent beaucoup trop à ce que la mode, la réglementation, *du jour*, y mettent de conventionnel et d'éphémère, beaucoup trop peu à ce que les théories scientifiques exigent de solidité et de sobriété pour *instruire réellement* la jeunesse et mériter une place *définitive* dans ses souvenirs. Les premiers sont difficilement conciliables ; si je cédais aux derniers, mes théories perdraient le sérieux, l'enchaînement serré et facile, la valeur éducative, qu'on a bien voulu priser chez elles ; mon livre deviendrait un abécédaire enfantin, ou bien une compilation insipide, traitant les grands théorèmes avec négligence, les rapetissant, décousant, noyant, dans un flot de questions oiseuses.

Mais, dans l'Enseignement primaire, séviraient de plus en plus en ce

moment, les exigences de la littérature *à outrance* que les Lycées et
Collèges commencent pourtant à sentir moins pitoyablement qu'autrefois. De toutes parts, les professeurs de sciences se plaignent amère-
ment que leurs élèves sont accablés d'exercices littéraires, à manquer
de temps pour traiter les autres, et ces plaintes sont malheureusement
justifiées par les horaires des classes. S'il faut, presque avant tout,
pouvoir parler, écrire clairement la langue de son pays, cela suffit
amplement au plus grand nombre, et il importe tout autant, d'acquérir des notions certaines sur le milieu matériel où nous sommes
emprisonnés, pour en vivre par une exploitation rationnelle, sinon pour
être tués par lui ; il faut donc avoir étudié plus longuement, parce
que le sujet est sans bornes, les sciences mathématiques, physiques et
naturelles, anatomie et physiologie de ce milieu. Et combien, d'autre
part, la rectitude et la pénétration données à l'esprit par ces connais-
sances, antipodes de toutes les utopies, combien la beauté seulement de
ces grandes choses, sont préférables au vide prétentieux des divagations
philosophiques, aux obscurités, aux mensonges de l'histoire, aux
charmes frelatés de la faconde en prose ou en vers, aux perversions
intellectuelles et morales semées par les excès de ces dilettantismes !
Gémissons et revenons à la Géométrie, pour entendre ce que ses maîtres,
dans les Ecoles normales d'instituteurs, dans les Ecoles primaires supérieures, ne cessent de répéter : « Votre ouvrage, me disent-ils, ne ren-
» ferme rien qui ne soit facile à comprendre pour les enfants et utile à
» étudier, mais on ne nous laisse pas le temps de tout exposer, et il
» est toujours fâcheux qu'un livre manié par les élèves contienne des
» matières à omettre. A eux, à nous-mêmes, ôtez donc l'embarras et
» le souci de ces omissions. » Ce sont ces doléances, qui m'ont fait
reprendre la plume pour réduire mon édition de 1903, et qui explique-
ront la consistance de ce nouveau volume.

Je n'ai rien retranché à ce qui constitue le fond véritable, irréductible, de la Géométrie, surtout à la théorie de la droite et du plan. De
plus en plus, il m'apparaît que les premières propriétés de ces figures,
sont parties intégrantes du groupe des postulats spéciaux à la Géométrie, et que toute cette science n'en est guère que le développement
indéfini. Car je n'aperçois aucun théorème dont l'énoncé ne pourrait
être ramené à des affirmations portant exclusivement sur la droite et
le plan, et il y en a fort peu, dont la démonstration pourrait être
affranchie de références, au moins indirectes, à la comparaison numérique des segments rectilignes. En dehors de ces réserves, j'ai fait toutes
les coupures que j'ai pu, j'en ai indiqué d'autres, et une partie de
l'espace économisé a été employée à rendre plus complets et plus clairs
les développements des points fondamentaux, tels que la théorie des
parallèles, la mesure des segments rectilignes et des angles, la théorie
des perpendiculaires, les premières propriétés du cercle.

Le lecteur appréciera, je pense, les améliorations que l'occasion m'a
permis d'apporter à de très nombreux détails. Mais je ne lui signalerai
que les principales, résultant du rejet du chapitre de la perpendicularité
à deux rangs plus loin. Abusé par l'usage et par la préoccupation, un peu

étourdie, d'épuiser l'exposition des propriétés générales de la droite et du plan *conçus avec leur illimitation*, avant d'aborder celle de *leurs fragments* (segments rectilignes, angles, ...), j'avais toujours placé ce chapitre immédiatement après celui du parallélisme ; j'aperçois maintenant de sérieux défauts à cette ordonnance. Elle sépare de la théorie des parallèles, celles des segments rectilignes et des angles qui s'appuient principalement sur elles ; avant ces dernières, elle place des notions qui leur sont inutiles, qui même impliquent un peu celle des angles ; elle éloigne sans raisons les mêmes notions, de l'étude du triangle où elles interviennent pour la première fois, de la mesure des aires et des volumes où leur rôle est capital, de la théorie du cercle avec laquelle elles ont les plus intimes affinités. Au point de vue pédagogique, elle n'est pas meilleure (sauf toutefois pour ce qui intéresse le dessin) ; car, avant la théorie des segments rectilignes et celle des angles, toutes deux si faciles à la suite du parallélisme, en outre, si rapprochées par leur objet, des notions empiriques acquises par les enfants au sortir du berceau, elle met des débutants, encore peu aguerris, en présence de questions pressées, dont l'ensemble, très varié, présente une réelle complication relative. La nouvelle disposition dont je parle supprime tous ces inconvénients : l'étude des segments rectilignes, puis celle des angles, éclaireront et fortifieront celle du parallélisme en la faisant suivre immédiatement de ses applications les plus importantes ; la première augmentera l'intérêt et l'efficacité de l'enseignement, en fournissant de très bonne heure un thème assez large aux exercices de calcul géométrique ; faites avant celle des perpendiculaires, elles en faciliteront l'assimilation, un peu par l'introduction antérieure de la notion des angles, davantage, en faisant gagner un sensible appoint de souplesse à l'esprit des élèves, par un maniement bien plus prolongé d'idées bien plus simples. D'autres facilités naîtront encore de la décomposition du faisceau des postulats dont on a regretté l'accumulation en tête du chapitre de la perpendicularité : maintenant, la théorie des angles plans et celle des dièdres reçoivent très naturellement les parties du bloc concernant le pivotement dans un plan et la rotation autour d'un axe ; celle des perpendiculaires, n'en garde que l'affirmation de l'équivalence de ces deux mouvements.

Des maîtres, dont l'autorité est respectable, m'ont pressé de restreindre beaucoup d'énoncés à leurs cas particuliers usuels, de réduire, par exemple, les éléments de la théorie générale des cylindres, cônes, surfaces de révolution, à ce qu'exigent la quadrature et la cubature des corps ronds, de faire de grands élagages dans mes considérations nouvelles sur la « topographie » des figures, dans l'homothétie, la symétrie, la similitude, ..., et j'ai cédé bien peu à leurs instances. Mais le temps pourra les ramener de cette timidité. Au cours des expériences mémorables que nous poursuivons ensemble, n'ont-ils pas prouvé mille fois, que la marche directe au général économise du temps. qu'elle n'éparpille pas l'attention et les efforts des élèves, qu'elle les charme, qu'elle laisse dans leur mémoire des traits gagnant en netteté et en saillie ineffaçable ce qu'ils ont perdu en multiplicité, et cela par la seule magie, toujours prestigieuse, du galop descendant à toutes les particularités? que la solidité donnée à une théorie par des moyens naturels, n'est jamais ce qui complique son étude et rend son assimilation éphémère? Tous les programmes officiels du monde, feront-ils que les propriétés générales des surfaces usuelles, toutes si limpides, faisant les plus grands frais du tracé dans les arts de construction, que l'homothétie, la similitude, la symétrie, âmes de ces tracés comme des schémas des corps inorganiques et des êtres vivants, se mêlant aux plus grandes lois de la nature, soient moins dignes de l'attention de la jeunesse, que les futilités sans nombre dont les cours sont encombrés, les examens hérissés ? Et ce que nous faisons, n'est-il pas précisément sorti d'une grande infraction à une discipline scientifique renforcée par des règlements scolaires ?

Nos expériences ont fait éclater un fait, bien étrange pour ceux dont les yeux s'arrêtent à la surface des choses scientifiques et didactiques, mais très naturel pour les autres : il est possible d'enseigner les éléments des sciences avec un attrait jusqu'ici inconnu, avec fruits substantiels pour le présent, semences vivaces mises en terre pour l'avenir, les uns et les autres obtenus rapidement, et, pour y réussir, il suffit de présenter tous les faits, comme ils se classent dans une doctrine un peu ample et bien châtiée. Écoutons donc leurs leçons, en persistant résolument dans une voie au bout de laquelle tant de résultats inespérés se sont trouvés ; élargissons, aplanissons pareillement les autres routes conduisant au pays des sciences, pour ruiner une bonne fois le proverbe menteur qui interdit leur étude aux sujets soi-disant privés de « la bosse », pour amener peu à peu tous les hommes à les aimer, à bien connaître leurs éléments, à jouir plus largement de leurs bienfaits. Gardons-nous de stériliser la poule aux œufs d'or, en lui ôtant les moyens et le temps de bien mûrir ses pontes.

Les figures de cette édition ont encore été dessinées par M. Billiet, les épreuves ont été corrigées avec l'assistance de M. l'abbé Boudier et de M. Pionchon, mon collègue de Physique, et leurs avis, leurs encouragements, se sont mêlés fort utilement à ceux qui m'ont été prodigués par MM. Chancenotte et Monnot. Que ces amis de l'auteur et de l'ouvrage en agréent tous mes remerciements.

Je dois une mention spéciale à M. Laurent, professeur à l'École normale d'instituteurs de Quimper, qui a bien voulu m'envoyer un très minutieux et tout à fait remarquable commentaire de mon livre de 1903. J'ai reçu ce document trop tard pour pouvoir en tirer mieux que le plaisir de trouver ma rédaction d'accord avec lui sur beaucoup de points importants. Je n'en remercie que plus vivement cet aimable et habile collègue, du grand honneur qu'il a fait ainsi à mon œuvre.

SPÉCIMENS D'EXERCICES

SUR LES PREMIERS CHAPITRES.

1. Conditions pour que 3, 4, ..., points donnés se trouvent sur plusieurs plans distincts, pour que 3, 4, ... plans donnés aient plus d'un point commun.

2. Comment sont disposés les plans menés d'un même point à plusieurs droites concourantes ? à plusieurs droites parallèles ?

3. Disposition des intersections deux à deux, de plusieurs plans : 1° concourant en un même point ; 2° parallèles à une même droite.

4. Lieu des droites passant par un point donné, et s'appuyant sur une droite donnée, ou bien restant parallèles à un plan donné.

5. Lieu des droites rencontrant à la fois deux droites concourantes ou parallèles.

6. Quand deux droites ne sont pas dans un même plan, on ne peut trouver deux droites les rencontrant, qui se rencontrent elles-mêmes ou soient parallèles.

7. Par deux droites données, mener deux plans dont l'intersection soit sur un troisième donné.

8. Par un point donné, mener une droite s'appuyant à la fois sur deux droites données.

9. Résoudre et discuter le problème traité au n° **73**, en prenant les trois droites données, parallèles à un même plan.

10. Par deux droites données, mener respectivement deux plans dont l'intersection passe par un point donné, ou bien soit parallèle à une droite donnée

11. Mener une droite qui en rencontre quatre autres dont deux sont parallèles.

12. Lieu de l'intersection de deux plans menés de deux droites fixes situées dans un même plan, à tous les points d'une droite fixe.

13. Par deux droites fixes A, B et un point mobile sur une troisième C, on fait passer deux plans mobiles ; si l'intersection de ces derniers engendre un plan, A, B sont concourantes ou parallèles.

14. Sur un même plan, concourent ou sont parallèles, les traces de plans menés d'un même point à plusieurs droites, soit concourantes, soit parallèles.

15. Lieu des traces sur un plan fixe, de droites s'appuyant sur une droite fixe, en passant par un point fixe, ou en restant parallèles à une droite fixe. (Le second lieu est la *projection* de la première droite fixe, faite *sur le plan fixe, parallèlement* à la seconde droite fixe.)

16. Mener une droite qui rencontre trois droites données, et soit parallèle à un plan, donné en parallélisme avec l'une d'elles.

17. Sur un plan et par un de ses points, donnés tous deux, tracer une droite qui soit parallèle à un autre plan donné, ou qui rencontre une droite donnée.

18. D'un point donné, mener une droite qui rencontre une droite donnée et soit parallèle à un plan donné.

19. Mener une droite qui rencontre deux droites données, et soit parallèle à deux plans donnés.

20. Mener un plan qui en coupe deux autres suivant des droites parallèles : 1º par une droite donnée ; 2º par un point donné et parallèlement à une droite donnée.

21. Par une droite donnée, mener un plan qui en coupe un autre suivant une droite parallèle à un second plan donné.

22. Quand deux plans sont respectivement parallèles à deux autres, ils donnent deux à deux quatre intersections qui sont toutes parallèles entre elles.

23. Deux droites étant données, on projette parallèlement à l'une d'elles et sur un même plan, les droites qui les rencontrent toutes deux ; quelle est la disposition de ces projections ?

24. Comment sont disposés deux plans dont l'un contient deux droites respectivement parallèles à deux droites de l'autre ?

25. Lieu de l'intersection de deux plans mobiles menés de tous les points d'une droite fixe, parallèlement à deux plans fixes, respectivement.

26. Si par diverses droites parallèles entre elles, on fait passer des plans parallèles à une même autre non parallèle aux premières, les traces de ces plans sur un même autre sont parallèles les unes aux autres.

27. Deux plans étant donnés, mener par un point donné une droite n'en rencontrant aucun.

28. Deux droites étant données, mener par un point donné un plan n'en rencontrant aucune.

29. Quand deux droites sont parallèles, leurs projections sur un même plan, faites parallèlement à une même droite sont parallèles.

30. Pour que la réciproque soit vraie, à quelle condition faut-il assujettir encore les droites données ?

31. Quand une droite D située dans un plan P est parallèle à un plan Q coupant celui-ci, sa projection sur Q est parallèle à la trace de P ; et réciproquement, si la projection n'a pas été faite parallèlement à quelque droite de P.

32. Un plan perpendiculaire à une droite et une droite non orthogonale à celle-ci se rencontrent.

33. Quand une figure solide formée par deux droites parallèles tourne autour de l'une prise pour axe, deux positions quelconques de l'autre sont parallèles entre elles.

34. Quand il s'agit d'un plan tournant autour d'un axe qui lui est parallèle, toutes les intersections de deux quelconques de ses positions sont parallèles entre elles.

35. Surface engendrée par une droite tournant autour d'un axe qui lui est orthogonal.

36. Lieu des pieds des perpendiculaires abaissées sur un plan fixe, de tous les points d'une droite fixe (ce lieu est la *projection orthogonale* de la droite sur le plan).

37. Mener une droite qui rencontre deux droites données, et soit perpendiculaire à un plan donné.

38. Surface engendrée par les perpendiculaires abaissées d'un point fixe, sur tous les plans qui passent par une droite fixe.

39. Lieu des pieds des perpendiculaires abaissées d'un point fixe sur tous les plans parallèles à une droite fixe.

40. Les traces de deux plans mutuellement perpendiculaires, sur une troisième perpendiculaire à l'un d'eux, sont des droites perpendiculaires.

41. Si deux droites perpendiculaires sont situées respectivement dans deux plans perpendiculaires, leur plan est perpendiculaire à l'un de ces derniers, et l'une d'elles est perpendiculaire à l'intersection des mêmes plans.

42. Condition pour que les perpendiculaires abaissées de tous les points d'une droite donnée, sur une autre, soient dans un même plan.

43. Quand une droite A est orthogonale à deux autres B, C non parallèles entre elles, tout plan parallèle à A, B simultanément, ou à A, C, est perpendiculaire à tout plan parallèle à B, C.

44. Quand trois plans sont perpendiculaires deux à deux, leurs trois intersections jouissent de la même propriété mutuelle.

45. Deux assemblages composés chacun de trois plans de ce genre sont toujours superposables ; de combien de manières ?

46. Quand trois droites sont deux à deux orthogonales, un plan parallèle à deux d'entre elles est perpendiculaire à tout autre parallèle à la troisième.

47. Surface engendrée par une droite qui se meut en restant à la fois parallèle à un plan fixe et perpendiculaire à une droite fixe.

48. Par un point donné, mener un plan qui soit perpendiculaire à deux plans donnés.

49. Par un point donné, mener un plan qui soit parallèle à une droite donnée et perpendiculaire sur un plan donné.

50. Mener une droite orthogonale à deux droites données : 1° par un point donné ; 2° s'appuyant sur deux droites données.

51. L'intersection de deux plans et la droite qui joint les pieds des perpendiculaires abaissées d'un même point sur eux sont orthogonales.

52. Par un point donné et parallèlement à un plan donné, mener une droite orthogonale à une droite donnée.

53. Soient D', D″ les projections orthogonales d'une droite D sur deux plans perpendiculaires se coupant suivant la droite T ; si D est parallèle à T, ses projections D', D″ le sont aussi ; et réciproquement.

54. Soient E', E″ les projections orthogonales d'une seconde droite E sur les mêmes plans ; si D', D″ sont respectivement parallèles à E', E″, les droites D, E le sont l'une à l'autre, sauf dans un cas d'incertitude que l'on indiquera.

55. Enoncer et démontrer les deux propositions précédentes pour des projections faites sur des plans quelconques, parallèlement à des droites quelconques.

56. Si une droite et un plan sont perpendiculaires, sur un même plan quelconque la projection orthogonale de l'une et la trace de l'autre sont perpendiculaires aussi.

57. Soient D', D″ les projections orthogonales d'une droite D sur deux plans non parallèles, et P', P″ les traces d'un plan P sur ces

derniers ; si D', D" sont respectivement perpendiculaires à P', P", la droite D et le plan P sont mutuellement perpendiculaires, sauf dans un cas d'incertitude à indiquer.

58. Si les droites A'p', A"p" sont perpendiculaires à un même plan P, et si A'q', A"q" le sont à un autre plan Q non parallèle au premier, les plans p'A'q', p"A"q" sont parallèles.

59. Si les projections orthogonales sur un même plan, de deux droites mutuellement orthogonales, sont perpendiculaires l'une à l'autre, l'une de ces droites est parallèle au plan de projection.

60. Des plans tous perpendiculaires à un même autre sont parallèles à une même droite.

61. Sur deux plans se coupant suivant une droite T, on projette orthogonalement en a', a" un même point A, puis on rabat un de ces plans sur l'autre par une rotation convenable autour de T ; après ce rabattement, la position de a'a" est perpendiculaire sur T.

62. Réciproquement, a' et a" étaient les projections orthogonales d'un même point de l'espace, si, après le rabattement, la position de a'a" est perpendiculaire sur T.

63. Dans la projection orthogonale de deux droites sur un plan perpendiculaire à l'une d'elle, assigner celle de leur perpendiculaire commune.

64. D'un point a on abaisse une perpendiculaire sur une droite B située dans un plan P ; en b, pied de cette perpendiculaire, et dans le plan P, on élève une perpendiculaire C à B, puis, de a, on abaisse sur C une perpendiculaire D ; prouver que cette droite D est perpendiculaire sur le plan P.

65. Dans un plan donné et par un point donné, mener une droite sur laquelle se confondent les pieds des perpendiculaires abaissées de deux points donnés dans l'espace.

66. Par un point donné, mener une droite sur laquelle se confondent les pieds des perpendiculaires abaissées de trois autres points donnés.

67. Sur la droite d'un segment AB, un point mobile M part de son milieu O et s'en éloigne indéfiniment en marchant sans cesse dans la direction OB; comment varie le rapport AM : BM?

68. Soient a, b, c et a', b', c', deux systèmes de trois points; si les segments ab, bc sont égaux et directement parallèles à a'b', b'c' respectivement, le segment ac est tel par rapport à a'c' ; et de même en cas de parallélismes inverses.

69. Généraliser la proposition précédente, pour des systèmes de points en nombres égaux quelconques.

70. Un point O et deux segments dirigés m, n étant donnés, on porte à partir de O, en OM', un segment égal et (directement) parallèle à m, puis à partir de M', en M'N', un autre égal et parallèle à n; ensuite on porte à partir de O, en ON", un segment égal et parallèle à n, puis à partir de N", en N"M", un autre égal et parallèle à m; prouver que les points N' et M" se confondent.

71. Etendre cette proposition à des segments m, n, p,... en nombre quelconque.

72. Lieu du point m divisant dans un même rapport a : b, et toujours d'une même manière, le segment On allant d'un point fixe O à un point quelconque n d'une droite fixe D.

73. Même question, en remplaçant la droite D par un plan P.

74. Lieu des points m tels, qu'en nommant p, q les traces de la droite Om sur deux plans fixes P, Q, m divise dans des rapports donnés $a : b$, $c : d$, et de manières données aussi, les segments Op, Oq respectivement.

75. Si sur deux droites D, D' les points a, b, c,... et a', b', c',.. découpent des segments proportionnels, c'est-à-dire si l'on a indéfiniment $ab : a'b' = ac : a'c' = bc : b'c' = ...$, les droites aa', bb' cc',... sont parallèles à un même plan.

76. Si, en outre, D et D' sont parallèles, aa', bb', cc',... sont concourantes ou parallèles.

77. Si D et D' sont dans un même plan, et si aa', bb' sont parallèles, cc', dd', ... sont toutes parallèles à celles-ci.

78. Si deux droites parallèles D et D' sont coupées en a, b, c,... et en a', b', c',... par des plans issus d'une même droite I, les segments ab, ac, bc,... sont proportionnels à $a'b'$, $a'c'$, $b'c'$,...

79. Lieu du point p divisant d'une manière et dans un rapport $\mu : \nu$ tous deux donnés, un segment variable mn dont les extrémités se meuvent indéfiniment sur deux droites fixes $\mathfrak{M}$, $\mathfrak{N}$.

80. Quatre points A, B, C, D étant donnés non dans un même plan, on demande une direction de plans projetants telle, qu'en nommant A', B', C', D' leurs projections sur quelque droite, B', C' divisent en trois parties égales le segment A' D'.

81. Si a, b, c, d désignent quatre points quelconques, les milieux des segments ab, bc, cd, da sont dans un même plan.

82. Les perpendiculaires à une même droite qui en rencontrent une seconde, divisent celle-ci en segments proportionnels à ceux que leurs pieds découpent sur la première.

83. Quand trois droites A, B, C sont parallèles à un même plan sans l'être mutuellement, trois autres M, N, P les rencontrant toutes sont parallèles aussi à quelque même plan. (On s'aidera par la considération des projections de toutes ces droites, faites sur un plan quelconque parallèlement à l'une des trois premières.)

84. Etant donnés une droite D, un plan P, tous deux fixes et non parallèles, puis un rapport invariable $a : a'$, soit mm' un segment variable dont la droite demeure parallèle à P et rencontre D en un point d le divisant sans cesse dans le rapport $a : a'$, d'une manière donnée. Quel est le lieu de m', quand m décrit une droite?

85. Lieu du même point m', quand m se meut indéfiniment sur un plan.

86. Dans un plan, les droites $[m']$, $[m'']$ issues d'un même point mobile m parallèlement à deux droites données P', P'', en divisent deux autres D', D'' en segments proportionnels ; quel est le lieu du point m?

87. Que devient ce lieu quand on remplace les droites P', P'' par des plans, et qu'on place les droites D', D'' arbitrairement dans l'espace?

88. Une figure solide étant composée de deux droites A, B, si A' est la position de A après un demi-tour de la figure exécuté autour de B, les trois droites A, B, A' sont perpendiculaires à une même autre.

89. En tournant autour d'une droite fixe à laquelle il est invariablement attaché, un plan mobile coupe sous un angle constant tout plan perpendiculaire à l'axe.

90. Sur des plans parallèles au sien, un angle se projette suivant d'autres tous égaux entre eux.

91. Etendre à des dièdres, à des plans, les théorèmes des n^{os} **145, 148, 149, 188, 189**, sur des angles rectilignes et des droites.

92. Deux demi-plans opposés divisent dans le même rapport deux dièdres opposés par leur arête commune.

93. Si les segments Oa, Ob, Oc, Od,... sont égaux et parallèles à $O'a'$, $O'b'$, $O'c'$, $O'd'$, ..., tous directement, ou tous inversement, sont égaux respectivement : 1° les segments ab, bc, ac, ... à $a'b'$, $b'c'$, $a'c'$, ... ; 2° les angles rectilignes bac, ... à $b'a'c'$, ... ; 3° les dièdres $abcd$, ... à $a'b'c'd'$, ...

94. Soient A un axe de rotation, P un plan solidarisé avec lui, et P′ sa position après un demi-tour exécuté autour de A ; si P est parallèle à l'axe, il l'est aussi à P′ ; s'il le rencontre, il coupe P′ suivant une droite perpendiculaire à cet axe.

95. Un angle rectiligne et sa position après un demi-tour exécuté autour d'un axe parallèle ou perpendiculaire à sa *bissectrice* (demi-droite divisant cet angle en deux parties égales), ont leurs côtés parallèles.

96. Trouver la proposition correspondante pour un angle dièdre.

97. Si les segments ac, bd sont perpendiculaires et ont même point milieu, on a $ab = bc = cd = da$, les droites ab, ad sont inversement parallèles à cd, cb, la droite ac est la bissectrice des angles bad, bcd, et bd est celle de abc, adc. Si enfin $ac = bd$, ces quatre angles sont droits.

98. La bissectrice de l'angle plan d'un dièdre est celle aussi de tout angle rectiligne résultant de la section du dièdre par un plan qui la contient.

99. Quatre points distincts a, b, c, d sont dans un même plan, si les angles abc, bcd, cda, dab sont tous droits.

100. Quatre droites A, B, C, D étant parallèles, si les plans AB, AC sont respectivement parallèles à DC, DB, les demi-plans divisant en deux parties égales les dièdres BAC, BDC sont parallèles entre eux et perpendiculaires à ceux qui jouissent des mêmes propriétés pour les dièdres ABD, ACD.

101. Chercher les centres, ou axes, ou plans de symétrie absolue, dans chacune des figures suivantes : 1° un segment rectiligne, 2° un angle plan, 3° un angle dièdre, 4° une bande, 5° deux droites non dans un même plan, 6° un mur, 7° une droite et un plan parallèles, 8° une droite et un plan non parallèles, 9° deux bandes non parallèles dans un même plan, 10° deux murs non parallèles, 11° trois murs non parallèles à une même droite.

NOUVEAUX

ÉLÉMENTS DE GÉOMÉTRIE

CHAPITRE PREMIER

GÉNÉRALITÉS SUR LES FIGURES ET L'ÉGALITÉ GÉOMÉTRIQUES

Objet et nature de la Géométrie.

1. La *Géométrie* est la science des corps matériels, envisagés exclusivement au point de vue de leurs *formes*, de leurs *étendues*, de leurs *positions relatives*.

Comme toutes les autres parties des Mathématiques, elle se compose de vérités ou *propositions* de deux sortes : 1º les *axiomes* (ou *postulats*), dont la certitude nous est donnée, soit directement, par la simple observation des faits naturels dégagés les uns des autres et simplifiés au moyen de l'*abstraction*, soit indirectement, par l'exactitude constante de leurs conséquences déductives vérifiées expérimentalement après coup ; 2º les *théorèmes*, en nombre illimité, qui se tirent des axiomes, puis les uns des autres, par le *raisonnement*. Les axiomes de la Géométrie sont en nombre relativement insignifiant, quoique formant un total sensiblement plus étendu et plus varié que ceux de l'Arithmétique.

Pendant longtemps, les commençants devront s'appliquer *avec la plus grande attention*, à distinguer dans chaque théorème : 1º son *énoncé*, qui mentionne les *données*, c'est-à-dire les objets auxquels il s'applique, qui pose ensuite la ou les *hypothèses*, ce sont les conditions spéciales dans lesquelles on suppose les données placées, qui formule enfin la *conclusion*, affirmation des nouvelles propriétés des données, que l'on veut déduire des hypothèses ; 2º sa *démonstration*, développement ou raisonnement qui légitime la conclusion.

2. Un *lemme* est un théorème sans saillie propre, mais dont la connaissance est nécessaire à la démonstration de quelque autre important par lui-même. Un *corollaire* est un théorème accessoire, se déduisant très facilement de un ou plusieurs autres moins simples.

La *réciproque* d'un théorème, en est un second dont l'hypothèse et la conclusion sont la conclusion et l'hypothèse, respectivement, du premier. Son *contraire* a pour hypothèse et conclusion les négations de celles du premier.

3. Un *problème* est une demande d'objets à découvrir d'après des conditions à eux préalablement imposées. Son *énoncé* précise les détails de cette demande ; sa *solution* est la réponse, avec raisonnements à l'appui, ce mot s'appliquant encore aux objets mêmes qu'il s'agit de découvrir.

Un problème est *impossible*, quand aucune solution ne peut lui être trouvée ; *possible*, quand il en est autrement. Il est alors *indéterminé*, si ses solutions sont en nombre illimité et aussi peu différentes qu'on le veut, les unes des autres ; *déterminé*, s'il n'en est pas ainsi.

La *discussion* d'un problème est la distinction, puis l'examen séparé, des cas bien tranchés qui peuvent naître de telles ou telles dispositions laissées par l'énoncé accessibles aux données. C'est un travail complémentaire, mais de toute nécessité, qui est essentiel aux progrès des élèves, et *qu'ils doivent toujours faire avec le plus grand soin*.

4. Une *définition* d'un objet quelconque est l'énoncé d'un ensemble de propriétés, qui n'appartient qu'à lui et permet ainsi de le distinguer de tous les autres. Sa première qualité accessoire est de fournir en même temps à l'esprit, une idée bien nette de l'objet défini.

Figures solides en repos et en mouvement. — Point géométrique.

5. Les *figures* sont ce que l'abstraction nous montre dans les corps naturels, quand nous les étudions au point de vue purement géométrique. Nous les concevons dans l'*espace* illimité, partout identique à lui-même.

6. Pour chaque corps, le *repos* et le *mouvement* sont deux états spéciaux, par chacun desquels il peut passer tour à tour, se trouvant forcément dans l'un quand il n'est pas dans l'autre. On dit encore qu'un corps en repos est *fixe* dans l'espace, qu'il y conserve une *même position*. Quand il est en mouvement, on dit qu'il y occupe successivement plusieurs positions *différentes*, ou qu'il est *mobile*, ceci même si, au lieu de se mouvoir déjà, il n'a encore que la liberté de le faire.

Un *déplacement* est un mouvement limité qui fait passer un corps, d'une première position, dite *initiale*, où il était par exemple en repos, à une autre dite *finale*, où il s'arrête.

7. L'idée de figure *solide* (*invariable*, *rigide*, tout aussi bien) nous vient des corps dont la substance est très résistante (un bloc d'acier, un morceau de pierre, de bois très dur, ...), et qui nous apparaissent avec des *individualités géométriques constantes, en mouvement comme en repos*.

Quand il s'agit de telles figures, on fait absolument abstraction de la résistance que l'impénétrabilité de la matière opposerait parfois à leurs mouvements, si elles étaient de véritables corps matériels. On leur attribue ainsi la propriété de **pouvoir se pénétrer indéfiniment les unes les autres, de ne subir chacune aucune résistance, ni déformation, de la part d'une autre qu'elle rencontrerait en se mouvant, ou qui aurait à la traverser de cette manière, etc.**

Par exemple, les deux images d'un même objet volumineux, qui apparaissent quand on le contemple en dérangeant avec les doigts les deux yeux dans leurs orbites, se meuvent l'une dans l'autre avec la pénétrabilité parfaite dont nous parlons.

8. La rupture d'un corps dur mais fragile, d'un vase de porcelaine par exemple, sa restauration par le rapprochement et le collage de ses fragments réajustés, nous conduisent à la notion de la *décomposition* (mentale) d'une figure solide en plusieurs autres, de sa *recomposition* par la considération de ses diverses *parties*, redevenue simultanée, de la création d'une nouvelle figure par la *solidarisation* (idéale) de plusieurs autres auparavant définies.

9. La plus simple de toutes les figures, celle qui se représente sans cesse, est le *point* géométrique, dont l'idée nous vient des corps les plus ténus que nous puissions apercevoir par les yeux, ou concevoir autrement, et que nous ne distinguons géométriquement les uns des autres, que par la non-identité de leurs positions dans l'espace : un grain de farine, un insecte volant assez loin pour être à peine visible, une étoile, ..., la pointe d'une aiguille, ...

10. Un corpuscule brillant qui se distingue dans l'épaisseur d'un bloc de verre, une marque imperceptible laissée sur un corps quelconque par l'attouchement d'une pointe colorante, par la piqûre d'une aiguille, ..., nous donnent l'idée d'un point *appartenant, afférent* à une figure, *situé* sur elle (**23**, II ; *etc., inf.*). On dit en même temps, que la figure *contient* ce point, et, dans des cas se présentant à chaque instant, qu'elle *passe* par lui (**24**, I ; *etc., inf.*).

Un point est *étranger* à une figure, *en dehors* d'elle, quand il ne lui appartient pas.

De même qu'on peut voir une figure dans l'ensemble de quelques points solidarisés par la pensée, il est permis de concevoir une figure quelconque comme composée pareillement de la totalité des points (en nombre habituellement illimité) qui lui appartiennent, et chacune de ses parties **(8)** comme résultant de l'association semblable de tel groupe, seulement, des points de la figure entière.

11. Dans le langage parlé ou écrit, on distingue et on nomme : des points isolés toujours, des figures entières quelquefois (ou des parties de figures), par autant de lettres différentes affectées chacune à la dénomination d'un seul objet. Mais il est habituellement plus commode de désigner une figure, ou telle de ses parties, en assemblant convenablement les lettres données auparavant comme noms, à des points choisis sur elle en positions et en nombres voulus pour la clarté.

Par exemple, les deux traits tracés dans la *fig.* 1, composent une figure solide à laquelle appartiennent les points A, B, C, P, Q, R, S **(10)**, et qui pourra se désigner par la réunion ABCPQRS de toutes ces lettres. Puis, si l'on considère séparément ces traits comme des parties de la figure totale **(8)**, on indiquera par ABC celui qui contient les points A, B, C et par PQRS l'autre contenant P, Q, R, S.

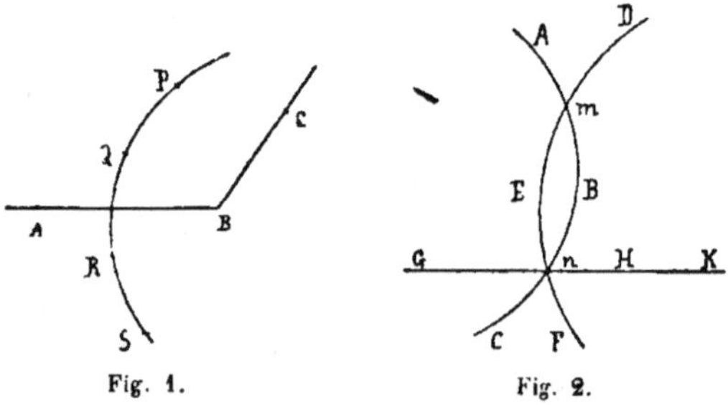

<table>
<tr><td>Fig. 1.</td><td>Fig. 2.</td></tr>
</table>

12. Quand un même point appartient à la fois à deux ou plusieurs figures données, on dit qu'il leur est *commun*, qu'elles s'y *rencontrent*, et dans beaucoup de circonstances, qu'elles s'y *coupent, y concourent* (**24**, III ; **28**, VI, VIII ; *etc., inf.*), ou parfois qu'elles s'y *touchent* (**385, 396,** *inf.*). Suivant le cas, ce point commun se nomme encore une *intersection*, un *contact*, des figures considérées.

La *partie commune* aux figures en question est constituée par la totalité des points communs qu'elles peuvent posséder. On lui donne très souvent le nom d'*intersection* des figures considérées, et, quand il y a deux figures seulement, celui de *section* de l'une par l'autre, de *trace* de l'une sur l'autre (**28**, VII ; **68** ; **114**, II ; *etc., inf.*).

Par exemple (*fig.* 2), les traits ABC, GHK constituent une première figure F, les traits DEF, GHK en forment une autre $\mathscr{F}$, et GHK est une partie commune à toutes deux. Les traits ABC, DEF, considérés comme deux figures indépendantes, se coupent aux points m, n, dont chacun est une trace de l'un sur l'autre, dont l'ensemble est leur intersection. Les trois traits ABC, DEF, GHK, considérés comme trois figures distinctes, concourent en n. Les deux images oculaires (**7**, *in fine*) d'une feuille de papier blanc, peuvent facilement se placer dans des positions où elles ont une partie commune très apparente.

Égalité géométrique.

13. Deux figures solides (en mouvement simultané, comme en repos) se *confondent, coïncident*, sont *superposées* l'une à l'autre, *appliquées* (totalement) l'une sur l'autre, sont *identiques*, quand tout point de chacune appartient à l'autre (**10**), et qu'ainsi leurs individualités géométriques ne sont discernables que par la pensée. Telles sont, par exemple, la surface intérieure d'un moule de fondeur, et la surface extérieure d'un métal qu'on y aurait coulé en fusion, puis laissé s'y solidifier.

Deux figures sont *distinctes*, quand elles ne se trouvent pas dans cet état de superposition.

14. Deux figures F, $\mathscr{F}$ étant données avec des natures telles, que quelque déplacement de l'une F puisse la superposer à l'autre $\mathscr{F}$ laissée fixe dans l'espace (**13**), réciproquement celle-ci $\mathscr{F}$ rendue mobile à son tour, peut être superposée à F devenue fixe. Et cette application mutuelle est tout aussi bien réalisable, quand, au lieu du repos, c'est l'état de mouvement qui existe, pour $\mathscr{F}$ dans le premier cas, pour F dans le second.

On formule cette propriété relative des deux figures, en disant que chacune d'elles est *égale* à l'autre, que toutes deux sont *égales* entre elles ; et ces mots s'appliquent à plus forte raison à deux figures déjà superposées. Par exemple, il y a égalité entre la surface d'un objet moulé et celle intérieure de son moule (**13**), puisqu'elles se réappliquent exactement l'une sur l'autre quand on replace l'objet dans le moule, laissé ou non au repos. Il y a égalité encore entre les deux images oculaires citées au n° **7**, car elles se confondent, à devenir absolument indiscernables, quand on rend aux yeux la liberté de céder à leurs impulsions automatiques.

Deux points géométriques quelconques sont des figures égales.

15. Dans deux figures égales, on nomme *correspondants*, *homologues*, deux points quelconques pris dans l'une et dans l'autre respectivement, de manière qu'ils soient amenés en superposition mutuelle par la mise en coïncidence des deux figures. Deux parties des mêmes figures sont *homologues*, quand tous les points de chacune sont respectivement homologues à ceux de l'autre. La surface de chaque détail d'un objet moulé est homologue ainsi à celle de la partie du moule qui l'a fourni, car toutes deux s'appliquent l'une sur l'autre quand on replace l'objet dans le moule.

Quand on parle de deux figures égales, il faut toujours pour la clarté, ranger dans le même ordre les lettres désignant les points, parties de l'une, et celles affectées dans l'autre à la notation des objets homologues. L'affirmation de l'égalité des figures ABCD..., PQRS... implique en conséquence celle que le point ou autre partie A de la première est homologue à l'objet noté P dans la seconde, que B est homologue à Q, C à R, ..., et ainsi de suite. Et même, si le choix des notations n'a pas été fait antérieurement, on rend plus apparente la correspondance entre les objets d'une figure et leurs homologues dans l'autre, en représentant les uns par des lettres quelconques, les autres par les mêmes lettres pourvues de marques distinctives. On écrira par exemple I, J, K, ... pour les premiers et I′, J′, K′, ... pour leurs homologues.

16. Assez souvent, on rencontre des figures qui sont égales *de plusieurs manières*, ceci voulant dire qu'il est possible de les superposer par plusieurs moyens amenant, tour à tour, un *même* point de l'une en coïncidence avec des points *différents* de l'autre. Les conventions faites à l'instant (**15**) rendent facile la spécification de tels modes différents d'égalité, quand ils existent.

Si les figures formées par la solidarisation de deux points distincts A, B (*fig.* 3) et par celle de deux autres C, D sont égales de la manière spécifiée par les notations AB, CD (**15**), elles le sont encore de la seconde manière marquée par AB, DC.

17. **Deux figures sont égales entre elles, quand chacune est égale à une même troisième.** Cet axiome capital s'applique par exemple à la surface d'un modèle de fondeur et à celles de toutes ses reproductions par le moulage ; comme chacune de ces surfaces a coïncidé à un certain moment avec la surface intérieure du moule établi d'après le modèle, deux quelconques d'entre elles sont mutuellement égales.

18. *On obtiendrait évidemment la totalité des figures égales à une même figure donnée F, en prenant toutes les positions F′, F″, F‴, ... où on peut l'amener dans l'espace* (**6**).

Il est bon de remarquer l'égalité de deux quelconques de ces empreintes idéales F′, F″, ... laissées dans l'espace par la même figure F : elle est assurée par le fait, qu'avec chacune d'elles, la figure considérée a été, par son mouvement, mise en coïncidence un instant (**17**).

19. Quand plusieurs figures sont toutes *égales entre elles*, c'est-à-dire deux à deux (**17**), on peut ainsi les superposer les unes aux autres, de manière à n'avoir plus que l'apparence d'une seule.

Inversement, toute figure peut être considérée comme le résultat du doublement, du triplement, ... de deux, trois, ... figures égales entre elles ; elle peut en conséquence être *dédoublée, détriplée,* ... en plusieurs autres égales et toutes superposées en fait, mais distinctes par la pensée, et susceptibles d'être séparées les unes des autres. Cette conception est d'une très grande importance, et il faut être toujours prêt à y recourir.

20. Quelquefois, on dit que deux figures *f*, F′ sont *applicables* l'une sur l'autre (partiellement), même quand il y a égalité entre l'une d'elles *f* et quelque partie seulement de l'autre F′ (**8**), c'est-à-dire quand il est possible de superposer *f* à une partie *f* de F′, ou ce qui revient au même, de faire coïncider F′ avec quelque figure F contenant *f*. C'est ce qui a lieu par exemple, pour un trait *f* tracé arbitrairement sur un objet moulé, et la surface intérieure F′ de son moule : *f* est alors la tache que la réintroduction de l'objet dans le moule y imprimerait, si le trait *f* avait été peint fraîchement avec une couleur grasse un peu épaisse ; F est la surface de l'objet.

Entre cette applicabilité incomplète, et l'égalité de deux figures, il y a des analogies qu'il convient de saisir.

Figures variables.

21. Une déformation lente et sans rupture, d'un corps mou comme une pâte ferme, ou flexible comme un ressort,... nous montre une succession de *plusieurs* figures solides inégales. Mais l'origine commune qui caractérise toutes ces figures, les ressemblances plus ou moins accentuées qui sont observables entre

elles, permettent de voir dans le phénomène une *même* figure,
que le déplacement de ses divers points dans l'espace fait *varier*
dans sa forme; d'où la notion de figure *variable*, s'opposant à
celle de figure solide.

Dans l'étude d'une figure variable, il y a toujours à considérer
ses *états* successifs, c'est-à-dire les diverses figures solides dans
lesquelles elle se fixerait, si, à tels ou tels moments, elle venait
à se figer en quelque sorte par arrêt de sa déformation ; par
suite, il y a toujours à faire intervenir les figures solides fondamentales : *segments rectilignes, angles rectilignes, angles dièdres*
(Chap. V, VI, *inf.*). C'est pourquoi, les figures solides ont une
importance majeure et se rencontrent avec une fréquence relative qui rend le simple mot *figure* très commode pour leur
dénomination.

22. Quand, sous telles ou telles conditions précises, une figure f
varie (**21**), se déplace simplement si elle est solide, et cela de
manière que l'ensemble des positions successives de ses points
constitue la totalité d'une figure déterminée F, on nomme F le
lieu géométrique, plus brièvement le *lieu*, de f. On dit volontiers
encore, que, par sa variation (ou déplacement), f *engendre* F, et
on lui donne, relativement à celle-ci, le nom de *génératrice* (**74**;
114, I; *inf.*).

Le cas le plus fréquent est celui où f se réduit à un simple
point mobile m ; souvent alors, on dit que ce point m se meut
sur le lieu F, qu'il le *décrit* (**34**, II; *etc.*, *inf.*).

CHAPITRE II

PREMIÈRE ÉTUDE DE LA DROITE ET DU PLAN

Propriétés essentielles de la droite.

23. On nomme *lignes droites* (**381**, *inf.*), *droites* pour abréger,
une figure solide et toutes les figures égales (**14**), (**18**), dont le trait
PIQ (*fig. 5*, *inf.*) (RIS tout aussi bien) montrerait la forme *s'il
ne se terminait nulle part*, et dont la définition (**4**) est donnée par
les axiomes suivants.

I. **Une droite** ⏛ **et la figure** αβ **formée par la solidarisation de
deux points quelconques** α,β (**10**) **étant données, chacun de ces
objets peut être amené sur l'autre, dans un état d'application par-**

tielle de la nature définie au n° **20** ; et l'opération est exécutable d'une infinité de manières (**16**), dans chacune desquelles est arbitraire la position prise sur ⌀ par l'un ou l'autre des points α,β (*Cf.* **88**, *inf.*).

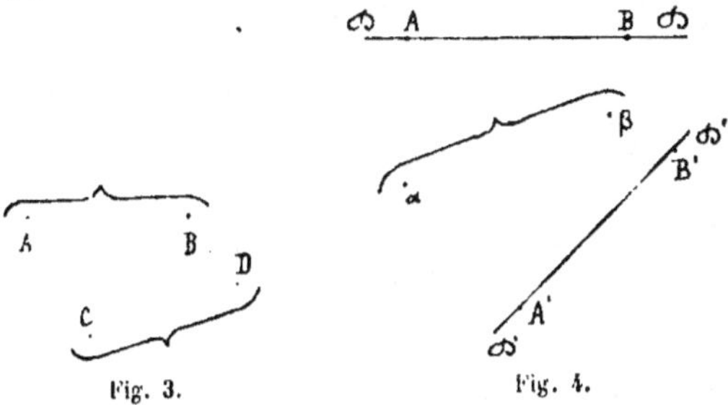

Fig. 3.   Fig. 4.

II. En amenant les points α,β (*fig.* 4) en A, B, par une application de αβ sur une première droite ⌀ (I), puis en A′, B′, par application sur une autre droite ⌀′, *on obtient en* AB, A′B′ *deux figures égales entre elles*, comme l'étant chacune à αβ (**17**). Cela posé :

Sous la condition que les points α,β soient distincts, que, par suite, A, B ne se confondent pas, ni A′, B′, tous les points de la droite ⌀ sont amenés sur la droite ⌀′, tous ceux de ⌀′ sur ⌀, par la simple superposition des figures égales AB, A′B′, ou AB, B′A′ (**16**), entraînant ces droites entières dans leurs mouvements.

III. Une droite mobile ∂ ayant été appliquée ainsi sur une droite fixe ⌀ (II), on peut lui imprimer un déplacement tel, que, pendant toute sa durée, aucun des points de ∂ ne cesse de se trouver sur ⌀, et que l'un deux *m* arbitrairement choisi vienne se confondre avec M, point fixe pris sur ⌀ à volonté aussi.

Plus brièvement : une droite mobile peut glisser indéfiniment sur une droite fixe ; ou même encore : toute droite peut glisser indéfiniment sur elle-même [c'est-à-dire sur sa position primitive, dédoublée d'avec elle (**19**) et laissée fixe dans l'espace].

24. Quelques théorèmes sont des conséquences immédiates de ces propriétés fondamentales de la droite.

I. *Par deux points distincts* α,β, *on peut toujours faire passer une droite, mais une seule.*

Il suffit pour cela, de prendre la position ⌀ où une droite quelconque ∂ est amenée par son application sur la figure αβ (**23**, I). Cette droite ⌀ est unique, en ce sens que toute autre ⌀′ passant aussi par α et par β, aurait ces deux points communs avec la première, et qu'ainsi, puisque α et β sont distincts, tout point de chacune appartiendrait aussi à l'autre (*Ib.*, II).

En conséquence, on note habituellement une droite par l'association des lettres affectées à deux seulement de ses points distincts (**11**).

II. *Mais, par un seul point, on peut mener une infinité de droites différentes.*

Car, par ce point α et un autre β_1, on peut faire passer une première droite $\alpha\beta_1$ (I), puis une seconde $\alpha\beta_2$, par α et un point β_2 étranger à $\alpha\beta_1$, puis une troisième $\alpha\beta_3$ par α toujours et un nouveau point β_3 n'appartenant ni à $\alpha\beta_1$, ni à $\alpha\beta_2$,..., et ainsi de suite, indéfiniment. Deux quelconques de ces droites sont évidemment distinctes.

III. *Quand elles se rencontrent, deux droites distinctes ne peuvent se couper qu'en un seul point* (**12**). Car elles se confondraient si elles avaient en commun deux points différents (**23**, II).

Ex. : les droites PQ, RS (*fig.* 5) se coupent au point unique I.

25. Une figure *mnpq*... est *rectiligne*, quand tous ses points *m*, *n*, *p*, *q*, ... sont sur quelque même droite ∂, *en ligne droite* comme on dit volontiers. On en forme toujours une, en solidarisant deux points quelconques (en en prenant un seul à plus forte raison) (**24**, I, II).

La considération des mouvements d'une pareille figure conduit à deux axiomes.

I. Si MNPQ... représente une autre figure rectiligne égale à *mnpq*..., et si deux points *m*, *n*, de cette dernière sont distincts, tout déplacement de *mnpq*... qui amènera seulement *m* en M et *n* en N, placera simultanément tous ses autres points *p*, *q*,... sur leurs homologues P, Q,... (**15**), (**23**, II).

II. Quand la mobilité de la figure rectiligne *mnpq*... est restreinte par la nécessité pour elle (c'est-à-dire pour sa droite ∂) de glisser sur une droite fixe ⊙ (**23**, III), et que MNPQ... est une position prise déjà par elle sur cette droite ⊙, il suffit, pour la ramener tout entière en MNPQ..., de replacer un seul *m* de ses points sur son homologue M.

III. Nous résumerons ces deux axiomes en un seul énoncé.

Pour déterminer complètement la position d'une figure rectiligne mobile, sont suffisantes : 1° les positions de deux de ses points distincts, si ses mouvements sont entièrement libres dans l'espace (I) ; 2° celle d'un seul, si elle ne peut que glisser sur une droite fixe (II).

26. L'*arête* d'une bonne *règle* (**31**, *inf.*) portant des points marqués sur elle est une figure rectiligne (**25**), et des maniements bien faciles de deux tels instruments procureront à l'élève, des vérifications expérimentales de toutes les propositions de ce paragraphe ; il devra s'y livrer avec attention.

Propriétés essentielles du plan.

27. On nomme *surfaces planes* (**392**, *inf.*), *plans*, une figure solide et toutes ses égales, dont on verrait un spécimen dans la surface de l'eau d'un étang tranquille, *si elle n'était pas limitée par les rives*, et dont les axiomes suivants développent la définition.

I. La droite qui passe par deux points distincts pris à volonté sur un plan (24, I) est située sur lui tout entière (*Cf.* **23**, II).

II. Un plan et la figure $\alpha\beta\gamma$ **formée par trois points quelconques** α, β, γ **peuvent toujours être mis en application mutuelle d'une infinité de manières** (*Cf. Ib.*, I).

III. Soient ABC, A′B′C′ les positions égales où se place $\alpha\beta\gamma$ par ses applications successives sur deux plans quelconques $\mathfrak{P}$, $\mathfrak{P}'$ (II). **Sous la condition que les points** α, β, γ **ne soient pas en ligne droite (25)** [condition excluant le cas où deux d'entre eux se confondraient (**24**, I)], **que, par suite, il n'en soit ainsi, ni pour A, B, C, ni pour A′, B′, C′, tous les points du plan** $\mathfrak{P}$ **sont amenés sur le plan** $\mathfrak{P}'$, **tous ceux de** $\mathfrak{P}'$ **sur** $\mathfrak{P}$, **par la superposition des figures égales ABC, A′B′C′** (*Cf.* **23**, II).

IV. Un plan mobile p **ayant été appliqué sur un plan fixe** $\mathfrak{P}$ **(III), et une même figure** $\mu\nu$ **de deux points ayant été placée à volonté, en** mn **sur le premier, puis en MN sur le second (II), on peut imprimer au plan** p **un déplacement tel, qu'aucun de ses points ne sorte du plan** $\mathfrak{P}$ **pendant le mouvement, et que la figure** mn **entraînée par lui soit amenée en coïncidence avec son égale M N, ses points** m, n **se plaçant respectivement sur leurs homologues M, N.**

Autrement : **Un plan mobile peut glisser indéfiniment sur un plan fixe ; ou bien encore : tout plan peut glisser indéfiniment sur lui-même** (*Cf.* **23**, III).

V. Deux plans ayant un point commun, en ont nécessairement quelque autre commun aussi.

28. Voici les premiers théorèmes qui découlent des axiomes précédents.

I. *Par trois points* α, β, γ *non en ligne droite* (**25**), *on peut toujours faire passer un plan, mais un seul* (*Cf* **24**, I).

Pour cela, il suffit de prendre la position $\mathfrak{P}$ où un plan quelconque p est amené par son application sur la figure $\alpha\beta\gamma$ (**27**, II). Ce plan $\mathfrak{P}$ est unique, en ce sens que tout autre $\mathfrak{P}'$ passant aussi par α, β, γ aurait ces trois points communs avec le premier, et qu'ainsi, puisque ces mêmes points ne sont pas en ligne droite, tout point de chacun appartiendrait à l'autre (*Ib.*, III).

II. *Par une droite* Δ *et un point* α *non situé sur elle, on peut toujours faire passer un plan, mais un seul* (*Cf.* **24**, I).

Soient β, γ deux points distincts marqués arbitrairement sur la droite donnée Δ. Un plan 𝔓 mené par α, β, γ (I) contiendra entièrement la droite donnée Δ, parce qu'il passe à la fois par β, γ points distincts appartenant à celle-ci (27, I). Et tout plan 𝔓′ remplissant les conditions de l'énoncé se confondra avec le premier, parce que, contenant toute la droite donnée, il contient en particulier ses deux points β, γ, et qu'ainsi il a, communs avec 𝔓, les trois points α, β, γ qui ne sont pas en ligne droite (I).

III. *Quand deux droites (distinctes) se coupent* (**24**, III), *on peut faire passer un plan par toutes deux à la fois, mais un seul.*

Soient ω le point d'intersection de ces droites (**12**), et α, β deux autres points pris respectivement sur l'une et sur l'autre. Le plan 𝔓 déterminé par les trois points ω, α, β (I) passe par la droite ωα parce qu'il contient ω et α, points distincts appartenant à cette droite (27, I), en outre par ωβ pour une cause toute semblable. Et tout plan 𝔓′ passant par les droites ωα, ωβ à la fois, passera en particulier par les trois points ω, α, β appartenant chacun à l'une d'elles, se confondra dès lors avec le premier 𝔓, parce que ces trois points n'ont pas été pris en ligne droite (I).

IV. Ce qui précède permet de noter un plan avec toute précision, par l'association : soit de trois lettres affectées à trois de ses points non en ligne droite (I), soit de deux lettres représentant déjà, ou bien une de ses droites et un de ses points non situé sur elle (II), ou bien deux de ses droites distinctes et se rencontrant (III) (*Cf.* **24**, I et **40**, *inf.*).

V. *Par deux points distincts de l'espace, ou, ce qui revient au même, par la droite qui les contient tous deux* (**27**, I), *par un seul point à plus forte raison, passent une infinité de plans différents.* Raisonnement du nº **24**, II.

VI. *Quand une droite rencontre un plan, sans être située entièrement sur lui, elle le coupe en un point unique* (*Cf.* **24**, III). Car si ces deux figures avaient en commun un second point distinct du premier, tous les autres points de la droite seraient aussi dans le plan (**27**, I).

VII. *Deux plans distincts ayant un point commun se coupent suivant une droite.* Car ils en ont encore quelque autre (**27**, V), et, par suite, tous deux contiennent entièrement la droite passant par ces deux points (*Ib.*, I). Mais aucun point étranger à cette droite ne peut appartenir à ces deux plans à la fois, car alors ceux-ci se confondraient (**28**, II).

VIII. *Quand trois plans qui ne contiennent pas une même droite, ont quelque point commun, leur intersection* (**12**) *se réduit à ce point.* Car si cette intersection comprenait un autre point encore, les plans considérés contiendraient tous la droite passant par ces deux points (**27**, I),

Deux de ces plans se coupent alors suivant une droite (VII) qui coupe elle-même le troisième au point commun à tous trois. Et, en associant ainsi ces trois plans deux à deux, on obtient, pour intersections, trois droites passant comme eux par un même point de concours.

29. Une figure *mnpq...* est *plane*, quand ses points $m, n, p, q,...$ sont tous sur quelque même plan p. Telles sont celles qu'on forme [en prenant un point, ou deux, ou une droite (**28**, V)], en solidarisant trois points, ou un point et une droite, ou bien encore deux droites qui se rencontrent (*Ib.*, I, II, III).

A ce sujet, on a des axiomes qui sont tout semblables à ceux concernant une figure rectiligne mobile (**25**), mais dont le simple résumé suivant sera suffisamment éclairci par sa comparaison un peu attentive avec les alinéas I, II, III du numéro cité.

Toute position d'une figure plane mobile est complètement déterminée : 1º par celles de trois de ses points non en ligne droite, si elle est libre dans l'espace ; 2º par celles de deux seulement distincts, si elle est assujettie à glisser sur un plan fixe.

Une figure non plane est dite *gauche*.

30. Au moyen de l'arête d'une règle et des faces principales de une ou deux planchettes bien dressées (**31**, *inf.*), les élèves pourront et devront vérifier expérimentalement l'exactitude de la plupart de ces premières propriétés du plan.

31. En Géométrie, le mot *construction* s'applique au tracé méthodique des diverses parties d'une figure quelconque, cela dans telles ou telles conditions précises qui ont été préalablement assignées.

Le dessin *géométrique* ne comporte, en fait, que des constructions de figures, chacune exclusivement *plane* (**29**).

Un tel dessin se nomme une *épure*, et s'exécute, au crayon ou au tire-ligne, sur une feuille de papier, rendue plane et maintenue telle par son collage en état de tension, sur une face d'une planchette qui a été taillée suivant un plan. *On peut ainsi y tracer des droites* (**24**, I), (**27**, I), et la facilité extrême de ces tracés les rend prédominants dans toute épure.

A cet effet, on guide la pointe traçante par une *règle*, instrument taillé dans une plaque mince de quelque substance rigide (bois ou métal), et possédant essentiellement deux faces planes qui se coupent ; l'une, plus étendue, est le *plat* de la règle, et s'applique sur l'épure ; l'autre, très réduite, en est le *biseau*, et leur intersection mutuelle, nécessairement rectiligne (**28**, VII), constitue l'*arête* de l'instrument.

Les points isolés se marquent le plus souvent par des piqûres d'aiguille, faites aussi légères que possible.

32. PROBLÈME (PRATIQUE). *Construire la droite qui passe par deux points donnés sur une épure* (**24**, I).

Après avoir appliqué sur l'épure, le plat de la règle (**27**, III), on l'y fait glisser jusqu'à ce que son arête passe par les points donnés (*Ib.*, IV). Cette position une fois trouvée (par tâtonnements), il ne reste plus qu'à y fixer la règle par pression, puis à promener la pointe traçante sur le papier, en l'appuyant à l'épure et au biseau de la règle à la fois. (Dans l'ajustement de la règle sur les points donnés, il y a à tenir compte de ce que, ni les marques de ceux-ci sur l'épure, ni le bec traçant, ne sont de véritables points géométriques.)

De la technique de cette opération, viennent les locutions si fréquentes : *joindre deux points (par une droite), tracer, tirer une droite.*

Superposition de deux figures égales quelconques.

33. Quand deux figures quelconques sont égales, leur coïncidence complète est assurée par celle seulement de trois points de l'une, non en ligne droite, avec leurs homologues dans l'autre.

Ou, ce qui revient au même : Toute position d'une figure quelconque libre dans l'espace, est complètement déterminée par celles seulement de trois tels de ses points.

Cette proposition complète les axiomes énoncés déjà pour les figures rectilignes (**25**, III), ou planes (**29**); elle renferme même la première partie de ce dernier. On la vérifiera bien facilement au moyen d'un trépied, meuble dont les détails reviennent aux mêmes positions, quand les trois extrémités seulement de ses pieds sont replacées en celles qu'ils ont occupées une fois.

CHAPITRE III

PARALLÉLISME DES DROITES ET DES PLANS. — CAS D'INTERSECTION

Mouvement de translation.

34. Les propositions suivantes nous seront incessamment nécessaires.

I. *Un plan mobile p peut glisser sur un plan fixe P, sous la condition spéciale que l'une de ses droites d glisse indéfiniment sur une droite fixe D appartenant au plan P.*

Car, en représentant par (*m*, *n*) la figure composée par deux points distincts *m*, *n* pris arbitrairement sur la droite mobile, puis par (M, N), (M′ N′), (M″, N″), ... les positions qu'elle prend par le glissement indéfini de cette droite *d* sur la droite fixe D (**23**, III), on peut toujours, par simple glissement du plan *p* sur P, superposer (*m*, *n*) à (M, N), (M′, N′), ..., successivement et indéfiniment aussi (**27**, IV).

II. **Une figure quelconque *f* ayant été solidarisée avec le plan *p* (8) et étant entraînée par son mouvement défini ci-dessus (I), tout point lui appartenant décrit (22) quelque partie d'une certaine droite G ; et si, à un instant donné quelconque, on dédouble cette droite par la pensée (19) en deux autres, savoir G elle ·même restant fixe dans l'espace et une droite *g* entraînée par la figure mobile après solidarisation avec elle, le mouvement de cette droite *g* se réduit à un simple glissement sur la droite G (23, III).**

Les droites telles que G, *g*, sont les *glissières* du mouvement de la figure *f* que nous analysons, les premières *fixes* (dans l'espace), les dernières *mobiles* (comme *f*, avec laquelle elles sont solidarisées). *Par chaque point de f, passe ainsi une glissière mobile (unique) à elle attachée ; par chaque point de l'espace, passe également une glissière fixe (unique aussi)*, sur laquelle glisse un de ses dédoublements, que l'on aurait solidarisé avec la figure mobile. En particulier, les droites *d*, D mentionnées plus haut (I) sont des glissières, la dernière fixe, l'autre mobile.

III. **Tout plan *q* de la figure *f*, qui passe par une glissière mobile *g*, glisse simplement encore sur le plan Q résultant de son dédoublement dans une de ses positions, d'ailleurs quelconque, puis laissé fixe dans l'espace.** *Ce glissement s'opère dans les conditions mentionnées ci-dessus* (I), puisque la droite *g* du plan *q* glisse en même temps sur la glissière fixe G à laquelle elle demeure appliquée.

Le lecteur trouvera des éclaircissements à ces diverses propositions, en fixant une règle à une planchette à épures, par pression comme au nº **32**, en appliquant une seconde règle, par son plat à la planchette, par son arête à celle de la règle fixe, puis en observant les déplacements dont, ainsi guidée, elle conserve encore la liberté.

35. Un semblable mouvement de la figure *f* est dit de *transport* ou de *translation*, et se montre dans une foule de circonstances vulgaires : enfoncement ou retrait d'un tiroir d'un meuble, emboîté dans sa case, jeu alternatif de la pièce mobile d'un trombone à coulisse, d'une barrière mobile portée par des galets roulant sur un rail rectiligne, etc.

Il présente encore les caractères suivants.

I. *Toute droite e de la figure mobile se meut sur un plan fixe*

Dans cette figure, quelque plan q contient à la fois la droite e et la glissière mobile g menée par quelque point pris arbitrairement sur cette droite (**28**, III, V), glisse en conséquence sur un plan Q fixe dans l'espace (**34**, III). La droite e glisse donc aussi sur ce dernier plan Q, puisqu'elle est située sur le premier q.

II. *La position d'un seul point a détermine complètement celle de toute la figure, dont ainsi, tous les points se meuvent simultanément, ou s'arrêtent en même temps.*

Car la position de a détermine celle de la glissière mobile g qui y passe (**34**, II), puisque cette droite se déplace sur une glissière fixe (**25**, III) ; la position de la droite g détermine à son tour celle d'un plan q mené par elle, puisque ce plan glisse sur un plan fixe (**29**) ; et les positions de trois points seulement pris sur ce plan non en ligne droite, suffisent à déterminer celle de toute la figure (**33**).

III. *Un arrêt d'une figure peut être considéré comme une variété du mouvement de translation*, car un tel état ne comporte rien qui soit contradictoire avec les définitions précédentes.

36. *Une* translation est un déplacement d'une figure (**6**), opéré par un simple mouvement de transport. Elle est dite *nulle*, quand il s'agit d'un arrêt (**35**, III).

I. *Quand une figure peut être superposée à une autre par une translation, leur coïncidence est réalisée dès que quelque point de la première est venu en son homologue dans la seconde* (**15**), (**35**, II).

En particulier : *la coïncidence avait lieu déjà, si un point de la première se confond avec son homologue dans la seconde*, puisque l'arrêt de la première n'est qu'une translation nulle.

II. On peut imprimer à toute figure solide une translation telle, qu'une droite H, choisie arbitrairement dans l'espace, joue le rôle de glissière fixe, et qu'un point de la figure, pris à volonté sur la glissière mobile h restant en application constante avec H, soit amené en un point quelconque donné sur cette droite H.

III. Si une première translation a amené une figure mobile f, d'une position initiale F (*fig.* 6) à la position finale F_1, si ensuite une deuxième l'a amenée de F_1 prise pour nouvelle position initiale, à F_2 nouvelle position finale, une seule translation peut amener f directement de F à F_2.

IV. *Si f a passé de F (fig. 7) à F′ par une translation, une deuxième translation peut toujours la ramener de F′ en F.*

Soient a un point de f, puis A, A′ ses positions dans F, F′, et imprimons à f, à partir de F′, une translation de glissière A′A ramenant a en A (II), plaçant f en une certaine position F″. Ces deux translations consécutives peuvent être remplacées par une seule (III) faisant passer f, de F à F″, et cette troisième est un arrêt puisque *a* reste en place (I). La seconde translation avait donc ramené *f*, de F' à F, identique ainsi à F".

V. *Si, d'une même position* F, *la figure f, par deux translations, a été amenée, une première fois en* F_1, *une seconde fois en* F_2, *une seule translation suffira pour la faire passer de* F_1 *en* F_2 *directement (de* F_2 *en* F_1, *pareillement).* Cette translation est celle qui peut être substituée (III) aux deux successives, déplaçant *f*, l'une de F_1 à F (IV), l'autre de F à F_2.

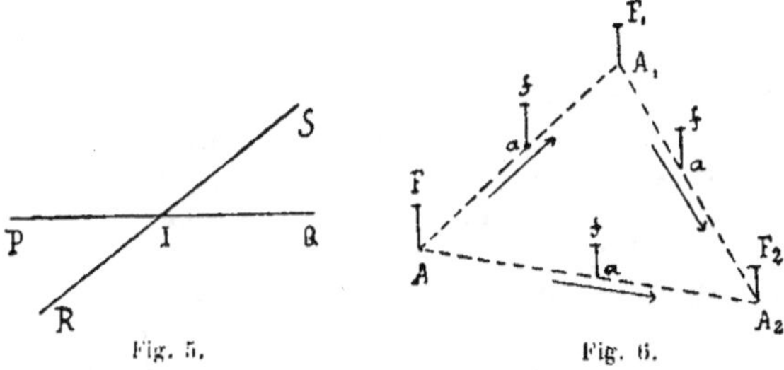

Fig. 5.　　　　Fig. 6.

VI. *Si des translations successives* t_1, t_2, t_3, t_4, ..., t_{n-1}, t_n *ont conduit f de* F *à* F_1, *puis de* F_1 *à* F_2, *de* F_2 *à* F_3, *de* F_3 *à* F_4, ..., *finalement de* F_{n-1} *à* F_n, *une seule translation* $\mathfrak{T}_n$ *peut l'amener de* F *à* F_n, *directement.* On obtiendra visiblement la translation $\mathfrak{T}_n$, en remplaçant t_1 et t_2 par une seule $\mathfrak{T}_2$ (III), puis de même $\mathfrak{T}_2$ et t_3 par une seule autre $\mathfrak{T}_3$, puis $\mathfrak{T}_3$ et t_4, ..., finalement $\mathfrak{T}_{n-1}$ et t_n par une dernière qui sera $\mathfrak{T}_n$.

Définition du parallélisme des droites et des plans.

37. Il nous sera très commode de confondre temporairement sous la dénomination commune d'*objets*, des droites et des plans, indistinctement.

I. *Quand deux objets sont dans des situations relatives telles, que, par une simple translation* $\mathfrak{T}_1$ (**34** *et suiv.*), *l'un d'eux* M *puisse être appliqué sur l'autre* N (**20**), (*superposé à lui par suite, dans le cas où tous deux sont de même nature), toute autre translation* $\mathfrak{T}_2$ *opère encore l'application (d'une autre manière), si seulement elle amène sur* N *quelque point* A *de* M (**36, II**).

Soient MA (*fig.* 8) la figure formée par l'objet M et son point A solidarisé avec lui, puis *ma* un dédoublement mobile de cette figure, et M_1A_1, M_2A_2 les positions finales, où il est conduit, à partir de MA, par les translations $\mathfrak{T}_1$, $\mathfrak{T}_2$ respectivement. D'une part, M_1 par hypothèse et son point A_1 en conséquence sont appliqués sur N ; d'autre part, A_2 est situé sur N par hypothèse encore, et quelque translation unique $\mathfrak{T}$ suffit pour amener *ma* de M_1A_1 en M_2A_2 (**36, V**).

Si A_2 se confond avec A_1, la translation $\mathfrak{C}$ se réduit à un arrêt, puisque ainsi a reste en place; et, se confondant avec M_1 (*Ib.*, I), l'objet M_2 est comme lui appliqué sur N.

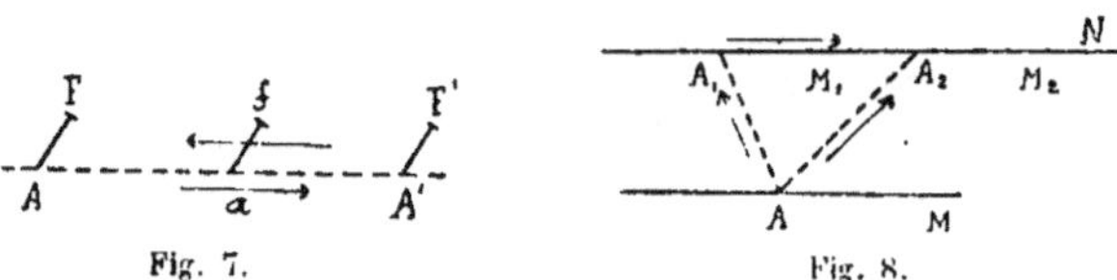

Fig. 7.   Fig. 8.

Sinon, ces deux points déterminent une droite A_1A_2 sur laquelle l'objet N, droite ou plan peu importe, est appliqué puisqu'il en contient les deux points distincts A_1, A_2 (**24**, I), (**27**, I); et la même droite A_1A_2 est une glissière fixe de la translation $\mathfrak{C}$. Il en résulte que cette translation $\mathfrak{C}$, exécutée sur un dédoublement mobile n de l'objet N, le laisse en superposition constante avec lui; car, si N, n sont deux droites, elles ne sont pas autre chose que la glissière fixe A_1A_2 et la glissière mobile glissant sur elle (**34**, II); si ce sont deux plans, N contient la glissière fixe A_1A_2, n en conséquence passe par la glissière mobile se déplaçant sur celle-ci (*Ib.*, III).

Cela posé, formons une seconde figure mobile man, en solidarisant la première ma prise en M_1A_1 avec n pris en N, et déplaçons-la par la translation $\mathfrak{C}$. Comme sa partie m est appliquée sur sa partie n dans sa position initiale M_1A_1N, elle reste telle pendant toute la durée de son mouvement, en particulier dans sa position finale. Mais celle-ci est M_2A_2N puisque n reste superposé à N. Donc encore, M_2 est comme M_1 appliqué sur N.

II. *Quand un objet M peut être appliqué sur un autre N par une simple translation $\mathfrak{C}'$, celui-ci réciproquement peut être appliqué sur le premier par une translation aussi.*

Soient m un dédoublement mobile de M, qu'à partir de cette position initiale, la translation $\mathfrak{C}'$ amène en M', objet appliqué sur N par hypothèse; en cette dernière position de m, solidarisons avec lui un dédoublement n de N, faisons subir à la figure mobile mn la translation $\mho'$ qui ramène sa partie m à sa position primitive M (**36**, IV), et soit N' la position finale de la partie n.

Comme les parties m, n de la figure mobile mn sont en application mutuelle quand elle part de sa position M'N, elles demeurent telles pendant tout son mouvement, en particulier quand elle a atteint sa position finale MN'. Donc la translation $\mho'$ applique sur M, un dédoublement de N, ce qu'il suffisait de constater.

III. *Quand un objet M peut être appliqué sur un autre N par une simple translation, tous deux sont déjà en état d'application, si seulement ils ont un point commun A.*

Nous considérerons un dédoublement mobile *mna* de la figure composée par les objets M, N et par leur point commun A ; nous lui ferons subir une translation déplaçant son point *a*, de A en A', autre point, distinct de A, pris arbitrairement sur N (**36**, II), et nous représenterons sa position finale par M'N'A'.

L'objet N ayant ses deux points distincts A, A' sur la droite déterminée AA', se confond avec elle, s'il est une droite, passe par elle s'il est un plan ; et il en est de même pour son dédoublement mobile *n* pendant toute la durée du mouvement, parce que AA' est une glissière fixe, relativement à laquelle *n* a cette situation dans sa position initiale N (**34**, II, III). On en conclut que la position finale N' de *n* se confond avec N. Mais M' est appliqué sur N (I), sur l'objet identique N' en conséquence ; donc il y avait application constante entre *m*, *n*, entre leurs positions initiales M, N en particulier, puisqu'il en est ainsi pour leurs positions finales M', N'.

38. Pour spécifier la position relative de deux objets dont l'un peut être appliqué sur l'autre par une simple translation (superposé, si ce sont deux droites ou deux plans), nous dirons que le premier est *parallèle* au second, et l'emploi de ce mot permet de simplifier comme il suit les énoncés ci-dessus.

I. *Quand un objet est parallèle à un autre, celui-ci réciproquement est parallèle au premier* (**37**, II). En conséquence, nous pouvons dire que ces deux objets sont mutuellement *parallèles*, ou bien encore *en parallélisme.*

II. *Quand deux objets sont parallèles* (I), *ils sont mis en application mutuelle par toute translation, soit du premier, soit du second, qui conduit, soit quelque point du premier sur le second, soit quelque point de celui-ci sur le premier* (**37**, I).

III. *Quand deux objets sont parallèles, de deux choses l'une : ou ils ne se rencontrent pas, ou bien ils sont mutuellement appliqués.* Car, si seulement ils ont un point commun, leur application mutuelle est certaine (*Ib.*, III).

IV. On notera que *l'état d'application mutuelle de deux objets est une simple variété de celui de parallélisme*, soit parce que le repos, variété de la translation (**35**, III), suffit alors à assurer leur application, soit parce que toute translation de l'un, dont une glissière fixe le rencontre en étant située sur l'autre, remet sans cesse le premier en application sur le second (**34**, II, III), (**35**, I).

39. D'après ce qui précède, il est évident que :

I. *Les droites parallèles à une même droite donnée* D, *sont ses dédoublements et les positions finales* D', D",... *que lui font acquérir toutes les translations imaginables ;*

II. Les plans parallèles à un même plan P, *sont ses dédoublements et les positions finales* P', P"*.... où l'amènent toutes les translations possibles ;*

III. Les plans parallèles à une même droite D *sont ceux qui passent, soit par elle, soit par ses positions finales* D', D"*,... après toutes les translations concevables, ou bien, ce qui revient au même, par toutes les droites qui lui sont parallèles* (I) ;

IV. Les droites parallèles à un même plan P *sont celles qui peuvent être tracées sur lui, ou sur ses positions finales* P' P"*,... après toutes les translations, ou bien, ce qui est encore équivalent, sur tous les plans qui lui sont parallèles* (II).

40. *Deux droites parallèles* D, D', *deux parallèles plus brièvement, sont toujours dans quelque même plan.* Car pendant la translation qui applique D par exemple sur D' (**38**, II), D se meut sur un plan fixe (**35**, I), et ce plan contient ainsi à la fois, D position initiale de cette droite et D' sa position finale.

Quand ces parallèles sont distinctes, elles n'ont aucun point commun (**38**, III), et ce plan est évidemment déterminé par l'une d'elles et un point pris à volonté sur l'autre (**28**, II). Quand elles ne le sont pas, ce plan est indéterminé, pouvant être pris arbitrairement parmi ceux qui passent par l'une des droites (*Ib.*, V).

41. *Par un point donné quelconque* M' *(fig. 9), on peut toujours mener à une droite donnée* AB, *une parallèle, mais une seule.*

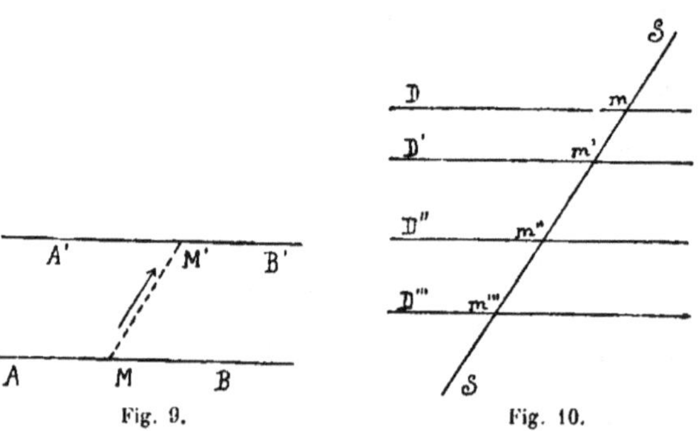

Fig. 9.   Fig. 10.

Pour obtenir une telle parallèle, il suffit de prendre la position A'M'B' occupée par AB après une translation amenant en M', l'un de ses points M choisi à volonté (**39**, I), (**36**, II).

Cette parallèle est unique ; car à toute autre A"M'B", on pourrait appliquer AB par translation (**38**, II), la superposer par suite, puisqu'il s'agit de deux objets de même nature ; et

A′M′B′, A″M′B″ positions finales acquises par la même figure AB au moyen de translations, seraient superposables par translation (**36, V**), dès lors parallèles. Ces droites se confondraient donc, puisqu'elles ont en commun le point M′ (**38, III**).

Quand M′ est sur AB, cette droite est à elle-même sa parallèle menée par M′.

42. *Par tout point donné, on peut mener un plan parallèle à un plan donné, mais un seul.* Comme ci-dessus (**41**).

43. *Par tout point donné* M′, *on peut mener une infinité de plans parallèles à une droite donnée* D, *et ce sont tous ceux qui passent par la droite* D′ *menée par* M′ *parallèlement à* D (**41**).

Pour qu'un plan passant par M′ soit parallèle à la droite D, il faut effectivement (**38, II**) qu'il contienne la position finale imposée à cette droite par une translation amenant un de ses points en M′, c'est-à-dire la parallèle à D, issue de M′; et cette condition est évidemment suffisante.

44. *Par tout point donné* M′, *on peut mener une infinité de droites parallèles à un plan donné* P, *et ce sont toutes les droites issues de* M′, *dans le plan* P′ *mené par* M′ *parallèlement à* P (**42**). Raisonnement tout semblable (**38, II**).

45. Les observations suivantes sont quelquefois utiles.

I. *Pour mener par un point donné* M′ *la droite* D′ *parallèle à une droite donnée* D, *il suffit de faire passer par celle-ci deux plans distincts* P, Q *et de prendre l'intersection des plans* P′, Q′ *menés par* M′ *parallèlement à* P, Q (**42**).

Chacun de ces plans P′, Q′ passe par la parallèle D′ (**43**), comme parallèle à D (**39, IV**), et tous deux la déterminent. Car s'ils se confondaient, les plans P, Q se confondraient aussi, contrairement à l'hypothèse, comme parallèles au même plan P′ (ou Q′) et passant par quelque même point de la droite D (**42**).

II. *Pour mener par un point donné* M′ *le plan* P′ *parallèle à un plan donné* P, *il suffit de prendre dans ce plan un point quelconque* M, *d'y tracer par* M *deux droites distinctes quelconques* D, E, *de mener par* M′ *les parallèles* D′, E′ *à ces droites* (**41**), *puis de prendre le plan passant par* D′, E′. Raisonnement tout semblable, fondé sur les numéros **44, 41, 39,** III.

Cas d'intersection des droites et des plans.

46. Quand il y a rencontre sans application mutuelle, entre deux droites, ou entre une droite et un plan ¡en un point unique par suite (**24, III**), (**28, VI**)¦, ou bien entre deux plans ¡en une droite unique, par conséquent (*Ib.*, VII)], on exprime le fait en disant, dans chaque cas, que chacun des objets de la paire mise en question par lui, *coupe* l'autre objet. Dans ce sens :

Une droite S qui coupe un plan $\mathcal{P}$, coupe aussi tous les autres, $\mathcal{P}'$, $\mathcal{P}''$,..., qui sont parallèles à celui-ci. (*Cf.* **50**, *inf.*)

47. *Une droite E et un plan $\mathcal{P}$ se coupent quand ils ne sont pas parallèles.* (*Cf.* **51**, *inf.*)

Cette droite E n'est pas tout entière dans le plan $\mathcal{P}'$ mené par un de ses points m' parallèlement à $\mathcal{P}$ (**42**); car, si elle s'y trouvait, elle serait parallèle à $\mathcal{P}$ (**44**), ce qui est contraire à l'hypothèse. Elle coupe donc le plan $\mathcal{P}'$ en m', et, par suite, son parallèle $\mathcal{P}$ en quelque point m (**46**).

48. *Une droite et un plan sont parallèles quand ils ne se rencontrent pas.* Car ils se couperaient, s'ils ne l'étaient pas (**47**).

49. *Un plan $\mathcal{G}$ qui coupe une droite D, en m, coupe aussi toutes les autres, D', D'',..., qui sont parallèles à celle-ci* (*Cf.* **46**).

Ce plan n'est pas parallèle à la droite D' par exemple, car s'il l'était, et comme il passe par m, il contiendrait la droite D parallèle à D' (**43**), au lieu de la couper simplement en m. Il coupe donc D' aussi (**47**).

50. *Dans un même plan, quand plusieurs droites D', D'', D''',... (fig. 10) sont parallèles à une même autre D, toute droite S de ce plan, qui coupe celle-ci, en m, coupe aussi les premières, D', D'', D''',... (en m', m'', m''',...)* (*Cf.* **46**, **49**).

Car quelque autre plan $\mathcal{G}$ mené par S coupe la droite D, et, par suite, toutes ses parallèles D', D'', D''',... (*Ib.*). Donc son intersection S avec le plan de toutes les droites considérées, coupe aussi les mêmes parallèles.

51. *Situées dans un même plan, deux droites E, D (fig. 11) se coupent quand elles ne sont pas parallèles* (*Cf.* **47**).

La droite E est distincte de la parallèle D' menée par un de ses points, m', parallèlement à D (**41**); car, si elle se confondait avec D', elle serait, comme celle-ci, parallèle à D, contrairement à l'hypothèse. Etant dans le plan des parallèles D, D' (**40**), et coupant la seconde en m', la droite E coupe aussi la première en quelque point m (**50**).

52. *Deux droites situées dans un même plan et ne se rencontrant pas, sont parallèles* (*Cf.* **48**). Car elles se couperaient si elles ne l'étaient pas (**51**).

53. *Aucun plan ne peut contenir à la fois deux droites qui ne se rencontrent pas et ne sont pas parallèles.* Car ces droites seraient parallèles, si elles se trouvaient dans un même plan, sans rencontre mutuelle (52).

54. *Deux droites, par lesquelles à la fois on ne peut faire passer aucun plan, ne se rencontrent pas et ne sont pas parallèles.* Car elles seraient dans quelque même plan, si elles se rencontraient (28, III, V), ou bien, si elles étaient parallèles (40).

55. *Un plan 𝒢 qui coupe une droite* D, *coupe aussi tous les plans* ⅅ′, ⅅ″,... *qui sont parallèles à cette droite* (*Cf*. 46, 49, 50).
Car il coupe la droite D′ menée parallèlement à D par un point pris arbitrairement sur le plan ⅅ′ par exemple (49), ce plan ⅅ′ en conséquence, qui contient la droite D′ tout entière (43).

56. *Un plan 𝒢 qui en coupe un autre* 𝔓, *coupe aussi tous ceux* 𝔓′, 𝔓″,... *qui sont parallèles à celui-ci* (*Cf*. 46, 49, 50, 55).
Les plans 𝒢 et 𝔓 étant distincts, on peut, par un point *m* de leur intersection, mener dans le premier une droite S non située dans le second, le coupant par suite, ainsi que, en *m′*, *m″*,..., ses parallèles 𝔓′, 𝔓″,... (46). Passant par cette droite, le plan 𝒢 rencontre aussi les mêmes plans aux mêmes points *m′*, *m″*,... ; et il les coupe, puisque sa droite S, issue de *m*, hors de 𝔓, n'est parallèle (44), à plus forte raison afférente, à aucun d'eux.

57. *Deux plans non parallèles,* 𝔓, 𝒬, *se coupent* (*Cf*. 47, 51).
Quelque droite D du plan 𝔓 par exemple, n'est pas parallèle au plan 𝒬 ; car, si sur 𝔓, deux droites concourantes seulement, étaient parallèles à 𝒬, il y aurait parallélisme entre ces deux plans (45, II). Le plan 𝒬 rencontre donc la droite D (47), puis, par suite, le plan 𝔓 où celle-ci se trouve tout entière ; et il le coupe, puisqu'il ne se confond pas avec lui.

57 *bis. Deux plans qui ne se rencontrent pas, sont parallèles* (*Cf*. 48, 52). Car ils se couperaient, s'ils ne l'étaient pas (57).

58. *Trois plans* 𝔓, 𝒬, ℛ *qui ne sont parallèles à aucune même droite, se coupent mutuellement en un point unique* (*Cf*. 28, VIII).
Les plans 𝔓, ℛ pris au hasard, ne sont pas tous deux parallèles à l'autre 𝒬, puisque, autrement et contrairement à l'hypothèse, tous trois le seraient à une droite quelconque de ce dernier (44). Les plans 𝒬 et ℛ par exemple, se coupent donc (57), et leur intersection P n'est pas parallèle à 𝔓, car autrement, les plans donnés seraient tous trois parallèles à cette droite, contrairement à l'hypothèse. Le plan 𝔓 coupe donc la droite P (47), et leur intersection est évidemment le seul point qui soit commun aux trois plans proposés.

59. *Trois plans sont parallèles à quelque même droite, quand*

ils n'ont aucun point commun à tous. Car ils en auraient un, s'ils n'étaient parallèles à aucune même droite **(58)**.

60. *Dans tout mouvement de translation, deux glissières quelconques sont parallèles.*

I. *Deux glissières fixes* D, E *sont dans un même plan.* Car, *m* désignant quelque point de la glissière mobile qui se déplace sur E, un plan de la figure mobile, passant par *m* et par la glissière mobile ∂ qui se déplace sur D, demeure en coïncidence avec sa position primitive **(34, III)**. Donc, E droite décrite par *m*, est, comme ce point sans cesse, située entièrement dans cette position initiale, c'est-à-dire dans quelque plan fixe de l'espace contenant aussi la glissière D.

II. *Si elles ne se confondent pas, ces glissières* D, E *ne peuvent se rencontrer.* Car si elles avaient en commun quelque point M, un dédoublement *m* de M, que l'on solidariserait avec la figure mobile, se déplacerait sur ces deux glissières à la fois ; par suite, il y arriverait en quelque position M′ distincte de M, et, ayant en commun les deux points distincts M, M′, ces deux glissières se confondraient, au rebours de l'hypothèse. Elles sont donc bien parallèles **(52)**.

III. Comme ainsi, les points d'une figure animée d'un mouvement de translation décrivent des droites toutes parallèles à une même droite fixe, on dit que ce mouvement s'effectue *parallèlement* à cette droite, et encore à toute droite ou plan parallèle à la même droite **(62** *et suiv., inf.***).**

61. PROBLÈME (PRATIQUE). *Une droite* D (*fig.* 12) *et un point* M′ *étant donnés sur une épure* **(31)**, *y tracer, par le second, une droite parallèle à la première* **(40)**, **(41)**.

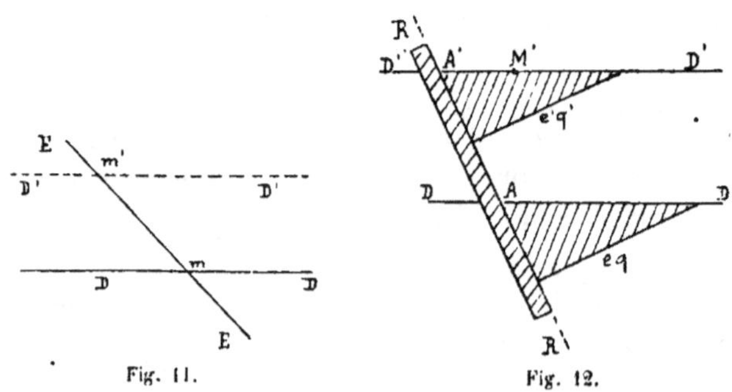

Fig. 11.   Fig. 12.

Les instruments à employer sont une règle ordinaire **(31)** et une *équerre* **(141** *et* **190,** *inf.***),** sorte de règle dont le plat assez large possède dans son bord deux arêtes rectilignes qui se coupent.

Après avoir appliqué le plat de l'équerre sur l'épure, on y fait glisser cet instrument jusqu'en *eq*, position où l'une de ses arêtes coïncide avec la droite D (**27**, III, IV). Sur l'autre arête de l'équerre, on amène en R celle de la règle dont le plat a été appliqué préalablement sur l'épure, puis déplacé par un glissement convenable (*Ib.*). La règle étant fixée ensuite par pression dans cette position, on fait glisser l'équerre de manière que son plat reste superposé à l'épure et que sa seconde arête glisse sur celle de la règle (**34**, I). L'équerre est alors animée d'un mouvement de translation (**35**), et toutes les positions de sa première arête sont parallèles à sa position initiale D (**39**, I).

Comme l'arête R de la règle coupe la droite D (en A), elle coupe aussi sa parallèle cherchée D′ en quelque point A′ (**50**) ; d'où la possibilité pour l'équerre d'être amenée en une position *e′q′* où sa première arête passe par le point A′ (**23**, III), par le point donné M′ en conséquence (**41**), (si toutefois l'équerre est de grandeur suffisante, et si les instruments ont été convenablement disposés). Il ne reste plus qu'à tracer D′ le long de cette première arête (**32**) (ou de celle d'une règle plus longue, substituée à l'équerre).

[Une pointe traçante qui est attachée à un corps animé d'un mouvement de translation, parmi les glissières duquel se trouve une droite donnée D, décrit une glissière aussi (**34**, II), c'est-à-dire une droite D′ qui est parallèle à D (**60**). Cette observation fournit, pour le tracé des parallèles, un autre moyen très employé dans les arts de construction ; c'est le principe de l'instrument traceur connu sous le nom de *troussequin*.]

Propriétés générales des droites et des plans parallèles.

62. *Des droites* D′, D″, D‴,... *parallèles séparément à une même droite* D, *le sont toutes aussi, deux à deux.* Car, étant des positions conférées à une même figure D par diverses translations (**39**, I), deux quelconques d'entre elles sont superposables par translation aussi (**36**, V), (**39**, I).

En conséquence, des droites telles que D, D′, D″,... sont dites *parallèles les unes aux autres*, indistinctement.

63. *Des plans* P′, P″,... *parallèles séparément à un même plan* P *le sont tous aussi, deux à deux.* Même raisonnement (**39**, II).

En conséquence, de tels plans sont dits *parallèles les uns aux autres*, indistinctement.

64. *Quand des droites* D′, D″,..., *des plans* P′, P″,..., *sont tous parallèles à une même droite* D, *chacun des premiers objets est parallèle à chacun des derniers*. Par hypothèse et par exemple, D est superposable au moyen : d'une translation à D′, d'une autre à quelque droite Δ′ du plan P′ (**39**, I, III) ; par quelque autre encore, D′ est donc superposable à Δ′.

65. *Quand des droites* D′, D″,..., *des plans* P′, P″,... *sont tous parallèles à un même plan* P, *chacun des premiers objets est parallèle à chacun des derniers*. Raisonnement tout semblable au précédent (**39**, II, IV).

66. *Pour qu'une droite* D′ *soit simultanément parallèle à deux plans* P, Q *non mutuellement parallèles, il faut et il suffit qu'elle le soit à leur intersection* D (**57**).

Si chacun des plans P, Q est parallèle à la droite D′, chacun d'eux contient la droite D_1 menée parallèlement à D′ par quelque point de leur intersection D (**43**). Donc D_1 se confond avec D qui est ainsi parallèle à D′, et la condition posée est nécessaire. Il est évident, d'ailleurs, qu'elle est suffisante (**39**, III).

67. *Quand une droite* D *et un plan* P′ *sont parallèles, tout plan* S *passant par la première et rencontrant le second, le coupe suivant une droite* D′ *qui est parallèle à* D. Car la droite D parallèle à P′ par hypothèse, à S puisqu'elle y est située, l'est aussi à leur intersection D′ (**66**).

68. *Sur deux plans parallèles* P, P′, *les traces* D, D′ *d'un même plan sécant* S (**56**) *sont parallèles aussi.* La droite D est parallèle au plan S parce qu'elle y est située, au plan P′ parce qu'elle est encore située dans le plan P parallèle à celui-ci (**39**, IV) ; elle l'est donc à la droite D′ intersection de S et de P′ (**66**).

69. Problème. *Par un point donné* M′, *mener une droite qui soit parallèle à la fois à deux plans donnés* P, Q.

Si P, Q ne sont pas parallèles, ils se coupent (**57**), et la solution est la droite unique menée par M′ parallèlement à leur intersection (**66**).

Si ces plans sont parallèles, il faut naturellement, en outre il suffit, que la droite cherchée soit parallèle à un seul d'entre eux (**65**), par suite, qu'elle soit menée par M′ dans le plan parallèle aux proposés, qui passe par ce point (**63**), (**44**).

On voit ainsi que le problème est déterminé dans le premier cas, indéterminé dans le second (**3**).

On remarquera que *toutes les droites de l'espace qui sont parallèles à deux mêmes plans non parallèles entre eux, sont parallèles entre elles*, puisqu'elles le sont toutes à l'intersection de ces plans **(62)**.

70. *Pour qu'un plan P′ soit simultanément parallèle à deux droites non parallèles qui se rencontrent, D, E, il faut et il suffit qu'il le soit au plan P déterminé par ces droites (Cf. **66**).*

Si les droites D, E sont toutes deux parallèles au plan P′, chacune d'elles est située dans le plan P_1 mené parallèlement à P′ par leur point d'intersection **(44)**. Ces droites étant distinctes, P_1 se confond avec P qui est ainsi parallèle à P′, et la condition posée est nécessaire. Il est évident d'ailleurs qu'elle est suffisante **(39, IV)**.

71. Problème. *Par un point donné M′, mener un plan qui soit parallèle à la fois à deux droites données D, E (Cf. **69**).*

Si D, E ne sont pas parallèles, leurs parallèles D_0, E_0 menées respectivement par M_0, point pris arbitrairement dans l'espace, sont distinctes; car si elles se confondaient, D, E parallèles toutes deux à leur fusion, le seraient entre elles **(62)**, contrairement à l'hypothèse. Pour que le plan cherché soit parallèle à D et à E, il faut et il suffit qu'il le soit à D_0 et à E_0 **(64)**, en conséquence au plan P_0 déterminé par ces deux droites **(70)**, qu'il soit ainsi le plan mené par M′ parallèlement à P_0, ou encore, ce qui est l'équivalent, le plan déterminé par les parallèles menées par M′ à D, E puisque celles-ci sont parallèles à D_0, E_0 **(45, II)**.

Si D, E sont parallèles, il faut naturellement, en outre il suffit, que le plan cherché soit parallèle à une seule d'entre elles **(64)**, par suite qu'il soit issu de la droite menée par M′ parallèlement aux proposées **(62)**, **(43)**.

Le problème est déterminé dans le premier cas, indéterminé dans le second.

On remarquera que *tous les plans de l'espace qui sont parallèles à deux mêmes droites non parallèles entre elles, sont parallèles entre eux*, puisqu'ils le sont tous au plan déterminé par deux parallèles à ces droites issues de quelque même point **(63)**.

72. Problème. *Par deux points distincts donnés, M′, N′, c'est-à-dire par la droite D′ qui les joint, faire passer un plan parallèle à une droite donnée E.*

La solution est évidemment tout plan mené par M′ parallèlement aux deux droites D′, E **(71)**. On pourra prendre le plan passant par les droites D′, E′, cette dernière issue de M′ parallèlement à E.

Si D′ et E ne sont pas parallèles, le problème est déterminé ; il est indéterminé si ces droites sont parallèles (*loc. cit.*).

73. Problème. *Étant données trois droites* D′, E′, H *non parallèles à quelque même plan, en mener une qui rencontre les deux premières et soit parallèle à la dernière.*

S'il y a une droite répondant à la question, on peut faire passer quelque plan par elle et par D′ puisque toutes deux se rencontrent, un autre plan par elle et par E′ pour une raison semblable ; et, comme ces plans contiennent cette solution qui est parallèle à H, chacun d'eux l'est aussi à la même droite (**39, III**).

Inversement, la condition de passer par D′ et d'être parallèle à H détermine un plan unique U′ (**72**) ; car si ces droites étaient en parallélisme mutuel, les droites données, D′, E′, H seraient parallèles à tout plan parallèle aux deux premières seulement (**71**), ce qui est un cas exclu ; et un autre plan unique V′ est déterminé semblablement par la condition de passer par E′ parallèlement à H.

Les plans U′, V′ ne sont pas parallèles ; car, autrement, D′, E′ situées respectivement dans le premier, dans le second, et H parallèle à tous deux, seraient parallèles à tout plan parallèle à l'un et à l'autre (**63**), (**65**), ce qui est toujours le cas exclu. Ils se coupent donc (**57**) suivant une droite H′ qui est l'unique solution du problème.

Effectivement H′ est parallèle à H, comme intersection de U′, V′ plans parallèles à cette droite (**66**). Elle rencontre D′, comme étant avec elle dans le plan U′, sans lui être parallèle (**51**), parce que si D′ était parallèle à H′, elle le serait à sa parallèle H, fait dont nous avons déjà reconnu l'exclusion par l'énoncé. Enfin, elle rencontre E′ aussi, pour une cause semblable.

Quand il y a rencontre entre D′, E′, c'est en un point unique O′, parce que, si ces droites se confondaient, un plan parallèle à leur fusion et à H (**71**) le serait à D′, E′, H à la fois, ce qui est le cas exclu. On remarquera qu'*alors la solution* H′ *passe par* O′, puisque ce point est situé sur chacun des plans U′, V′, sur leur intersection H′ par suite.

74. Voici deux observations de quelque intérêt.

Une droite g *qui se meut indéfiniment en s'appuyant sans cesse sur une droite fixe* D, *engendre un plan* (**22**), *quand, en outre :* I, *elle demeure parallèle à une droite fixe* G *non parallèle à* D ; II, *ou bien passe constamment par un point fixe* S *étranger à* D.

I. Car toutes les droites g appartiennent au plan Φ mené par D parallèlement à G (**72**) ; par tout point de ce plan, on peut, inversement, y tracer une parallèle à G (**43**), et cette parallèle rencontre D puisqu'elle est dans un même plan avec elle, sans lui être parallèle (**51**).

II. Raisonnement tout semblable, mais où le plan Φ est remplacé par celui que D, S déterminent (**28, II**), et où on prend appui sur l'axiome I du n° **27**. Il faut toutefois compléter l'ensemble des génératrices g par l'adjonction de la parallèle à D, issue de S, qui ne la rencontre pas.

CHAPITRE IV

FAITS GÉNÉRAUX SE RATTACHANT A LA NOTION DE DIRECTION (SUR UNE DROITE)

Les deux directions d'une droite. — Demi-droites. — Demi-plans. — Demi-espaces.

75. L'idée d'un mouvement *de sens constant*, animant un point m qui décrit une droite (**22**), nous est fournie par celui, par exemple, d'un piéton marchant indéfiniment sur un sentier rectiligne très étroit, sans s'arrêter, ni reculer, ni faire volte-face.

I. **Pour les mouvements de ce genre, qui sont réalisables sur une même droite, il n'existe que deux sens possibles.**

Ces deux sens sont dits *contraires* ou *opposés*. Sur la droite de la *fig.* 13, l'un est dit *de A à B*, si le point mobile atteint B *après* avoir passé en A (*de C à D, de D à E, ...*, tout aussi bien); il est indiqué par les flèches supérieures. L'autre, *de B à A* (*de D à C, de E à D,...*) est marqué par les flèches inférieures.

Fig. 13. 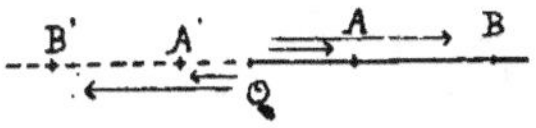   Fig. 14.

Plus volontiers, on nomme les sens dont il s'agit, les *directions* contraires ou opposées, qui sont ainsi concevables sur la droite considérée ; les notations AB, CD, DE, ..., indifféremment, désignent la première, BA, DC, ED,... marquant la seconde.

II. Deux points distincts A, B étant considérés sur une droite, on y spécifie leur disposition relative, en choisissant sur cette droite une direction, puis en disant B *placé par rapport à A dans cette direction*, ou bien *dans la direction opposée (au delà ou en deçà de A*, encore), selon que la direction AB est cette direction *élue* ou bien l'autre. Si, par exemple, la direction CD a été ainsi choisie, B est par rapport à A dans la direction élue, C est par rapport à E dans la direction opposée.

76. Un point ☉ (*fig.* 14) ayant été marqué préalablement sur une droite où l'on a choisi aussi une direction (flèches supérieures) (**75,** II), les autres points de cette figure se répartissent en deux classes, dont l'une contient les points A, B,... qui par rapport à ☉ sont dans la direction élue, dont l'autre contient ceux A″, B′,... qui sont dans la direction opposée (flèches inférieures). Et, associés à ☉, les points de chaque classe forment une figure partielle, une *région* de la droite, que nous nommons *demi-droite*, ayant pour *origine* ☉ et pour *direction* celle qui caractérise ses points, relativement à l'origine ; on note une demi-droite par deux lettres affectées, la première à son origine, l'autre à un quelconque de ses autres points.

Le point ☉, dédoublé par la pensée, *découpe* ainsi la droite considérée en deux demi-droites ☉A, ☉A′ de même origine ☉, mais de directions opposées, que l'on dit pour cette raison *opposées* l'une à l'autre. Chacune d'elles se nomme encore le *prolongement* de l'autre.

Sur une droite partagée de cette manière en deux demi-droites opposées par quelque point ☉, deux autres points sont dits *d'un même côté* de celui-ci, ou *de côtés différents, de part et d'autre de lui* encore, selon qu'ils appartiennent à une même de ces demi-droites, ou bien à l'une et à l'autre respectivement ; A et B sont d'un même côté de ☉, A′ et B′ aussi, mais A et B′, A′ et B sont de côtés différents.

77. Deux demi-droites quelconques sont deux figures égales, mais cela d'une seule manière, leurs origines étant toujours des points homologues (**15**), (**16**).

78. Semblablement à ce qui précède, une droite quelconque 𝒜 tracée sur un plan et dédoublée par la pensée, le découpe en deux régions dont la distinction s'opère ainsi : deux points M, N, distincts et étrangers à la droite 𝒜, sont dans une même région quand leur droite MN ne rencontre pas 𝒜, lui est parallèle par conséquent (**52**), ou bien quand elle la coupe en un point ☉ d'un même côté duquel ils tombent tous deux, c'est-à-dire tel, que les directions ☉M, ☉N de cette droite sont identiques (**76**) ; les points M, N sont dans des régions différentes, quand leur droite MN coupe la droite 𝒜 en un point ☉, de côtés différents duquel ils tombent l'un et l'autre, c'est-à-dire rendant opposées les directions ☉M, ☉N.

Chacune de ces régions, avec adjonction d'un dédoublement de la droite 𝒜, est un *demi-plan d'arête* 𝒜, que l'on désigne par la notation de son arête, suivie de celle de l'un de ses points n'appartenant pas à celle-ci ; et deux demi-plans provenant de cette division d'un même plan par une même arête qui leur est commune, sont *opposés* l'un à l'autre.

La *fig.* 15 montre les demi-plans opposés ℐₐA, ℐₐA′ ; le point B est dans le premier, parce que la droite AB est parallèle à l'arête ; le point C y est aussi parce que la droite AC coupe l'arête au point λ et que les directions λA, λC sont identiques. Mais le point A′ est dans l'autre ℐₐA′ opposé au premier, parce que la droite AA′ coupe l'arête en un point μ rendant opposées les directions μA, μA′.

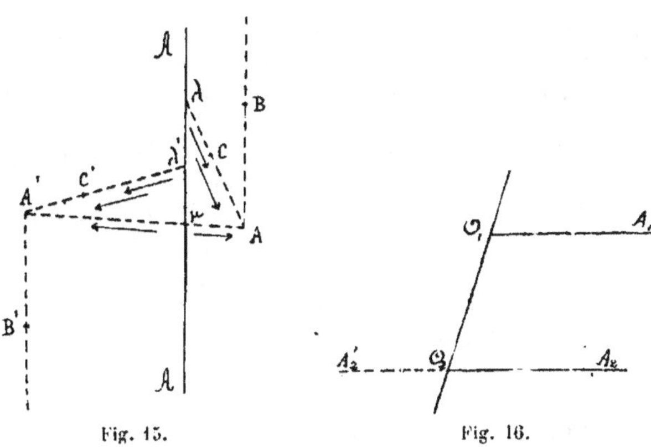

Fig. 15.   Fig. 16.

Les dénominations expliquées dans le dernier alinéa du nº **76** s'étendent d'elles-mêmes aux positions par rapport à l'arête de deux demi-plans opposés, de deux points de leur plan, étrangers à cette droite.

79. Deux demi-plans quelconques étant donnés, avec deux demi-droites déterminées respectivement sur leurs arêtes, on peut toujours superposer simultanément l'un d'eux et sa demi-droite à l'autre et à sa demi-droite, mais cela d'une seule manière (*Cf.* **77**).

80. Semblablement encore, un plan 𝔓 tracé dans l'espace et dédoublé par la pensée, le découpe en deux *demi-espaces opposés* ayant ce plan pour *plancher* commun, dont la distinction s'opère par les mêmes moyens, et que l'on note ainsi 𝔓A, 𝔓A′, si A, A′ sont des points appartenant à l'un et à l'autre, mais non à leur plancher. L'observation finale du nº **76** est encore à reproduire textuellement ici.

81. Une figure composée d'un demi-espace, d'un demi-plan pris dans son plancher, d'une demi-droite prise sur l'arête de ce demi-plan, est égale d'une seule manière à toute autre de ce genre (*Cf.* **77, 79**).

82. *Quand, soit deux demi-plans, soit deux demi-espaces, sont*

*opposés, leur arête ou plancher commun divise toute droite cou-
pée par eux, en deux demi-droites opposées dont les points appartiennent respectivement à l'un et à l'autre.*

*Le plancher commun à deux demi-espaces opposés découpe tout
plan sécant en deux demi-plans opposés qui sont situés aussi dans
l'un et dans l'autre, respectivement.*

Tout ceci est montré immédiatement par nos définitions.

83. *Quand une translation d'un demi-plan, ou d'un demi-espace
(36) est parallèle, ou à l'arête $\mathscr{A}$ du premier ou au plancher $\mathscr{P}$ du
second (60, III), elle ne fait que réappliquer l'une ou l'autre des
figures sur elle-même (d'une autre manière) (Cf. **174**, III, inf.).*

Soient M, M' les positions initiale et finale d'un point quelconque du demi-plan ou demi-espace considéré. La droite MM'
étant une glissière de la translation (**34**, II) est, comme toutes
les autres (**60**), parallèle soit à $\mathscr{A}$, soit à $\mathscr{P}$; M' est donc,
comme M, dans ce demi-plan ou demi-espace, soit que MM' se
confonde avec $\mathscr{A}$ ou appartienne au plan $\mathscr{P}$, soit qu'elle ne les
rencontre pas (**78**), (**80**).

Parallélisme des demi-droites, demi-plans,
demi-espaces.

84. Quand deux demi-droites ont été empruntées à des droites
parallèles, la translation capable de faire coïncider leurs origines
(**36**, II), leurs droites en même temps (**38**, II), rend ces demi-
droites soit identiques, soit opposées. Nous dirons alors qu'elles
sont *parallèles*, et cela *proprement* dans le premier cas, *improprement* dans le second ([1])

Pour mener, d'un point donné $\mathscr{O}'$, une demi-droite parallèle
à une demi-droite $\mathscr{O}A$, il suffit évidemment de prendre la position finale $\mathscr{O}'A'$ procurée à $\mathscr{O}A$ par une translation amenant
$\mathscr{O}$ en $\mathscr{O}'$, si le parallélisme doit être propre, la demi-droite $\mathscr{O}''A$
opposée à $\mathscr{O}'A'$ s'il doit être impropre.

85. *Deux demi-droites parallèles à une même troisième, le sont
l'une à l'autre (**62**), et cela proprement ou improprement, selon
que leurs parallélismes avec celles-ci sont d'un même genre ou de
genres différents Ceci résulte immédiatement des définitions
précédentes (**36**, V).*

---

(1) Ces dénominations sont bien plus nettes et commodes que *directement, inversement*, dans des questions ou le mot *direction* revient à
chaque instant avec un sens tout différent.

86. *Quand deux demi-droites sont empruntées à une même droite* D, *avec des origines quelconques* O_1, O_2, *cas auquel elles sont parallèles, elles ont sur cette droite la même direction ou des directions opposées, selon que leur parallélisme est propre ou impropre.*

I. **Si dans un glissement d'une droite mobile** d, **sur une droite fixe** D **(23, III), deux de ses points,** a, b, **y ont eu** A′ B′ **pour positions initiales, et** A″, B″ **pour positions finales, les directions** A′B′ **et** A″B″ **sur** D **sont identiques (75, I).**

II. Supposant propre le parallélisme des demi-droites considérées, soient A_1 un point de la première autre que son origine et A_2 sa position finale après la translation (de glissière O_1O_2) qui applique la première sur la seconde. Le fait en question résulte alors de ce que, sur la droite D, les directions O_1A_1, O_2A_2 sont identiques (I).

III. Si le parallélisme est impropre, il est propre pour l'une des demi-droites ∂_1 et l'opposée ∂'_2 de l'autre ∂_2 **(85)**, et la direction de ∂_2 opposée à celle de ∂'_2 qui est identique à celle de ∂_1 (II), est opposée aussi à cette dernière.

87. *Quand deux demi-droites parallèles* O_1A_1, O_2A_2 *ne sont pas empruntées à une même droite, elles déterminent un plan contenant aussi la droite* O_1O_2 **(40)**, *et chacune d'elles détermine encore un demi-plan d'arête* O_1O_2, *un demi-espace aussi ayant pour plancher quelque autre plan* P *mené arbitrairement par* O_1O_2 *(82). Cela posé, selon que les deux demi-plans, les deux demi-espaces, sont identiques ou opposés, le parallélisme des demi-droites est propre ou impropre.*

Si l'on fait entraîner le demi-plan $\overline{O_1O_2}\,A_1$, le demi-espace $P\,A_1$, par la translation, de glissière O_1O_2. qui amène la droite O_1A_1, sur O_2A_2, chacune de ces figures est remise en application avec sa position primitive **(83)**. Si donc O_1A_1, O_2A_2 sont dans un même demi-plan ou demi-espace, la position finale de la première, qui ainsi s'y trouve également, se confond avec la seconde, parce que toutes deux sont détachées d'une même droite (savoir O_2A_2), par un même demi-plan ou demi-espace **(82)**. Dans le cas contraire, chacune des demi-droites O_1A_1, O_2A_2 est, par ce qui précède, parallèle proprement à l'opposée de l'autre, improprement par suite à cette dernière **(84)**.

La *fig.* 16 montre les demi-droites O_2A_2, $O_2A'_2$ proprement et improprement parallèles, à O_1A_1, et situées effectivement, la première dans le demi-plan $O_1O_2\,A_1$, la seconde dans l'opposé de celui-ci.

88. Etant données deux droites D, E sur chacune desquelles on a marqué deux points distincts, savoir A, B sur la première et P, Q sur la seconde, et si, après avoir appliqué D sur E, il arrive que A, B ont pris sur celle-ci des positions A′, B′ telles, que, sur la même droite E, les directions PQ, A′B′ sont identiques, on dit que *la direction* AB *de la première droite* D *a été appliquée aussi sur la direction* PQ *de la seconde.* On aperçoit immédiatement la possibilité de cette application et les manières de la réaliser.

Sous la condition qu'un point M, *choisi à volonté sur* D, *vienne simultanément en* N, *point marqué sur* E *arbitrairement aussi, il n'existe qu'une manière :* elle consiste à prendre sur D la demi-droite d'origine M, de direction AB, sur E celle d'origine N, de direction PQ, puis de superposer la première à la seconde (**77**).

Les autres manières se réalisent évidemment par tous les glissements possibles de la première droite sur la droite E, *après l'application précédente* (**86, I**).

89. Quand les droites D, E sont parallèles, les demi-droites dont nous venons de parler le sont aussi. Si c'est proprement, les directions AB, PQ, s'appliquent mutuellement par toute translation amenant D sur E (**36, V**), (**86, I**). A cause de cela, on dit ces directions *parallèles* (*proprement*), et même on les considère comme *identiques dans l'espace*. Si c'est improprement, les directions considérées sont *improprement parallèles,* et on les regarde comme *opposées dans l'espace*.

90. Deux demi-plans sont *parallèles, proprement* ou *improprement,* quand ils peuvent être superposés ou rendus opposés par quelque translation, ceci exigeant que leurs plans soient parallèles, leurs arêtes aussi. Et semblablement, pour le *parallélisme* de deux demi-espaces. Les moyens indiqués à la fin du n° **84** pour les demi-droites, procurent aussi bien le demi-plan, le demi-espace, issus d'un point donné, en parallélisme propre ou impropre avec d'autres préalablement donnés.

91. Des droites parallèles sont considérées comme ayant dans l'espace *une même orientation* déterminée par l'une quelconque d'entre elles, parce que les deux directions de chacune se retrouvent respectivement identiques sur toute autre (**89**).

Et de même pour des plans parallèles ; car sur chacun, des droites parallèles (**40**) ont ainsi même orientation que leurs parallèles menées sur tout autre (**43**).

CHAPITRE V

COMPARAISON DES SEGMENTS RECTILIGNES

Segments rectilignes (absolus).

92. Quand deux points A, B (*fig.* 17) sont distincts, ils déterminent une droite sur laquelle les demi-droites $\overline{AB}$, $\overline{BA}$ de directions opposées **(76)** ont une région commune que l'on nomme l'*intérieur du segment rectiligne* AB (ou BA), d'*extrémités* A, B.

Le surplus de la droite est l'*extérieur* du même segment. Il comprend deux autres régions, savoir la demi-droite opposée à $\overline{AB}$, faisant partie de $\overline{BA}$, et l'opposée de $\overline{BA}$, faisant partie de $\overline{AB}$; ce sont les *prolongements* du segment, *au delà*, le premier de A, le second de B.

Les points I intérieurs au segment sont caractérisés par cette particularité, que les directions AI, BI sont identiques à AB, BA respectivement, toujours mutuellement opposées par suite. Pour un point extérieur E, ces directions sont toujours identiques entre elles, à BA s'il s'agit d'un point E_1 du prolongement au delà de A, à AB s'il s'agit de E_2 appartenant à l'autre prolongement.

Quand les points A, B se confondent, ces définitions sont vaines, mais il y a parfois commodité à dire (au figuré) qu'ils sont les extrémités (confondues) d'un segment *nul*, ayant à son extérieur tous les autres points d'une droite sur laquelle on le concevrait.

<table>
<tr><td>Fig. 17.</td><td>Fig. 18.</td></tr>
</table>

93. *Deux segments* AB, A'B' *sont égaux évidemment, quand la solidarisation de* A *avec* B *et celle de* A' *avec* B' *donnent deux figures égales; et alors, leur égalité a lieu de deux manières : savoir sous le régime des notations* AB, A'B', *et sous celui des notations* AB, B'A' **(16)**. (*Ces deux manières ne font qu'une toutefois, quand il s'agit de segments nuls.*)

Par exemple, un dédoublement mobile *ab* d'un segment quelconque AB, est réapplicable sur lui *par retournement*, c'est-à-dire *a* venant en B et *b* en A.

94. I. Deux segments AB, CD (non nuls) étant donnés, on les *juxtapose sur une même droite* en les plaçant de manière à superposer l'une des demi-droites $\overline{AB}$, $\overline{BA}$, dont le premier est la partie commune (**92**), soit au prolongement de l'une des demi-droites analogues, $\overline{CD}$, $\overline{DC}$, à considérer pour le second, soit à cette demi-droite elle-même (**77**), ceci exigeant toujours que quelque extrémité d'un segment vienne se confondre avec quelqu'une de l'autre.

Dans le premier cas (*fig.* 18), *tout point intérieur à un segment est extérieur à l'autre*, et la juxtaposition est dite *extérieure*.

Dans le second (*fig.* 19) : *si les segments sont égaux*, les extrémités A, D autres que les origines maintenant confondues des demi-droites considérées $\overline{BA}$, $\overline{CD}$, se superposent aussi (**93**), et *tout point intérieur à un segment l'est aussi à l'autre ; s'ils ne sont pas égaux, tous les points du segment (ici CD) dont l'extrémité libre est intérieure à l'autre, sont aussi intérieurs à celui-ci ; et,* dans les deux hypothèses, la juxtaposition est *intérieure*.

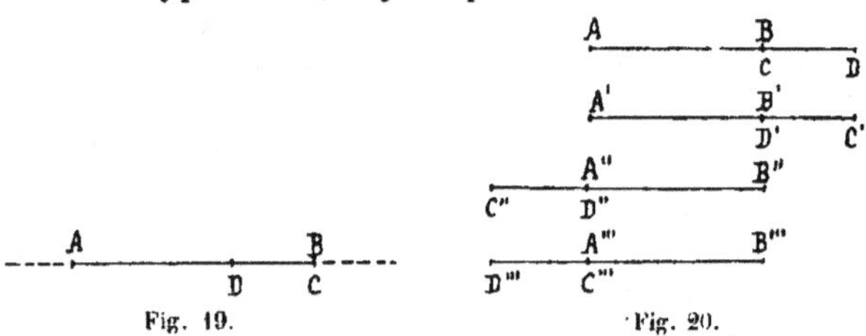

II. *La juxtaposition extérieure de deux segments donnés AB, CD (I) peut s'opérer des quatre manières montrées par la fig.* 20 : *en* A(BC)D, *en* A'(B'D')C', *en* C"(D"A")B", *en* D'''(C'''A''')B''' ; *mais les quatre nouveaux segments* AD, A'C', C"B", D'''B''', *ayant chaque fois pour extrémités celles libres des deux juxtaposés, sont égaux les uns aux autres.* Raisonnement très facile, appuyé sur le n° **93**.

Cela posé, un quelconque de ces nouveaux segments égaux, AD par exemple, est la *somme (géométrique)* des segments proposés AB, CD.

III. *La même égalité a lieu entre les quatre nouveaux segments* AD, A'C', C"B", D'''B''' *que donne semblablement la juxtaposition intérieure de deux segments* AB, CD, *exécutée de toutes les manières possibles* (I).

Quand les segments ne sont pas égaux, celui CD (*fig.* 19) dont tous les points sont intérieurs à l'autre AB est dit *plus petit* que celui-ci dit à son tour *plus grand* que le premier. Le plus grand est la somme (géométrique) du plus petit et du nouveau segment obtenu AD, qu'on nomme l'*excès* (géométrique) du plus grand sur le plus petit, ou encore leur *différence* (géométrique).

Quand les segments donnés sont égaux, leur différence est nulle (**92**, *in fine*).

95. Des segments quelconques étant donnés et rangés d'abord dans un certain ordre, on peut former, comme nous venons de l'expliquer, la somme des deux premiers, puis celle de cette première somme et du troisième, puis la somme de la deuxième somme et du quatrième,..., et ainsi de suite jusqu'à emploi du dernier segment. Cela posé :

Pour tout autre ordre imposé aux segments donnés, la dernière des sommes ainsi formées est égale à celle trouvée primitivement. (On s'appuie sur l'alinéa II du n° **94**, et on raisonne comme pour prouver que le produit de plus de deux facteurs ne dépend pas de leur arrangement dans les multiplications partielles.)

Le segment final, indépendant ainsi de l'ordre des segments donnés, est leur *somme (géométrique)*. On aperçoit facilement qu'on l'obtient encore : *en prenant pour ses extrémités, celles libres des segments proposés, tous juxtaposés successivement, de manière que tout point intérieur à l'un soit extérieur au précédent, ou bien en partageant les segments donnés en groupes quelconques, faisant la somme de ceux de chaque groupe, puis la somme de toutes ces sommes.*

96. Quand cette addition géométrique porte sur n segments tous égaux à un même autre donné s (**93**), son résultat en est un nouveau S, qui est dit *égal à n fois celui-ci*.

Inversement, on dit que s est *la $n^{ième}$ partie aliquote de* S, que S est *divisé en n parties égales* (entre elles et à s) par les extrémités (deux à deux superposées) des segments égaux considérés ; et ces points, les segments s quelquefois, prennent le nom de *divisions* du segment S.

I. **Etant donnés arbitrairement un segment et un nombre entier** n, ce segment S peut toujours (théoriquement au moins) être divisé en n parties égales (*Cf.* **129**, II, *inf.*), et sa $n^{ième}$ partie s se retrouve la même, de quelque manière que l'opération puisse être recommencée.

II. *Cette $n^{ième}$ partie décroît ou croît, c'est-à-dire devient plus petite ou plus grande (**94**, III), quand n croît ou décroît ; et on peut prendre ce nombre assez grand pour la rendre plus petite que tout segment donné.*

97. Le *rapport* d'un segment donné a à un autre b (non nul), est un nombre se définissant comme il suit :

I. Quand il se trouve que a est égal à m fois b (**96**), ce rapport est l'entier m.

II. Quand il arrive que a est égal à m fois la $n^{ième}$ partie de b, le rapport est la fraction $m : n$; cette $n^{ième}$ partie de b, égale alors à la $m^{ième}$ partie de a, est une *commune mesure* des deux segments.

III. Mais, souvent, il n'existe aucune commune mesure entre les segments ; on dit alors de a, b, qu'ils sont *incommensurables* (relativement), et il faut procéder autrement.

On peut former deux segments variables a', b' qui soient commensurables entre eux (comme dans les cas I, II ci-dessus), et dont les différences avec a, b (94, III), variables aussi, soient infiniment petites, c'est-à-dire deviennent puis se maintiennent inférieures à tout segment donné (374, *inf.*), et alors, le rapport variable $m' : n'$ de a' à b', défini comme à l'instant, a pour limite (*Ib.*) un nombre (incommensurable) se retrouvant le même, de quelque manière que l'on ait opéré. C'est ce nombre-limite qui est le rapport des segments incommensurables considérés (*V.* 104, *inf.*)

98. Dans toute question où plusieurs segments sont à considérer, on en choisit un même, dit *unité de longueur*, auquel les rapports des autres se nomment leurs *mesures* ou leurs *longueurs*. On sait que, dans la pratique, on adopte pour unité de longueur, tantôt le mètre, tantôt ses multiples ou sous-multiples décimaux (décamètre,..., décimètre,...) pour ne pas avoir à manier des nombres trop grands ou trop petits.

Un segment incommensurable avec l'unité adoptée, est *incommensurable* (absolument). La mesure d'un segment nul est le nombre 0.

Quelle que soit l'unité choisie, les somme, différence (géométriques) de deux ou plusieurs segments, ont pour mesures les somme, différence (arithmétiques) de leurs mesures.

Le rapport (arithmétique) des mesures α, β de deux mêmes segments donnés a, b est toujours un même nombre, quel que soit le segment pris pour unité. Par suite, *le rapport des nombres α, β est précisément le rapport des segments, défini tout à l'heure* (**97**). Car si r est la mesure de a quand on prend b pour unité, celle de b est 1, et l'égalité formulée à l'instant $\alpha : \beta = r : 1$ donne $r = \alpha : \beta$.

99. Ces divers axiomes permettent d'employer les mêmes signes, parlés ou écrits, pour représenter : soit des segments donnés, leurs sommes ou différences (géométriques), leurs rapports deux à deux,..., leur égalité ou inégalité,..., soit leurs mesures, les sommes, différences, rapports (tous arithmétiques) de ces mesures,..., leur égalité ou inégalité,... Les signes a, b, $a + b$, $a - b$, $a : b$, par exemple, représenteront tout aussi bien les *figures géométriques* nommées segments, somme,... que les *nombres* mesurant eux, leurs somme, différence,...

Ces conventions sont extrêmement commodes, et nous aurons à les réitérer dans la comparaison numérique de toutes les grandeurs géométriques, cela textuellement ou à fort peu près. Nous n'en répéterons donc pas les détails, *dont il importe ainsi de se pénétrer parfaitement.*

100. *Porter* un segment donné AB (*fig.* 21) sur une droite XY, *à partir d'un point* O *de celle-ci, et dans une de ses directions* déterminée, XY par exemple (**75**, I), c'est l'appliquer sur cette droite de manière que l'une de ses extrémités, A pour fixer les idées, se place en O, et que l'autre B vienne en un point B' rendant la direction OB' identique à XY, puis prendre le nouveau segment OB'.

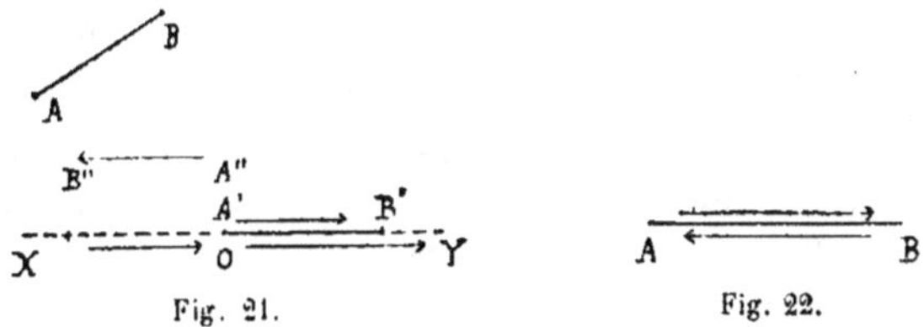

Fig. 21.   Fig. 22.

Cette opération est toujours possible et ne peut se faire que d'une seule manière (**88**).

Si la direction à adopter sur la droite XY n'avait pas été précisée, on pourrait choisir successivement l'une et l'autre des deux opposées existant sur elle, et (sauf nullité de AB), *l'opération serait exécutable de deux manières* conduisant aux segments A'B' et A"B".

101. Problème (pratique). *Sur une droite XY (fig.* 21), *à partir de l'un de ses points* O, *et dans une de ses directions* XY, *tout cela étant donné sur une épure* (**31**), *porter un segment donné* AB (**100**).

Un moyen suffisant dans une foule de circonstances vulgaires, consiste à matérialiser le segment AB, en marquant ses extrémités sur une règle mobile dont l'arête a été appliquée un instant sur sa droite (même sur la cassure rectiligne d'une feuille de papier pliée en deux), puis à reporter ces marques sur XY après y avoir appliqué dans les conditions prescrites l'arête de la règle mobile.

Pour le dessin géométrique, le *compas* donne plus facilement des résultats beaucoup plus précis. Il se compose de deux branches métalliques articulées à frottement dur, terminées l'une par une *pointe sèche*, l'autre par une pointe sèche encore ou bien traçante, les longueurs des branches entre l'articulation et leurs pointes étant égales, afin que leur rapprochement puisse rendre aussi petit qu'on le veut le segment limité par les pointes.

On écarte, ou on rapproche les branches du compas jusqu'à possibilité obtenue par tâtonnement, d'appliquer simultanément sa pointe sèche a et l'autre b, sur les extrémités A,B du segment, c'est-à-dire jusqu'à lui donner la forme d'une figure solide où les pointes a, b sont les extrémités d'un segment égal à AB. Après quoi, et en évitant toute déformation de l'instrument, on l'amène en une position où sa demi-droite ab est appliquée sur la demi-droite OY de l'épure (**77**) ; la pointe sèche a est alors en O, et une piqûre ou autre marque de la pointe b donne l'extrémité B' du segment AB porté comme il le fallait.

102. PROBLÈME (PRATIQUE). — *Construire la somme de deux segments donnés, leur différence* (**94**), *la somme de plusieurs donnés en nombre quelconque* (**95**).

Chacune de ces constructions revient évidemment à la précédente (**101**), recommencée un certain nombre de fois sur telles ou telles données prises successivement.

103. PROBLÈME (PRATIQUE). *Diviser un segment donné* PQ *en* n *parties égales* (**96**).

Par tâtonnements, on donne à un compas à pointes sèches a,b, une ouverture telle, qu'en *portant* ab n *fois sur* PQ *et dans la direction* PQ, c'est-à-dire une première fois en PB' à partir de P (**101**), une deuxième fois en B'B" à partir de B', ... une $n^{ième}$ fois en B$^{(n-1)}$ B$^{(n)}$ à partir de B$^{(n-1)}$, le point B$^{(n)}$ se confonde avec Q. Car alors les n segments PB', B'B", ... sont égaux entre eux, PB$^{(n)}$ est leur somme, et cette somme est en coïncidence avec AB (*Cf.* **129**, II, *inf.*)

104. PROBLÈME (PRATIQUE). *Trouver des valeurs du rapport de deux segments donnés* RS, PQ, *approchées à moins de* 1 : n, *par défaut et par excès* (**97**).

On cherche la $n^{ième}$ partie s de PQ (**103**), puis l'entier m tel, qu'en la portant m et $m+1$ fois sur la droite RS, à partir de R et dans la direction RS (*Cf. Ib.*), on obtienne des points S$^{(m)}$, S$^{(m+1)}$, le premier non extérieur au segment RS, le second extérieur. Les fractions (ou entiers) $m : n$, $(m+1) : n$ sont évidemment de telles valeurs, la première exacte quand S$^{(m)}$ se confond par hasard avec S.

(En faisant croître n sans cesse, l'opération finit bientôt par être pratiquement inexécutable ; si cet obstacle n'existait pas, chacune de ces valeurs approchées deviendrait variable, et aurait pour limite le rapport RS : PQ défini dans diverses conditions au n° **97**.)

105. PROBLÈME (PRATIQUE). *Trouver (approximativement) la mesure d'un segment donné* AB *relativement à une unité donnée* (**98**).

On pourrait opérer sur AB et l'unité de longueur, comme ci-dessus (**104**) sur RS et PQ.

Mais, en dessin géométrique, il est bien préférable d'employer une *règle divisée* ou *échelle*. Cet instrument consiste en une somme géométrique d'un nombre plus ou moins grand de parties aliquotes de l'unité donnée, prises toutes égales entre elles et assez petites, dont les extrémités sont marquées par des traits fins tracés sur le biseau de la règle ; des sommes partielles, égales entre elles, sont limitées par des traits plus grands ; des sommes de ces sommes partielles, encore égales entre elles, sont découpées par des traits un peu plus grands que ceux-ci,...; et un numérotage commençant à 0 permet de lire très facilement combien il y a de divisions dans un segment ayant pour extrémités le trait marqué 0 et tout autre.

Cela posé, il suffit d'appliquer mutuellement l'échelle et le segment AB, le zéro de l'une mis en coïncidence avec une extrémité de l'autre, A par exemple. Si, par hasard, B se place devant un trait de l'échelle, le numérotage donne immédiatement la mesure du segment. Sinon, les numéros des deux traits entre lesquels se trouve B, donneront par défaut et par excès, des valeurs approchées de la mesure du segment ; et on peut augmenter l'approximation de ces nombres, en ajoutant à sa valeur approchée fournie par le premier de ces deux traits par exemple, la mesure du segment compris entre ce trait et B, évaluée au jugé.

Certains instruments (vernier, etc.) rendent très facile et très précise la mesure des segments rectilignes et la construction des échelles, mais leur description ne serait pas à sa place ici.

106. PROBLÈME (PRATIQUE). *Sur une droite donnée, construire (approximativement) un segment de mesure donnée.*

Après avoir appliqué l'échelle (**105**) sur la droite, on y reporte le trait 0 et celui dont le numéro correspond à la mesure donnée, soit que ce trait existe sur l'échelle, soit qu'il faille l'y tracer mentalement par une évaluation au jugé.

Assez souvent, on règle un compas de manière que ses pointes s'appliquent simultanément sur ces deux traits, afin d'en faire les extrémités d'un segment égal au demandé, que l'on puisse porter commodément (**101**).

107. PROBLÈME (PRATIQUE). *Trouver (approximativement) le rapport de deux segments donnés (Cf.* **104***).*

On prend les mesures de ces segments rapportés à une même unité quelconque (**105**), puis le rapport de ces nombres (**98**).

108. On *nomme* distance de deux points, le segment dont ils sont les extrémités, la longueur de ce segment (**98**) plus volontiers encore.

PROBLÈME. *Construire un point* M, *sachant qu'il est sur une droite donnée* XY, *à une distance donnée d d'un point* O *préalablement marqué sur cette droite, sachant encore si la direction* OM *est identique ou opposée à une des deux de* XY, *choisie préalablement aussi.*

Pour M, on prendra l'extrémité d'un segment de longueur *d*, porté sur XY, à partir de O, dans la direction indiquée ; *le problème n'a qu'une solution* (**100**).

✳ Dans les constructions de ce genre, répétées sur une même droite, à partir d'un même point O, ce point O prend le nom d'*origine* (des segments).

✳ **109.** La possibilité d'exécuter *sur toutes les données,* la construction expliquée au nᵒ **100** (c'est une conséquence très directe des axiomes des nᵒˢ **23, 77**), entraîne celle de l'opération consistant à porter sur toute droite, à partir d'un quelconque de ses points, bout à bout dans une même direction, des segments quelconques en nombre aussi grand qu'on voudra ; et chacun de ces segments n'a jamais un point intérieur à l'un des précédents. C'est ce que l'on exprime en disant *illimités,* une droite dans ses deux sens, une demi-droite dans sa direction seulement, un plan dans tous les sens (les directions de ses droites).

D'autre part, on dit que tout segment est *continu,* parce qu'il est divisible en parties aussi petites qu'on le veut (**96**, II). Ces considérations s'étendent à des figures quelconques.

I. Une figure est *illimitée,* quand, après avoir choisi arbitrairement un segment rectiligne, on peut toujours trouver dans la figure quelque paire de points dont la distance surpasse la longueur de ce segment.

Aux exemples cités tout à l'heure, on peut ajouter un demi-plan, un demi-espace, l'espace entier...

Dans le cas contraire, elle est *limitée* : on peut alors assigner à la distance de deux points se déplaçant arbitrairement sans cesser de lui appartenir, un maximum que l'on pourrait nommer l'*élongation* de la figure. C'est ce qui a lieu pour un assemblage de points (en nombre limité), pour un segment rectiligne, ...

II. Une figure est *continue,* si, à deux quelconques P, Q de ses points, on peut en adjoindre d'autres *a, b, ... h* lui appartenant aussi, de manière que les longueurs Pa, ab, ..., hQ soient toutes inférieures à une autre prise aussi petite qu'on aura voulu. Telles sont : une droite, une demi-droite, ..., l'espace entier.

Autrement, elle est *discontinue*. Ex. : tout assemblage de points distincts, la solidarisation de deux droites ne se rencontrant pas,...

Vecteurs.

110. **Tout segment AB (non nul) peut être décrit (22) par un point animé sur sa droite, d'un mouvement de sens constant (75), ayant en outre pour positions initiale et finale, soit A et B, soit B et A, à volonté.**

A ces deux modes de description, dits *de* A *à* B, et *de* B *à* A, correspondent les deux directions *opposées* dans lesquelles on peut, tour à tour, *concevoir* le segment, et qu'on distingue par l'ordre des lettres affectées à ses extrémités.

En conséquence, le segment d'extrémités A,B (*fig.* 22) se notera AB si on lui a *imposé* ainsi la direction marquée par la flèche supérieure, mais BA si on lui a donné celle de la flèche inférieure; A est l'*origine*, B l'*extrémité* du segment *dirigé* AB portant fréquemment le nom de *vecteur*. *Deux vecteurs* AB, A'B', *dont les longueurs sont égales, sont égaux l'un à l'autre, mais de la manière unique indiquée par ces notations* (*Cf.* **93**).

111. Deux vecteurs (non nuls) notés AB, CD sont *parallèles* quand leurs droites le sont. Leur parallélisme est *propre*, si leurs directions sont identiques dans l'espace (**89**), c'est-à-dire si les demi-droites $\overline{AB}$, $\overline{CD}$ sont proprement parallèles (**84**), ceci équivalant au parallélisme, propre aussi, de $\overline{BA}$, $\overline{DC}$, mais impropre de $\overline{AB}$, $\overline{DC}$, de $\overline{BA}$, $\overline{CD}$. Dans le cas contraire, les vecteurs sont *improprement* parallèles.

Quand deux vecteurs AB, A'B' *sont mutuellement applicables par une translation superposant deux extrémités de même nom, ils sont non seulement égaux, mais encore proprement parallèles;* car des demi-droites telles que $\overline{AB}$, $\overline{A'B'}$ sont alors proprement, parallèles.

Réciproquement, *deux vecteurs égaux et proprement parallèles* AB, A'B' *sont appliqués mutuellement par la translation amenant toute extrémité de l'une,* A *par exemple, sur* A' *extrémité de même nom pour l'autre; et les droites* AA', BB' *sont parallèles comme glissières.* Car la translation en question superpose la demi-droite $\overline{AB}$ à $\overline{A'B'}$, y place aussi le point B à la même distance de A' que B', et dans la même direction (**108**).

112. *Sur des droites parallèles ϑ, ϑ' deux vecteurs AB, A'B' (non nuls) sont égaux, et leur parallélisme est propre : I, si, en cas de confusion de ϑ, ϑ', les vecteurs AA', BB' sont (non nuls) égaux et proprement parallèles ; II, ou si, en cas de non-confusion, les droites AA', BB' sont parallèles. Et réciproquement, dans les deux cas.*

I. Si d'abord A'B$_1$ (*fig. 23*) est la position finale atteinte par le vecteur AB, après un glissement sur la fusion des droites ϑ, ϑ', qui amène en A' son origine A, on a A'B$_1$ = AB numériquement, et les directions des deux vecteurs sont identiques (**86, I**). Si ensuite, pour fixer les idées, on suppose A' intérieur à AB, il y aura identité entre les directions AA', A'B, AB (**92**), entre celles-ci et A'B$_1$ identique à AB ; puis on aura, numériquement, A'B < AB, et < A'B$_1$ (= AB), d'où AA' = AB — A'B = A'B$_1$ — A'B = BB$_1$, avec identité de la direction BB$_1$ avec A'B et AA' par suite. On voit ainsi, qu'il y a égalité en longueur, avec identité des directions, entre les vecteurs BB$_1$ et AA', par suite entre BB$_1$ et BB', puisqu'il en est ainsi pour AA' et BB' par hypothèse. D'où la confusion des points B', B$_1$ (**108**), assurant l'exactitude du fait en question.

La réciproque n'est pas autre chose qu'un fait semblable formulé avec d'autres notations.

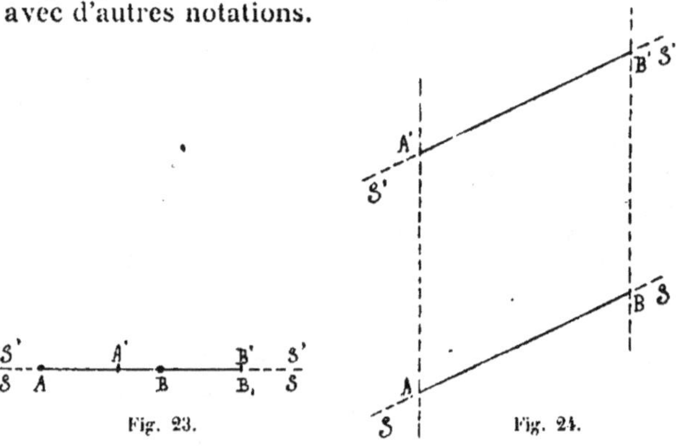

Fig. 23. Fig. 24.

II. A un dédoublement mobile *ab*ϑ de la figure ABϑ (*fig. 24*), imprimons la translation amenant *a* en A'. La droite ϑ s'appliquera sur ϑ' parallèle à ϑ, et le point *b* restera sur BB', glissière de ce mouvement à cause de son parallélisme avec la glissière AA' (**60**). Mais ϑ' et BB' sont distinctes, parce que, si elles se confondaient, ϑ parallèle à ϑ' et y ayant alors son point B coïnciderait aussi avec ϑ' contrairement à l'hypothèse. Comme *a* en A', *b* vient donc en B' seul point commun aux droites ϑ', BB', et l'application du vecteur AB sur A'B' a été réalisée par translation. D'où leur égalité et leur parallélisme propre (**111**).

Réciproquement, si AB, A'B' sont égaux et proprement parallèles, les droites AA′, BB′ sont parallèles comme glissières de la translation capable de superposer les deux vecteurs (*Ib.*)

113. Les notions suivantes nous seront encore utiles.

I. Sur une même droite ⊙ où deux points distincts A, B sont donnés, une troisième quelconque C se trouvera forcément en l'une ou l'autre des situations suivantes : 1º en A, 2º en B, 3º à l'intérieur du segment AB, 4º sur son prolongement au delà de A, 5º sur son prolongement au délà de B (**92**).

Cela posé, la *topographie* de ces trois points considérés dans cet ordre, consiste dans celle de ces situations qui se présente pour C comparé à A, B.

II. Soient encore, sur une autre droite, A′, B′, C′ trois points *correspondant* respectivement à A, B, C : *si les topographies de* A, B, C *et de* A′, B′, C′ (I) *se formulent dans des termes identiques, ou bien différents, la même alternative se présentera dans quelque autre ordre que les trois paires* (A, A′), (B, B′), (C, C′) *soient conçues.* (Raisonnement facile à fonder sur les définitions des nᵒˢ **92, 76**.)

Entre ces deux topographies, nous dirons, en conséquence, qu'il y a *ressemblance*, quand la disposition d'un quelconque C des premiers par rapport à deux autres A, B pris au hasard (I) est toujours de même nom que celle de C′ par rapport à A′, B′ ; autrement, il y a *dissemblance*.

Par exemple (*fig.* 25), il y a ressemblance entre celles de A, B, C et de A′, B′, C′, parce que C, C′ tombent sur les prolongements de AB, A′B′ au delà de B, B′ ; mais il y a dissemblance entre toutes deux et celle de A″, B″, C″, parce que C″ n'est pas sur le prolongement de A″B″ au delà de B″.

III. Des points en nombre quelconque étant donnés sur une droite ⊙, et de correspondants sur une autre ⊙′,

(1)	A, B, C, D, ..., K, L, ...,
(2)	A′, B′, C′, D′, ..., K′, L′, ...,

il y a *ressemblance* entre la topographie des premiers et celle des derniers, quand il y a ressemblance constante entre celle de trois points quelconques du premier groupe et celle de leurs correspondants dans l'autre groupe. Contrairement, il y a *dissemblance*.

IV. *Quand il y a ressemblance entre les topographies des points* (1) *et* (2), *les directions des deux vecteurs définis par deux paires quelconques de points sur une droite, sont mutuellement identiques ou opposées, en même temps que celles des vecteurs correspondants sur l'autre droite ; et réciproquement.*

1º La définition (II) rend ceci évident pour deux vecteurs AB,

AC ayant une extrémité commune, et leurs correspondants A'B', A'C' (**92**).

2° Pour tous autres AB, KL et A'B', K'L', on comparera les directions de AB, KL à celle de BK par exemple, ayant avec chacun quelque extrémité commune, et simultanément celles de A'B', K'L' avec celle de B'K'. Si, par exemple, il y a opposition pour AB, BK et pour BK, KL, cas auquel il y a identité pour AB, KL, il y aura opposition aussi pour A'B', B'K' et pour B'K', K'L' (1°), par suite identité aussi pour A'B', K'L'.

3° La réciproque s'établit par des moyens tout semblables.

V. *Si, dans les ordres où ils sont écrits, les points* (1), (2) *sont des positions successives de points mobiles animés, sur les droites* (δ), (δ)', *de mouvements de sens constants* (**75**), *leurs topographies sont ressemblantes. Réciproquement, si cette ressemblance existe, et si les points d'un groupe sont de telles positions, il en est de même pour ceux de l'autre groupe.* Conséquence presque immédiate de ce qui précède (IV), combiné avec les définitions du n° **75**, I.

Figures cylindriques en général. — Bandes et murs.

114. I. Une figure est *cylindrique* (*Cf.* Chap. XVI, *inf.*), *parallèle* en même temps à une droite donnée $\mathcal{G}$ déterminant son *orientation* (**91**), quand elle contient entièrement la droite menée parallèlement à $\mathcal{G}$ par un quelconque de ses points. On peut alors la considérer comme engendrée (**22**) par des déplacements d'une droite mobile demeurant parallèle à $\mathcal{G}$, dont les diverses positions, toutes parallèles entre elles (**62**), sont ses génératrices.

Par exemple, une simple droite parallèle à $\mathcal{G}$, un plan parallèle à $\mathcal{G}$ (**74**, I), un demi-plan d'arête parallèle à $\mathcal{G}$ (**78**), un demi-espace de plancher parallèle à $\mathcal{G}$ (**80**), même l'espace entier, sont des figures cylindriques d'orientation $\mathcal{G}$.

II. Une figure cylindrique est ainsi déterminée complètement par la seule connaissance de son orientation et d'un point sur chacune de ses génératrices (**41**), par celle, en particulier, des traces de ces dernières sur quelque plan *sécant*, c'est-à-dire non parallèle aux génératrices et les rencontrant toutes (**47**) (ou droite *sécante* quand la figure est plane). La nouvelle figure formée par ces traces est une *section plane* (ou *rectiligne*) de la figure cylindrique considérée.

III. *Une figure cylindrique est réappliquée sur elle-même (mais d'une autre manière) par toute translation parallèle à son orientation* (**60**, III), (**91**). Car chaque génératrice glisse sur elle-même, comme parallèle à la translation.

Réciproquement, *une figure est cylindrique et d'orientation* $\mathcal{G}$, *quand elle se réapplique sur elle-même par toute translation parallèle à* $\mathcal{G}$. Car elle contient évidemment toute parallèle à $\mathcal{G}$, menée par un quelconque de ses points (**34, II**), (**60**).

IV. *Les points de ses sections* (II) *lui sont laissés afférents* (**10**) *par de telles translations,* puisque, entraînée par ce déplacement, la figure cylindrique ne peut que glisser sur elle-même (III).

On peut ainsi considérer une figure cylindrique comme *engendrée encore par une de ses sections mise en translation indéfinie, parallèle à son orientation* (**22**).

V. *Les sections données par deux plans sécants (ou sécantes) parallèles entre eux, sont superposables par une translation parallèle aux génératrices de la figure, partant égales entre elles.* Car quelque translation de ce genre peut appliquer ces plans (ou sécantes) l'un sur l'autre (**38, II**), et elle réapplique toujours la figure cylindrique sur elle-même (III).

VI. *Quand il y a parallélisme entre plusieurs figures cylindriques, c'est-à-dire entre leurs orientations, on en obtient évidemment une nouvelle, de même orientation, en les solidarisant, ou bien en prenant leurs parties, soit communes, soit non communes.*

VII. *Deux figures cylindriques égales entre elles, le sont toujours d'une infinité de manières* (**16**). Une fois superposée à la seconde, la première s'y réapplique effectivement par toute translation parallèle à leur orientation devenue commune (III).

115. I. Si, dans les définitions du n° **92**, on remplace les points A, B par deux droites parallèles distinctes $\mathcal{A}$, $\mathcal{B}$ (*fig. 26*),

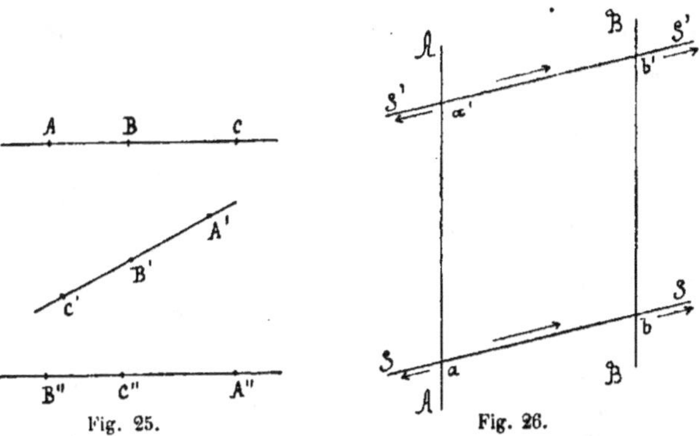

Fig. 25.

Fig. 26.

les demi-droites $\overline{AB}$, $\overline{BA}$ par les demi-plans $\overline{\mathcal{A}\mathcal{B}}$, $\overline{\mathcal{B}\mathcal{A}}$, on obtient celles de l'*intérieur* de la *bande* $\mathcal{A}\mathcal{B}$ découpée dans le plan de la figure par ses *lisières* ou *côtés* $\mathcal{A}$, $\mathcal{B}$, de ses deux *prolongements* au delà de ces derniers.

Chacune de ces trois figures est cylindrique, ayant pour orientation $\mathcal{A}$, ou $\mathcal{B}$ tout aussi bien (**78**), (**114**, I). Par suite, *tous les points d'une droite de même orientation dans leur plan, tombent simultanément dans l'une ou l'autre de ces trois régions.* D'où, la notion d'une parallèle aux côtés, *intérieure* à la bande, ou située dans tel de ses prolongements.

II. *Sur deux sécantes parallèles $\mathcal{G}$, $\mathcal{G}'$, la bande et ses prolongements donnent pour sections (Ib., II), des vecteurs ab, a'b', des demi-droites les prolongeant, les premiers égaux, et tous respectivement en parallélismes propres* (**114**, V). (**112**, II), (**87**).

III. *Sur toute sécante $\mathcal{G}$, les mêmes figures donnent pour sections un segment ab et ses prolongements, à chacun desquels trois et à la région de nom semblable pour la bande, appartient simultanément ou non, un même point quelconque de la sécante.* Résultat immédiat de la combinaison des premières notions sur les demi-droites et demi-plans (**82**) avec la définition de l'intérieur et des prolongements, soit d'un segment (**92**), soit d'une bande (I).

116. Les considérations des nᵒˢ **94** *et suiv.* s'étendent aux bandes, avec une facilité nous dispensant de tout développement : la seule différence consiste en ce que la *juxtaposition extérieure* ou *intérieure* de deux bandes *sur un même plan*, est la mise en opposition ou en coïncidence de deux des demi-plans dont l'une et l'autre sont certaines parties. On arrive immédiatement ainsi à la notion de la *somme*, de l'*égalité*, de la *différence* (géométriques) de deux bandes, de la *somme* de plusieurs, du *rapport* des *amplitudes* de deux bandes (considérées au point de vue de leurs étendues), de la *mesure* de telles grandeurs, etc.

117. Celles du nᵒ **113** conduisent avec la même facilité à la conception de la *topographie* de droites parallèles dans un même plan, $\mathcal{A}$, $\mathcal{B}$, $\mathcal{C}$, $\mathcal{D}$, ... de sa *ressemblance* ou *dissemblance* avec celle de parallèles $\mathcal{A}'$, $\mathcal{B}'$, $\mathcal{C}'$, $\mathcal{D}'$, ... respectivement *correspondantes* dans tout autre plan, et tout aussi bien avec celle de simples points A, B, C, D, ... *correspondant* encore sur une même droite (*loc. cit*), (**115**, III).

118. En thèse générale, nommons G_1, G_2, G_3, G_4, ... des grandeurs concrètes d'une même espèce quelconque $\mathcal{G}$ (segments rectilignes par exemple), et g_1, g_2, g_3, g_4, ... les nombres qui les mesurent relativement à quelque unité arbitrairement choisie dans cette espèce, puis, semblablement, H_1, H_2, H_3, H_4, ... d'autres grandeurs *leur correspondant chacune à chacune* dans une espèce $\mathcal{H}$ identique à la précédente, ou différente, peu importe (des segments encore ou des bandes par exemple), et h_1, h_2, h_3, h_4, ... leurs mesures relativement à une unité arbitraire (de cette seconde espèce).

I. *Si, dans une espèce, deux grandeurs quelconques sont entre elles comme leurs correspondantes dans l'autre espèce, c'est-à-dire si le rapport des deux premières* (**97**), (**116**), ... *est toujours égal à celui des dernières,*

$$(1) \qquad \frac{G_1}{G_2} = \frac{H_1}{H_2}, \qquad \frac{G_1}{G_3} = \frac{H_1}{H_3}, \qquad \frac{G_1}{G_4} = \frac{H_1}{H_4}, \quad ..., \quad \frac{G_2}{G_3} = \frac{H_2}{H_3}, \quad ..., \quad ...,$$

les grandeurs de chaque espèce sont proportionnelles à leurs correspondantes dans l'autre, c'est-à-dire qu'on a la suite de rapports égaux

$$(2) \qquad \frac{g_1}{h_1} = \frac{g_2}{h_2} = \frac{g_3}{h_3} = \frac{g_4}{h_4} = ...,$$

cette autre aussi, par conséquent,

$$(3) \qquad \frac{h_1}{g_1} = \frac{h_2}{g_2} = \frac{h_3}{g_3} = \frac{h_4}{g_4} = ...$$

Le rapport de deux grandeurs similaires étant toujours égal au rapport numérique de leurs mesures (**98**, ...), les proportions (1) conduisent à celles-ci :

$$(4) \qquad \frac{g_1}{g_2} = \frac{h_1}{h_2}, \qquad \frac{g_1}{g_3} = \frac{h_1}{h_3}, \qquad \frac{g_1}{g_4} = \frac{h_1}{h_4}, \quad ..., \quad \frac{g_2}{g_3} = \frac{h_2}{h_3}, \quad .., \quad ...,$$

qui par permutation, tantôt des moyens, tantôt des extrêmes, donnent, tantôt les égalités (2), tantôt (3).

II. Réciproquement, *si les grandeurs $\mathcal{G}$ sont proportionnelles aux grandeurs $\mathcal{H}$, le rapport de deux quelconques des premières est égal à celui des deux dernières leur correspondant.*

Car, en écrivant séparément les égalités supposées, (2) par exemple, et y permutant les moyens, on retrouve les proportions (4) entraînant (1).

III. *Si dans trois espèces quelconques, les grandeurs* G_1, G_2, G_3, ... *d'une part,* H_1, H_2, H_3, ... *d'autre part, sont séparément proportionnelles à de mêmes grandeurs correspondantes* K_1, K_2, K_3, ... *de mesures* k_1, k_2, k_3, ..., *elles le sont aussi les unes aux autres.* Car les proportionnalités supposées entraînent les égalités

$$\frac{g_1}{g_2} = \frac{k_1}{k_2}, \quad ..., \quad \text{et} \quad \frac{h_1}{h_2} = \frac{k_1}{k_2}, \quad ... \quad (\text{II}),$$

d'où

$$\frac{g_1}{g_2} = \frac{h_1}{h_2}, \quad ...,$$

puis la proportionnalité à établir (I).

IV. **Pour plus de commodité**, et conformément aux conventions des n^{os} **99** et analogues, on se dispense d'affecter des lettres spéciales à la désignation des mesures des grandeurs, et on représente ces nombres aussi, par les notations des grandeurs elles-mêmes. Au lieu des égalités (2), on écrira donc simplement

$$\frac{G_1}{H_1} - \frac{G_2}{H_2} = \frac{G_3}{H_3} = \frac{G_4}{H_4} = \ \ldots,$$

pour exprimer la proportionnalité des grandeurs G_1, ... à H_1, ... On évitera toute obscurité en prenant garde que, si, pour des grandeurs *d'une même* espèce, la notation G : H représente *leur* rapport aussi bien que celui des *nombres* les mesurant, elle ne peut représenter que ce dernier quand elles sont d'espèces *différentes*, car alors elles n'ont point de rapport proprement dit.

119. *Des droites parallèles dans un même plan,* $\mathcal{A}$, $\mathcal{B}$, $\mathcal{C}$, $\mathcal{D}$, $\mathcal{E}$, $\mathcal{F}$, *... étant coupées par une sécante* $\mathcal{G}$ *aux points a, b, c, d, e, f, ..., leur topographie est ressemblante à celle de ces points* (**117**), *et les amplitudes des bandes* $\mathcal{A}\mathcal{B}$, $\mathcal{A}\mathcal{C}$, *... qu'elles comprennent deux à deux* (**116**), *sont proportionnelles* (**118**) *aux longueurs des segments ab, ac, ... qui leur correspondent sur la droite* $\mathcal{G}$.

I. Si par exemple, le point c se trouve sur le prolongement du segment ab au delà de b, il sera dans celui de la bande $\mathcal{A}\mathcal{B}$ au delà de $\mathcal{B}$ (**115**, III), et la droite correspondante $\mathcal{C}$ tombera dans le même prolongement de cette bande, parce qu'elle est parallèle à ses côtés (*Ib.*, I). Or la ressemblance de la topographie de trois quelconques des points a, ... à celle des trois parallèles correspondantes $\mathcal{A}$, ..., est précisément la ressemblance de celles du groupe de tous ces points et du groupe de toutes les droites correspondantes (**117**).

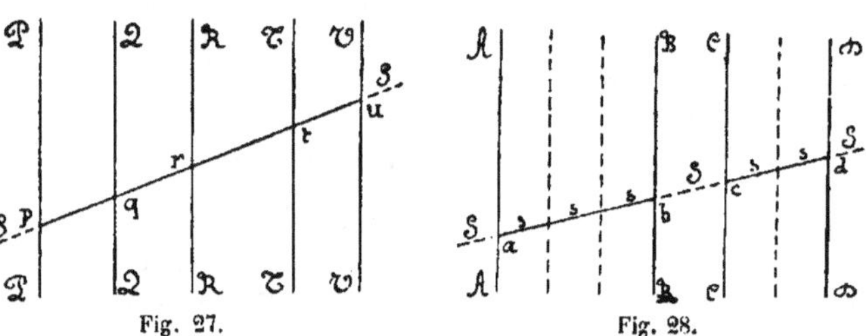

Fig. 27.   Fig. 28.

II. Pour la commodité du langage, nous nommerons pendant un instant *cote* de toute bande $\mathcal{P}\mathcal{Q}$ (*fig.* 27) prise parmi les considérées, le segment *correspondant pq* qu'elle découpe sur la sécante $\mathcal{G}$, *chacun de ces objets déterminant l'autre, évidemment.*

A la somme pu de plusieurs cotes pq, qr, ..., tu juxtaposées extérieurement, correspond la somme $\mathcal{P}\mathcal{U}$ *des bandes correspondantes* $\mathcal{P}\mathcal{Q}$, $\mathcal{Q}\mathcal{R}$, *..., $\mathcal{T}\mathcal{U}$* (**116**). Car ces bandes aussi sont juxtaposées extérieurement (I).

III. *Quand deux cotes pq, tu sont égales, les bandes correspondantes $\mathfrak{PQ}$, $\mathfrak{TU}$ le sont aussi.*

Si, comme il est permis de le supposer, les lettres ont été placées de manière à donner des directions identiques aux vecteurs *pq, tu*, la translation de la figure $\mathfrak{PQ}pq$ qui amène *p* en *t* applique la cote *pq* à *tu* (**111**), et dès lors la bande $\mathfrak{PQ}$ à $\mathfrak{TU}$.

IV. Soient maintenant $\mathfrak{AB}$, $\mathfrak{CD}$ (*fig.* 28) deux quelconques des bandes en question, de cotes *ab, cd*, et supposons d'abord que celles-ci aient une commune mesure *s* (**97**, II) $m^{\text{ième}}$ partie de la première, $n^{\text{ième}}$ partie de la seconde, cas auquel leur rapport est $m : n$ (*Ib.*) ; divisons ces segments *ab, cd* en *m, n* parties toutes égales entre elles et à *s*, et construisons les *m* et *n* bandes ayant toutes ces parties pour cotes. La somme de celles qui correspondent aux parties de *ab* est égale à $\mathfrak{AB}$ (II), et toutes sont mutuellement égales, parce que leurs cotes sont égales entre elles (et à *s*) (III) ; chacune d'elles est donc la $m^{\text{ième}}$ partie de $\mathfrak{AB}$, et de même chacune des *n* autres est la $n^{\text{ième}}$ partie de $\mathfrak{CD}$. Le rapport de ces deux bandes est donc égal aussi à $m : n$ rapport de leurs cotes.

V. Si, en second lieu, *ab, cd* sont incommensurables (**97**, III), divisons *cd* en *n* parties égales, et nommons *m* le plus grand nombre de ces parties dont la somme soit inférieure à *ab*. On verra comme ci-dessus (III, IV), que *m* est aussi le plus grand nombre de fois, que la bande $\mathfrak{AB}$ contient la $n^{\text{ième}}$ partie de la bande $\mathfrak{CD}$. Mais (**97**, III), (**116**) le rapport, soit de *ab* à *cd*, soit de $\mathfrak{AB}$ à $\mathfrak{CD}$, est la limite vers laquelle tend la même fraction $m : n$ quand *n* augmente indéfiniment ; donc ces rapports sont égaux.

VI. Maintenant établies, les égalités

$$\frac{\mathfrak{AB}}{\mathfrak{CD}} = \frac{ab}{cd}, \quad \frac{\mathfrak{AB}}{\mathfrak{EF}} = \frac{ab}{ef}, \quad \frac{\mathfrak{CD}}{\mathfrak{EF}} = \frac{cd}{ef}, \ \ldots$$

entraînent immédiatement la proportionnalité des bandes aux segments correspondants (**118**, I).

[Les trois dernières parties de ce raisonnement sont à recommencer *textuellement*, dans chacun des cas nombreux où l'on a à prouver la proportionnalité de certaines grandeurs (ici, des bandes) à d'autres correspondantes (ici, des segments). Nous nous dispenserons donc de les reproduire, et inviterons seulement le lecteur à se les assimiler dès à présent avec le plus grand soin.]

120. En substituant dans la définition d'une bande (**115**), deux plans parallèles $\mathfrak{A}$, $\mathfrak{B}$ à ses côtés, les demi-espaces $\overline{\mathfrak{AB}}$, $\overline{\mathfrak{BA}}$ aux demi-plans alors considérés, on passe à celle d'un *mur* ayant ces plans parallèles pour *parements* ou *faces*, de son *intérieur*, de ses deux *prolongements extérieurs*.

Ces nouvelles figures sont cylindriques, mais chacune *avec une orientation indéterminée, pour laquelle on peut prendre celle d'une droite quelconque parallèle aux faces* (**114**). Les propositions du nᵒ **115** s'étendent immédiatement à elles, sauf de légères modifications.

Dans l'alinéa II, on peut remplacer les sécantes ϑ, ϑ' par des plans sécants parallèles entre eux. Au lieu de segments, de demi-droites, *on obtient des bandes et leurs prolongements, les premières égales, tous proprement parallèles deux à deux* (**114**, V), (**90**).

Si, avec des sécantes rectilignes, on fait intervenir des plans sécants, *les conclusions de l'alinéa III s'étendent aux bandes et demi-plans naissant de ces diverses sections.*

121. En procédant exactement comme aux nᵒˢ **116**, **117**, on opérera la comparaison numérique des *amplitudes* des *murs*, on définira la *ressemblance* ou *dissemblance* de la *topographie* de plans parallèles, à celle de plans parallèles *correspondants* encore, ou de droites parallèles dans un même plan, ou de points en ligne droite. Puis on démontrera très facilement ce théorème :

*Des plans parallèles $\mathcal{A}$, $\mathcal{B}$, $\mathcal{C}$, ... étant coupés, par un plan sécant suivant les droites parallèles A, B, C, ... (**68**), par une sécante aux points a, b, c, ..., leur topographie est ressemblante à celle de ces droites, à celle de ces points, et les amplitudes des murs $\mathcal{A}\mathcal{B}$, $\mathcal{A}\mathcal{C}$,... qu'ils comprennent deux à deux, sont proportionnelles à celles des bandes correspondantes AB, AC, ..., aux longueurs encore des segments correspondants ab, ac, ... comme au nᵒ* **119**.

122. Voici, au lieu le plus convenable, une proposition importante pour l'intelligence du mouvement de translation.

*Si A′, B′, C′, ... (fig. 29) sont des positions occupées simultanément par les points a, b, c, ... d'une figure solide animée d'un tel mouvement, et A″, B″, C′, ... des positions des mêmes points à un autre instant, les vecteurs A′A″, B′B″, C′C″, ... sont tous égaux en longueur et proprement parallèles. Si en outre le mouvement de l'un d'eux a s'opère dans un sens constant (**75**), il en est de même pour tous les autres b, c, ...*

I. Quand a, b par exemple ne sont pas sur une même glissière, les vecteurs A′A″, B′B″ jouissent de la propriété énoncée, parce que leurs droites sont parallèles comme glissières (**60**), et que les droites A′B′, A″B″ sont parallèles aussi (**39**, I), (**112**, II).

II. Les diverses positions de la droite mobile *ab* étant parallèles dans un même plan (**35**, I), leur topographie est ressemblante à celle des positions correspondantes de *a* sur A′A″, de *b* encore sur B′B″ (**119**). Celles des positions de *a* et des positions de b le sont donc l'une à l'autre, et le second point est animé d'un mouvement de sens constant parce qu'il en est ainsi pour le premier (**113**, V).

III. Quand a, b se trouvent sur une même glissière, notre proposition résulte immédiatement de la réciproque de celle du n° **112**, I, combinée pour la fin avec celles des alinéas IV, V du n° **113**.

123. De la première partie de ce théorème, il résulte que si M′, M″ sont les positions initiale et finale d'un même point quelconque m d'une figure déplacée par translation, il suffira pour déterminer complètement ce déplacement, de le dire *parallèle* en direction, *égal* en amplitude, au vecteur MM′.

La dernière partie montre ce qu'il faut entendre par mouvement de translation, de *sens constant*.

Sections simultanées de deux droites par des plans parallèles, ou par des droites parallèles.

124. *Si, par des plans* 𝒜, ℬ, 𝒞, 𝒟, ... *parallèles entre eux, deux droites distinctes* 𝒢, 𝒢′, *sont coupées simultanément aux points respectivement correspondants.*

(1)	a , b , c , d , ...,
(2)	a', b', c', d', ...,

les topographies des deux groupes sont ressemblantes (**113**, III), *et les segments limités par les paires de points de l'un sont proportionnels à ceux que limitent les paires correspondantes de l'autre* (**118**, I), *donnant ainsi*

$$(3) \qquad \frac{ab}{a'b'} = \frac{ac}{a'c'} = \cdots = \frac{bc}{b'c'} = \cdots.$$

Car, d'une part, ces topographies sont chacune ressemblantes à celle des plans 𝒜, ... (**121**); car, d'autre part, les segments sur 𝒢 et leurs correspondants sur 𝒢′ sont simultanément proportionnels aux amplitudes des murs 𝒜ℬ, 𝒜𝒞, ... (*Ib.*), (**118**, III).

125. *Réciproquement, si* (1), (2) *sont des groupes de points correspondants, dont les topographies sont ressemblantes, avec proportionnalité entre les segments correspondants limités par eux sur* 𝒢, 𝒢′, *et si* a, b, *par exemple, étant distincts ainsi que* a', b', *il existe deux plans parallèles distincts* 𝒜, ℬ *passant,* 𝒜 *par* a *et* a', ℬ *par* b, *et* b', *deux points correspondants quelconques seront toujours à la fois sur un même plan parallèle aux précédents.*

Aucun des plans $\mathcal{A}$, $\mathcal{B}$ ne pouvant contenir ϑ, ni ϑ', puisque alors ils se confondraient, tout plan à eux parallèle coupera chacune de ces droites en un seul point (**46**). Cela posé, soient c un quelconque des points (1), c' son correspondant et c_1 la trace sur ϑ', du plan parallèle à $\mathcal{A}$, $\mathcal{B}$, issu de c.

Les topographies de a', b', c' et de a', b', c_1 étant mutuellement ressemblantes parce que chacune l'est à celle de a, b, c, la première par hypothèse, la seconde en vertu du théorème précédent, les directions des vecteurs $a'c'$, $a'c_1$ sont toutes deux identiques ou toutes deux opposées à celle de $a'b'$ (**113**, IV), partant identiques entre elles. D'autre part, les proportions

$$\frac{a'b'}{ab} = \frac{a'c'}{ac}, \qquad \frac{a'b'}{ab} = \frac{a'c_1}{ac},$$

ayant lieu, la première par hypothèse, la seconde en vertu du théorème précédent encore, donnent

$$\frac{a'c'}{ac} = \frac{a'c_1}{ac},$$

c'est-à-dire $a'c' = a'c_1$. Il y a donc confusion entre les points c', c_1, extrémités de deux segments égaux portés sur ϑ', à partir de a' et dans des directions identiques (**108**).

126. Ces théorèmes, que le lecteur étendrait bien facilement aux sections de deux mêmes plans par d'autres plans parallèles entre eux, sont à compléter par les observations suivantes.

I. Si les droites ϑ, ϑ' ne sont pas dans un même plan, les droites aa', bb' sont telles évidemment aussi, et la réciproque a lieu d'elle-même, puisqu'alors, sont distincts les plans menés par chacune parallèlement à l'autre (**72**).

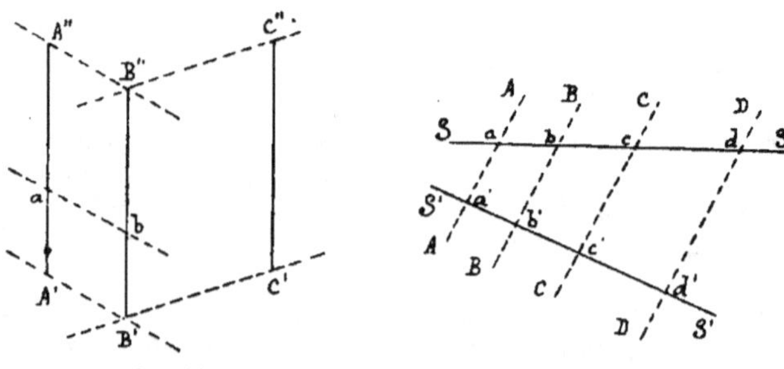

Fig. 29.   Fig. 30.

II. Si elles sont dans un même plan Π (*fig.* 30), les droites aa', bb', cc', dd', ... s'y trouvent toutes aussi, parallèles entre elles comme sections de ce plan par les plans $\mathcal{A}$, $\mathcal{B}$, $\mathcal{C}$, $\mathcal{D}$, ... parallèles entre eux (**68**), et *dans l'énoncé du n° **124**, on peut remplacer ces plans par des sécantes parallèles* A, B, C, D, ... *tracées dans le plan* II.

La réciproque (**125**) *exige alors que les droites aa′, bb′ soient parallèles,* car autrement les plans menés par chacune parallèlement à l'autre se confondraient sur leur plan II. (En dehors de cette condition, *aa′, bb′, cc′,* ... sont bien toujours dans des plans parallèles, mais tous confondus sur II, et il n'y a plus de parallélisme entre elles.)

III. Il en est ainsi quand les droites 𝒢, 𝒢′ se coupent (*fig.* 31, 31 *bis*), et la proposition a un cas particulier très souvent utilisé.

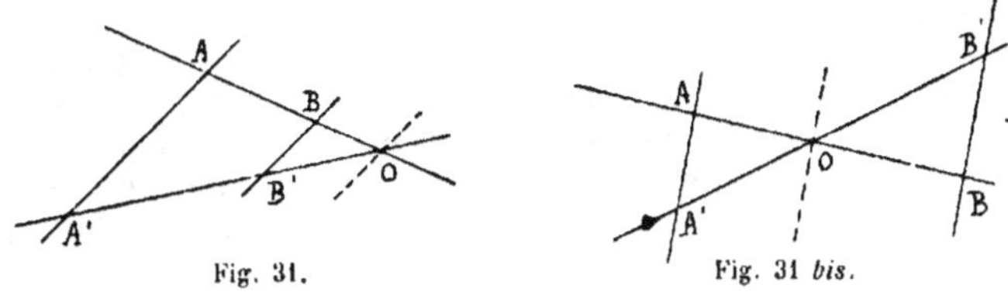

Fig. 31.   Fig. 31 *bis*.

Leur intersection O (*dédoublée par la pensée*) *et les traces* A, B *et* A′, B′ *de deux sécantes parallèles distinctes et ne passant pas par* O, *y présentent des topographies ressemblantes, accompagnées de la proportionnalité*

$$(4) \qquad \frac{OA}{OA'} = \frac{OB}{O'B'} = \frac{AB}{A'B'}.$$

Réciproquement, si deux seulement de ces rapports sont égaux, avec topographies ressemblantes, les droites AA′, BB′ *sont parallèles.*

L'intervention de la parallèle menée par O à l'une des sécantes le montre immédiatement (II).

IV. *Quand* 𝒢, 𝒢′ *sont parallèles* (*fig.* 32), *la valeur commune des rapports* (3) *est toujours* 1, à cause de $ab = a'b'$, $ac = a'c'$ (**120**); et, pour la *réciproque* (II), *la condition* $ab = a'b'$ *est nécessaire*, puisque sans cela les droites ab, $a'b'$ ne pourraient être parallèles (**112**).

127. Problème. *Deux segments* a, b *et un troisième* $a′$ *étant donnés dans cet ordre, construire leur quatrième proportionnelle, c'est-à-dire un nouveau segment* $b′$ *satisfaisant à la proportion*

$$\frac{a}{b} = \frac{a'}{b'}.$$

Sur une même droite, à partir d'un point O (*fig.* 31, 31 *bis*) et dans des directions quelconques, on porte a, b en OA, OB (**101**), puis, à partir de O toujours, mais sur quelque autre droite issue de ce point, le segment OA′ $= a′$; on trace la droite AA′ et, de B, on lui mène une parallèle (**61**) dont on prend la trace B′ sur OB (**50**). Le segment cherché $b′$ est OB′, en vertu de la première des proportions (4) (**126**, III), où la permutation des moyens donne bien OA : OB = OA′ : OB′.

Quand il se trouve que $a′ = b$, le segment $b′$ prend le nom de *troisième proportionnelle* aux segments a, b.

Si, au lieu de segments a, b, on donnait deux *nombres* α, β dans le rapport α : β desquels, on voulût que fussent $a′$, $b′$, il faudrait : soit appeler α′, la mesure de $a′$ (**105**), β′ celle inconnue de $b′$, *calculer* cette dernière par la proportion α : β = α′ : β′, puis prendre le segment dont la mesure est β′ (**106**) ; soit procéder graphiquement comme tout à l'heure, après avoir pris pour a, b des segments ayant pour mesures α, β (ou même des nombres proportionnels quelconques). Le premier de ces procédés confirmerait au besoin que la solution est unique : une seule valeur pour β′ peut effectivement être tirée de la proportion qui fournit cette mesure.

128. PROBLÈME. *Trois segments (non nuls)* PQ, *p*, *q étant donnés, diviser le premier dans le rapport p : q des deux autres,*

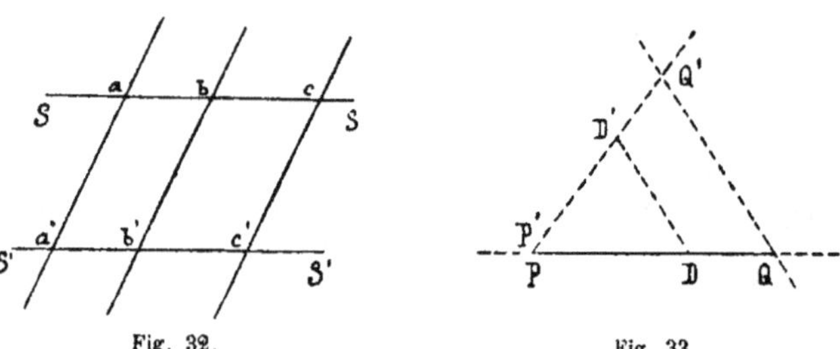

Fig. 32.   Fig. 33.

cela, soit intérieurement, soit extérieurement ; c'est-à-dire, trouver sur la droite PQ *quelque point* D *donnant la proportionnalité*

$$(5) \qquad \frac{\mathrm{PD}}{p} = \frac{\mathrm{QD}}{q},$$

et situé, soit à l'intérieur du segment PQ, *soit à l'extérieur.*

I. Le problème étant supposé résolu sous la première condition topographique (*fig.* 33), Q est sur le prolongement de PD au delà de D, car la direction DQ, opposée à QD qui l'est à PD (**92**) est identique à cette dernière.

Ceci observé, par un dédoublement P′ de l'un des points P, Q, menons quelque droite distincte de PQ, sur laquelle, à partir de P′, dans une direction quelconque, nous prendrons

P'D' $= p$; menons la droite DD', et, par sa parallèle issue de Q, coupons P'D', en Q'. D'après le théorème du n° **126**, III, Q' est sur le prolongement du segment P'D' au delà de D', et l'on a

$$\frac{P'D'}{PD} = \frac{Q'D'}{QD},$$

d'où, par combinaison avec (5) (**118**, III),

$$\frac{P'D'}{p} = \frac{Q'D'}{q},$$

puis Q'D' $= q$, à cause de PD' $= p$. Le point Q' a donc cette autre propriété d'être l'extrémité d'un segment égal à q, porté sur la droite P'D', à partir de D', dans la direction opposée à celle de D'P' ; et le point cherché D, s'il existe, se trouvera sur la parallèle menée par D' à Q'Q.

Inversement, si l'on entend maintenant par Q' l'extrémité du segment q ainsi porté, la parallèle menée par D' à Q'Q coupe PQ en un point D, opérant la division voulue, en vertu du même théorème (**126**, III) ; et cette solution est unique, parce qu'il n'y a qu'une seule manière d'obtenir successivement D', Q', la parallèle menée par D' à Q'Q, et sa trace sur la droite PQ.

II. Pour la division extérieure (*fig.* 34), les choses se passent de la même manière, à cela près que q doit être porté en D'Q' dans la direction identique à celle de D'P'.

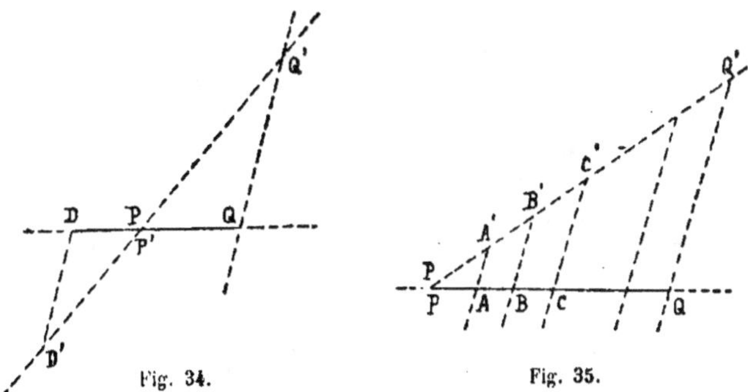

Fig. 34.Fig. 35.

Quand il n'y a pas égalité entre p, q, le problème est possible, ayant toujours une solution unique, parce que D'Q' $= q$ n'étant pas égal à D'P' $= p$, le point Q', sur la droite P'D', diffère de P', qu'ainsi la droite QQ' ne se confond pas avec PQ, que, par suite, sa parallèle issue de D' coupe certainement cette dernière. On voit facilement alors, que D est sur le prolongement de PQ au delà de P, ou sur l'autre au delà de Q, selon qu'on a $p \lessgtr q$.

Mais quand on a $p = q$, *le problème est impossible ;* car Q' est en P', QQ' se confond avec QP, et sa parallèle issue de D' ne rencontre pas cette dernière droite (**40**).

III. Si le rapport donné était celui, non de deux segments, mais de deux nombres ϖ, χ, une opération arithmétique (règle de société) ayant pour données eux et la mesure l de PQ, préalablement cherchée, fournirait les mesures des segments inconnus PD, QD, dont les directions relativement à celles de PQ sont d'ailleurs déterminées par la nature de la division demandée. Ou bien, on prendrait des segments p, q de mesures égales ou proportionnelles à ϖ, χ, pour achever comme ci-dessus (I), (II), (*Cf.* **127**, *in fine*). Et on trouvera de même, que *le problème a toujours une solution unique, sauf pour la division extérieure et dans le cas où* $\varpi : \chi = 1$, exception évidente à priori, puisque PD, QD sont forcément inégaux quand D est extérieur à PQ.

Pour $\varpi : \chi = 1$, la division intérieure, tant de QP que de PQ, donne un même point D partageant le segment en deux parties égales, à cause de tout cela très remarquable, et se nommant son *point-milieu* (*Cf.* **483**, I, *inf.*).

(Pour $\varpi = 0$, ou $\chi = 0$, le point de division se placerait en P ou en Q.)

129. PROBLÈME. *Plus généralement, partager un segment donné* PQ (*non nul*) *en parties proportionnelles à des segments (ou nombres) donnés,* a, ε, c, ..., q, *cela additivement, ou soustractivement, c'est-à-dire trouver des segments* a, b, c, ..., q, *qui soient proportionnels aux précédents, et dont la combinaison par des additions ou soustractions déterminées reproduise* PQ.

I. La solution générale est rendue presque évidente par celle de la question précédente (**128**). Sur une droite quelconque issue de P'dédoublement de P, on portera, en P'A', A'B', B'C', ..., .Q' successivement, des segments respectivement égaux ou proportionnels à a, ε, c, ..., q, des directions identiques ou opposées étant toujours assignées à deux consécutifs, selon que leurs correspondants cherchés doivent, dans la combinaison générale imposée à tous, entrer de la même manière, ou bien l'un additivement, l'autre soustractivement ; on joindra Q' à Q, on prendra les traces A, B, C, ... sur la droite PQ, des parallèles à Q'Q menées par A', B', C', ..., et on aura en PA, AB, BC, ..., .Q, les segments cherchés a, b, c, ... , q. Hors le cas où la combinaison de a, ε, c,... q par les mêmes additions ou soustractions donne 0 pour résultat, le problème est possible et résoluble d'une seule manière.

II. C'est ce qui arrive dans le cas particulièrement remarquable, où l'on a $a = \varepsilon = c = ... = q$, avec rôle additif assigné à chacun des segments cherchés a, b, c, ..., q, c'est-à-dire où il s'agit de *diviser le segment* PQ *en un nombre quelconque n de parties égales.* Les segments auxiliaires P'A', A'B', B'C', ..., .Q' (*fig.* 35) doivent alors être pris tous égaux entre eux et portés bout à bout dans une même·direction ; P, A, B, C,..., Q sont les points de division de PQ en *n* parties égales dont PA par exemple est la valeur commune.

130. Etant donnés une droite fixe ϑ' dite *axe de projection* et un plan fixe $\mathcal{P}$ non parallèle à cet axe, déterminant ainsi une orientation invariable de plans parallèles (**91**) qui coupent tous la droite ϑ' (**47**), on nomme *projection* d'un point quelconque *m* de l'espace, *faite sur l'axe ϑ', parallèlement à cette orientation,* le *pied* sur l'axe, c'est-à-dire la trace *m'*, du plan mené par *m* parallèlement à $\mathcal{P}$, du plan *projetant* de ce point comme on dit encore.

La *projection* d'un segment quelconque *mn* est le segment *m'n'* découpé sur l'axe par les projections des extrémités de *mn*. *Elle est nulle, quand le segment donné mn est nul;* ou encore, *quand il est parallèle à l'orientation projetante,* car alors les plans projetants de ses extrémités se confondent avec le plan parallèle à $\mathcal{P}$, issu de l'une ou de l'autre (**44**).

Sur des axes parallèles, les projections d'un même segment, faites par de mêmes plans projetants, sont toujours égales entre elles (**126**, IV), (*Cf.* **173**, *inf.*).

131. Quand on projette de la même manière, des segments *ab*, *cd*, ... tous situés sur une même droite ϑ, le théorème du nº **124** montre immédiatement, *qu'il y a ressemblance entre les topographies des points* (*a, b, c, d, ...*), (*a', b', c', d', ...*), *avec la proportionnalité de segments*

$$\frac{a'b'}{ab} = \frac{c'd'}{cd} = ...$$

Si donc on nomme *r* la valeur commune de ces rapports (dépendant des positions relatives de l'axe, de l'orientation $\mathcal{P}$ et de la droite *abcd...*), *on aura, pour calculer les projections, dès que le nombre r sera connu, les formules*

$$a'b' = r.ab, \qquad c'd' = r.cd, ...,$$

où $r = 1$ quand la droite ϑ est parallèle à l'axe (**126**, IV), (*Cf.* **255**, **256**, *inf.*).

132. Quand les points à projeter sont tous dans un même plan contenant l'axe aussi, leurs projections sont tout aussi bien les *pieds* sur l'axe, des droites *projetantes*, traces sur ce plan des plans projetants, dès lors toutes parallèles entre elles et à la trace P du plan $\mathscr{P}$ sur ce même plan **(68)**. Par exemple (*fig. 30*), a', b', c', $a'b'$ sont les projections des points a, b, c, du segment ab, faites sur l'axe $\mathscr{G}'$, parallèlement à la droite D (*Cf.* **185**, *inf.*).

CHAPITRE VI

COMPARAISON DES ANGLES

Angles rectilignes, en général.

133. En appliquant à la figure formée par deux demi-droites OA, OB (*fig.* 36) non confondues, ni opposées, mais de même origine O, les considérations du n° **115** qui nous ont conduit à la notion des bandes, on obtient la définition d'un *angle rectiligne saillant*, ayant ces demi-droites OA, OB pour *côtés*, leur origine commune O pour *sommet*.

Une telle figure se désigne, soit par la seule lettre affectée à son sommet quand il n'y a pas de confusion à craindre, soit,

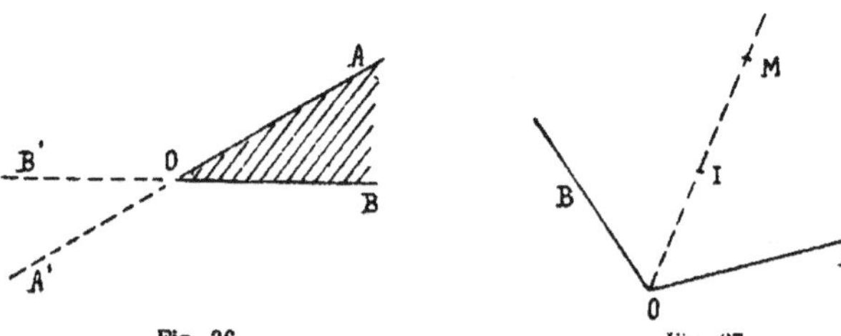

Fig. 36.   Fig. 37.

avec un peu plus de précision, par cette lettre prononcée ou écrite entre deux autres affectées à des points quelconques des côtés respectivement, soit encore par l'association de deux lettres $\mathscr{A}$, $\mathscr{B}$ affectées préalablement à la désignation des côtés. On dira donc l'angle O, ou AOB (ou BOA encore), ou même $\mathscr{A}\mathscr{B}$ ($\mathscr{B}\mathscr{A}$ aussi bien).

I. L'*intérieur* de l'angle AOB est ainsi la région commune aux deux demi-plans $\overline{OAB}$, $\overline{OBA}$, dont chacun a pour arête la droite d'un côté et contient l'autre côté; il est ombré sur notre figure.

L'*extérieur* du même angle saillant est le surplus de son plan; si l'on nomme OA', OB' les prolongements des côtés, il comprend les intérieurs des trois autres angles saillants BOA', A'OB', B'OA.

II. *Quand une demi-droite d'origine* O *a quelque autre de ses points,* I *(fig. 37), soit à l'intérieur d'un angle saillant* AOB, *soit à l'extérieur, tous ses autres points* M *sont aussi intérieurs à l'angle dans le premier cas, extérieurs dans le second.* Car chacun des demi-plans $\overline{OAI}$, $\overline{OBI}$ contient forcément M aussi (**78**). D'où la notion d'une demi-droite *intérieure* ou *extérieure* à un angle saillant.

III. *Quand un segment rectiligne a ses extrémités sur les côtés d'un angle saillant, ailleurs qu'en son sommet, ses points intérieurs sont tels aussi par rapport à l'angle, et ses points extérieurs lui sont extérieurs aussi.* Comme au nº **115**, III.

IV. *Un tel segment* AB *(fig. 38) est toujours rencontré à son intérieur par une demi-droite* OI, *d'origine* O, *qui est intérieure à l'angle.*

Si cette demi-droite était parallèle à la droite AB, elle le serait improprement à l'un des vecteurs AB, BA, au premier par exemple, tomberait ainsi dans le demi-plan opposé à $\overline{OAB}$ (**87**) et serait extérieure à l'angle. Si c'était son prolongement qui rencontrât le segment AB, ce prolongement serait intérieur à l'angle (III), et elle lui serait visiblement extérieure. Elle coupe donc la droite AB (**51**), et ce ne peut être ainsi qu'à l'intérieur du segment considéré.

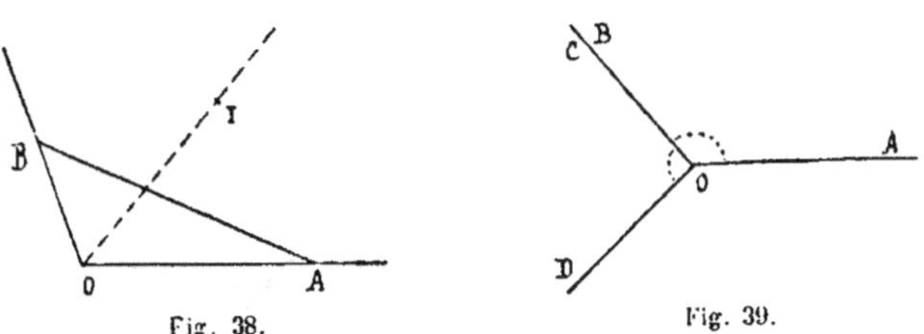

Fig. 38.   Fig. 39.

134. Quand les demi-droites OA, OB sont identiques ou opposées, tout ce qui précède est illusoire, parce que chacun des demi-plans $\overline{OAB}$, $\overline{OBA}$ est évidemment indéterminé. Cependant, on dit que, dans un plan mené à volonté par leur droite commune, *elles forment encore un angle* AOB (*Cf.* **92**).

Dans le premier cas, l'angle est *nul*, n'ayant point d'intérieur, ayant pour extérieur la totalité du plan considéré.

Dans le second, l'angle est *neutre*, ayant pour intérieur l'un des demi-plans découpés par l'arête AOB dans le même plan, pour extérieur le demi-plan opposé.

135. L'égalité de deux angles est assurée par celle des figures formées par leurs *côtés seulement*; car si la superposition de ces paires de côtés est possible, son exécution réalise forcément celle des intérieurs des angles, ceci en vertu de la définition donnée tout à l'heure (**133**, I).

Quand deux angles saillants AOB, A′O′B′ sont égaux de la manière indiquée par ces notations, ils le sont encore de l'autre manière marquée par les notations AOB, B′O′A′. En d'autres termes, une réapplication des deux figures est possible, par *retournement* de l'une (*Cf.* **93**).

Pour des angles nuls, ces deux modes d'égalité se confondent. Pour des angles neutres, ils sont évidents, mais la coïncidence des côtés ne suffit pas ici à assurer celle des intérieurs.

136. Les considérations suivantes nous conduirons à la mesure des angles, et auparavant, à une extension indispensable de leur notion.

I. A fort peu près comme s'il s'agissait de segments rectilignes (**94**, I), on *juxtapose* deux angles saillants *dans un plan*, en les plaçant de manière à rendre un des demi-plans intervenant dans la définition de l'un, opposé ou identique à un de ceux qui jouent le même rôle pour l'autre, avec superposition simultanée des côtés de ces angles qui appartiennent aux arêtes des demi-plans considérés, ceci entraînant celle des sommets. La juxtaposition est *extérieure* dans le premier cas, *intérieure* dans le second. Par exemple, les angles AOB, COD sont juxtaposés extérieurement dans la *fig.* 39, mais intérieurement dans la *fig.* 40.

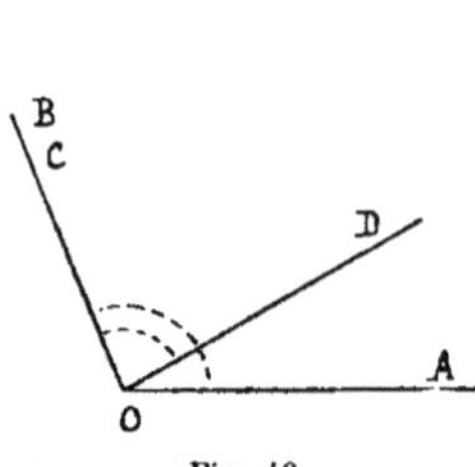

Fig. 40.

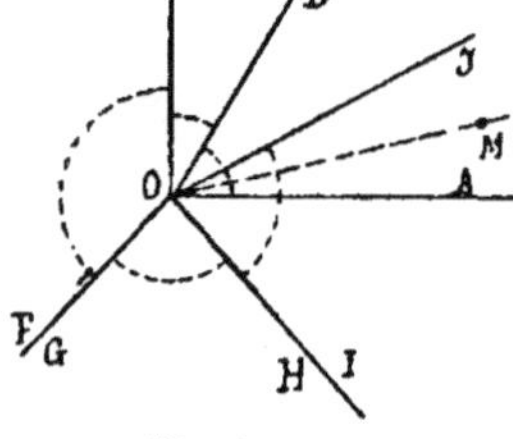

Fig. 41.

II. Dans la juxtaposition extérieure (*fig.* 39), les angles n'ont aucun point intérieur commun, puisqu'ils font partie respectivement des demi-plans opposés $\overline{OBA}$, $\overline{OCD}$ qui n'en ont aucun; et la solidarisation de leurs intérieurs procure une région OABCD du plan commun, limitée par l'ensemble AOD des côtés libres OA, OD. Comme au n° **94**, II, *cette nouvelle figure est égale, même de deux manières, à toute autre réalisée par un autre mode de juxtaposition extérieure des mêmes angles*; et, qu'elle soit un angle saillant, neutre, ou que rien de ceci n'ait lieu, on lui donne encore le nom d'*angle*, de *sommet* O, de *côtés* OA, OD, auquel sont, soit *intérieurs*, soit *extérieurs*, tout point, toute demi-droite, soit intérieurs à quelqu'un des proposés AOB, COD, soit extérieurs à tous deux à la fois ; cet angle est dit en outre la *somme (géométrique)* de ceux-ci.

III. Dans la juxtaposition intérieure (*fig.* 40), les côtés OA, OD, habituellement libres, se superposent encore si les angles considérés, AOB, COD sont égaux (**135**).

Sinon, et comme ils ne peuvent être opposés à cause de leurs situations dans des demi-plans identiques, ils sont visiblement les côtés d'un angle saillant AOD, dont les points intérieurs sont intérieurs aussi à l'un des angles considérés (ici AOC), mais extérieurs à l'autre (ici COD) ; et, dans son individualité géométrique (abstraction faite de sa position), *ce nouvel angle ne dépend toujours pas de la manière dont la juxtaposition intérieure a pu être exécutée* (*Cf.* **94**, III). En outre, la somme de ce nouvel angle (AOD) et du dernier (COD) des angles considérés, reproduit évidemment le premier (AOB).

On dit alors que ce premier angle est *plus grand* que l'autre, ou aussi bien que celui-ci est *plus petit* que le premier, et que le nouvel angle est l'*excès (géométrique)* du premier sur le second, la *différence* de l'un à l'autre. *Un angle saillant est plus petit que l'angle neutre (et plus grand que l'angle nul).*

IV. Etant donnés maintenant des angles saillants *a*, *b*, *c*, ... en nombre quelconque, si, extérieurement toujours et par leurs côtés libres, on juxtapose *b* à *a*, puis *c* à *b* (dans la figure résultant de la solidarisation de *a*, *b*), puis *d* à *c* (dans celle née ainsi de *a*, *b*, *c*, ...), et ainsi de suite jusqu'à emploi du dernier des angles donnés, *on obtient une figure dont l'individualité géométrique est indépendante des modifications possibles dans l'ordre des angles donnés* (*Cf.* **95**). Cette nouvelle figure est, par définition, un *angle* encore, ayant pour *sommet* celui commun à tous les angles donnés, pour *côtés* ceux libres des deux extrêmes, auquel sont *intérieurs*, ou *extérieurs*, tous points, demi-droites, intérieurs à quelqu'un des angles, donnés, ou extérieurs à tous (*Cf.* II).

Mais ici, et contrairement à ce qui se passe dans la juxtaposition des segments rectilignes et des bandes (**116**), il peut arriver qu'un angle de cette provenance n'ait point d'extérieur, qu'un point, une demi-droite, lui soient intérieurs, *deux fois, trois fois*, ..., c'est-à-dire qu'ils soient intérieurs simultanément à deux, trois, ... des angles donnés. Par exemple (*fig.* 41), l'angle AOJ résultant ainsi de la juxtaposition extérieure de AOB, COD, EOF, GOH, IOJ n'a point d'extérieur, et le point M, la demi-droite OM, lui sont deux fois intérieurs, parce qu'ils le sont à deux, AOB, IOJ, des angles donnés.

Enfin, l'angle *composé* que cette opération engendre, est la *somme (géométrique)* des angles saillants employés.

V. A l'exception des alinéas I, III, IV du n° **133**, et avec une facilité nous dispensant de toute insistance, le lecteur étendra aux angles tant composés que saillants, toutes les notions acquises jusqu'ici sur ces derniers : celles en particulier concernant leur égalité (**135**), la formation de la somme de quelques-uns en nombre quelconque (I), (II), (IV), de la différence, de l'inégalité, de deux seulement (III). Les observations du n° **95** sur la construction de la somme de plusieurs segments rectilignes, sont textuellement applicables aux angles de toutes sortes.

137. I. Quand la somme AOA′ (*fig.* 42) de deux angles saillants AOB, BOA′ a ses côtés OA, OA′ opposés l'un à l'autre, cas auquel elle est un angle neutre (**134**), on dit que chacun d'eux est le *supplément* de l'autre, qu'ils sont *supplémentaires*.

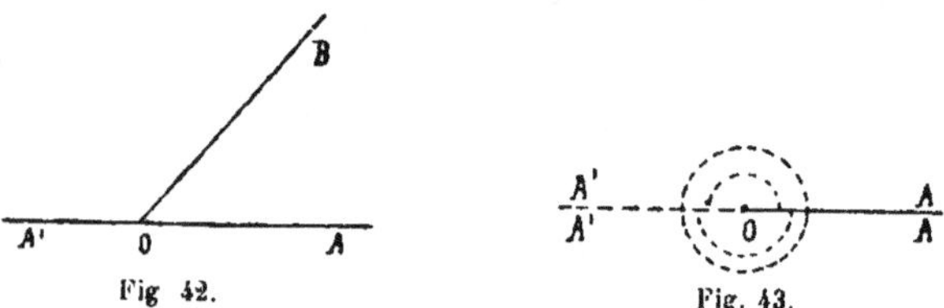

II. Quand la somme de plusieurs angles a pour côtés deux demi-droites identiques OA, OA (*fig.* 43) et pour intérieur la totalité du plan où elle a été formée (moins les points de ce double côté), cela sans qu'aucun point de cette région soit intérieur plus d'une fois (**136**, IV), elle donne ce que nommons un angle *replet*. Il est évident que *tous les angles replets sont égaux entre eux*, et que *chacun d'eux AOA est la somme de deux angles neutres AOA′, A′OA, c'est-à-dire le double d'un seul.*

III. Un angle est *rentrant*, quand il est plus grand que l'angle neutre, mais plus petit que le replet (II), comme l'angle AOB (*fig.* 44), dont l'intérieur est ombré.

Une demi-droite OM intérieure à un angle rentrant AOB, ou bien est parallèle à un segment AB ayant ses extrémités sur les côtés de l'angle, ou bien coupe la droite AB à l'extérieur de ce segment, ou bien le rencontre en un point de son intérieur, mais alors par son prolongement (Cf. **133**, IV).

Quand la somme de deux angles, l'un saillant, l'autre rentrant, ou tous deux neutres, a ses côtés OA, OA identiques (*fig.* 43), cas auquel elle est un angle replet, nous dirons quelquefois que chacun d'eux est le *replément* de l'autre, qu'ils sont *replémentaires*. Tels sont les angles AOB, $\overline{\text{BOA}}$ de la *fig.* 44.

IV. En vertu de l'extension donnée à la notion d'angle au n° **136**, IV, *deux demi-droites de même origine sont les côtés d'une infinité d'angles différents*, savoir, évidemment : leur angle saillant d'abord, puis leur angle rentrant (III), puis tous les autres angles composés, que l'on forme en ajoutant à chacun de ceux-ci les divers multiples entiers de l'angle replet (II).

138. Des diverses notions acquises au n° **136**, dérivent celle du *rapport* de deux angles, puis celle de la *mesure* ou *amplitude* d'une grandeur de cette espèce : la marche des idées est identique à celle des n°ˢ **96** *et suiv.*, où il s'agissait de segments rectilignes, y compris la conservation des mêmes dénominations dans les circonstances analogues.

Un angle nul (**134**) a toujours 0 pour mesure. A cause de la grande importance théorique. même pratique, de l'angle neutre et de l'angle replet (*Ib*), (**137**, II), nous représenterons habituellement, eux-mêmes et leurs mesures, par les lettres spéciales $\mathfrak{N},\mathfrak{R}$.

139. L'unité choisie pour la mesure des angles (**138**) est une partie aliquote de l'angle replet (**137**, II). Autrefois, on divisait cet angle en 360 parties égales ou *degrés* (°), le degré en 60 *minutes* ('), la minute en 60 *secondes* ("), et l'amplitude d'un angle quelconque s'indiquait par les nombres de degrés, de minutes, de secondes, de fractions décimales de secondes, dont il était la somme, le second nombre et le troisième étant toujours rabaissés au-dessous de 60.

Mais la non conformité de ce mode de supputation avec le système de numération décimale, adopté partout depuis bien long-temps, complique beaucoup les calculs relatifs aux angles, et, de plus en plus actuellement, on lui en substitue un autre consistant à prendre pour unité le *grade* (ᵍ), 400ᵉ partie de l'angle replet, et à exprimer simplement un angle en grades et fractions décimales de grade.

Ainsi donc, l'angle replet est de 360° ou 400ᵍ, l'angle neutre, sa moitié (**137**, II), de 180° où 200ᵍ ; un angle saillant, inférieur au neutre, a moins de 180°, de 200ᵍ. Un angle rentrant est compris entre 180° et 360°, entre 200ᵍ et 400ᵍ. Si un angle contient δ degrés ou γ grades, son supplément est de $(180 - \delta)°$ ou de $(200 - \gamma)ᵍ$, son replement de $(360 - \delta)°$, $(400 - \gamma)ᵍ$ (*Ib*. I, III).

La mesure *pratique* des angles s'opère au moyen d'instruments dont le principe appartient à la théorie du cercle, dont ainsi nous ne pourrons pas parler avant le n° **471** (*inf.*).

140. *Porter* un angle donné *aob dans un plan donné* $\mathfrak{P}$, à *partir d'une demi-droite donnée* OX de ce plan, et *dans le sens d'un demi-plan* $(\overline{OX})'$ choisi entre les deux opposés que la droite

OX découpe dans le plan $\mathcal{P}$, c'est : 1° si cet angle est saillant, l'appliquer sur ce plan de manière que son côté *oa* par exemple avec le demi-plan $\overline{oab}$, s'appliquent sur la demi-droite OX et le demi-plan $(\overline{OX})'$ (**79**); 2° si cet angle est composé (**136**, IV), l'appliquer sur $\mathcal{P}$ de manière que le premier des angles saillants dont il est la somme, soit placé comme nous venons de l'indiquer (1°) ; (*Cf.* **100**), (*Cf.* **154**, II, *inf.*).

Cette opération ne peut se faire que d'une seule manière, ceci résultant du n° **79** pour un angle saillant, puis s'étendant immédiatement à tous les autres angles.

Si son sens n'était pas précisé, *il y aurait deux manières de l'exécuter*. Toutes deux amèneraient bien *oa* en OA sur OX, mais elles placeraient le second côté *ob* de l'angle, l'une en OB′ dans le demi-plan $(\overline{OX})'$ par exemple, l'autre en OB″ dans le demi-plan opposé $(\overline{OX})''$. Les demi-droites OB′, OB″ seraient ainsi distinctes, se confondant toutefois avec OX si les côtés *oa*, *ob* étaient identiques, avec le prolongement de OX, s'ils étaient opposés.

141. PROBLÈME. *Construire une demi-droite* OM, *sachant qu'elle est sur un plan donné* $\mathcal{P}$, *qu'avec une demi-droite* OX *tracée préalablement sur ce plan, et dans un sens indiqué, elle fait un angle d'amplitude* α *donnée* (*Cf* **108**).

On obtiendra la demi-droite OM en prenant le second côté d'un angle *aob* d'amplitude α, porté dans le plan $\mathcal{P}$, à partir de OX, dans le sens voulu, et le problème n'est susceptible que d'une seule solution (**140**).

✳ [La demi-droite OX prend le nom d'*origine* (des angles), quand il faut répéter plusieurs fois cette construction dans les mêmes conditions, sauf diversité des valeurs à attribuer à l'amplitude α.]

Un procédé pratique tout semblable à celui du n° **101**, serait procuré par quelque instrument déformable, simple et précis à la fois, au moyen duquel on pût matérialiser et mobiliser un angle, comme un segment entre les pointes d'un compas plus ou moins ouvert. Mais un tel instrument n'existe pas, et pour le dessin géométrique, on doit recourir à des procédés *indirects* dont nous parlerons plus tard (**229**, **473**, *et* **483**, III, *inf.*). Cependant, des équerres (**61**) taillées *ad hoc* permettent le report exact sur l'épure, de certains angles se représentant fréquemment, surtout de l'angle *droit* (90° ou 100ᵍ) (**190**, *inf.*) s'imposant presque à chaque instant, bien moins souvent de sa moitié (45° ou 50ᵍ), rarement de tel autre angle se réitérant beaucoup dans certains dessins.

Ainsi fait-on dans les arts de construction, où *l'équerre* proprement dite, c'est-à-dire à angle droit, est maniée par les ouvriers

à l'égal du compas, où, pour la taille du bois et des métaux,
l'équerre à 45° rend beaucoup de services. Mais là, une précision
extrême n'est pas de rigueur, et on *trace* les autres *coupes* avec
la *fausse équerre* ou *sauterelle*. C'est une paire de règles assemblées comme les branches d'un compas, qui matérialise un angle
saillant variable, et en permet le report.

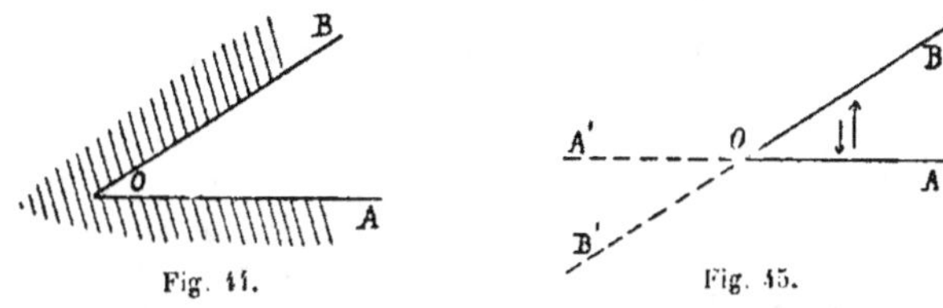

Fig. 44.   Fig. 45.

142. En associant deux à deux, indistinctement, les côtés
d'un angle saillant AOB (*fig.* 45) et leurs prolongements OA′,
OB′, on forme, toujours dans son plan, trois nouveaux angles
saillants qui sont les *jumeaux* du premier. Les jumeaux AOB′,
BOA′ ayant en commun avec lui un côté, OA ou OB, sont ses
opposés par les côtés en question. Le jumeau A′OB′, compris entre
les prolongements OA′, OB′ de ses côtés, est son *opposé par le*,
ou *au* sommet commun O.

I. *Deux angles opposés par un côté*, AOB, AOB′, *sont supplémentaires* (**137**, I). Car les demi-plans $\overline{OAB}$, $\overline{OAB'}$ étant opposés
comme les demi-droites OB, OB′ (**82**), les angles considérés
sont juxtaposés extérieurement et ont pour somme l'angle BOB′
de leurs côtés libres, c'est-à-dire l'angle neutre puisque ces côtés
sont opposés.

II. *Deux angles opposés au sommet*, AOB, A′OB′, *sont égaux
entre eux*.

Dédoublons la figure solide formée par les droites AOA′, BOB′
en deux autres, savoir elle-même laissée fixe, ABOA′B′, et une
autre identique mais mobile, *aboa′b′*, puis appliquons l'angle
aob′ sur son égal AOB′ par retournement, c'est-à-dire de manière
que *oa* vienne en OB′ et *ob′* en OA (**135**). La demi-droite *ob* opposée
à *ob′* vient donc simultanément en OA′ opposée à OA, et les
angles *aob*, B′OA′ sont égaux puisque les côtés du premier sont
ainsi applicables sur ceux du second, respectivement. Donc AOB
égal à *aob*, l'est aussi à A′OB′ = B′OA′.

III. Réciproquement, *deux demi-droites* OA, OA′ *se prolongent
l'une l'autre, si, dans un même plan, elles sont les côtés libres de
deux angles supplémentaires* AOB, BOA′ *juxtaposés extérieurement, ou bien si, placées de part et d'autre de deux demi-droites*
OB, OB′ *en prolongement mutuel, elles font avec elles des angles
égaux*.

Dans le premier cas, les demi-droites OA′ et OA₁ opposée à OA, font avec OB, des angles BOA′, BOA₁, tous deux supplémentaires à AOB, le premier par hypothèse, le second par construction (I), égaux entre eux par suite, comme excès de deux angles neutres, partant égaux, sur le même angle AOB. Ces demi-droites se confondent donc, puisque les angles BOA′, BOA₁ sont non seulement égaux, mais portés dans un même plan et dans un même sens à partir de OB (**140**).

Raisonnement tout semblable dans le second cas, sauf intervention de l'alinéa II à substituer à (I).

IV. On remarquera que l'extérieur d'un angle saillant (**133,I**), son replément (**137, III**), est la somme de ses trois jumeaux.

Deux demi-droites se confondent, quand elles sont les côtés libres de deux angles replémentaires juxtaposés extérieurement. Même raisonnement que ci-dessus (III).

143. PROBLÈME. *Construire le supplément d'un angle saillant donné* AOB (*fig.* 45). Il n'y a qu'à prendre l'angle saillant A′OB compris entre un quelconque OB des côtés de l'angle donné et le prolongement OA′ de l'autre (**142, I**).

144. Les angles non saillants (c'est-à-dire rentrants, ou surpassant le replet) se rencontrent en Cinématique, en Astronomie, ..., mais très rarement en Géométrie pure, où la dénomination d'*angle* implique toujours qu'il s'agit d'un angle saillant (ou nul, ou neutre), quand le contraire n'a pas été spécifié.

Angles à côtés parallèles.

145. *Quand deux angles saillants* AOB, A′O′B′ *ont leurs côtés respectivement parallèles, ils sont égaux si ces parallélismes sont tous deux propres ou tous deux impropres* (**84**), *mais ils sont supplémentaires* (**137, I**) *si ces parallélismes sont de genres différents.*

Prenant la droite OO′ pour glissière, nous imprimerons au premier angle une translation amenant son sommet O en O′ sommet du second.

I. Si les côtés de AOB sont proprement parallèles à ceux de A′O′B′, ils coïncideront respectivement avec ceux-ci après la translation, et nos angles sont égaux (**135**).

II. S'ils le sont improprement, le premier angle s'appliquera sur l'opposé au sommet du second, d'où égalité entre eux encore (**142, II**).

III. Si deux côtés sont parallèles proprement, mais les autres improprement, les angles, après la translation du premier, seront opposés par un côté, partant supplémentaires (*Ib.*, I).

146. Cette proposition s'étend à des angles quelconques non saillants, sous des conditions accessoires et avec des modifications assez visibles pour qu'il soit inutile de les spécifier, alors surtout que la nécessité s'en impose très rarement.

147. Quand deux demi-droites sont issues d'une origine commune, leur angle saillant mesure en quelque sorte l'écart de leurs directions dans leur plan (*Cf.* **154**, III, *inf.*); autrement, et si elles sont proprement parallèles, leurs directions sont tenues pour identiques (**89**). D'autre part, deux angles saillants à côtés proprement parallèles sont toujours égaux (**145**). A cause de tout cela, on nomme souvent *angle de deux demi-droites quelconques de l'espace*, l'angle saillant, invariable ainsi, que forment deux demi-droites menées en parallélismes propres avec elles, par une origine quelconque. D'où la notion de l'*angle de deux droites dirigées*, même ne se rencontrant pas (**88**).

A ce compte, l'*angle de deux directions est nul quand elles sont proprement parallèles.*

148. Le théorème du n° **145** a des cas particuliers, dont l'emploi est d'une fréquence extrême, et que nous avons à mentionner.

Dans un même plan, deux droites distinctes $\mathcal{A}$, $\mathcal{B}$, et une sécante $\mathcal{G}$ les rencontrant en des points α, β (*fig.* 46) distincts aussi, se découpent mutuellement en huit demi-droites, savoir : quatre *sur sécante*, dont deux *internes* $\alpha\beta'$, $\beta\alpha'$, qui contiennent le segment $\alpha\beta$, avec deux *externes* $\alpha\alpha'$, $\beta\beta'$, qui ne le contiennent pas, et quatre *hors-sécante*, dont deux mutuellement *non-alternes* αA_1, βB_1, dans un même demi-plan d'arête $\alpha\beta$, avec deux, encore non-alternes mutuellement, mais *alternes* relativement aux précédents, αA_2, βB_2 opposées à celles-ci, situées en conséquence dans le demi-plan opposé au précédent (**82**).

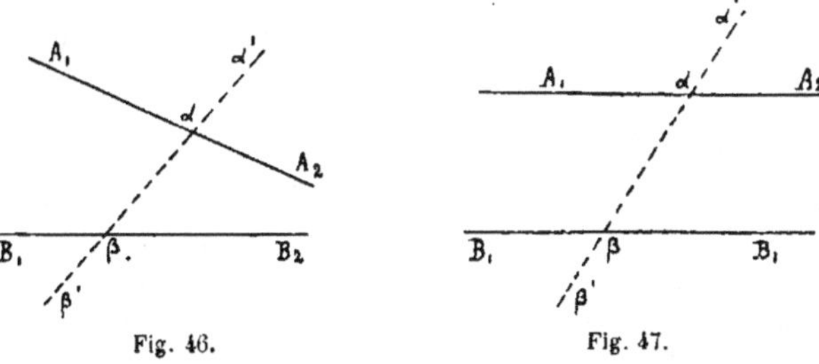

Fig. 46.   Fig. 47.

Un angle de sommet α et un autre de sommet β, formés chacun par un *premier* côté sur sécante, associé à un *second* hors sécante, sont, l'un par rapport à l'autre : 1° *correspondants*, quand leurs premiers côtés sont, l'un interne, l'autre externe, leurs seconds non-alternes, Ex. : $\beta'\alpha A_1$, $\beta'\beta B_1$; 2º *alternes-internes*, quand les premiers côtés sont internes, les seconds alternes, Ex. : $\beta'\alpha A_1$, $\alpha'\beta B_2$; 3º *alternes-externes*, quand les premiers côtés sont externes, les seconds alternes, Ex. : $\alpha'\alpha A_1$, $\beta'\beta B_2$; 4º *intérieurs*, quand les premiers côtés sont internes, les seconds non alternes, Ex. : $\beta'\alpha A_1$, $\alpha'\beta B_1$; 5º *extérieurs*, quand les premiers côtés sont externes, les seconds non alternes, Ex. : $\alpha'\alpha A_1$, $\beta'\beta B_1$. Cela posé :

Si les droites $A_1 A_2$, $B_1 B_2$ (fig. 47) sont parallèles, deux angles correspondants, ou alternes-internes, ou alternes-externes, sont égaux, et deux angles, soit intérieurs, soit extérieurs, sont supplémentaires.

On établit immédiatement ces divers points, en observant que les angles considérés ont toujours leurs côtés parallèles d'une manière ou de l'autre, puis en appliquant le théorème du nº **145**.

149. *Réciproquement, les droites $A_1 A_2$, $B_1 B_2$ sont parallèles, si deux des angles qu'elles forment avec la sécante $\alpha'\alpha\beta\beta'$ présentent en même temps, et l'une des dispositions relatives distinguées ci-dessus, et la relation de grandeur, formulée par le théorème précédent pour cette disposition.*

Si, par exemple, les angles $\beta'\alpha A_1$, $\beta'\beta B_1$, qui sont correspondants, sont égaux en même temps, de l'origine α on mènera une demi-droite $\alpha A'_1$ proprement parallèle à βB_1, puis, en s'appuyant sur le théorème cité, on raisonnera comme au nº **142**, III. Et de même, dans tous les autres cas.

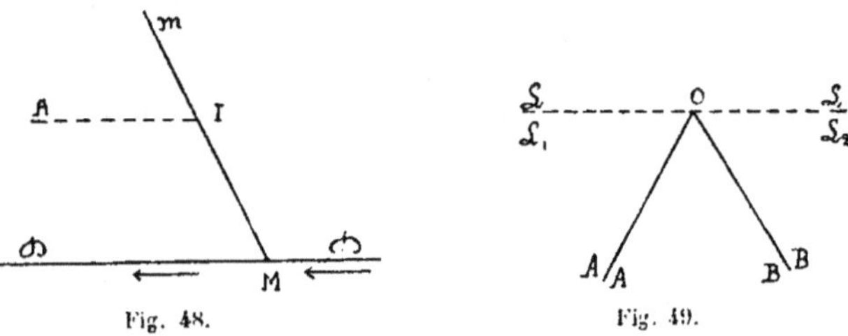

150. PROBLÈME. *Étant donnés une droite dirigée (D) (**88**) et un point I non situé sur elle (fig. 48), mener par ce point une droite IM coupant (D) sous un angle donné θ, c'est-à-dire telle, que l'angle des deux directions (D), MI (**147**) soit égal à θ.*

Par I on mènera une demi-droite IA proprement parallèle à la direction (D) (**61**), (**87**), puis, dans le demi-plan opposé à $\overline{IA}$(D), une demi-droite Im faisant avec IA l'angle θ (**141**), et si θ n'est ni nul, ni neutre, la droite Im est celle que l'on cherchait. Car elle rencontre la droite (D) en quelque point M, puisqu'elle coupe (en I) sa parallèle IA **(50)**, et l'angle des directions (D), MI est le correspondant de l'angle AI*m* pris égal à θ **(148)**.

Si θ était un angle nul, ou neutre, les droites I*m*, IA se confondraient; la première, parallèle alors à (D) comme IA, mais contenant le point étranger I, ne la rencontrerait pas **(38, III)**, et le problème serait impossible.

Si l'on donnait seulement la droite (D), *sans spécifier une direction sur elle*, le problème aurait, en général, les deux solutions fournies par les demi-droites I*m*, I*m'* faisant des angles égaux à θ avec IA et son prolongement IA', respectivement. Ces solutions se confondraient toutefois dans le cas remarquable où l'angle AI*m'*, supplément de A'I*m'*, serait égal à AI*m*, c'est-à-dire où θ, égal alors à son supplément, aurait pour valeur la moitié de l'angle neutre (*Cf.* **187**, *inf.*).

Propriétés des angles qui se rattachent à la notion du pivotement.

151. Dans une certaine mesure qui va nous être nécessaire, les considérations des n⁰ˢ **113, 117** sont extensibles *à des demi-droites issues d'une même origine* O, *dans un même demi-plan* (ℒ) *dont l'arête* ℒ *passe par ce point.*

A tout angle saillant compris entre deux telles demi-droites, AOB (*fig.* 49), on peut attribuer *des prolongements au delà de ses côtés* OA, OB: le premier est l'angle saillant AOℒ₁ compris entre OA et celle, Oℒ₁, des demi droites Oℒ qui tombe dans le demi-plan opposé à $\overline{\text{OAB}}$; le second est l'angle analogue BOℒ₂.

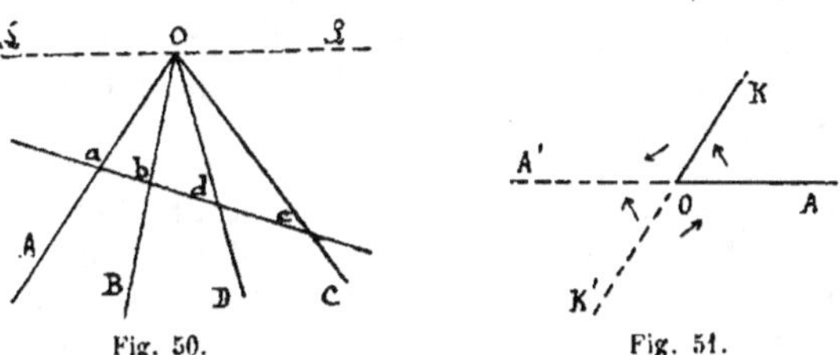

Fig. 50.   Fig. 51.

De là, dérive immédiatement la notion de la *topographie* d'un groupe quelconque de demi-droites de ce genre, OA. OB, OC, OD, ..., de sa *ressemblance* ou *dissemblance* avec celle d'objets *correspondants*, soit demi-droites analogues O'A', O'B', ... dans un même demi-plan aussi, soit points en ligne droite, soit parallèles sur un même plan, ou plans parallèles dans l'espace (*Cf. loc. cit.*).

Il y a toujours ressemblance entre la topographie de telles demi-droites (fig. 50), et celle de leurs traces a, b, c, d, ..., sur une sécante les rencontrant toutes, ailleurs qu'en O, (*sur une parallèle à l'arête £, par exemple*). Comme au n° **117** pour des parallèles dans un même plan, mais avec appui pris sur la définition précédente et l'observation du n° **133**, III.

152. I. *Un plan mobile* p *peut glisser sur un plan fixe* ℒ, *sous la condition qu'un point o du premier demeure en coïncidence constante avec un point fixe* O *marqué arbitrairement sur le second; et, par un déplacement convenable de ce genre, toute demi-droite* t̄ *issue de o sur le plan mobile et solidarisée avec lui, peut être appliquée sur toute autre fixe* t̄ *issue de* O *sur le plan* ℒ. Car, en nommant *m*, M les extrémités de quelque même segment (non nul) porté successivement sur t̄, t̄ à partir de *o*, O, un certain glissement de p sur ℒ, peut toujours superposer la figure de deux points (*o*, *m*), à (O, M), c'est-à-dire amener *m* en M, t̄ sur t̄ en conséquence, tout en laissant *o* fixe en O (**27**, IV), (*Cf.* **34**, I).

On caractérise ce glissement spécial, en disant que le plan p, avec toute autre figure tracée sur lui, *pivotent, tournent* sur le plan ℒ, *autour* du *pivot*, du *centre de rotation* O (*o* tout aussi bien, puisque ce point demeure immobile en O).

II. *Chaque position accessible ainsi au plan mobile, est entièrement déterminée par celle* N *d'un seul n de ses points, autre que le pivot, d'une demi-droite telle que* t̄, *à plus forte raison.* Car les positions de ses deux points distincts *o*, *n* sont alors déterminées (**29**).

Il en résulte que, *sauf le pivot, tous les points du plan mobile, simultanément, sont en mouvement, ou se mettent au repos.*

[Les mouvements permis, sans déchirure, à une feuille de papier ferme, appliquée sur une planchette à épures bien dressée, puis reliée à celle-ci par une seule épingle piquée d'aplomb dans le bois, appartiennent à la classe de ceux qui viennent d'être définis. Ce sont des pivotements indéfinis sur le plan fixe fourni par la planchette, et autour de la pointe de l'épingle, tant du plan mobile matérialisé dans la feuille de papier, que de toute figure tracée sur celui-ci. On constatera encore, que le fichage d'une seule autre épingle suffit pour assurer la fixité de la feuille de papier.]

153. Il faut analyser avec soin le pivotement d'une demi-droite autour de son origine O demeurant immobile sur le plan fixe (**152**, I).

I. *Quand sa trace m sur une droite fixe* 𝒮, y *est animée d'un mouvement de sens constant* (**75**), *il en est de même pour sa trace m' sur toute autre* 𝒮' *qu'elle rencontrerait sans cesse aussi. Si, en* *outre, m vient à prendre sur sa droite un mouvement, de sens constant toujours, mais contraire à celui du précédent, le sens du nouveau mouvement du point correspondant m′ deviendra contraire aussi à celui de son mouvement primitif.*

Car la ressemblance entre les topographies des points *m* et des points *m′*, est entraînée par celle de chacune avec la topographie des positions correspondantes de la demi-droite mobile (**151**), (**113, V**).

II. Cela posé, nous dirons que le pivotement de la demi-droite en question, s'effectue *dans un sens* (ou *direction*) *giratoire constant*, quand sa trace sur une droite fixe, quelconque ainsi, y est animée d'un mouvement de sens constant.

Sur un plan fixe, et autour d'un même pivot, *deux sens giratoires seulement existent pour ces mouvements de la demi-droite ;* ils correspondent aux deux sens contraires, possibles pour ceux de sa trace sur une droite fixe (**75, I**), et on les dit également *contraires*, ou encore *opposés.*

[Chaque aiguille d'une montre en marche naturelle, pivote dans un sens constant, sur le plan du cadran, autour du point fixe où elle rencontre constamment l'autre aiguille. Ces mouvements de toutes deux se font dans un même sens, qui est contraire à celui de la rotation à imprimer à leur équipage, pour remettre la montre à l'heure quand elle est en avance.]

154. I. Une demi-droite mobile O*m*, issue du sommet d'un angle AOB, *le décrit de* OA *à* OB, quand elle l'engendre (**22**) par un pivotement de sens constant (**153**), exécuté autour de O dans son plan, avec OA et OB pour positions initiale et finale (*Cf.* **110**).

Tout angle AOB peut être décrit ainsi, de OA *à* OB, *ou de* OB *à* OA, *à volonté.*

S'il est saillant, on coupera ses côtés en *a*, *b*, par quelque sécante sur laquelle on fera décrire le segment que ces points limitent, par la trace de la demi-droite mobile, marchant dans un sens constant, soit de *a* à *b*, soit de *b* à *a*.

S'il est composé des angles saillants AO*p*, *p*O*q*, . ., *s*OB (**136, IV**), on fera décrire successivement ceux-ci par la demi-droite mobile, soit de OA à O*p*, de O*p* à O*q*, ..., de O*s* à OB, dans l'ordre où ils sont écrits, soit de OB à O*s*, ..., de O*q* à O*p*, de O*p* à OA, dans l'ordre inverse.

II. Dans l'opération expliquée au nº **140**, *on peut substituer à la mention de celui des demi-plans* $(\overline{OX})'$, $(\overline{OX})''$, *dans le sens duquel l'angle aob doit être porté, l'indication de celle des deux directions giratoires opposées sur le plan* Φ, *autour du point* O (**153, II**), *dans laquelle on veut que l'angle une fois porté, soit décrit de* OX *à son autre côté* (I). Car, considéré comme un angle neutre, chacun des demi-plans et un angle porté dans son sens, sont décrits, à partir de OX, dans des directions giratoires identiques.

III. La mesure de l'angle AOB décrit par une demi-droite mobile O*m* qu'une rotation de sens constant fait passer d'une position initiale OA à une position finale OB, fournit, par définition, celle de l'*amplitude* de cette rotation.

*Les rotations (non nulles) qui, dans un sens constant quelconque, ramènent la demi-droite O*m* à sa position initiale OA (fig. 51), ont pour amplitudes l'angle replet (137), et ses multiples entiers.*

Soient OK le second côté de quelque angle saillant (non nul) que la droite mobile a décrit au commencement de son mouvement, et OA′, OK′ les prolongements des demi-droites OA, OK. Pour reprendre une première fois sa position initiale, il faut que O*m* décrive successivement ensuite les angles saillants KOA′, A′OK′, K′OA, qui, avec leur jumeau AOK, donnent bien une somme égale à l'angle replet. Pour y revenir une 2ᵉ, 3ᵉ, ... fois, il lui faut naturellement décrire cet angle replet 2, 3, ... fois aussi.

De telles rotations jouent un rôle important en Géométrie et surtout en Cinématique. La plus remarquable est celle de moindre amplitude, d'un angle replet par conséquent : on la nomme *une révolution,* ou *un tour.*

Un *demi-tour* est une rotation d'amplitude égale à l'angle neutre, moitié du replet ; elle fait passer la demi-droite mobile, de sa position initiale OA à la position opposée OA′, pour la première fois.

155. Un angle est *dirigé*, devient un *vecteur angulaire*, quand, à sa spécification géométrique et numérique, on adjoint l'indication de celui des deux sens de description possibles **(154)**, dans lequel on veut le concevoir. Par exemple, l'angle saillant AOB (*fig.* 45) conservera cette notation, si on lui a donné le sens marqué par la flèche qui pointe vers le haut ; il se notera BOA, si son sens est marqué par l'autre flèche (*Cf.* **110**).

L'égalité de deux angles dirigés AOB, A′O′B′ est assurée par celle de leurs amplitudes, mais elle n'a lieu que de la manière précisée par ces notations.

156. *Sur un même plan, et pourvus d'un sommet commun* O (*fig.* 52), *les divers angles AOB de mêmes notation et sens* **(137, IV)** *sont respectivement égaux, en amplitudes et sens, aux angles de notation et sens A′O′B′, s'il en est ainsi pour les angles analogues AOA′ comparés aux angles BOB′. Et réciproquement.*

I. Si AOB, A′O′B′ sont les positions initiale et finale d'un même angle dirigé (non nul) *a*O*b* **(155)**, déplacé dans son plan 𝒫 par un pivotement quelconque autour de son sommet **(152)**, il y a identité, sur ce plan et autour de O, entre les directions giratoires AOB, A′O′B′ (*Cf.* **86, I**).

II. On considérera la position finale A'OB$_1$ conférée à un angle AOB par un pivotement, dans son plan et autour de son sommet, qui amène en OA' son premier côté OA; puis, en substituant l'axiome précédent à celui du lieu cité, on raisonnera comme nous l'avons fait au n° **112**, I pour des vecteurs placés sur une même droite (**140**), (**154**, II).

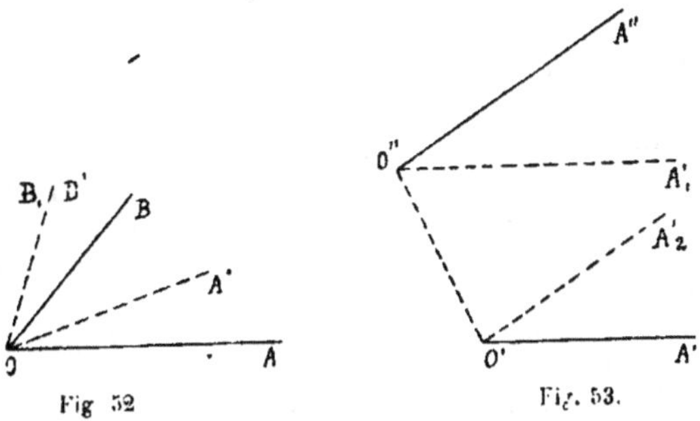

157. *Si un plan mobile pivote sur un plan fixe, autour d'un point O, de telle sorte que l'une Oa de ses demi-droites issues de O décrive quelque angle* AOA' (**154**, I), *toute autre demi-droite* Ob *du plan mobile décrit simultanément un angle* BOB' *égal au précédent, en sens et amplitude.* Car AOB, A'OB' sont d'amplitudes égales et de sens identiques, comme positions initiale et finale d'un même angle *a*O*b* déplacé par pivotement sur son plan (**156**).

En conséquence, et comme pour une de ses demi-droites Om, quelconque ainsi, on dit que le plan mobile, *dans sa totalité*, subit, autour de O, une *rotation de mêmes sens constant et amplitude* que la rotation de cette demi-droite, qu'il fait un *tour*, ou un *demi-tour*, en même temps qu'elle (**154**, III).

Le tour et ses multiples entiers sont les seules rotations qui, dans chaque sens, ramènent à leurs positions initiales, le plan mobile considéré et toute figure tracée sur lui (Ib.), (**152**, II).

158. *Tout glissement d'une figure plane mobile sur un plan fixe* (**27**, IV), *peut être remplacé par une translation et une rotation consécutives, exécutées toutes deux dans ce plan* (**36**), (**152**). *En outre, une succession de deux tels déplacements convenablement choisis, peut amener toute demi-droite prise dans la figure mobile, sur toute autre donnée dans le plan fixe.*

I. S'il s'agit d'une simple demi-droite mobile *oa* ayant passé en glissant sur le plan fixe, de O'A' à O''A'' (*fig.* 53), une translation égale et parallèle au vecteur O'O'' (**123**) la conduira de O'A' en O''A'$_1$, en la laissant dans le plan fixe (**35**, I); puis, toute rotation de nature à lui faire décrire un angle de côtés O''A'$_1$, O''A'', l'amènera dans cette dernière position.

On pourrait aussi commencer par une rotation amenant *oa* de O'A' à O'A'$_2$ proprement parallèle à O"A" (**84**), et achever par la translation de glissière O'O".

II. S'il s'agit de toute autre figure mobile, on considérera les positions initiale et finale O'A', O"A" d'une demi-droite quelconque lui appartenant; et la succession des translation et rotation expliquées ci-dessus (I) réalisera tout aussi bien le déplacement dont il s'agit pour cette figure (**29**).

III. La dernière partie de l'énoncé est actuellement évidente.

159. Quand deux angles dirigés sont dans des plans parallèles, et que la translation superposant le plan et le sommet de l'un à ceux de l'autre, les place tous deux dans un même sens giratoire du plan de ce dernier, on considère leurs sens comme *identiques dans l'espace* (*Cf.* **89**).

D'après cela, *le sens d'un angle dirigé n'est changé par aucune combinaison d'une translation quelconque avec un glissement sur son propre plan*, puisque (**158**) ce dernier déplacement est toujours décomposable, en une translation encore, et en un pivotement autour du sommet de l'angle, qui laisse son sens invariable (**156**, I).

D'où, la notion de *l'identité ou de l'opposition des directions de deux angles à plans parallèles*, celle encore des *deux directions giratoires opposées*, dans l'une ou l'autre desquelles un plan quelconque peut être conçu, indépendamment de toute particularisation du pivot.

Angles dièdres.

160. Deux demi-plans quelconques ayant une même droite pour arête commune, sont les éléments essentiels d'une figure que l'on nomme un *angle dièdre*, ou plus simplement un *dièdre ;* la droite considérée est aussi l'*arête* du dièdre, les demi-plans en sont les *faces*. On désigne un dièdre par quatre lettres affectées, les deux extrêmes à ses faces, les deux autres à son arête, quelquefois autrement.

Dans les considérations du premier paragraphe de ce chapitre, il suffit de remplacer les demi-droites et leurs origines par des demi-plans et leurs arêtes, les demi-plans par des demi-espaces, le plan servant de champ à la comparaison des angles rectilignes par l'espace indéfini, pour acquérir immédiatement les notions concernant : l'*intérieur* et l'*extérieur* d'un dièdre *saillant* (**133**, I), ou *nul*, ou *neutre* (**134**), la réapplication mutuelle *par retournement* de deux dièdres saillants égaux (**135**), la *juxtaposition extérieure* ou *intérieure* de deux dièdres, la formation de dièdres *composés*, l'*addition*, la *soustraction* (géométriques) des dièdres (**136**), les dièdres *supplémentaires*, *replets*, *rentrants* (**137**), les *rapports*, *mesures* des dièdres (**138**), (**139**), ..., les dièdres *jumeaux*, *opposés par une face* ou *à l'arête* (**142**), etc. (*passim*).

Tout ceci s'éclaircira mieux encore, par ce que nous dirons aux nos **211** *et suiv.* (*inf.*).

161. Un dièdre est une figure cylindrique, d'orientation marquée par son arête, parce qu'il en est ainsi, quand il est saillant, pour chacun des demi-espaces dont il est la région commune (**114**, I, VI).

I. *Ses réapplications sur lui-même par des translations parallèles à son arête* (*Ib.*, III), *multiplient donc à l'infini les manières de superposer deux dièdres égaux* (*Ib.*, VII).

II. *Toute section plane* (*Ib.*, II) *est un angle rectiligne, auquel et au dièdre, chaque point du plan sécant est simultanément intérieur ou extérieur* (*Cf.* **120**).

III. *Deux sections dont les plans sont parallèles, sont des angles toujours égaux en amplitude* (**114**, V), *et de directions identiques* (**159**).

162. Les considérations du paragraphe commençant au nº **145**, s'étendent aux angles dièdres, moyennant des modifications assez visibles pour pouvoir être laissées aux soins du lecteur (*Cf.* **211** *et suiv.*, *inf.*).

163. Celles du paragraphe suivant (**152** *et suiv.*) ont aussi des pendants fort nets dans la théorie des angles dièdres.

I. 1º *Une figure quelconque* f *peut être mise en mouvement sous la condition, que tous les points de l'une a de ses droites, demeurent en coïncidence constante avec ceux homologues sur une autre droite $\mathcal{A}$ fixe comme eux dans l'espace ; et, par un déplacement convenable de ce genre, tout demi-plan* $\overline{q}$, *d'arête a dans la figure mobile, peut être superposé à tout autre fixe* $\overline{\mathfrak{Q}}$ *issu de $\mathcal{A}$.*

Soient q, p, m, trois points du demi-plan $\overline{q}$, marqués arbitrairement, les deux premiers sur son arête, le dernier en dehors d'elle, par suite non en ligne droite, puis ϖ, χ, μ leurs positions sur $\overline{\mathfrak{Q}}$ après application sur ce demi-plan de la figure (p, q, m) résultant de leur solidarisation (**27**, II), et P, Q, M celles où viennent ces derniers points quand on fait glisser la figure (ϖ, χ, μ) sur $\overline{\mathfrak{Q}}$ de manière à placer ϖ, χ sur son arête (*Ib.*, IV). Un certain déplacement de la figure f peut toujours superposer la figure partielle (p, q, m) à son égale (P, Q, M), c'est-à-dire amener m en M, $\overline{q}$ en $\overline{\mathfrak{Q}}$, simultanément, tout en laissant p, q

fixes en P, Q, ainsi que tous les autres points de la droite a sur $\mathcal{A}$ (33), (25, I).

Par un semblable mouvement de la figure f', on dit qu'elle est en *rotation*, qu'elle *tourne*, autour de l'axe rectiligne $\mathcal{A}$ (autour de a tout aussi bien, puisque tous les points de cette droite se maintiennent immobiles sur $\mathcal{A}$) (*Cf.* **152**, I).

2° *Chaque position accessible ainsi à la figure mobile, est entièrement déterminée par celle* N *d'un seul* n *de ses points, étranger à l'axe, d'un demi-plan tel que* $\overline{q}$ *à plus forte raison.* Car celles, P, Q, N, de trois de ses points non en ligne droite, p, q, n, sont alors déterminées (**33**).

Il en résulte que, sauf ceux de l'axe, *tous les points de la figure mobile, simultanément, sont en mouvement ou s'arrêtent* (*Cf.* **152**, II).

II. Dans les mêmes circonstances qu'au n° **153**, le mouvement d'un demi-plan tournant autour de son arête (I), est *de sens constant*, dans l'une ou l'autre des *deux directions giratoires opposées*, concevables autour de cet axe.

III. De là, on passe immédiatement à la notion de la *description* d'un dièdre, *dans un sens ou dans l'autre*, par un demi-plan issu de son arête et tournant autour d'elle (*Cf.* **154**, I), à celle de la *mesure par le dièdre, de l'amplitude* de cette rotation, à celle du *tour*, ou *révolution*, moindre rotation (non nulle) ramenant le demi-plan à sa position primitive, du *demi-tour* ou demi-révolution (*Ib.*, III), à celle encore d'un dièdre *dirigé* (*Cf.* **155**).

IV. *L'axiome et le théorème du n°* **156** *s'étendent immédiatement à des dièdres dirigés, ayant même arête.*

V. *Quand une figure subit une rotation faisant décrire un dièdre par un de ses demi-plans issus de l'axe* (III), *tous ses autres demi-plans analogues décrivent simultanément des dièdres égaux en amplitude à celui-ci, et de même direction* D'où, la notion du *sens* et de l'*amplitude* de la rotation de *toute la figure*, la définition de ses *tours* ou *révolutions*, de ses *demi-tours* ou *demi-révolutions* (*Cf.* **157**).

[Peu de phénomènes sont d'une observation plus fréquente, d'une production aussi facile, que la rotation d'une figure solide autour d'un axe fixe : il suffit d'immobiliser dans l'espace deux de ses points distincts, puis de lui donner une impulsion quelconque, pour la mettre en rotation autour de la droite de ces points. Une porte à un vantail, si l'on néglige son épaisseur en l'élargissant et l'allongeant indéfiniment par la pensée, devient un demi-plan ayant pour arête la droite de ses gonds, ou sa charnière, et ce demi-plan tourne autour de son arête, dans un sens constant quand on ouvre la porte vivement, dans le sens opposé quand on la ferme (II). Une meule de rémouleur en fonctionnement, tourne indéfiniment dans un sens constant, autour d'un axe représenté ici par la droite des deux pointes de ses broches, parce qu'on a fixé ces points. Etc.]

CHAPITRE VII

PERPENDICULARITÉ DES DROITES ET DES PLANS

Plan et droite perpendiculaires.

164. I. Quand un plan p d'une figure solide f pivote sur un plan fixe $\mathfrak{P}$, autour d'un point fixe O, ou o, appartenant à tous deux **(152)**, quelque autre point o' de la figure mobile, étranger au plan p, conserve, comme o, une position O' fixe dans l'espace.

Tous les autres points de la droite oo' restent fixes dans l'espace, puisque la coïncidence constante des droites oo', OO', point sur point, est assurée par celle seulement des deux points distincts o, o' de la première, avec les points O, O' de la seconde **(25, I)**.

En d'autres termes, *la figure f tourne autour de l'axe oo' (ou OO'), et cet axe est complètement déterminé.* Car, si une autre droite jouait simultanément le rôle de second axe, cette rotation de la figure autour du premier, laisserait en repos tous les points de ce nouvel axe, dont quelques-uns sont certainement étrangers au premier **(163, I, 2°)**.

II. Réciproquement, *si l'on fait tourner la figure mobile autour de l'axe OO', son plan p pivote simplement sur le plan fixe $\mathfrak{P}$, autour du point O.*

Soient $\overline{q}$ un demi-plan d'arête OO' dans la figure mobile f, $\overline{t}$ la demi-droite tracée par lui sur le plan p, puis $\overline{\mathfrak{Q}}$, $\overline{\mathfrak{f}}$, $\overline{t}$ les positions prises simultanément par ces trois objets au bout de la rotation axiale considérée, et $\overline{t}'$ la trace de $\overline{\mathfrak{Q}}$ sur le plan fixe $\mathfrak{P}$.

Si, par un pivotement du plan p, on amène sa demi-droite $\overline{t}$ sur $\overline{t}'$ **(152, I)**, le demi-plan $\overline{q}$ déterminé dans f par l'arête oo' immobile sur OO' et par la demi-droite $\overline{t}$, s'appliquera, par entraînement, sur $\overline{\mathfrak{Q}}$ déterminé dans l'espace par la même droite OO' son arête et par la demi-droite $\overline{t}'$, point sur point en outre, puisque ceci a lieu pour la coïncidence de oo' avec OO' **(29)**. D'où l'application simultanée de f sur $\overline{\mathfrak{f}}$, point sur point toujours **(33)**, c'est-à-dire l'équivalence d'un tel pivotement général à la rotation axiale considérée.

[Le virage d'un vagon sur une de ces plaques tournantes existant dans les principales gares des chemins de fer, montre une rotation axiale, imprimée à une figure solide par le pivotement d'un de ses plans (I).

Inversement, la rotation axiale d'une porte épaisse et exactement ajustée, fonctionnant à l'intérieur d'un vestibule dont le dallage est bien plan et horizontal, provoque le pivotement du plan de sa coupe inférieure qui est mobile, sur celui du dallage, autour de la trace sur ce dernier, de la droite des gonds verticale, qui constitue l'axe de la rotation (II).

De même encore, dans une meule de rémouleur en rotation très rapide (**163**, *in fine*), si toutefois ses flancs ont été bien dressés, si elle a été convenablement calée sur sa broche : chaque flanc semble demeurer immobile dans l'espace, phénomène procurant une autre vérification expérimentale de la possibilité de faire pivoter un plan sur lui-même, par rotation autour d'un axe solidaire convenable.]

165. En résumé :

I. *Un plan quelconque* P_1 *étant donné, ainsi qu'un de ses points* O_1, *il existe une droite unique* D_1 *passant par* O_1, *avec ces deux propriétés : 1° qu'un dédoublement mobile* $p_1o_1d_1$ *de la figure solide* $P_1O_1D_1$ *tourne autour de l'axe* D_1 (**163**, I), *quand on fait pivoter son plan* p_1, *sur* P_1, *autour de* O_1 (*ou* o_1) (**152**, I); 2° *que, réciproquement, la rotation de la figure* $p_1o_1d_1$ *autour de l'axe* D_1 (*ou* d_1) *fasse pivoter sur plan* p_1 *sur* P_1, *autour de* O_1 (*ou* o_1). *Et celle droite* D_1 *n'est pas située tout entière dans le plan* P_1.

II. *Inversement, une droite quelconque* D_2 *étant donnée, ainsi qu'un de ses points* O_2, *il existe un plan unique* P_2 *passant par* O_2, *de manière à conférer à la figure* $P_2O_2D_2$ *la double propriété possédée par la figure* $P_1O_1D_1$ (I). *Et ce plan ne passe pas par la droite donnée.*

On obtiendra évidemment le plan P_2 en prenant la position finale acquise par le plan p_1, quand on déplace l'assemblage $p_1o_1d_1$ de manière à appliquer sur D_2, O_2, sa droite d_1 et le point o_1 de celle-ci. Tout plan Π_2 se confond d'ailleurs avec P_2, s'il jouit des mêmes propriétés ; car ces plans passant tous deux par O_2 contiennent quelque demi-droite commune $\bar{t}$, issue de ce point, puis en même temps, puisqu'alors chacun d'eux pivote sur lui-même autour de O_2, les positions nécessairement distinctes $\bar{t'}$, $\bar{t''}$ prises par $\bar{t}$ au commencement et à la fin d'une rotation d'amplitude inférieure au demi-tour (**163**, V), imprimée à la figure $P_2\Pi_2O_2D_2$ autour de l'axe D_2.

166. Pour spécifier les positions relatives d'un plan P et d'une droite D, se coupant en O de manière à former une figure POD douée de la double propriété analysée ci-dessus (**165**), on dit que chacun de ces deux objets est *perpendiculaire à l'autre*, ou encore qu'ils sont mutuellement *orthogonaux*, et leur intersection O prend le nom de *pied* de chacun sur l'autre. En outre, il nous sera commode pendant un temps, de nommer un *toton*, son *équateur*, son *centre* et son *axe*, leur assemblage POD, le plan P, le point O et la droite D.

I. *Par tout point pris sur un plan donné, ou sur une droite donnée, on peut élever, mais d'une seule manière, une droite perpendiculaire sur le plan, ou un plan perpendiculaire sur la droite.* Ce sont les affirmations I, II du numéro cité, répétées en d'autres mots.

II. *La superposition de deux totons est réalisée complètement, par celles simultanées de l'équateur et du centre de l'un à ceux de l'autre, et aussi bien par celles de l'axe et du centre de l'un avec ceux de l'autre* (*Cf.* **207**, *inf.*). Ce n'est encore qu'une nouvelle forme donnée aux mêmes affirmations résumées dans l'alinéa I.

III. *Quand un plan* P *est perpendiculaire en* O *sur une droite* D, *toutes ses demi-droites* $\overline{T'}$, $\overline{T''}$, $\overline{T'''}$, ... *issues de* O *font avec* $\overline{D'}$, $\overline{D''}$ *demi-droites opposées découpées sur* D *par l'origine commune* O, *des angles saillants* $\overline{D'T'}$, $\overline{D'T''}$, ..., $\overline{D''T'}$, $\overline{D''T''}$, ... *qui sont égaux entre eux, tous indistinctement.*

Et la valeur commune de ces angles est la même, pour tous autres plans et droites en perpendicularité mutuelle (**187**, *inf.*).

Les premiers angles $\overline{D'T'}$, $\overline{D'T''}$, ... jouissent de cette propriété, parce que, dans le mouvement du toton provoqué par le pivotement de son plan P sur lui-même autour de O, la demi-droite $\overline{D'}$ est immobile dans l'espace (**165**, I), et qu'une demi-droite mobile $\overline{t}$ d'origine O dans le plan P, entraînée par ce pivotement, peut être appliquée sur l'une quelconque des demi-droites $\overline{T'}$, $\overline{T''}$, ... autres côtés de ces angles (**152**, I).

Ils sont égaux aux autres $\overline{D''T'}$, $\overline{D''T''}$, ... parce que, si on réapplique la droite D sur elle-même de manière à amener $\overline{D'}$, par exemple, sur la position où était $\overline{D''}$, l'équateur P du toton entraîné tout entier par ce déplacement se réapplique sur lui-même (II), quoique d'une autre manière.

'Le dernier fait est rendu évident par l'égalité constante de deux totons quelconques (*Ib.*).

IV. *Sont encore égaux entre eux, tous les dièdres saillants dont chacun a pour arête une droite quelconque* T *issue de* O *sur le plan* P, *avec des faces, la première* $\overline{P}$ *dans ce plan, la seconde menée par l'une ou l'autre des demi-droites* $\overline{D'}$, $\overline{D''}$, *à volonté. Et la valeur commune de ces angles est la même dans toutes les circonstances analogues* (**199**, *inf.*).

Soient $\overline{P'T'D}$, $\overline{P''T''D}$ deux tels dièdres construits avec une même $\overline{D}$ des demi-droites $\overrightarrow{D'}$, $\overrightarrow{D''}$, puis $O\tau'_1$, $O\tau'_2$, et $O\tau''_1$, $O\tau''_2$ les côtés des angles rectilignes neutres que constituent les demi-plans $\overline{P'}$, $\overline{P''}$, ces notations ayant été réglées de manière à donner, sur le plan P, des sens giratoires identiques aux angles neutres dirigés $\tau'_1 O\tau'_2$, $\tau''_1 O\tau''_2$ (**155**). Si, autour de O, sur le plan P, on fait pivoter le premier de ces angles jusqu'à application de son côté $O\tau'_1$ sur le côté $O\tau''_1$ de l'autre, le premier s'appliquera tout entier sur le second, c'est-à-dire la face $\overline{P'}$ du premier dièdre sur celle $\overline{P''}$ de l'autre. Entraîné par ce pivotement, le premier dièdre s'appliquera donc sur le second; car, ayant subi une simple rotation autour de l'axe·D (**165**, I), la demi-droite $\overline{D}$ de sa seconde face est restée immobile.

Le reste comme ci-dessus (III).

V. *Deux totons étant donnés, si, en superposant leurs centres, on applique l'axe de l'un sur l'équateur de l'autre, l'équateur du premier s'applique en même temps sur l'axe du second.*

Dans de telles positions relatives, soient O (*fig.* 54) le centre des totons, devenu commun, P, Π leurs équateurs, OD', OΔ' des demi-droites découpées sur leurs axes par le centre, la première

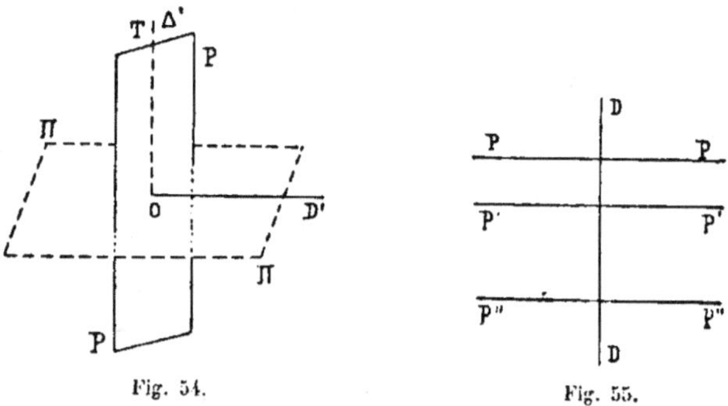

Fig. 54.Fig. 55.

située dans le second équateur Π, et OT la section du premier équateur P par le demi-plan $\overline{OD'\Delta'}$. Les angles saillants D'OΔ', D'OT sont égaux entre eux (III), puisque les côtés OΔ', OD' du premier sont sur l'axe et l'équateur du second toton, tandis que OD', OT sont sur l'axe et l'équateur du premier toton. Tous deux, en outre, sont portés dans le même demi-plan $\overline{OD'\Delta'}$, à partir de leur côté commun OD'. Leurs seconds côtés OΔ', OT se confondent donc (**140**), et, par suite, l'équateur P passe par l'axe OΔ' comme par OT.

D'après cela, on peut dire qu'un toton peut, sur lui-même, par retournement, être, non réappliqué intégralement, mais *quasi-réappliqué* (*Cf.* **135**).

167. *Quand un plan* P *et une droite* D *sont perpendiculaires l'un à l'autre, tout plan* P′ *parallèle à* P *est perpendiculaire aussi à toute droite* D′ *parallèle à* D.

Effectivement, P′ et D′ ne sont pas mutuellement parallèles, car autrement P et D le seraient aussi **(64)**, **(65)**, au lieu d'être perpendiculaires et de se rencontrer au seul point O, pied de l'un sur l'autre ; ils se coupent ainsi en un certain point O′ **(47)**. Cela posé, imprimons au toton POD, une translation amenant son centre O en O′ **(36, II)** ; D s'appliquera sur D′, et P sur P′ simultanément **(38, II)**. Donc la figure P′O′D′ est égale au toton POD ; en d'autres termes, son plan P′ et sa droite D′ sont perpendiculaires l'un à l'autre.

Quand D′ se confond avec D, ou bien P′ avec P, on a ces corollaires :

Une droite perpendiculaire à un plan, l'est aussi à tous ceux qui sont parallèles à ce dernier.

Un p'an perpendiculaire à une droite, l'est aussi à toutes ses parallèles.

168. *Quand il y a parallélisme :* I, *soit entre deux droites* D_1, E_1, II, *soit entre deux plans* P_2, Q_2, III, *soit entre une droite* D_3 *et un plan* Q_3, *il y a parallélisme aussi :* I, *entre les plans* P_1, Q_1, *respectivement perpendiculaires aux droites* D_1, E_1, II, *entre les droites* D_2, E_2 *perpendiculaires aux plans* P_2, Q_2, III, *entre un plan* P_3 *et une droite* E_3, *perpendiculaires à la droite* D_3, *au plan* Q_3.

La démonstration étant la même dans tous les cas, nous ne la ferons que pour le troisième. Soient à cet effet : O_3, U_3, les pieds sur P_3, E_3 de la droite D_3 et du plan Q_3, à eux respectivement perpendiculaires, et $\Delta_3\Omega_3\Pi_3$ la position procurée au toton $D_3O_3P_3$ par une translation amenant O_3 en U_3 se confondant alors avec Ω_3. Comme la droite D_3 et le plan Q_3 sont supposés parallèles, la translation considérée applique la première sur le second **(38, II)**, et la droite Δ_3 est ainsi dans le plan Q_3, avec son point Ω_3 en U_3. Il en résulte **(166, V)** que le plan Π_3 du toton $\Delta_3\Omega_3\Pi_3$ contient la droite E_3 du toton $E_3U_3Q_3$, et qu'ainsi la translation dont il s'agit a encore appliqué le plan P_3 sur la droite E_3. Avant elle, P_3 E_3 étaient donc parallèles.

169. D'après ce qui précède **(167)**, **(168)** :

I. *Les droites perpendiculaires à un plan donné sont celles, toutes parallèles entre elles* **(62)**, *que l'on peut mener parallèlement à une perpendiculaire élevée sur ce plan en un quelconque de ses points* **(168, II)**.

II. *Les plans perpendiculaires à une droite donnée sont ceux, tous parallèles entre eux* **(63)**, *que l'on peut mener parallèlement à un plan perpendiculaire sur cette droite, élevé en quelqu'un de ses points* **(168, I)**.

170. *D'un point quelconque, même étranger à un plan, on peut abaisser sur celui-ci une perpendiculaire, et une seule.* C'est la droite unique, menée par le point parallèlement à une perpendiculaire élevée sur le plan donné en un quelconque de ses points **(169**, I), **(165**, I).

171. *D'un point quelconque, même étranger à une droite, on peut abaisser sur celle-ci un plan perpendiculaire, et un seul.* C'est le plan unique, mené par le point parallèlement à un plan perpendiculaire élevé sur la droite donnée en un quelconque de ses points **(169**, II).

172. Les procédés indiqués ci-dessus et ailleurs pour construire des droites, plans, en relation de perpendicularité, sont *surtout théoriques,* quoique ils entrent directement en action, et cela avec une grande précision, dans la taille d'une foule d'objets de structure connexe, par la machine-outil qui porte le nom de *tour.* La pratique des arts de construction emploie plus volontiers divers moyens indirects, mais plus expéditifs, dont les principes se rencontrent plus loin, çà et là **(181, 190, 196, ...,** *inf.***).**

173. Quand un plan projetant est perpendiculaire à l'axe de projection **(130**), tous les autres le sont aussi **(167**, *in fine***);** les projections sont alors *orthogonales,* et prennent une importance relative qui fait habituellement supprimer cette qualification. Les segments empruntés à des droites orthogonales à l'axe **(175**, *inf.***),** sont ici ceux dont les projections sont nulles. Les projections non orthogonales sont dites *obliques* **(200**, *inf.***)**

✳ **174.** I. *Un déplacement d'une figure solide f, quand il fait glisser un des plans de celle-ci, p, sur un plan fixe* P *de l'espace* **(27**, IV), *équivaut à une translation parallèle à ce plan* **(60**, III), *suivie (ou précédée, à volonté), d'une rotation autour d'un axe perpendiculaire au même plan.*

Car le passage des divers points du plan *p* à leurs positions finales, peut être réalisé **(158**) par une translation dont les glissières sont parallèles au plan P, et un pivotement qui équivaut à une rotation perpendiculaire au même plan **(164**, I). Or tous les points de la figure mobile sont certainement placés dans leurs positions finales, quand trois points seulement pris sur le plan *p* non en ligne droite, ont atteint les leurs **(33**).

II. *Le même déplacement fait simplement glisser, sur sa position initiale, tout plan de la figure mobile qui est parallèle au plan p.*

Car ayant, l'une, des glissières dans cette position initiale **(44**), l'autre, son axe perpendiculaire au même plan **(167**), la translation et la rotation considérées, n'impriment chacune au plan mobile qu'un glissement sur lui-même (**34**, III), (**166**).

On dit en conséquence, qu'un tel mouvement s'effectue *parallèlement au plan* P.

III. *Le même mouvement déplace à travers lui-même, tout demi-espace dont le plancher est parallèle au plan* P.

Car, d'après ce qui précède (II), la droite qui joint les positions initiale et finale d'un point quelconque de cette région, est parallèle à ce plancher (**39**, IV); par suite, elle lui appartient, ou ne le rencontre pas (**38**, III), (**80**).

Droites orthogonales. — Droites perpendiculaires.

175. I. Deux droites D, E sont *orthogonales* l'une à l'autre, quand leur situation relative est celle des droites D_3, E_3 de la troisième partie du théorème du nᵒ **168**, c'est-à-dire *quand chacune d'elles est parallèle aux plans perpendiculaires à l'autre* (**169**, II), ou, tout aussi bien, *perpendiculaire à certains plans parallèles entre eux et à cette autre.*

De telles droites ne peuvent être parallèles ; car autrement, chacune serait perpendiculaire aussi, non parallèle en conséquence, aux plans perpendiculaires à l'autre (*Ib.*)

II. *Chacune d'elles est située dans un plan perpendiculaire à l'autre.* Car la droite D, par exemple, étant parallèle à tout plan Q perpendiculaire à E, est située sur quelque plan Q' parallèle à Q (**44**); or ce plan Q', aussi est perpendiculaire à la droite E (**167**).

III. *Les droites orthogonales à une même droite donnée, sont évidemment les droites parallèles à l'un quelconque de ses plans perpendiculaires (celles, si on le veut, de ces divers plans). Elles sont tout aussi bien les droites perpendiculaires à l'un quelconque des plans parallèles à la droite donnée (celles, si on le veut, aux plans passant par cette droite).*

IV. *Par tout point donné, on peut mener une infinité d'orthogonales à une droite donnée.* Ce sont évidemment toutes les droites issues de ce point, dans le plan mené par lui perpendiculairement à la droite donnée (**171**), (III).

176. *Toutes droites* D', E', *qui sont respectivement parallèles à deux droites orthogonales* D, E, *sont orthogonales aussi.*

Soient P, Q des plans respectivement perpendiculaires à D, E, parallèles par suite à E, D puisque ces droites sont orthogonales (**175**, I). A cause du parallélisme supposé encore de D' à D, de E' à E, ces plans P, Q sont en même temps perpendiculaires à

D′, E′ (**167**) et parallèles à E′, D′ (**64**) ; D′, E′ sont donc des droites orthogonales (**175**, I).

177. *Quand deux droites* D, T *sont parallèles, toute droite* E *orthogonale à l'une* D *et tout plan* Q *perpendiculaire à l'autre* T, *sont mutuellement parallèles.*

Le plan Q étant perpendiculaire aussi sur D parallèle à T, la droite E qui est orthogonale à D est bien parallèle à ce plan (*Ib.*).

178. *Deux droites quelconques* D, E, *ont toujours des orthogonales communes. Quand elles sont parallèles, ce sont évidemment toutes les orthogonales à l'une d'elles seulement* (**176**). *Sinon, ce sont toutes les droites perpendiculaires aux plans, parallèles entre eux, que l'on peut mener parallèlement aux proposées* (**71**), *droites en conséquence toutes parallèles les unes aux autres* (**169**, I).

Soient ℒ quelque orthogonale commune à D, E, et 𝔔 quelque plan perpendiculaire à ℒ. Les droites D, E, réciproquement orthogonales à ℒ, sont toutes deux parallèles au plan 𝔔, et ainsi, ℒ est perpendiculaire à un plan parallèle à ces deux droites à la fois, conséquemment à tous les plans, parallèles entre eux, qui jouissent de la même propriété.

Si maintenant 𝔔 représente quelque plan parallèle à D, E à la fois, et ℒ une droite quelconque perpendiculaire à ce plan, les droites D, E parallèles à 𝔔 sont toutes deux orthogonales à ℒ, et réciproquement cette droite est orthogonale à toutes deux.

179. Quand deux droites orthogonales sont dans un même plan, elles se coupent puisqu'elles ne sont pas parallèles (**175**, I), et on dit qu'elles sont *perpendiculaires* l'une à l'autre, en nommant *pied* de chacune ce point d'intersection.

Toutes les perpendiculaires à une même droite donnée, sont ainsi les parallèles à ses plans perpendiculaires, qui sont issus de tous ses points Ib., III).

180. *En tout même point d'une droite, on peut lui élever une infinité de droites perpendiculaires.* Ce sont évidemment toutes les droites issues du point donné, dans le plan perpendiculaire à la proposée, élevé par le même point (**179**).

Mais, *au même point, et dans un même plan issu de lui non perpendiculairement à la droite donnée, passant par elle en particulier, on ne peut élever à celle-ci qu'une seule perpendiculaire.* C'est l'intersection unique de ce plan et du plan perpendiculaire mentionné à l'instant.

181. *Pour élever à une droite* D, *un plan perpendiculaire en l'un de ses points* O, *il suffit de lui élever par* O *deux perpendi-*

culaires distinctes **(180)**, **(190**, *inf.*), *et de prendre leur plan.* Car ces droites perpendiculaires à D sont situées sur son plan perpendiculaire en O, le déterminent en outre puisqu'elles ne se confondent pas.

182. *De tout point étranger à une droite donnée, on peut lui abaisser une perpendiculaire, et une seule.* C'est la droite qui joint le point donné, au pied du plan abaissé de lui sur la droite proposée **(179)** ; tout aussi bien, la trace sur ce plan perpendiculaire, du plan déterminé par la droite et le point donnés **(74**, II).

183. *Dans un même plan* $\mathfrak{P}$ *(fig. 55), toutes les perpendiculaires à une droite donnée* D, *sont les diverses parallèles* P′, P″, ..., *menées dans ce plan à une seule* P *de ces perpendiculaires* **(61)**.

Ce sont effectivement les traces sur le plan $\mathfrak{P}$, de tous les plans perpendiculaires à la droite donnée, traces qui sont parallèles entre elles comme intersections d'un même plan par des plans tous parallèles **(180)**, **(68)**.

Si, d'ailleurs, P est une de ces perpendiculaires, et P′ une parallèle à P, issue d'un point de D, elle est orthogonale à D **(176)**, située en outre dans un même plan avec elle **(40)**.

184. *Dans un même plan* $\mathfrak{P}$ *(fig. 55), toute droite* D *perpendiculaire sur une autre* P, *l'est aussi sur toutes les parallèles* P′, P″, ..., *à celle-ci.* Car D, orthogonale à P, l'est aussi à P′, P″, ... **(176)**, de plus les coupe toutes **(50)**.

185. Ce qu'on a vu au n° **173**, est à répéter presque textuellement pour des projections faites dans un même plan **(132)**, par des projetantes dont l'une est perpendiculaire à l'axe de projection **(184)**.

✳ **186.** *Deux droites quelconques* D, E *ont toujours quelque perpendiculaire commune. Quand elles se confondent, ce sont toutes les perpendiculaires à l'une* **(179)**. *Quand elles sont distinctes et parallèles, ce sont toutes les perpendiculaires à l'une, menées dans leur plan* DE **(183)**, **(184)**. *Quand elles ne sont pas parallèles, leur perpendiculaire commune est unique, et s'obtient en prenant la droite* L *parallèle à leurs orthogonales communes* $\mathfrak{L}$, ... **(178)**, *qui les rencontre toutes deux* **(73)**. Actuellement, tout ceci est à peu près évident (*Cf.* **198**, *inf.*).

Dans ce dernier cas, et quand les droites D, E *sont situées dans un même plan, se coupant en* O, *la droite* L *se confond avec la perpendiculaire élevée en* O *à ce plan.* Car cette dernière est perpendiculaire à D, E à la fois **(181)**.

187. *Tous les angles rectilignes dont les côtés, dans chacun, sont mutuellement perpendiculaires, sont égaux entre eux et à la moitié de l'angle neutre, au quart de l'angle replet (137, II), ayant ainsi 90° ou 100ᵍ, pour mesure uniforme (139).*

Comme, dans un tel angle, chaque côté est issu du sommet, sur le plan perpendiculaire à l'autre, qui a ce point pour pied (**180**), tous ces angles sont de la nature de ceux dont nous avons constaté l'égalité au n° **166**, III.

Un angle de ce genre DOE (*fig.* 56) et ses trois jumeaux, EOD′, D′OE′, E′OD, étant ainsi tous égaux entre eux, l'angle neutre DOD′ est son double, le replet DOD son quadruple; d'où, les valeurs assignées par notre énoncé, à tous indistinctement.

Tout angle à côtés perpendiculaires est un angle *droit. Deux angles droits sont toujours supplémentaires,* puisque leur somme est l'angle neutre (**137**, I).

Les angles droits ont, en théorie et dans les applications, une importance presque égale à celle des angles neutres et replets ; pour ce motif, nous affecterons la lettre spéciale ⊕, à la désignation de leur mesure uniforme.

188. *Si deux angles saillants dirigés* $A_1O_1B_1$, $A_2O_2B_2$ *sont situés dans un même plan, avec des côtés respectivement perpendiculaires, ils sont égaux ou supplémentaires, selon que leurs sens giratoires sont identiques ou opposés (155).*

Comme toute translation de l'un de ces angles, laisse ses côtés parallèles à ceux de sa position primitive, orthogonaux par suite à ceux de l'autre angle (**176**), et, par définition (**159**), ne change pas son sens giratoire, on peut leur supposer un même point O (*fig.* 57) pour sommet commun.

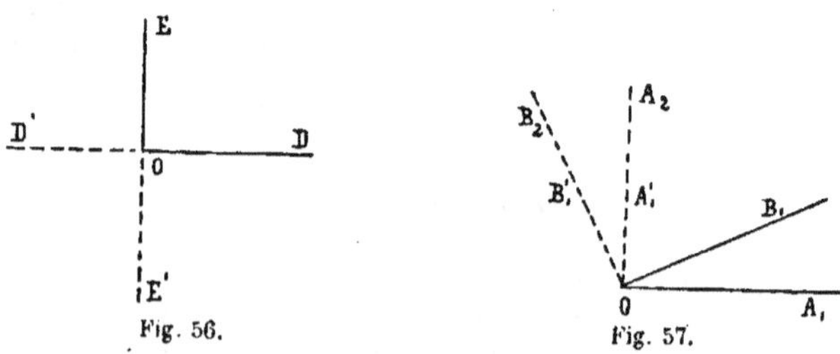

Fig. 56.   Fig. 57.

Cela posé, une rotation de A_1OB_1, autour du pivot O, de mêmes sens et amplitude (**157**) que l'angle droit dirigé A_1OA_2, amènera son côté OA_1 en OA'_1 identique à OA_2, son second côté en OB'_1 perpendiculaire à OB_1 (**187**), faisant avec OA'_1 (OA_2) un angle $A_2OB'_1$ de mêmes sens et amplitude que A_1OB_1.

Si donc, comme sur la figure, le sens de A_2OB_2 est identique à celui de A_1OB_1, à celui de $A_2OB'_1$ conséquemment, les demi-droites OB_2, OB'_1 appartenant toutes deux à la perpendiculaire élevée en O sur OB_1, sont identiques; car si elles étaient opposées, les sens de A_2OB_2, $A_2OB'_1$ le seraient aussi. D'où l'égalité de A_2OB_2 à $A_2OB'_1$, A_1OB_1.

Si les sens des angles proposés étaient opposés, on constaterait par les mêmes moyens, que OB'_1 est opposée à OB_2, c'est-à-dire que A_2OB_2 est supplémentaire à $A_2OB'_1$, A_1OB_1.

189. *Les angles précités* A_1OB_1, A_2OB_2 *sont toujours supplémentaires, quand les côtés* OA_2, OB_2 *de l'un, sont respectivement dans les demi-plans d'arêtes* OA_1, OB_1, *dont l'intérieur de l'autre angle est la partie commune* (**133**, I).

Si A_1OB_1 surpasse l'angle droit A_1OA_2 (*fig.* 58), la situation des demi-droites OB_1, OA_2 dans le même demi-plan $\overline{OA_1B_1}$ confère un même sens giratoire à ces deux angles dirigés, et leur différence A_2OB_1 est inférieure à un droit, dans le sens de tous deux. On verra semblablement, que B_1OA_1, B_2OA_1 sont d'un même sens, le dernier inférieur à l'angle droit. En conséquence, l'angle A_1OB_2 et l'angle droit A_1OA_2, sont du sens de A_1OB_1, ainsi que l'excès B_2OA_2 du second sur le premier. Le sens de A_2OB_2 étant donc opposé à celui de A_1OB_1, ces deux angles sont supplémentaires (**188**).

Si A_1OB_1 est plus petit que l'angle droit A_1OA_2, le raisonnement est tout semblable. S'il est droit, le fait est évident, puisque OA_2 se confond avec OB_1, et OB_2 avec OA_1.

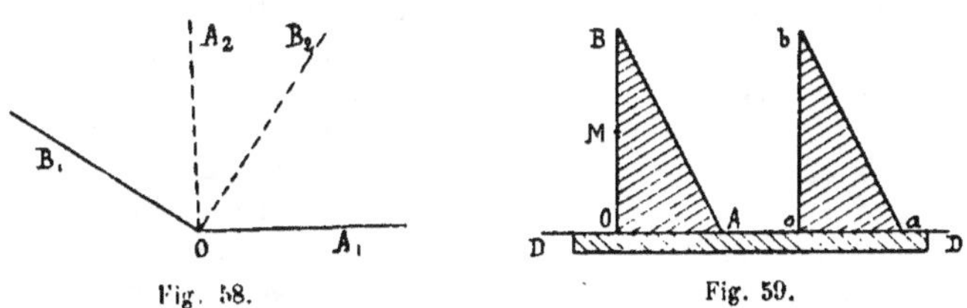

Fig. 58.   Fig. 59.

190. Problème (pratique). *Une droite* D (*fig.* 59) *et un point* M *étant donnés sur une épure, mener par* M *la droite perpendiculaire à* D (**180**).

On emploie une équerre *à angle droit* (**141**), c'est-à-dire dont les deux arêtes principales ont été taillées perpendiculairement l'une à l'autre (**187**). (La justesse d'un semblable instrument se vérifie : en portant son angle principal sur une épure (**141**), en construisant un opposé par un côté à ce report, puis en regardant si l'angle de l'équerre est bien superposable à ce dernier.)

Sur la droite D, arbitrairement, on applique, en *oa*, une des arêtes principales d'une telle équerre dont ainsi l'autre arête a pris en *ob*, une position perpendiculaire à cette droite. En appliquant ensuite sur l'arête *oa* celle d'une règle, puis en manœuvrant les instruments comme au n° **61**, on obtient la droite OB menée par M parallèlement à *ob*, c'est-à-dire la perpendiculaire cherchée (**184**).

Quand les perpendiculaires à élever ou abaisser sur une même droite sont nombreuses, on préfère parfois en tracer une arbitraire par quelque procédé plus précis (**483**, II, *inf.*), pour n'avoir plus ensuite qu'à lui mener des parallèles (**183**).

Plans orthogonaux, dits perpendiculaires.

191. I. Deux plans P, Q sont *orthogonaux, perpendiculaires* l'un à l'autre, quand leur situation relative est celle des plans P_3, Q_3 de la troisième partie du théorème du n° **168**, c'est-à-dire *quand chacun d'eux est parallèle aux droites perpendiculaires à l'autre* (**169**, I), ou, tout aussi bien, *perpendiculaire à certaines droites toutes parallèles entre elles et à cet autre* (*Cf.* **175**, I).

De tels plans ne peuvent être parallèles ; car autrement, chacun d'eux serait perpendiculaire aussi, non parallèle en conséquence, aux droites perpendiculaires à l'autre (**167**). *Ils se coupent donc suivant une certaine droite*, qui pourrait être nommée le *pied* de l'un sur l'autre (**57**).

II. *Chacun d'eux contient entièrement toute droite menée par un de ses points, perpendiculairement à l'autre* (*Cf.* **175**, II). Le plan P, par exemple, étant parallèle à toute droite E perpendiculaire au plan Q, contient entièrement toute droite E' menée par un de ses points, parallèlement à E (**43**); or la droite E' est la perpendiculaire au plan Q, issue du point dont il s'agit (**170**).

III. *Les plans perpendiculaires à un même plan donné, sont évidemment les plans parallèles à ses droites perpendiculaires (ceux, si on le veut, qui contiennent ces diverses droites). Ils sont tout aussi bien les plans perpendiculaires à toutes les droites parallèles au proposé (aux droites seulement de ce plan, si on le veut).*

IV. *Par tout point donné, on peut mener une infinité de plans perpendiculaires à un plan donné.* Ce sont évidemment tous ceux qui passent par la perpendiculaire au plan donné, issue du point donné (III).

V. *Des plans P, Q respectivement perpendiculaires à deux droites orthogonales D, E, sont perpendiculaires entre eux. Deux droites respectivement perpendiculaires à deux plans mutuellement perpendiculaires, sont orthogonales entre elles.*

Puisque les droites D, E sont orthogonales, le plan P perpendiculaire à D est parallèle à E (**175**, I), c'est-à-dire à une perpendiculaire au plan Q; il est donc perpendiculaire à ce dernier (I). Raisonnement tout semblable pour la contre-partie.

192. *Par toute droite* T *non perpendiculaire à un plan* P, *on peut mener, à celui-ci, un plan perpendiculaire, et un seul.*

Devant contenir tout point de la droite T, le plan perpendiculaire en question passera aussi par D, droite perpendiculaire au plan P, issue de ce point **(191, IV)**. Les droites T, D étant distinctes, sans quoi, et contrairement à l'hypothèse, la première serait perpendiculaire au plan donné, elles déterminent un plan unique, et celui-ci remplit évidemment les conditions de l'énoncé (*Ib.*, III).

Si la droite donnée était perpendiculaire au plan P, tous les plans passant par elle seraient perpendiculaires à celui-ci (*Ib.*).

193. *Quand un plan* P *est perpendiculaire, soit à une droite* D, *soit à un plan* Q, *tout plan* P′ *parallèle à* P *est perpendiculaire aussi, à tout plan* Q′ *parallèle à* D *dans le premier cas, parallèle à* Q *dans le second.*

La perpendicularité de D, Q au plan P, entraîne leur parallélisme avec les droites perpendiculaires à ce plan **(168, II)**, **(191, I)**; et celles-ci sont en même temps perpendiculaires à son parallèle P′ **(167)**. Le plan Q′, parallèle à D, ou à Q est donc parallèle à ces perpendiculaires **(64)**, **(65)**, c'est-à-dire perpendiculaire à P′ **(191, I)**.

194. *Quand deux plans* P, P′ *sont parallèles, toute droite* D *et tout plan* Q′, *qui leur sont respectivement perpendiculaires, sont parallèles entre eux.*

La droite D perpendiculaire au plan P, l'est encore à son parallèle P′ **(167)**. Elle est donc parallèle au plan Q′ perpendiculaire aussi à P′ **(191, I)**.

195. *Deux plans quelconques* Q, R *ont toujours des plans perpendiculaires communs. Quand ils sont parallèles, ce sont évidemment tous les plans perpendiculaires à l'un d'eux seulement* **(193)**. *Sinon, ce sont tous les plans perpendiculaires à leur intersection* **(57)**, **(169, II)**, (*Cf.* **178**).

Si Φ est un plan perpendiculaire à Q et à R simultanément, toute droite ϖ perpendiculaire à Φ est parallèle à Q et à R à la fois **(191, I)**, à leur intersection QR par suite **(66)**. Il y a donc perpendicularité aussi entre le plan Φ et l'intersection QR **(167)**. Si d'ailleurs, cette perpendicularité existe, les plans Q, R sont tous deux perpendiculaires au plan Φ, comme contenant sa droite perpendiculaire QR **(191, III)**.

196. *Deux plans* Q, R, *non parallèles entre eux et perpendiculaires à un même troisième* Φ, *se coupent suivant une droite* QR *qui lui est perpendiculaire aussi.* Car Φ est alors un plan perpendiculaire commun à Q et à R **(195)**.

De là, une construction indirecte de la perpendiculaire menée d'un point donné a à un plan donné $\mathfrak{P}$. *On cherche l'intersection QR de deux plans distincts Q,R, menés par a perpendiculairement à $\mathfrak{P}$, perpendiculairement par exemple à deux droites non parallèles prises à volonté dans ce plan (191, IV), (Cf. 181).*

197. *Étant données deux droites* D,E, *orthogonales mutuellement, et parallèles respectivement à deux plans* P,Q *mutuellement perpendiculaires, si l'une d'elles,* D, *n'est pas perpendiculaire au plan* Q, *l'autre,* E, *est certainement perpendiculaire au plan* P.

La droite E se trouve effectivement, dans le plan $\mathcal{C}'$ mené par un de ses points parallèlement à son plan parallèle Q (**44**), et dans le plan $\mathcal{C}_1$ mené par elle perpendiculairement à son orthogonale D (**175**, II). Or le premier $\mathcal{C}'$ est perpendiculaire au plan P, comme parallèle à son plan perpendiculaire Q (**193**); et le second $\mathcal{C}_1$ est encore perpendiculaire au même plan P, parce que celui-ci est parallèle à la droite D perpendiculaire à lui $\mathcal{C}_1$ (**191**, I).

D'ailleurs, ces plans $\mathcal{C}'$, $\mathcal{C}_1$ sont distincts; car s'ils se confondaient, la droite D perpendiculaire à $\mathcal{C}_1$, à son identique $\mathcal{C}'$, le serait aussi au plan Q parallèle à celui-ci (**167**), ce qui est contraire à l'hypothèse. La droite E, intersection de ces deux plans, est donc perpendiculaire au plan P (**196**).

Par exemple : *Si* D *est dans le plan* P, *issue d'un point o de l'intersection* I *des plans donnés, sans être perpendiculaire à cette intersection, en particulier si elle est cette droite* I *même, la perpendiculaire* E *élevée par o à* D *dans le plan* Q (**180**), *est perpendiculaire sur* P. Car les droites D,E sont alors deux orthogonales respectivement parallèles aux plans P, Q, et la première D n'est pas perpendiculaire au plan Q, parce qu'elle n'est pas orthogonale à la droite I située sur celui-ci.

⁂ 198. La perpendiculaire commune L à deux droites D, E non parallèles (**186**), est située dans chacun des plans LD, LE; et ceux-ci sont distincts, puisque, autrement, les droites D, E, situées sur celui où ils se confondraient et perpendiculaires à la même droite L, seraient parallèles (**183**). En outre, ces plans LD, LE sont perpendiculaires aux deux plans ω, $\mathcal{C}$ menés par chacune des droites données parallèlement à l'autre (**72**), puisque ces derniers sont de ceux, parallèles aux deux droites à la fois, auxquels tous, $\mathcal{L},\ldots$ orthogonales communes à D, E, et L en particulier, sont perpendiculaires. *On obtiendrait donc encore* L, *en coupant l'un par l'autre, les plans menés par* D, E *perpendiculairement à l'orientation commmune des plans* ω, $\mathcal{C}$.

199. *Tous les dièdres dont les faces, dans chacun, sont mutuellement perpendiculaires, sont égaux entre eux et à la moitié du* *dièdre neutre, au quart du dièdre replet* (**160**), *ayant ainsi pour valeur commune* 90° *ou* 100ᵍ (*dièdres*) (*Cf.* **139**).

Comme dans un pareil angle, chaque face passe par la perpendiculaire élevée sur l'autre en un point de l'arête (**191**, II), tous ces dièdres sont du genre de ceux dont nous avons reconnu l'égalité au nᵒ **166**, IV. Le surplus comme au nᵒ **187**.

De tels dièdres sont dits *droits* (*Cf.* **213**, *inf.*).

Les théorèmes des nᵒˢ **188**, **189**, s'étendent immédiatement à des dièdres dont les arêtes sont parallèles.

Obliquité des droites et des plans.

200. Un plan P et une droite A, ayant un point commun O, s'y rencontrent *obliquement*, sont *obliques* l'un à l'autre, s'ils ne sont pas en perpendicularité mutuelle. Et de même, pour deux droites, pour deux plans encore.

201. Quand deux droites AA′, BB′ (*fig.* 60) se rencontrent obliquement en O, des angles saillants tels que AOB, A′OB, opposés par un côté, sont inégaux, puisqu'en cas contraire chacun d'eux serait la moitié de l'angle neutre AOA′ leur somme, c'est-à-dire un angle droit, et nos droites seraient perpendicu-

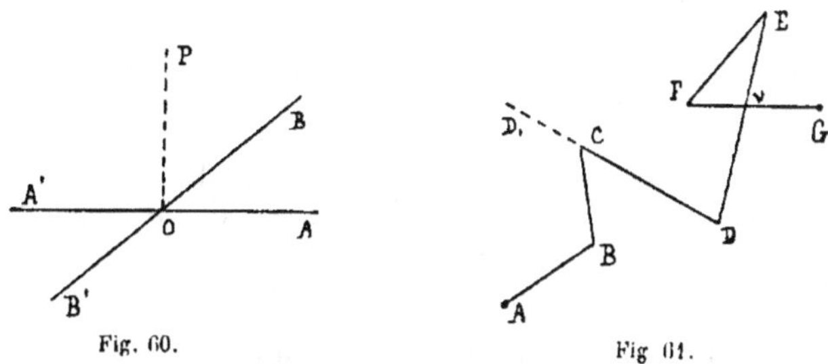

Fig. 60.　　　　Fig 61.

laires. Le plus petit des deux, ici AOB, est donc inférieur à l'angle droit AOP, l'autre A′OB supérieur, et on les nomme, le premier *aigu*, le second *obtus*. Un angle aigu (non nul) est ainsi compris entre le nul et le droit, un angle obtus (non neutre) entre le droit et le neutre.

202. Quand deux angles tels que AOB, BOP, ont leur somme AOP égale à l'angle droit, cas auquel tous deux sont aigus, on dit qu'ils sont *complémentaires*, que chacun d'eux est le *complément* de l'autre. L'angle nul et l'angle droit sont complémentaires.

Pour obtenir le complément d'un angle aigu donné AOB, il suffit donc d'élever, à l'un de ses côtés OA, par son sommet O, dans le demi-plan $\overline{OAB}$, la demi-perpendiculaire OP, puis de prendre l'angle BOP.

203 On nomme volontiers *angle de deux droites* AA′, BB′ se rencontrant en O, *angle sous lequel elles se coupent*, la valeur de l'angle aigu, ou droit, parmi les quatre jumeaux dont la considération est alors possible.

Dans le cas de non-rencontre, on conserve la première dénomination signifiant alors l'angle invariable des parallèles aux deux droites, issues d'un même point quelconque (**145**). Quand AA′, BB′ sont mutuellement parallèles, *leur angle ainsi défini est nul* évidemment. Quand elles sont orthogonales, *leurs orientations sont mutuellement perpendiculaires, leur angle est droit.*

❈ **204.** *Quand les angles,* $A_1O_1B_1$, *et* $A_2O_2B_2$, *de deux paires de droites concourantes,* $A_1A'_1$, $B_1B'_1$, *et* $A_2A'_2$, $B_2B'_2$, *sont égaux et non nuls, les deux figures solides formées par ces paires sont égales :* 1° *de quatre manières, si ces angles sont aigus ;* 2° *de huit, s'ils sont droits.* L'application mutuelle des deux figures n'est effectivement réalisable : 1° que par les deux de l'angle $A_1O_1B_1$, sur son égal $A_2O_2B_2$, (**135**), ou sur l'opposé au sommet de celui-ci ; 2° que par les deux du même angle, sur $A_2O_2B_2$, ou sur chacun de ses trois jumeaux alors tous égaux à celui-ci.

205. Les considérations et dénominations des n°ˢ **201** *et suiv.*, s'étendent aux paires de plans, avec une facilité qui nous dispense de développements.

❈ Mais, comme toute translation d'un dièdre, faite parallèlement à son arête, le réapplique autrement sur lui-même (**161**, I), le théorème analogue à celui du n° **204** donnera pour deux paires de plans, d'angles égaux non nuls, non pas quatre ou huit modes, de superposition possibles, mais quatre ou huit *groupes* de tels modes, dont chacun en renferme un nombre illimité.

206. Par définition, *l'angle d'une droite* A *et d'un plan* B, *se rencontrant en* O, est celui de la droite A et de la trace β sur le plan B, du plan mené par A perpendiculairement à B (**192**), (**203**), (*Cf.* **299, 310,** *inf.*). Quand il y a obliquité entre A et B (**200**), la droite β est déterminée, et l'angle défini est aigu ; quand il y a perpendicularité, la droite β est indéterminée (**192**), mais l'angle en question est toujours droit. On dit, par extension, que *l'angle d'une droite et d'un plan est nul quand ils sont parallèles* (*Cf.* **203, 205**).

Les droites A, β, et Π perpendiculaire au plan B en O, se

trouvant dans un même plan perpendiculaire à B, *l'angle de la droite A avec le plan B est le complément de son angle avec la perpendiculaire H (202).*

Cette remarque peut être utile.

⁂ **207.** On pourrait nommer encore *toton, oblique* ou *droit,* la figure solide formée par une droite A et un plan B quelconques, en état d'obliquité ou de perpendicularité (*Cf.* **166**). *Quand deux totons* A_1B_1, A_2B_2 *ont des angles égaux et non nuls, ils sont égaux de deux manières seulement s'ils sont obliques, mais d'une infinité s'ils sont droits.* Dans le premier cas, leur superposition exige effectivement celle des droites A_1, β_1 du premier avec celles A_2, β_2 du second, application évidemment susceptible de deux modes seulement. Le second cas ramène à ce qui a été vu au n° **165**, I.

208. En cas de perpendicularité entre une droite et un plan, entre deux droites ou deux plans, on dit assez souvent, que chacun des deux objets est *normal* à l'autre (*Cf.* **385**, **396**, *inf.*). D'où les dénominations de (droite) *normale* à une droite ou à un plan, de plan *normal* à une droite ou à un plan.

209. Dans les objets façonnés par la main humaine, la fréquence des formes dérivées de la droite, du plan, de leurs combinaisons en parallélisme ou en perpendicularité, est incomparable. Cela tient à la propriété fondamentale des droites et des plans d'être indéfiniment applicables les uns sur les autres, à celle d'une paire d'objets parallèles, d'être indéfiniment réapplicable sur elle-même, à celle des angles droits, de donner, par leur juxtaposition tant extérieure qu'intérieure, des côtés ou faces libres placés sur une même droite ou sur un même plan. D'où, en particulier, la possibilité de tailler d'après des tracés uniformes, *longtemps d'avance,* à l'aventure en quelque sorte, des pièces dont l'assemblage fait ultérieurement au hasard, est cependant assuré avec exactitude (briques, bois équarris à vive arête, planches dégauchies et dressées, métaux méplats, verres à vitres, etc.). A quoi, s'ajoutent d'autres causes encore : perpendicularité naturelle des plans horizontaux à la direction de la pesanteur (murs et planchers des bâtiments), résistance des pièces à angle droit comparée à la fragilité des angles aigus, économie de matière, procurée par de telles coupes, etc.

Angles plans des dièdres.

210. Comme les plans perpendiculaires à l'orientation d'une figure cylindrique (**114**, I) sont parallèles entre eux (**169**, II), ils y pratiquent des sections toutes égales entre elles (**114, V**), dont des propriétés spéciales ont fait donner le nom particulier de *section droite* à chacune d'elles, indistinctement.

211. Pour un dièdre, la section droite est ainsi un angle rectiligne dont le plan est perpendiculaire à l'arête (**161, II**). Les côtés de cet angle s'obtiennent aussi bien, en élevant par quelque même point de cette droite, et perpendiculairement sur elle, des demi-droites situées dans les deux faces du dièdre ; car ces dernières déterminent un plan nécessairement perpendiculaire à l'arête (**181**). On nomme cette section droite, l'angle *plan* (ou *rectiligne*) du dièdre.

212. *Les amplitudes des dièdres sont proportionnelles à celles de leurs angles plans* (**118, I**).

I. *Quand deux dièdres sont égaux, leurs angles plans le sont aussi, et réciproquement.*

Car la superposition des premiers établit le parallélisme des plans de leurs angles rectilignes (**169, II**), d'où l'égalité connexe de ces derniers (**161, III**).

Inversement, la superposition des angles rectilignes, superpose les perpendiculaires élevées sur leurs plans en leurs sommets, c'est-à-dire les arêtes des dièdres, leurs faces par suite.

II. *L'angle plan de la somme de plusieurs dièdres est la somme des angles plans de ceux-ci.*

Car si l'on juxtapose extérieurement les dièdres, ils traceront leurs rectilignes juxtaposés de la même manière (*Ib.,* II) sur tout plan perpendiculaire à l'arête commune ; et les faces extrêmes de la première somme, traceront les côtés extrêmes de la seconde.

III. Actuellement, la démonstration s'achèvera comme celles des n^os **119** et analogues, en considérant ici comme grandeurs *correspondantes,* les dièdres et leurs angles plans.

213. De ceci, il résulte immédiatement que, *si, dans la mesure des dièdres, on a pris pour unité celui dont l'angle plan est l'unité choisie dans celle des angles rectilignes, les mesures d'un dièdre quelconque et de son angle plan, seront toujours fournies par un même nombre.*

On s'arrange effectivement ainsi, et jamais on n'indique l'amplitude d'un dièdre autrement que par celle de son angle plan, exprimée en degrés ou en grades (**139**).

On remarquera que *le dièdre droit* (**199**) *a pour angle plan le rectiligne droit* (**187**) ; car le premier étant la moitié du dièdre neutre, le second est la moitié aussi du rectiligne neutre qui est évidemment l'angle plan du dièdre neutre (**212**). En conséquence, nous pourrons désigner les mesures des dièdres neutre, replet, droit, par les lettres $\mathfrak{N}$, $\mathfrak{R}$, $\mathfrak{O}$, affectées déjà à celles des angles rectilignes de mêmes noms (**138**), (**187**).

L'observation du n° **114**, II, le théorème du n° **212** et son corollaire ci-dessus, sont ce qui a fait prendre en considération l'angle plan d'un dièdre.

Dans les arts de construction, la vérification d'un dièdre donné, son *port* dans un sens donné à partir d'une face donnée (*Cf.* **140**, ...), s'exécutent presque toujours indirectement, par l'intervention de son angle plan que l'on matérialise dans une sauterelle, ou une équerre spéciale (**141**).

214. *Un angle rectiligne dont les côtés* A, B *sont respectivement perpendiculaires aux faces* $\mathfrak{A}$, $\mathfrak{B}$ *d'un dièdre, est, tantôt égal, tantôt supplémentaire à ce dièdre (c'est-à-dire à son angle plan).*

Les faces du dièdre étant respectivement perpendiculaires aux côtés de l'angle AB, son arête, intersection des faces, est perpendiculaire au plan de cet angle (**196**). Ce plan trace ainsi sur les faces $\mathfrak{A}$, $\mathfrak{B}$ du dièdre, les côtés a, b de son angle plan ; et ces côtés sont perpendiculaires sur A, B, parce qu'ils passent par leurs pieds sur les plans $\mathfrak{A}$, $\mathfrak{B}$ à eux perpendiculaires. Le théorème du n° **183** est donc applicable aux angles rectilignes dirigés AB, $a\,b$, qui sont dans un même plan.

❊ **215.** *Les angles* AB, $\mathfrak{A}\mathfrak{B}$ (**214**) *sont supplémentaires, quand le sommet du premier est sur l'arête du second, avec des côtés* A, B *situés respectivement dans les demi-espaces* $\overline{\mathfrak{A}\mathfrak{B}}$, $\overline{\mathfrak{B}\mathfrak{A}}$, *dont l'intérieur de* $\mathfrak{A}\mathfrak{B}$ *est la partie commune* (**160**), (*Cf.* **189**).

216. Les sections droites d'une bande (**115**, I) sont les segments découpés par elle sur les perpendiculaires communes à ses côtés (**210**). Comme un mur (**120**) a pour *générateurs* en quelque sorte, des plans parallèles à ses faces (*Cf.* **114**), on peut, pour lui, étendre la dénomination de *sections droites*, aux segments tous égaux entre eux, qu'il trace sur les droites perpendiculaires à ses faces. Et on peut nommer *largeur* d'une bande, *épaisseur* d'un mur, les longueurs de ces sections droites. Cela posé, en ayant égard aux théorèmes des n° **119**, **121**, et en raisonnant exactement comme ci-dessus (**212**), on obtient immédiatement la proposition toute semblable :

Les amplitudes, soit des bandes, soit des murs, sont proportionnelles, soit à leurs largeurs, soit à leurs épaisseurs

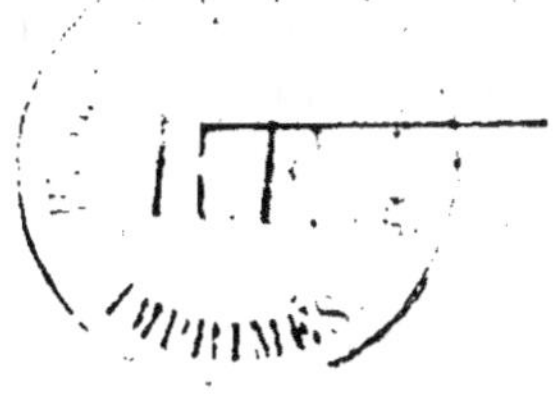

CHAPITRE VIII

PROPRIÉTÉS FONDAMENTALES DES TRIANGLES

Généralités sur les polygones.

217. Une ligne *brisée*, ou *polygonale*, est une figure formée par une suite de segments rectilignes dont deux consécutifs se soudent toujours par une extrémité commune; Ex.: ABCDEFG (*fig.* 61).

Ces segments AB, BC, CD, ... (parfois leurs droites entières) sont les *côtés* de la ligne brisée. Leurs extrémités A, B, C, D, E, F, G sont ses *sommets;* les deux sommets libres A, G sont ses *extrémités*. La somme des longueurs des côtés est la *longueur* (ou *développement*) de la ligne.

Un point mobile décrit la ligne *dans le sens constant allant de A à G*, quand, dans des sens tous tels **(75)**, il décrit consécutivement ses côtés, de A à B, de B à C, ..., de F à G ; et de même pour l'autre sens constant *opposé*, allant de G à A.

Les angles rectilignes [pris tantôt saillants, tantôt rentrants, suivant les circonstances **(281,** *inf.*), parfois nuls ou neutres] qui sont compris entre deux côtés consécutifs conçus dans les directions partant de leur soudure, sont les *angles* proprement dits, ou *intérieurs* de la ligne; Ex.: BCD (ou $\overline{BCD}$). Ceux dont chacun, tel que BCD$_1$ (ou $\overline{BCD}_1$), est opposé par un côté à un angle intérieur, sont les angles *extérieurs* de la ligne. *Pris tous deux saillants, un angle intérieur et un angle extérieur sont toujours supplémentaires* **(137,** I). Un angle et un côté de la ligne, celui-ci issu du sommet de l'autre, sont *adjacents*.

Les *dièdres* de la ligne sont ceux dont chacun a pour arête un côté prolongé indéfiniment, avec des faces passant par les deux côtés contigus à celui-ci.

Une *diagonale* est toute droite menée par deux sommets non extrémités d'un même côté, plus souvent encore, le segment que ces deux sommets limitent sur une telle droite.

218. Une ligne brisée est *déchevêtrée*, dans le cas, particulièrement intéressant, où deux côtés quelconques n'ont aucun point commun, sauf leur soudure quand ils sont consécutifs ; Ex.: la partie ABCD de la ligne ci-dessus (*fig.* 61). Sinon, elle est *enche-*

vêtrée; Ex. : cette ligne entière ABCDEFG, dont les côtés non contigus DE, FG ont le point intérieur commun, ou *nœud,* v.

Quand un point mobile décrit une ligne déchevêtrée dans un sens constant (**217**), il ne revient jamais une seconde fois à une position antérieurement occupée par lui [si toutefois elle est ouverte (**219**, *inf.*)]. Le contraire a toujours lieu pour une ligne enchevêtrée.

219. Une ligne brisée est *ouverte,* quand ses extrémités sont des points distincts ; telle est ABCDEFG (*fig.* 61). Autrement, comme dans ABCA (*fig.* 63), on peut lui assigner pour extrémités un quelconque de ses sommets, dédoublé par la pensée, et on la dit *fermée,* en la nommant plus volontiers un *polygone.* Sa longueur (**217**), elle-même assez souvent, prennent alors le nom de *périmètre* du polygone.

Les sommets d'un polygone sont en même nombre que ses côtés. A cause de cela, on classe les polygones d'après les valeurs de ce nombre commun, pour les uns et les autres, en nommant *triangles, quadrilatères, pentagones, hexagones, ...,* ceux pour lesquels il est 3, 4, 5, 6,... (Le polygone de 1 côté se réduirait à un point, celui de 2 à un segment rectiligne, doublé par lui-même conçu en sens inverse.)

220. *Quand les sommets d'une ligne brisée sont tous dans un même plan, ses côtés, angles rectilignes, y sont aussi, ses dièdres sont nuls ou neutres, et elle est plane.* Sinon elle est gauche (**29**).

Pour que deux lignes brisées planes, abcde..., a'b'c'd'e'..., (à côtés tous non nuls, à angles tous saillants), soient égales de la manière précisée par ces notations (**16**), *il est nécessaire évidemment, suffisant encore, que les côtés de l'une et ses angles soient égaux aux côtés et angles correspondants de l'autre, qu'en outre, tout côté np de l'une* (*fig.* 62) *laisse ses contigus, nm, pq, d'un même côté de lui, ou de part et d'autre* (**78**, *in fine*), *selon que leurs correspondants, n'p', n'm', p'q', offrent la première de ces dispositions, ou la seconde.*

Soit $a''bc''d''e''$... la position où $a'b'c'd'e'$... est amenée par un déplacement superposant les côtés $b'a'$, $b'c'$ de son angle $a'b'c'$, aux côtés correspondants ba, bc de son égal abc dans l'autre ligne (**135**). Le point a'' se confond avec a comme extrémités des segments ba'' ($=b'a'$) $= ba$ portés à partir de b sur la même demi-droite ba; et c'' se confond avec c pour semblable cause. La demi-droite cd'' coïncide donc avec cd comme seconds côtés d'angles égaux bcd'' ($= b'c'd'$) $= bcd$, qu'à partir de cb, l'hypothèse topographique place tous deux, soit dans le demi-plan $\overline{bca}$, soit dans son opposé (**140**).

La superposition des angles $a'b'c'$ et abc, assurant ainsi celle des points a', b', c', et a, b, c, celle encore des angles $b'c'd'$, bcd, cette dernière entraînera semblablement la coïncidence de d'' avec d, d'où l'on conclura pareillement celle de e'' avec e; et ainsi de suite.

Relations entre les angles d'un même triangle.

221. Un triangle (**219**) dont les sommets ne sont pas en ligne droite, appartient à la classe la plus simple des polygones déchevêtrés (**218**), et nous n'en considérerons que de tels. Dans chacun, les trois sommets déterminent un plan qui est celui du triangle.

Les angles intérieurs et extérieurs (**217**) sont tous pris saillants; chacun des premiers comprend ainsi à son intérieur (**133**, III) le côté *opposé* du triangle, savoir celui qui ne contient pas le sommet de cet angle; chacun des seconds est le supplément de l'angle intérieur de même sommet (**137**, I). Par exemple, dans le triangle ABC (*fig.* 63), BAC est un angle intérieur ayant AB, AC pour côtés adjacents, BC pour côté opposé; BAC_1 (CAB_1 tout aussi bien) est l'angle extérieur de même sommet A, supplémentaire à BAC comme nous l'avons dit.

Les côtés et les angles intérieurs, ou angles proprement dits, sont les six *éléments* du triangle, indistinctement.

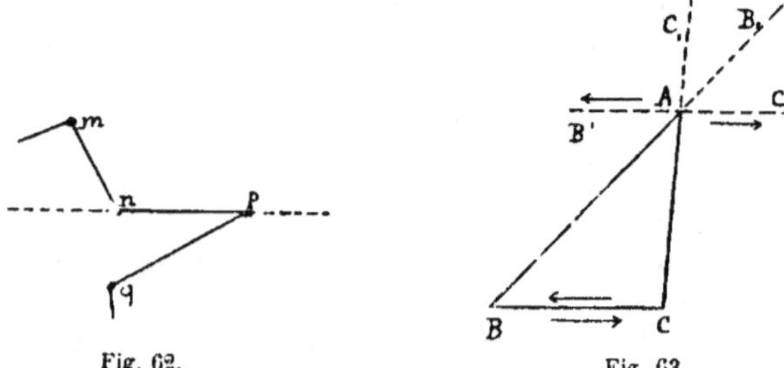

Fig. 62.   Fig. 63.

222. *Dans tout triangle ABC (fig. 63), la somme des trois angles (intérieurs) est égale à l'angle neutre (***134***).*

Si AB_1, AC_1 sont les demi-droites opposées à AB, AC, et AB', AC', celles menées de A en parallélismes propres avec CB, BC, l'angle BCC_1 est égal à $B'AC_1$, comme ayant ses côtés proprement parallèles à ceux du dernier (**145**); les angles CBB_1, $C'AB_1$ sont égaux pour une cause semblable; et $BAC = B_1AC_1$, comme opposés au sommet (**142**, II).

D'autre part, les angles $B'AC_1$, C_1AB_1 sont contigus extérieurement par AC_1, car AB' est dans le demi-plan $\overline{ACB}$ (**87**), tandis que AB_1 est dans le demi-plan opposé (**82**); et pareillement, C_1AB_1, B_1AC' sont contigus extérieurement par AB_1. Comme ces angles $B'AC_1$, C_1AB_1, B_1AC' sont tous trois dans un même demi-plan, savoir l'opposé à $\overline{B'C'}BC$, et ont leurs côtés extrêmes AB', AC' en opposition mutuelle, leur somme est l'angle neutre $B'AC'$ formé par ces côtés. Celle de leurs égaux BCC_1, BAC, CBB_1, c'est-à-dire celle $C + A + B$ des angles du triangle, a donc la même valeur. D'où l'exactitude de notre théorème, d'après lequel *tout angle* A *d'un triangle a pour supplément la somme* $B + C$ *des deux autres* (**137**, I).

223. Il en faut noter ces corollaires.

I. *La somme* $B + C$ *de deux angles du triangle, est égale à l'angle extérieur* $\alpha = B_1AC$ *dont le sommet* A *est opposé au côté* BC *adjacent à tous deux* (**221**), (**217**). Car cette somme et l'angle extérieur considéré, sont tous deux supplémentaires au même angle intérieur A (**222**), (**221**).

De ce point et du suivant, les moyens employés au n⁰ **222** fourniraient immédiatement des démonstrations directes.

✳ II. *La somme* $\alpha + \beta + \gamma$ *des angles extérieurs, est égale à l'angle replet.* Car on a (I)

$$\alpha + \beta + \gamma = (B + C) + (C + A) + (A + B) = 2\,A + 2\,B + 2\,C$$
$$= 2\,(A + B + C) = 2\,\mathfrak{N} = \mathfrak{R} \quad (\textbf{222}).$$

III. *Un triangle ne peut avoir plus d'un angle droit* (**187**), *ou obtus* (**201**), *ni, par suite, moins de deux angles aigus.* Car si deux angles B, C étaient droits, les côtés AB, AC se confondraient, et le triangle serait enchevêtré (**218**), cas excepté. Si l'un d'eux était obtus, l'autre obtus ou droit seulement, leur somme surpasserait l'angle neutre (**222**).

224. Les observations suivantes sont fréquemment utiles.

I. *Pour que deux demi-droites d'origines distinctes,* BB_1, CC_1 *(fig. 63), se rencontrent en dehors de la droite* BC, *il est nécessaire et suffisant, qu'avec les demi-droites* BC, CB *respectivement, elles fassent, dans un même demi-plan d'arête* BC, *des angles saillants* $\beta = CBB_1$, $\gamma = BCC_1$ *donnant une somme inférieure à l'angle neutre.*

La condition est nécessaire : car si les demi-droites se coupent en A, point hors de la droite BC, toutes deux sont dans le demi-plan $\overline{BC}A$, le triangle BAC est déchevêtré, et ses angles $B = \beta$, $C = \gamma$ donnent une somme inférieure à l'angle neutre (**222**).

Elle est suffisante : car si elle est remplie, les droites BB_1, CC_1 se rencontrent, comme étant dans un même plan, et ce sans parallélisme, puisque, dans la figure formée par elles et la sécante

BC, les angles intérieurs β, γ ne sont pas supplémentaires (**148**), (**51**). En outre, leur point commun A ne peut être : ni sur la droite BC, puisque chacun des angles β, γ est donné non nul, ni neutre ; ni sur l'une des demi-droites données et le prolongement de l'autre, puisqu'il ne peut être à la fois dans le demi-plan $\overline{BCA}$ et dans son opposé ; ni sur les prolongements de toutes deux. Dans ce dernier cas effectivement, le triangle BAC serait déchevêtré, et en nommant β', γ' ses angles en B, C, on aurait $\beta + \beta' = \mathfrak{N}$, $\gamma + \gamma' = \mathfrak{N}$ (**142**) ; d'où $\beta + \beta' + \gamma + \gamma' = 2\mathfrak{N}$, puis $\beta' + \gamma' = 2\mathfrak{N} - (\beta + \gamma) = \mathfrak{N} + [\mathfrak{N} - (\beta + \gamma)]$, et, la somme $\beta + \gamma$ étant supposée inférieure à $\mathfrak{N}$, la somme des seuls angles β', γ' du triangle considéré, surpasserait l'angle neutre (**222**).

II. *Étant donné un angle saillant non droit O, si, d'un point M de l'un des es côtés, on abaisse une perpendiculaire sur la droite de l'autre, le pied P de cette perpendiculaire tombe sur cet autre côté lui-même ou sur son prolongement, selon que l'angle donné est aigu ou obtus.* Car le triangle déchevêtré OPM ayant un angle droit en P, son angle en O est forcément aigu (**223, III**).

Et de même évidemment, pour un dièdre saillant non droit, ceci par la considération de son angle plan (**211** *et suiv.*).

Premières propriétés des triangles équiangles.

225. *Dans deux triangles, quand deux angles B, C de l'un sont respectivement égaux à deux angles B', C' de l'autre, leurs troisièmes angles A, A' sont égaux entre eux aussi.* Effectivement, on a $A = \mathfrak{N} - (B + C)$, $A' = \mathfrak{N} - (B' + C')$ (**222**) ; d'où $A = A'$, puisque $B = B'$, $C = C'$ donnent $B + C = B' + C'$.

Deux tels triangles sont *équiangles*, et on y dit *homologues*, deux angles égaux correspondants, ainsi que les côtés à ceux-ci opposés (*Cf.* **352**, *inf.*).

226. *Dans deux triangles équiangles notés ABC, A'B'C' (fig.* 61) *comme ci-dessus* (**225**), *les côtés de l'un,* BC, CA, AB, *sont proportionnels à leurs homologues dans l'autre,* B'C', C'A', A'B' (**118,** I).

L'égalité des angles BAC, B'A'C' permet d'appliquer le second sur le premier, de manière que ses côtés A'B', A'C' se placent en AB_1, AC_1 sur ceux AB, AC de ce premier, respectivement (**135**), et l'égalité mutuelle des angles AB_1C_1, ABC, tous deux égaux à A'B'C', l'un par construction, l'autre par hypothèse, assure le parallélisme des droites B_1C_1, BC. Car les segments B_1C_1, BC tombant tous deux dans un même demi-plan d'arête ABB_1, les angles égaux précités sont correspondants par rapport aux droites B_1C_1, BC coupées par la sécante B_1B (**149**).

On a donc $AB : AB_1 = AC : AC_1$ (**126**, III), d'où $AB : A'B' = AC : A'C'$, à cause de $AB_1 = A'B'$, $AC_1 = A'C'$; et on établirait de

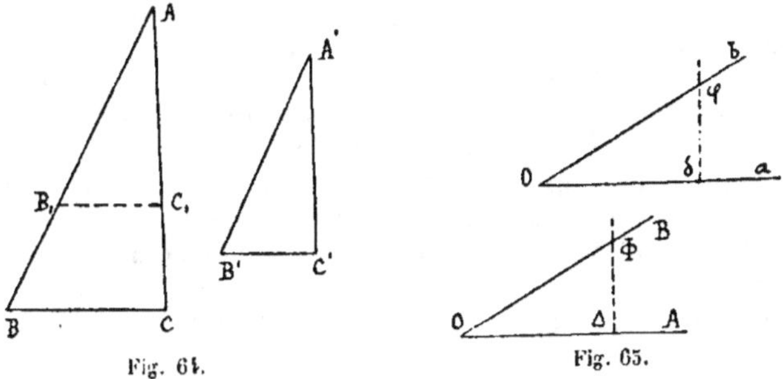

Fig. 64.   Fig. 65.

même, les deux autres proportions du même genre, constituant avec celle-ci la proportionnalité annoncée

$$\frac{BC}{B'C'} = \frac{CA}{C'A'} = \frac{AB}{A'B'}.$$

227. *Quand deux triangles* ABC, A'B'C' *(fig.* 64) *ont deux angles égaux* $A = A'$, *compris entre des côtés proportionnels*

(1) $$\frac{AB}{A'B'} = \frac{AC}{A'C'},$$

ils sont équiangles, et, par suite (**226**), *tous les côtés de l'un sont proportionnels à leurs homologues dans l'autre.*

L'égalité des angles A, A' permet encore de placer le second triangle en AB_1C_1, position où les angles BAC, B_1AC_1 sont superposés, où les égalités $A'B' = AB_1$, $A'C' = AC_1$ donnent par leur combinaison avec la proportion supposée (1), celle-ci

$$\frac{AB}{AB_1} = \frac{AC}{AC_1}.$$

Les droites BC, B_1C_1 sont donc parallèles (**126**, III) ; car cette même proportion, combinée avec l'identité des directions AB, AB_1 et celle de AC, AC_1, assure la ressemblance des topographies de A,B,B_1 et de A,C,C_1. D'où l'égalité, aux angles ABC, ACB du premier triangle, de leurs correspondants AB_1C_1, AC_1B_1 (**148**), puis de A'B'C', A'C'B', respectivement égaux à ces derniers dans le second triangle.

228. *Deux triangles quelconques* ABC, A'B'C' *sont égaux de la manière indiquée par ces notations, quand ils ont égaux respectivement : soit un côté et les deux angles adjacents* (**217**) *dans l'un, à un côté et aux deux angles adjacents semblablement notés* *dans l'autre ; soit un angle et les deux côtés adjacents dans l'un, à ceux de notations analogues dans l'autre (Cf. 220).*

Dans les deux cas, ces triangles sont équiangles, avec proportionnalité des côtés homologues; car le théorème du n° **226** est applicable au premier, et celui du n° **227** au dernier où les côtés comprenant les angles égaux sont proportionnels à cause de leurs égalités respectives. Le déplacement du second triangle, expliqué aux numéros cités, est donc toujours réalisable avec ses conséquences. Mais AB et AB₁ par exemple étant placés dans une même direction, de plus égaux entre eux comme l'étant chacun à A'B', et AC, AC₁ étant dans les mêmes conditions pour les mêmes causes, les points B₁, C₁ se confondent avec B, C; d'où la superposition intégrale du second triangle au premier.

229. Problème (pratique). *Sur un plan donné, à partir d'une demi-droite donnée OA (fig. 65), et dans un sens giratoire donné, porter un angle (rectiligne) égal à un angle donné aob* (**140**), (*Cf.* **473** *et* **483**, III, *inf.*).

Si cet angle est aigu, une équerre d'angle δ inférieur au supplément de l'angle *aob*, à angle droit par exemple (**190**), sera placée sur l'épure, de manière que son corps soit dans le demi-plan $\overline{oab}$, que l'un des côtés de son angle soit sur la demi-droite *oa*, mais dans une direction opposée; et la demi-droite tracée, à partir de son sommet δ, le long de l'autre côté du même angle, coupera certainement la demi-droite *ob* en quelque point φ (**224**, I).

Sur la demi-droite OA, on portera ensuite, en OΔ, le segment oδ (**101**); on placera le corps de l'équerre dans le demi-plan indiqué par le sens giratoire donné, son premier côté appliqué sur la demi-droite ΔO, à partir de Δ; le long du second côté, on tracera une demi-droite sur laquelle, à partir de Δ, on prendra $\Delta\Phi = \delta\varphi$, et la demi-droite OΦ sera le second côté de l'angle cherché. Car l'angle AOΦ a la direction voulue, et il est égal à *aob*. Effectivement les triangles OΔΦ, oδφ sont égaux, comme ayant égaux leurs angles en Δ, δ, avec $\Delta O = \delta o$, $\Delta\Phi = \delta\varphi$ (**228**); d'où l'égalité de leurs angles en O, o.

Si *aob* est droit, on élèvera sur OA, en O, une demi-perpendiculaire de sens convenable (**190**).

Si cet angle *aob* était obtus, on obtiendrait le second côté de l'angle AOB : soit en opérant comme tout à l'heure avec une équerre d'angle assez petit, soit en portant le supplément de *aob* dans le même demi-plan, mais à partir de la demi-droite opposée à OA. S'il était rentrant, on porterait son replément (**137**, III) à partir de OA, mais dans le sens giratoire opposé au sens donné. S'il était d'amplitude supérieure à l'angle replet, on prendrait son excès sur le plus grand multiple entier de l'angle replet, qui lui serait inférieur, pour porter cet excès, comme ci-dessus, à partir de OA.

230. Problème. *Construire un triangle dont un côté soit de longueur donnée non nulle a, et dont les angles adjacents à ce côté soient égaux à des angles saillants donnés β, γ.*

Sur l'épure, on trace une droite sur laquelle on porte arbitrairement en BC un segment de longueur a; puis, dans un même demi-plan d'arête BC, on porte, à partir de BC, CB, des angles égaux à β, γ, respectivement **(229)**.

Si la somme $\beta + \gamma$ est inférieure à l'angle neutre, les seconds côtés BA', CA'' de ces angles se couperont, eux-mêmes, en quelque point A situé dans le demi-plan choisi **(224, I)**; ABC sera un triangle répondant à la question, et tous les autres construits sur les mêmes données, lui seront égaux **(228)**.

Sinon, les demi-droites BA', CA'' seront, soit parallèles **(149)**, soit sans rencontre sur elles-mêmes **(224, I)**, et le problème est impossible.

231. Problème. *Construire un triangle dont un angle soit égal à un angle saillant donné α, et dont les côtés comprenant cet angle, soient de longueurs données b, c.*

Sur les côtés AB', AC' d'un angle B'AC' construit égal à α **(229)**, et à partir de A, on porte les segments $AB = c$, $AC = b$, et le triangle ABC est celui que l'on cherchait, toujours possible évidemment, unique en outre, c'est-à-dire égal à tout autre construit sur les mêmes données **(228)**.

232. *Quand les côtés d'un triangle ABC appartiennent à des droites respectivement parallèles à celles des côtés notés par des lettres de mêmes noms dans un autre triangle A'B'C', ces deux triangles sont équiangles.*

Comme *deux* parallélismes seulement sont possibles pour deux vecteurs dont les droites sont parallèles, savoir le propre ou l'impropre **(111)**, et que nos triangles présentent *trois* paires de côtés parallèles dirigés, BC et B'C', CA et C'A', AB et A'B', il faut que, pour *deux* au moins de ces paires, les dernières par exemple, ces parallélismes soient de même nature, c'est-à-dire que les parallélismes de CA à C'A', de AB à A'B', soient tous deux propres ou tous deux impropres.

Dans le premier cas (*fig. 64*), AC, A'C' seront proprement parallèles aussi, comme AB, A'B', et la translation amenant sur A le sommet A' du second triangle, placera ses côtés A'B', A'C', en AB_1, AC_1 sur les demi-droites AB, AC ; par suite, le troisième B'C' viendra en B_1C_1, segment dès lors intérieur, comme BC, à l'angle BAC qui est saillant. Ces segments BC, B_1C_1 étant d'ailleurs

parallèles, leur parallélisme ne peut être que propre **(87)**, et BC,
B'C', tous deux proprement parallèles à B_1C_1, le sont entre eux
proprement aussi **(85)**. D'où résulte l'équiangularité de nos
triangles **(145)**.

Si les parallélismes de AB à A'B', de AC à A'C' étaient tous
deux impropres, l'angle B_1AC_1 serait l'opposé au sommet de
BAC, le côté B_1C_1 serait improprement parallèle à BC, et la conclusion serait la même.

233. *Deux triangles ABC, A'B'C' sont encore équiangles,
quand, étant dans un même plan, les côtés de l'un sont respectivement perpendiculaires à ceux semblablement notés dans l'autre.*

A la figure solide formée par le second triangle et trois demi-
droites Oα', Oβ', Oγ', issues d'un même point O du plan, parallèlement aux droites B'C', C'A', A'B', imprimons, sur son plan
autour de ce point, un pivotement d'un angle droit de sens
quelconque **(157)**, et soient A"B"C", Oα", Oβ", Oγ", les positions
finales de tous ces objets. Comme chacune des demi-droites
Oα', Oβ', Oγ' a pivoté d'un angle droit, Oα", Oβ", Oγ" leur sont
respectivement perpendiculaires, parallèles en conséquence à
BC, CA, AB supposées perpendiculaires à B'C', C'A', A'B' **(183)**;
et les droites B"C", C"A", A"B", parallèles toujours à Oα", Oβ", Oγ",
le sont aussi à BC, CA, AB. Le triangle ABC est donc équiangle
à A"B"C" **(232)**, à son égal A'B'C' aussi.

234. *Quand un triangle ABC (fig. 66) a mutuellement égaux,
deux de ses angles B, C, ses côtés AC, AB opposés à ceux-ci le sont
aussi ; et réciproquement. En outre, une même demi-droite issue
du sommet A, jouit de la triple propriété d'être perpendiculaire sur
le côté opposé BC, et de découper en deux parties égales, tant
l'angle A, que ce côté.*

I. Soit *abc* un dédoublement de ce triangle séparé de lui,
donnant par suite $a = A$, $b = B$, $c = C$, $bc = BC$, $ab = AB$, $ac = AC$.

Si l'on a $B = C$, on aura aussi $b = c$, puis $= C$ à cause de $c = C$,
et de même $c = B$. Les triangles ABC, *acb* sont donc encore
égaux de l'autre manière indiquée par ces notations, comme
ayant égaux leurs côtés BC, *cb*, et les angles adjacents $B = c$,
$C = b$ **(228)**. On a donc bien $AB = ac = AC$.

II. Si l'hypothèse est $AB = AC$, on trouvera, par la même voie
que ci-dessus (I), $AB = ac$, $AC = ab$, d'où l'on conclura encore
l'égalité des triangles ABC, *acb*, mais ceci pour avoir maintenant
leurs angles en A, *a*, égaux et compris entre des côtés respectivement égaux (*Ib.*). On a donc $B = c = C$.

III. Soit enfin P le milieu **(128, III)** du côté BC adjacent aux
angles égaux, contigu aux côtés égaux. Les triangles ABP, ACP
sont égaux comme ayant $BP = CP$ par construction, avec $B = C$

et BA = CA (I), (II), (228). On a donc angle BPA = angle CPA = ⊕, puisque leur somme, double de chacun, est l'angle neutre BPC (187); et la demi-droite AP est perpendiculaire sur BC. On a encore angle PAB = angle PAC, et la même demi-droite divise bien l'angle A en deux parties égales (264, III, *inf.*).

235. Un tel triangle, égal ainsi à lui-même de deux manières, est dit *isoscèle* ; son côté BC, contigu aux deux côtés égaux, la soudure A de ces derniers, se nomment plus spécialement sa *base*, son *sommet*.

D'après cela, *l'égalité des trois angles d'un même triangle, entraine celle de ses trois côtés, et réciproquement.* Un triangle de cette sorte, isoscèle de trois manières, est *équilatéral* (493, II, *inf.*), ayant ainsi chacun de ses angles égal au tiers du neutre (222), soit à 60° ou 66ᵍ,666.... *L'égalité entre deux triangles équilatéraux a lieu de six manières,* visiblement.

Relation entre les côtés d'un triangle et la projection de l'un d'eux sur un autre.

236. I. Un triangle ABC (*fig.* 67) étant donné, si, par un de ses sommets A, dans le demi-plan $\overline{ABC}$, on mène une demi-droite faisant avec le côté AB un angle égal à son opposé C, cette demi-droite rencontrera certainement la demi-droite BC en quelqu'un A′ de ses points, puisque la somme de l'angle ainsi porté et de l'angle ABC, c'est-à-dire celle des angles C, B seulement du triangle, est inférieure à l'angle neutre (229), (224, I). En outre, l'angle BA′A est égal à l'angle BAC du triangle proposé, puisque les sommes égales considérées ci-dessus sont les suppléments de l'un et de l'autre (222).

Du même sommet A, on peut pareillement, jusqu'en quelque point A″ de la demi-droite CB, mener une demi-droite AA″ faisant avec AC un angle CAA″ égal à l'angle B, rendant en même temps l'angle CA″A égal encore au même angle CAB.

Cela posé, on a le théorème suivant :

Si a, b, c, pour abréger, désignent les côtés BC, CA, AB *opposés aux angles* A, B, C *de notre triangle, on a la première, la seconde ou la troisième des relations alternatives*

$$(1) \qquad \begin{cases} a^2 = b^2 + c^2 + a \cdot A'A', \\ a^2 = b^2 + c^2 - a \cdot A'A'', \\ a^2 = b^2 + c^2, \end{cases}$$

selon que l'angle A *est obtus, aigu, ou droit.*

II. Les triangles BA′A, BAC étant équiangles, comme ayant

leurs angles en B identiques, avec BA'A rendu égal à BAC (**225**), leurs côtés homologues sont liés par la proportion

$$\frac{\mathrm{BA}}{\mathrm{BC}} = \frac{\mathrm{BA}'}{\mathrm{BA}} \qquad (226),$$

conduisant à

$$(2) \qquad \overline{\mathrm{BA}}^2 = \mathrm{BC.\ BA'}\ ;$$

et, dans les triangles analogues CA"A, CAB, on a semblablement

$$\overline{\mathrm{CA}}^2 = \mathrm{CB.\ CA''}.$$

Puis, l'addition membre à membre des deux dernières égalités donnera

$$\overline{\mathrm{CA}}^2 + \overline{\mathrm{BA}}^2 = \mathrm{BC}\ (\mathrm{CA''} + \mathrm{BA'}),$$

c'est-à-dire

$$(3) \qquad b^2 + c^2 = a\ (\mathrm{BA'} + \mathrm{CA''}).$$

III. Une demi-droite mobile d'origine fixe A, arrive en AC, quand, partant de AB, elle décrit successivement les angles saillants BAA' = C, A'AA", A"AC = B, cela dans les directions gira-

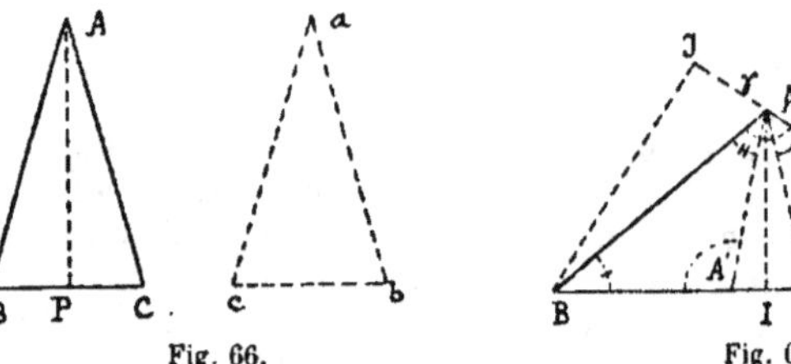

Fig. 66.Fig. 67.

toires indiquées par ces notations (**154**, I). Celles de BAA', A"AC étant identiques, parce que la première est visiblement opposée à celle de CAA" (I), l'observation précédente conduit à

$$\mathrm{B} + \mathrm{C} = \mathrm{BAC} \pm \mathrm{A'AA''} = \mathrm{A} \pm \mathrm{A'AA''},$$

montre en conséquence l'identité de la direction A'AA" aux deux autres, son opposition, ou bien la nullité de l'angle A'AA", selon que l'on a

$$(4) \qquad \mathrm{B} + \mathrm{C} \gtreqless \mathrm{A}.$$

Comme la topographie des points B, A', A", C est ressemblante à celle des demi-droites AB, AA', AA", AC, qui les tracent sur la droite BC (**151**), il y a identité entre la direction du segment A'A" et celle de BA', A"C, opposition, ou bien nullité de A'A", selon que le signe supérieur, moyen ou inférieur, décide entre les trois hypothèses (4). Cette inégalité alternative entraîne donc l'égalité correspondante dans le groupe

$$(5) \qquad \mathrm{BA}' + \mathrm{CA}'' = \begin{cases} a - \mathrm{A}'\mathrm{A}'', \\ a + \mathrm{A}'\mathrm{A}'', \\ a. \end{cases}$$

IV. A cause de la relation $(\mathrm{B} + \mathrm{C}) + \mathrm{A} = ① + ①$, les alternatives (4) sont visiblement entraînées, respectivement, par les hypothèses

$$\mathrm{A} \gtreqless ①.$$

Si donc A est obtus, c'est la première égalité du groupe (5) qui a lieu, et la substitution de son second membre à $\mathrm{BA}' + \mathrm{CA}''$ dans (3), conduira à la première relation du groupe (1) dont, maintenant, on établira les deux autres par les mêmes moyens.

237. *Dans le même triangle ABC (fig. 67), si* γ *représente la projection orthogonale de l'un des côtés de l'angle A, de c par exemple, sur la droite AC de l'autre côté* (**185**), *on a*

$$(6) \qquad \begin{cases} a^2 = b^2 + c^2 + 2b\gamma, \\ a^2 = b^2 + c^2 - 2b\gamma, \\ a^2 = b^2 + c^2, \end{cases}$$

selon que l'angle A est obtus, aigu, ou droit.

Quand A est droit, la dernière de ces relations se trouve déjà telle, au dernier rang du groupe (1).

Dans les deux autres cas, le triangle $\mathrm{A}'\mathrm{A}\mathrm{A}''$ est déchevêtré, de plus isoscèle comme ayant ses angles en A', A'' tous deux égaux, au supplément de A si cet angle est obtus, à A lui-même s'il est aigu, et le pied I de la perpendiculaire abaissée de A sur BC, est le milieu de son côté $\mathrm{A}'\mathrm{A}''$ (**234**). On a ainsi $\mathrm{A}'\mathrm{A}'' = 2\,\mathrm{IA}'$.

Si, de B, on abaisse maintenant la perpendiculaire BJ sur la droite AC, l'angle JAB est toujours égal à $\mathrm{IA}'\mathrm{A}$; car, si A est obtus, JAB est son supplément (**224, II**), comme $\mathrm{IA}'\mathrm{A}$; s'il est aigu, ces angles lui sont tous deux égaux. Les triangles AIA', BJA ayant encore, en I, J, des angles égaux comme droits, sont donc équiangles, donnant ainsi (**226**)

$$\frac{\mathrm{A}'\mathrm{I}}{\mathrm{AJ}} = \frac{\mathrm{IA}}{\mathrm{JB}}, \text{ c'est-à-dire } \frac{\mathrm{IA}'}{\gamma} = \frac{\mathrm{IA}}{\mathrm{JB}}.$$

Les triangles CIA, CJB sont équiangles aussi, comme ayant leurs angles en C identiques, ou opposés au sommet, ceux en I, J égaux comme droits, et l'on en conclut

$$\frac{\mathrm{IA}}{\mathrm{JB}} = \frac{\mathrm{AC}}{\mathrm{BC}} = \frac{b}{a}.$$

On a donc

$$\frac{IA'}{\gamma} = \frac{b}{a},$$

c'est-à-dire $a.IA' = b\gamma$; d'où, $a.A'A'' = a.2IA' = 2b\gamma$, substitution changeant les deux premières relations (1) en celles du groupe (6).

233. Un angle A d'un triangle, est obtus, aigu, ou droit, selon qu'entre ses côtés a, b, c, on a

(7) $a^2 >, <,$ ou $= b^2 + c^2$;

et réciproquement. Car, dans le groupe (1), ou (6) tout aussi bien, chacune des trois relations exclut les deux autres, et entraîne celle de même rang dans les alternatives (7).

Triangles rectangles.

239. Un triangle ABC (*fig.* 68) est *rectangle* en A, quand son angle en ce sommet est droit.

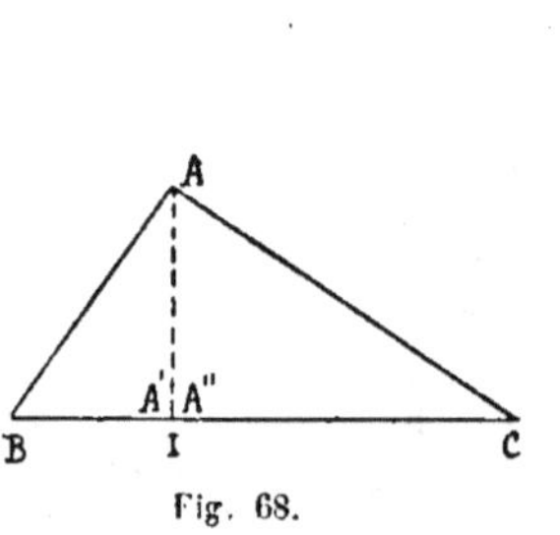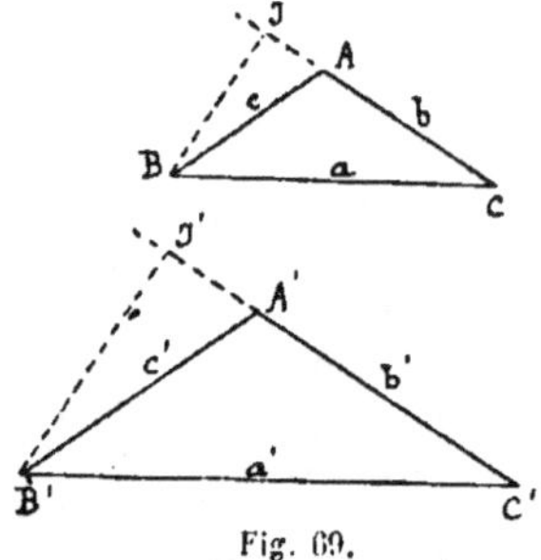

Fig. 68.   Fig. 69.

La somme B + C *des deux autres, est alors un angle droit aussi,* comme supplément de l'angle droit A (**222**) ; en d'autres termes, *ils sont complémentaires* (**202**), et *chacun d'eux ainsi, est forcément aigu.*
Le côté BC opposé à l'angle droit est l'*hypoténuse* du triangle ; les deux autres AB, AC, sont les *côtés de l'angle droit.* .

240. *Dans un triangle rectangle, le carré de l'hypoténuse a est égal à la somme des carrés des côtés b, c de l'angle droit ; et réciproquement.*
Si l'angle A est droit, c'est la troisième des relations (1) (**236**), ou (6) (**237**), qui a lieu, savoir :

(1) $a^2 = b^2 + c^2.$

La réciproque n'est que la troisième partie de l'observation du n° **238**.

241. On en conclut immédiatement $a^2 > b^2$, $a^2 > c^2$, d'où

$$(2) \qquad a > b, \quad a > c.$$

Ainsi, *l'hypoténuse d'un triangle rectangle surpasse, en longueur, chaque côté de l'angle droit.*

242. *Deux triangles rectangles sont équiangles, quand ils ont :* I, *soit égaux, un angle aigu de l'un à un de l'autre ;* II, *soit proportionnels, deux côtés de l'un à deux placés, dans l'autre, de la même manière par rapport à l'angle droit.*

I. Les théorèmes des n° **225**, **226** sont applicables, puisque les triangles ont en outre leurs angles droits égaux.

II. 1° S'il s'agit des côtés des angles droits, le théorème du n° **227**, est applicable, puisque ces angles sont égaux.

2° Sinon, et en représentant par a, b, c dans un triangle, par a', b', c' dans l'autre, l'hypoténuse et les côtés de l'angle droit, une proportion du genre en question,

$$\frac{a}{a'} = \frac{b}{b'},$$

donnera immédiatement

$$\frac{a^2}{a'^2} = \frac{b^2}{b'^2} = \frac{a^2 - b^2}{a'^2 - b'^2} = \frac{c^2}{c'^2} \qquad (240);$$

d'où,

$$\frac{b}{b'} = \frac{c}{c'},$$

et l'on est ramené au cas précédent (1°).

243. *Deux triangles rectangles sont égaux, lorsqu'ils ont égaux et placés semblablement, soit un côté et un angle aigu, soit deux côtés.*

Ils sont équiangles dans le premier cas (**242**, I), et dans le second, parce que deux grandeurs respectivement égales à deux autres leur sont forcément proportionnelles (*Ib.* II). Ils sont donc égaux, comme équiangles, avec égalité de deux côtés homologues (**228**).

244. Problème. *Construire un triangle rectangle connaissant :* I, *soit un côté et un angle aigu ;* II, *soit les côtés de l'angle droit ;* III, *soit l'hypoténuse et un côté de l'angle droit.*

I. 1° *Si l'on donne un côté* BA *de l'angle droit (fig. 68) et un angle aigu adjacent* B, *on retombe sur la question résolue au* n° **230**, car l'angle droit A est un deuxième angle connu, adjacent à ce côté.

2° Si l'on donne un côté de ce genre BA et l'angle aigu opposé C, on ramènera le problème au précédent (1°), par la construction préalable de l'angle B complément de C donné (**202**). Ou bien, on élèvera sur AB une demi-perpendiculaire en A (**190**), et on tracera, de B, une droite BC la coupant sous l'angle C (**150**).

3° Si l'on donne l'hypothénuse BC et un angle aigu B, la construction préalable du complément C de cet angle, ramène le problème à celui du n° **230**. Ou bien, on portera sur l'épure, à partir de la demi-droite BC, un angle égal à B, sur le second côté duquel on abaissera, de C, la perpendiculaire CA (**229**), (**190**).

Dans chacun de ces trois cas, la seule condition de possibilité est que l'angle donné soit bien aigu.

II. Le problème est celui du n° **231**, puisque les côtés donnés AB, AC comprennent l'angle droit donné.

III. Soient a, b, x les longueurs de l'hypoténuse, et des côtés de l'angle droit, le dernier inconnu, les autres donnés. La relation

$$a^2 = b^2 + x^2 \qquad (240)$$

donne

$$x^2 = a^2 - b^2, \text{ d'où } x = \sqrt{a^2 - b^2},$$

et l'on est ramené au cas précédent, si toutefois $a > b$.

Si $a = b$, le problème n'est pas résoluble par un triangle déchevêtré ; car on trouve $x = 0$, ceci entraînant la confusion de l'hypoténuse avec le côté de l'angle droit donné.

Si $a < b$, le problème est impossible (**241**).

Au n° **479**, IV (*inf.*), on trouvera la solution graphique, exempte de tout calcul.

245. I. *Quand un triangle* ABC (*fig.* 68) *est rectangle* (*en* A), *tout côté* BA *de l'angle droit est moyenne proportionnelle entre sa projection* BI *sur l'hypoténuse et cette même hypoténuse* BC. II. *Et réciproquement, si toutefois l'extrémité* I *de cette projection est intérieure au segment* BC.

I. La relation transitoire (2), du n° **236** donne

$$(3) \qquad \overline{BA}^2 = BC.BI,$$

puisque ici les points A′, A″ se confondent avec I. Et, quand on a, entre trois quantités c, a, i l'égalité semblable $c^2 = ai$, la proportion équivalente $a : c = c : i$ a fait donner à c le nom de *moyenne proportionnelle* (ou *géométrique*) entre a et i.

II. Si les directions BC, BI sont identiques, les angles aigus

ABC, IBA dans les triangles de mêmes notations, le seront également. Si en outre l'égalité (3) a lieu, on peut l'écrire

$$\frac{BA}{BI} = \frac{BC}{BA},$$

moyennant quoi, les triangles précités sont équiangles, comme ayant en B un angle commun compris entre des côtés proportionnels (**227**). En particulier, l'angle BAC du premier est égal à BIA dans le second, droit par suite comme ce dernier.

✴ 246. *Quand un triangle ABC (fig. 68) est rectangle (en A), la longueur de la perpendiculaire AI abaissée du sommet de l'angle droit sur l'hypoténuse, est moyenne proportionnelle (**245**, I) entre les segments IB, IC que son pied y découpe. Et réciproquement, si toutefois ce pied I est intérieur au segment BC.*

Le point I étant intérieur à l'hypoténuse, parce que les angles B, C sont tous deux aigus (**239**), (**224**, II), les demi-droites BC, BI se confondent, ainsi que les angles ABC, IBA dans les triangles rectangles de mêmes notations. Ces triangles sont donc équiangles, comme ayant encore égaux leurs angles droits BAC, BIA (**225**); et on prouvera par des moyens analogues, que ABC est encore équiangle à IAC. Les triangles IBA, IAC le sont donc l'un à l'autre, donnant la proportion

$$\frac{IA}{IC} = \frac{IB}{IA} \qquad\qquad (\mathbf{226}),$$

c'est-à-dire

$$\overline{IA}^2 = IB.IC.$$

Le lecteur établira la réciproque, par une imitation facile du raisonnement ci-dessus (**245**, II).

Triangles à côtés proportionnels.

247. *Deux triangles ABC, A′B′C′ (fig. 69), sont équiangles, quand les côtés a = BC, b = CA, c = AB de l'un, sont proportionnels aux côtés a′, b′, c′ de l'autre.*

Si r désigne la valeur commune des trois rapports $a′ : a$, $b′ : b$, $c′ : c$, égaux entre eux par hypothèse, on aura d'abord

$$(1) \qquad a′ = ra, \quad b′ = rb, \quad c′ = rc.$$

En nommant ensuite γ, $\gamma′$ les projections AJ, A′J′ des côtés AB, A′B′ des triangles, sur les droites de leurs côtés AC, A′C′, on aura les relations

$$(2) \qquad a^2 = b^2 + c^2 \pm 2b\gamma, \quad a′^2 = b′^2 + c′^2 \pm 2b′\gamma′ \quad (\mathbf{237}),$$

devenant, après la multiplication par r^2 de tous les termes de la première, et les substitutions (1) faites dans la seconde,

$$r^2a^2 = r^2b^2 + r^2c^2 \pm 2rb.r\gamma, \qquad r^2a^2 = r^2b^2 + r^2c^2 \pm 2rb.\gamma'.$$

La comparaison de ces égalités montre d'abord, que, dans les seconds membres de la paire (2), l'ambiguité des derniers termes doit être tranchée de la même manière, c'est-à-dire que les angles A, A' de nos triangles sont, tous deux à la fois, ou obtus, ou aigus, ou droits (**238**). Elle montre ensuite, que l'on a $2rb.\gamma' = 2rb.r\gamma$ d'où

$$\gamma' = r\gamma;$$

moyennant quoi et la dernière des égalités (1), conduisant ensemble à $c' : c = \gamma' : \gamma \,(= r)$, il y a, dans les triangles B'A'J' et BAJ, rectangles en J' et J, proportionnalité entre leurs côtés A'B', A'J' et AB, AJ, égalité par suite entre leurs angles B'A'J', BAJ (**242, II**).

Cela posé, si· les angles en A, A' des triangles proposés, sont obtus, ils sont égaux entre eux, comme suppléments de ceux-ci ; s'ils sont aigus, ils sont égaux plus visiblement, comme identiques alors aux mêmes angles égaux ; s'ils sont droits, leur égalité a lieu en fait. Dans tous les cas, nos triangles sont donc équiangles, comme ayant des angles égaux en A, A', puis en B, B' et en C, C', comme on s'en assurera par les mêmes moyens.

248. *Deux triangles sont égaux, quand les côtés de l'un sont respectivement égaux à ceux de l'autre.* Car il y a proportionnalité entre ces côtés, équiangularité, par suite, entre les triangles (**247**), (**228**).

✳ **249**. Au problème du n° **244**, III, se ramènerait *la construction d'un triangle ABC dont les trois côtés a, b, c sont donnés.*

Car, en supposant $a^2 > b^2 + c^2$ pour fixer les idées, l'angle A (*fig.* 67) est obtus (**238**), la première relation (6) du n° **237** a lieu, et, donnant

$$\gamma = \frac{a^2 - b^2 - c^2}{2b},$$

elle fait connaître le côté AJ $= \gamma$ du triangle rectangle AJB dont l'hypoténuse AB $= c$ est donnée. Il suffirait donc de construire ce triangle (**244, III**), puis de prendre le supplément de son angle aigu BAJ, pour avoir l'angle A du triangle cherché, et retomber sur le cas du n° **231**. La solution graphique et la discussion de ce problème, seront données au n° **482** (*inf.*), ce qui nous dispense d'insister.

❋ *Rapports trigonométriques d'un angle aigu (ou droit).*

250. *Dans un premier triangle rectangle. soient* B′, p', q' *un angle aigu et deux côtés quelconques, puis, dans un second,* B″ *un angle aigu et* p'', q'' *les deux côtés placés, par rapport à* B″ *et à l'angle droit, de la même manière que* p', q' *le sont dans le premier, relativement à* B′ *et à l'angle droit.* I. *Si l'on a* B′ = B″, *on aura aussi*

(1) $$\frac{p'}{q'}=\frac{p''}{q''}.$$

II. *Et réciproquement.*

I. Les triangles sont équiangles (**242**, I), et la proportion

(2) $$\frac{p'}{p''}=\frac{q'}{q''} \qquad\qquad (\textbf{226}).$$

entre leurs côtés homologues, donne la précédente par permutation des moyens.

II. La proportion (1) maintenant supposée, donne (2) par permutation des moyens ; d'où l'équiangularité des triangles (**242**, II), comprenant B′ = B″.

251. I. Il suit de là, que *dans un triangle rectangle quelconque construit sur un angle aigu donné* B, *et, en nommant* a, b, c *son hypoténuse, son côté opposé à* B, *son autre côté de l'angle droit, chacun des six rapports* $a : b$, $a : c$, $b : a$, ... *a une valeur déterminée, qui, inversement, détermine l'angle* B. Car cette valeur étant une fois connue, on trouvera l'angle correspondant, dans un triangle rectangle construit sur deux côtés pris arbitrairement avec un tel rapport (**244**, II, III), (**254, 480**, *inf.*).

On a donc affecté des dénominations spéciales à ces six nombres, ou rapports *trigonométriques*, se rattachant si étroitement à la valeur de l'angle aigu B. Mais on a surtout à considérer les quatre rapports $b : a$, $c : a$, $b : c$, $c : b$; on les nomme respectivement *sinus, cosinus, tangente, cotangente* de l'angle B, et, dans l'écriture, on les désigne par les notations résultant des égalités de définition,

(3) $$\sin B =\frac{b}{a}, \quad \cos B =\frac{c}{a}, \quad \tang B =\frac{b}{c}, \quad \cot B =\frac{c}{b}.$$

II. *Quel que soit l'angle aigu* B, *on a les relations*

(4) $$\sin^2 B + \cos^2 B = 1,$$

(5) $$\tang B =\frac{\sin B}{\cos B}, \qquad \cot B =\frac{\cos B}{\sin B},$$

(6) $$\tang B . \cot B = 1.$$

En élevant au carré les deux membres de chacune des deux premières égalités (3), puis ajoutant les résultats membre à membre, il vient effectivement

$$\sin^2 B + \cos^2 B = \frac{b^2 + c^2}{a^2} = 1,$$

à cause de $b^2 + c^2 = a^2$ (**240**).

En divisant les mêmes égalités membre à membre, il vient dans un sens $\sin B : \cos B = (b : a) : (c : a) = b : c = \tang B$, d'après la suivante ; et on trouve de même, la seconde égalité (5).

La relation (6) s'obtiendra en multipliant membre à membre, les deux dernières égalités (3).

On remarquera les inégalités $\sin B < 1$, $\cos B < 1$, résultant évidemment de la relation (4).

III. *La connaissance de la valeur d'un seul quelconque des quatre rapports trigonométriques, permet de calculer celles des trois autres.*

En examinant les trois équations

$$(7) \quad \left\{ \begin{array}{l} \sin^2 B + \cos^2 B = 1, \\ \tang^2 B.\cos^2 B = \sin^2 B, \quad \cot^2 B.\sin^2 B = \cos^2 B, \end{array} \right.$$

obtenues par l'écriture à nouveau de (4), par l'élévation de (5) au carré, après expulsion des dénominateurs, on constatera sans difficulté, qu'on en peut tirer les valeurs des carrés de trois quelconques des rapports trigonométriques, quand celle du quatrième est connue ; après quoi, il ne reste qu'à extraire les racines carrées. Si, par exemple, on veut calculer $\cos B$ connaissant $\tang B$, on résoudra par rapport à $\cos^2 B$ la deuxième équation (7), après substitution à $\sin^2 B$, de sa valeur $1 - \cos^2 B$ tirée de la première.

IV. *Le cosinus et la cotangente d'un angle aigu B, sont respectivement le sinus et la tangente de son complément* (**202**).

Dans quelque triangle rectangle ayant un angle aigu égal à B, soient b le côté opposé, a l'hypoténuse, c l'autre côté de l'angle droit, et C l'angle aigu opposé à c. Cet angle C est le complément de B (**239**), et l'on a par définition (I)

$$\cos B = \frac{c}{a} = \sin C, \quad \cot B = \frac{c}{b} = \tang C.$$

V. *Entre deux angles aigus B', B", l'inégalité*

$$(8) \qquad\qquad B' < B''$$

entraine, entre leurs rapports trigonométriques, chacune des inégalités

$$(9) \quad \left\{ \begin{array}{ll} \sin B' < \sin B'', & \tang B' < \tang B'', \\ \cos B' > \cos B'', & \cot B' > \cot B''; \end{array} \right.$$

et réciproquement.

En $\mathcal{A}$B$\mathcal{C}'$, $\mathcal{A}$B$\mathcal{C}''$ (*fig.* 70), juxtaposons intérieurement les deux angles, puis soient A, C', C'', le pied, les traces, d'une perpendiculaire à leur côté commun B$\mathcal{A}$, sur leurs côtés libres B$\mathcal{C}'$, B$\mathcal{C}''$, et posons AB $= c$, BC' $= a'$, AC' $= b'$, BC'' $= a''$, AC'' $= b''$.

A cause de (8), on a aussi (**151**)

$$b' < b'', \text{ d'où } a' < a'',$$

car $a'^2 = c^2 + b'^2$, $a''^2 = c^2 + b''^2$ (**240**). On a donc $b' : c < b'' : c$, et $c : a' > c : a''$, c'est-à-dire tang B' < tang B'', cos B' > cos B''.

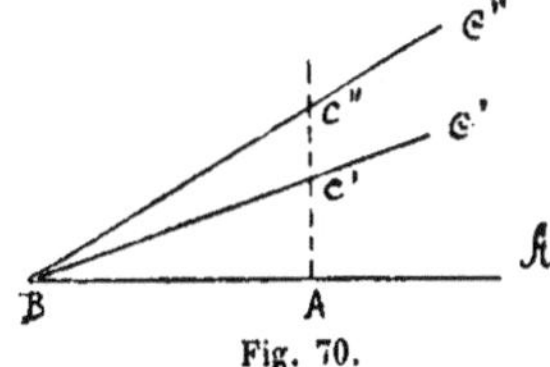

Fig. 70.

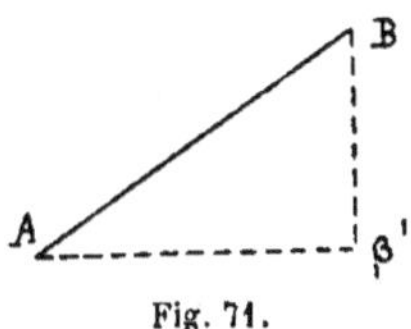

Fig. 71.

Comme enfin, l'inégalité inverse C' > C'' existe entre les compléments C', C'', des angles considérés B', B'', on a, par ce qui précède, tang C' > tang C'', cos C' < cos C'', c'est-à-dire (IV) les deux inégalités (9), qui nous restaient à établir.

Les réciproques sont maintenant évidentes.

252. *La connaissance d'un seul côté, pris au hasard parmi ceux a, b, c d'un triangle rectangle, et des quatre rapports trigonométriques d'un seul quelconque B de ses angles aigus, permet de calculer immédiatement, non seulement l'autre angle aigu, complément de l'angle donné, mais encore les deux autres côtés.*

Car (3), si c'est a qui est connu, on aura

$$b = a \sin B, \quad c = a \cos B.$$

Si c'est b, on aura

$$a = \frac{b}{\sin B}, \quad c = \frac{b}{\tang B} = b \cot B.$$

Si c'est c, on aura

$$a = \frac{c}{\cos B}, \quad b = c \tang B = \frac{c}{\cot B}.$$

[Il serait même possible, quoique plus pénible, d'opérer en connaissant un seul des quatre rapports trigonométriques de l'angle B, puisque, de la valeur de ce rapport, quel qu'il soit, celles des trois autres peuvent être déduites (**251**, III).]

En conséquence, mais par des procédés dont l'explication n'est pas possible ici, on a dressé des *Tables* des quatre rapports trigonométriques. C'est un dictionnaire numérique, où l'on a inscrit la suite des angles aigus croissant par telle ou telle même fraction de degré ou de grade, et, en regard de chacun, les logarithmes des valeurs de ses quatre rapports, dictionnaire où, inversement, on trouve l'angle aigu qui a pour sinus, ..., tel ou tel nombre donné par son logarithme.

Au moyen de ces Tables, on peut *résoudre*, non seulement un triangle rectangle comme nous venons de l'indiquer, mais tout autre, c'est-à-dire calculer ses éléments inconnus (**221**), dès que l'on en connaît d'autres suffisants pour déterminer le triangle (*Cf.* **535** *et suiv.*, *inf.*). Dans une foule d'autres circonstances (Astronomie et Navigation, Mécanique, Physique, ...), les mêmes Tables rendent d'autres services de la plus grande importance.

253. Comme aucun triangle rectangle (déchevêtré) ne peut posséder un deuxième angle droit, ou un angle aigu nul, les notions précédentes ne peuvent s'appliquer à de tels angles. Mais leur généralisation conduit à *attribuer : à l'angle nul*, 0, 1, 0, *pour sinus, cosinus, tangente (point de cotangente); à l'angle droit*, 1, 0, 0, *pour sinus, cosinus, cotangente (point de tangente)*.

Pour nous, ces attributions ne sont que des *conventions*; mais on notera qu'*elles étendent au cas d'un angle nul ou droit, les relations* (4) *à* (9) *du n°* **251**, *pourvu qu'il n'y ait pas à y faire figurer la cotangente d'un angle nul, ou la tangente d'un angle droit*.

254. Problème. *Construire un angle aigu, ayant un nombre donné $k \neq 0$ pour tangente, ou pour cotangente.* (*Cf.* **480**, *inf.*).

On construit deux segments b, c, de mesures β, γ présentant un rapport $\beta : \gamma$ égal à k (**106**), puis le triangle rectangle ayant les côtés de son angle droit égaux à b, c (**244**, II); on prend enfin, son angle B opposé à b dans le premier cas, son angle C opposé à c dans le second. On voit ainsi, que le problème est toujours possible.

Pour $k = 1$, ce triangle rectangle est isoscèle (**235**), et, dans les deux cas, l'angle cherché est un demi-droit (45° ou 50^g) (**239**).

Si k était $= 0$, l'angle de tangente k serait nul, celui de cotangente k serait droit (**253**).

255. *Soient* X′Y′ *un axe de projection* (**130**), AB *un segment quelconque, et* V *l'angle de la droite* AB *avec cet axe* (**203**). *Pour calculer la longueur* A′B′ *de la projection orthogonale* (**173**) *du segment* AB, *on a la formule*

$$(10) \qquad\qquad \text{A}′\text{B}′ = \text{AB}.\cos \text{V}.$$

Si la droite AB est parallèle à l'axe, on a V $= 0$, d'où cos V $= 1$ (**253**), en outre A′B′ $=$ AB, comme parallèles comprises entre deux plans projetants toujours parallèles, et la formule (10) est exacte.

Si la même droite est orthogonale à l'axe, c'est-à-dire parallèle aux plans projetants **(175)**, l'angle V est droit, cos V $= 0$ **(253)**, $A'B' = 0$, et notre formule se vérifie encore.

Autrement, V est un angle aigu, et, en abaissant, de A par exemple, sur le plan projetant de B, la perpendiculaire $A\beta'$, de pied β', le triangle $A\beta'B$ (*fig.* 71), est rectangle en β' **(180)**, donnant **(252)** $A\beta' = AB .\cos \beta'AB$, c'est-à-dire la formule (10).

Effectivement, $A\beta' = A'B'$ comme parallèles comprises entre plans parallèles, et $\beta'AB = V$ comme angles (aigus) des droites $A\beta'$, AB et X'Y', AB, respectivement parallèles **(203)**.

256. S'il s'agissait de projections obliques quelconques, on nommerait V, V' les angles de AB, X'Y' avec une normale PQ aux plans projetants **(208)**, ou bien Φ, Φ' leurs compléments, angles des mêmes droites avec les plans projetants **(206)**, et, *au lieu de* (10), *on aurait, à volonté, l'une ou l'autre des formules*

$$(11) \qquad A'B' = AB. \frac{\cos V}{\cos V'}, \quad A'B' = AB. \frac{\sin \Phi}{\sin \Phi'} \quad (251, IV),$$

qui d'ailleurs la renferment comme cas particulier.

Car les plans projetants des points A, B, détachent alors, de PQ, un segment $\alpha\beta$ qui est évidemment, sur ce nouvel axe, la projection orthogonale, tant de $A'B'$, que de AB. On trouvera donc $AB.\cos V = A'B'.\cos V' = \alpha\beta$ **(255)**, puis (11) par division membre à membre.

257. Par définition, *les rapports trigonométriques d'un dièdre nul, aigu, ou droit, sont ceux de son angle plan* **(211)**, **(251, I)**, **(253)**, *et portent les mêmes noms.*

CHAPITRE IX

DÉFINITION DE DIVERSES DISTANCES. — PREMIERS LIEUX
SE RATTACHANT A LEUR CONSIDÉRATION

Distance d'un point à une droite.

258. Dans un même plan donné, OU NOUS RAISONNERONS EXCLUSIVEMENT JUSQU'A LA FIN DU PRÉSENT PARAGRAPHE, soient Ω (*fig.* 72) une droite orientante fixe **(91)**, puis M et $\mathcal{A}$, un point

et une droite quelconques, *mais celle-ci non parallèle à* Ω. Si, par
M, on mène à Ω une parallèle coupant $\mathcal{A}$ en P, le segment MP
est, par définition, la *distance* du point M à la droite $\mathcal{A}$, *d'orientation* Ω, et le point P est le *pied* de cette distance. Cette distance est toujours nulle, quand M est sur $\mathcal{A}$, et réciproquement.

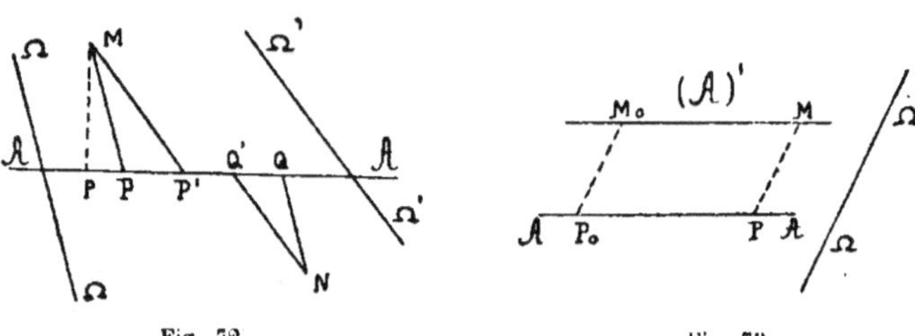

Fig. 72.   Fig. 73.

A une même droite $\mathcal{A}$, *les distance* MP, NQ, ..., *d'une même
orientation* Ω, *des divers points* M, N, ..., *du plan, sont proportionnelles à leurs distances* MP', NQ', ..., *de toute autre orientation* Ω'.

Car les côtés MP, MP', PP' et NQ, NQ', QQ', de triangles tels
que MPP' et NQQ', sont respectivement parallèles, comme l'étant
à Ω, Ω', $\mathcal{A}$; d'où, l'équiangularité de ces triangles (**232**), puis la
proportion MP : MP' $=$ NQ : NQ', (**226**), et toutes les autres ana-
logues.

259. *Dans un demi-plan déterminé* $(\mathcal{A})'$ *d'arête* $\mathcal{A}$ *(fig.* 73*), le
lieu* (**22**) *des points* M, *dont les distances* MP *à* $\mathcal{A}$, *d'une orientation
donnée* Ω, *sont égales à une même longueur donnée d, est une
droite parallèle à* $\mathcal{A}$.

Si $d \neq 0$, soient M_0, M deux points distincts du lieu, le premier
fixe et choisi arbitrairement, le second indéterminé. Les vecteurs $P_0 M_0$, PM étant égaux chacun à d, mutuellement par suite,
et proprement parallèles (**87**), les droites $M_0 M$ et $P_0 P$ c'est-
à-dire $\mathcal{A}$, qui joignent leurs extrémités correspondantes sont
parallèles (**111**); M appartient donc à la droite unique menée
par M_0 parallèlement à $\mathcal{A}$. Inversement, un point quelconque M
de cette parallèle, appartient au lieu (**112, II**).

Si $d = 0$, le lieu est évidemment la droite $\mathcal{A}$, elle-même.

260. *Une droite* $\mathcal{A}$ *(fig.* 74*) divisant le plan en deux demi-plans
opposés* $(\mathcal{A})'$, $(\mathcal{A})''$, *étant elle-même partagée par un point fixe O en
demi-droites opposées correspondantes* $O\alpha'$ $O\alpha''$, *le lieu des points*
M, *dont les distances* MP *à* $\mathcal{A}$, *d'orientation fixe* Ω, *sont proportionnelles à celles* OP *de leurs pieds* P *au point* O, *avec la condition
que* M *soit dans le demi-plan* $(\mathcal{A})'$, *ou* $(\mathcal{A})''$, *selon que* P *se trouve sur
sur* $O\alpha'$, *ou* $O\alpha''$, *est une droite passant par le point* O.

Soient M_0, M' deux points distincts du lieu, autres que O, le premier fixe, l'autre indéterminé dans le demi-plan $\overline{\mathcal{A}} M_0$. Les vecteurs $P_0 M_0$, $P'M'$, parallèles toutes deux à Ω, le sont alors proprement l'un à l'autre, et les angles $OP_0 M_0$, $OP'M'$ sont égaux comme correspondants (**148**).

A cause de la proportion supposée

$$(1) \qquad \frac{M_0 P_0}{OP_0} = \frac{M'P'}{OP'} \, ,$$

les triangles $OP_0 M_0$, $OP'M'$ sont équiangles (**227**). En particulier, leurs angles homologues $P_0 OM_0$, $P'OM'$ sont égaux; et, comme à partir de leur côté commun $OP_0 P'$, ils sont portés dans un même demi-plan, leurs autres côtés OM_0, OM' se confondent.

S'il s'agissait d'un point M'' appartenant au demi-plan opposé à $\overline{\mathcal{A}} M_0$, les angles en P_0, P'' seraient encore égaux, comme alternes-internes ; et la proportion analogue à (1), assurerait comme ci-dessus l'égalité des angles $P_0 OM_0$, $P''OM''$, plaçant la demi-droite OM'' dans le prolongement de OM_0 (**142**, III).

Dans les deux cas, M est donc sur la droite OM_0, dont, inversement, tous les points appartiennent visiblement au lieu.

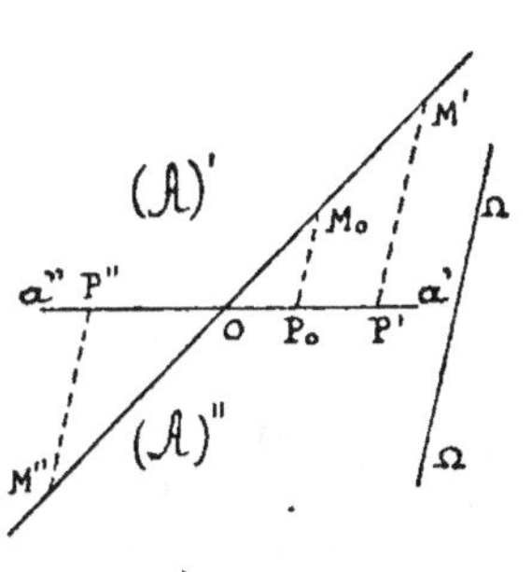

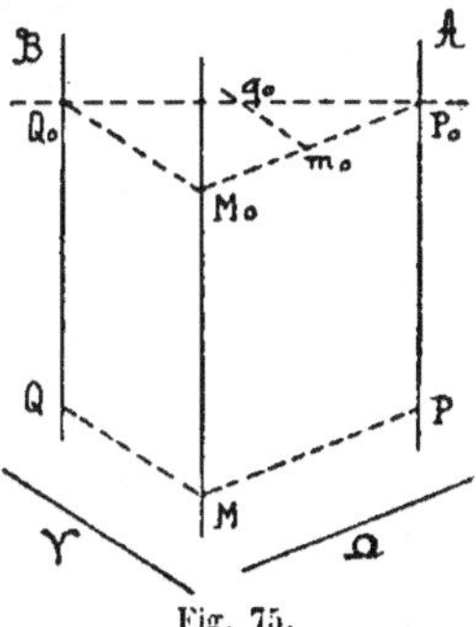

Fig. 74.   Fig. 75.

261. *Nommons* $\mathcal{A}, \mathcal{B}$ *deux droites distinctes fixes,* Ω, Υ *des orientations correspondantes,* a ($\neq 0$), b ($\neq 0$) *des constantes quelconques,* M *un point indéterminé dont les distances* MP, MQ *à* $\mathcal{A}$, $\mathcal{B}$, *parallèles à* Ω, Υ, *demeurent proportionnelles à* a, b.

I. *Si,* $\mathcal{A}$, $\mathcal{B}$ *étant parallèles, on assujettit* M *à tomber sans cesse, soit à l'intérieur de la bande* $\mathcal{A}\mathcal{B}$, *soit à l'extérieur, son lieu est, en général, une droite parallèle à* $\mathcal{A}$, $\mathcal{B}$.

II. *Si,* $\mathcal{A}, \mathcal{B}$ *se coupant en O, on assujettit* M *à tomber à l'intérieur d'une même paire déterminée d'angles opposés au sommet, parmi les quatre jumeaux formés par ces droites, son lieu est toujours une droite issue de O.*

En supposant que le lieu existe, nous considérerons un point fixe M_0 pris à volonté sur lui, et nous raisonnerons comme il suit.

I. 1° Le parallélisme des vecteurs M_0P_0, MP (*fig.* 75) est de même nom que celui de M_0Q_0, MQ. Il est visible, en effet, que tous deux sont propres, quand M_0, M tombent à la fois dans la bande ou dans un de ses prolongements, mais impropres, quand ils sont dans des prolongements différents (**115**, I), (**87**).

2° La droite M_0M ne peut être rencontrée par aucune des proposées $\mathcal{A}$, $\mathcal{B}$. Car, si c'était par la première, en O, on aurait $P_0M_0 : OM_0 = PM : OM$ (**260**), c'est-à-dire $P_0M_0 : PM = OM_0 : OM$; et, en vertu des proportions supposées,

$$(2) \qquad \frac{M_0P_0}{a} = \frac{M_0Q_0}{b}, \qquad \frac{MP}{a} = \frac{MQ}{b},$$

entraînant $M_0P_0 : MP = M_0Q_0 : MQ$ (**118**, III), puis $Q_0M_0 : QM = OM_0 : OM$, équivalant à $Q_0M_0 : OM_0 = QM : OM$, la droite Q_0Q, c'est-à-dire $\mathcal{B}$, passerait aussi par O (**260**), ce que son parallélisme avec $\mathcal{A}$ ne permet pas (**38**, III).

3° Il y a donc parallélisme entre cette droite M_0M et les proposées $\mathcal{A}$, $\mathcal{B}$ (**52**); en suite de quoi, le lieu ne peut être que la parallèle à celles-ci, issue de M_0. Réciproquement, tout point M de cette parallèle appartient au lieu; car il est dans la même région du plan, que M_0 (**78**), et les égalités

$$(3) \qquad MP = M_0P_0, \qquad MQ = M_0Q_0 \qquad (259),$$

donnent, par division membre à membre,

$$\frac{MP}{MQ} = \frac{M_0P_0}{M_0Q_0},$$

d'où la seconde des proportions (2), puisque $M_0P_0 : M_0Q_0 = a : b$.

4° L'existence du lieu est subordonnée ainsi à la découverte d'un seul M_0 de ses points. A cet effet, par un point quelconque P_0 de $\mathcal{A}$ par exemple, on mènera une parallèle à Ω, sur laquelle, à partir de P_0, dans un sens quelconque, on portera un segment P_0m_0 quelconque aussi; par m_0, on mènera à Υ une parallèle sur laquelle, à partir de m_0, on portera un segment $m_0q_0 = (b : a) . m_0P_0$, dans le sens qui place m_0, par rapport à la bande ayant pour côtés $\mathcal{A}$ et sa parallèle issue de q_0, comme M_0 doit l'être par rapport à la bande $\mathcal{A}\mathcal{B}$. On cherchera sur $\mathcal{B}$, la trace Q_0 de P_0q_0, puis, finalement, l'intersection M_0 de P_0m_0 par la parallèle à Υ, issue de Q_0. Quand la droite P_0q_0 est distincte de $\mathcal{A}$, *ce qui arrive toujours dans le cas où M doit être intérieur à la bande $\mathcal{A}\mathcal{B}$*, elle coupe $\mathcal{B}$; d'où, l'existence des points Q_0, M_0, puis du lieu cherché. Mais tout disparaît, quand elle se confond avec $\mathcal{A}$.

Si les orientations données Ω, Υ sont identiques, q_0 est sur la droite $P_0 m_0$ parallèle à toutes deux, et, par là, coupant forcément $\mathfrak{B}$ aussi, en quelque point Q_0. Pour M_0, il faut prendre alors le point qui divise le segment $P_0 Q_0$ dans le rapport $a : b$, intérieurement ou extérieurement selon la condition topographique de l'énoncé (**128**, III). Sous la première condition, le lieu existe toujours ; sous la seconde, il disparaît quand $a : b$ est $= 1$.

II. 1º (*fig.* 76). Même constatation préliminaire que tout à l'heure (I, 1º).

2º La droite $M_0 M$ est rencontrée par chacune des proposées $\mathcal{A}$, $\mathfrak{B}$, et cela en leur point d'intersection O. Car, ne pouvant être parallèle à toutes deux à la fois, elle est coupée par l'une en quelque point où l'autre passera également, ceci résultant du raisonnement de l'alinéa I (2º), recommencé à ce point de vue.

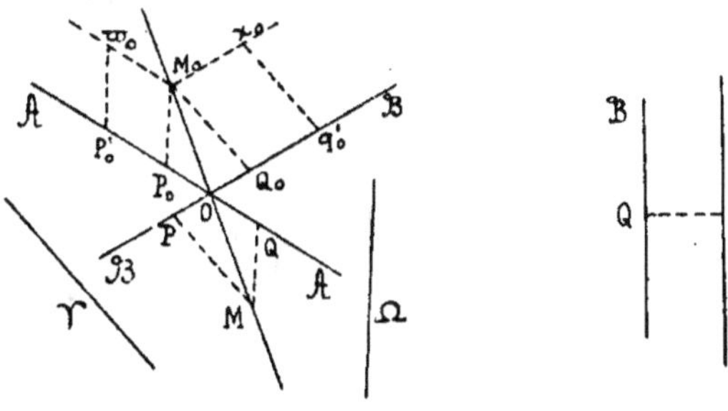

Fig. 76.   Fig. 77.

3º Le lieu ne peut donc être que la droite OM_0, dont, réciproquement tous les points lui appartiendront. Même raisonnement que ci-dessus (I, 3º), à la substitution près, aux égalités (3), des proportions

$$\frac{MP}{OM} = \frac{M_0 P_0}{OM_0}, \qquad \frac{MQ}{OM} = \frac{M_0 Q_0}{OM_0} \qquad (260).$$

4º Le même procédé (I, 4º) fournira un premier point M_0 du lieu, à joindre à O pour avoir celui-ci ; et on constatera facilement l'absence, ici, de toute impossibilité. Mais il est plus expéditif de mener des parallèles à Ω, Υ par des points quelconques p'_0, q'_0 de $\mathcal{A}$, $\mathfrak{B}$, de porter sur elles à partir de ces points, dans des sens convenables, des segments $p'_0 \varpi_0$, $q'_0 \chi_0$ proportionnels à a, b, de prendre enfin pour M_0, l'intersection des parallèles menées à $\mathcal{A}$, $\mathfrak{B}$, par ϖ_0, χ_0.

262. Le cas où *la totalité du plan est rendue accessible au point* M du numéro précédent, comporte des observations évidentes.

Quand les droites $\mathcal{A}$, $\mathfrak{B}$ sont parallèles, le lieu se compose de *deux* droites parallèles à leur orientation : l'une est intérieure à la bande $\mathcal{A}\mathcal{B}$, existant toujours ; l'autre lui est extérieure, mais disparaissant pour certaines relations entre les données.

Quand elles se coupent, le lieu se compose également de *deux* droites existant toujours : toutes deux passent par leur intersection O, situées respectivement dans les deux paires formées par leurs angles opposés au sommet.

263. La distance MP définie au n⁰ **258**, est *oblique* ou *orthogonale*, selon que son orientation est placée d'une manière ou de l'autre, relativement à $\mathcal{A}$ (**200**).

D'un même point M (*fig.* 72), *à une même droite* $\mathcal{A}$, *la distance orthogonale* Mp *est inférieure à toute distance oblique* MP ; *et, entre deux de ces dernières,* MP, MP′, *chacune des relations alternatives dans l'un des groupes*

$$ pP \gtreqless pP', \qquad MP \gtreqless MP', $$

entraine sa correspondante dans l'autre groupe.

Les triangles MpP, MpP′, rectangles en *p*, donnent effectivement

$$ \overline{MP}^2 = \overline{Mp}^2 + \overline{pP}^2, \qquad \overline{MP'}^2 = \overline{Mp}^2 + \overline{pP'}^2 \quad (\mathbf{240}). $$

Cette moindre longueur de la distance orthogonale, la rend particulièrement remarquable entre toutes, et lui a fait prendre le nom de *distance* proprement dite, quand il n'y a aucune confusion à craindre.

264. *Le lieu des points* M, *dont chacun est équidistant de deux droites données* $\mathcal{A}$, $\mathcal{B}$ (**263**), *intérieur en outre, quand elles se coupent, à une paire déterminée de leurs angles opposés au sommet, est une droite qui divise en deux parties égales, soit la bande* $\mathcal{A}\mathcal{B}$, *soit chacun des angles de la paire considérée.*

I. La première partie de ce théorème n'est que celui du n⁰ **261**, pour le cas où les orientations Ω, Υ sont orthogonales à $\mathcal{A}$, $\mathcal{B}$, avec l'égalité $a = b$. Si, d'ailleurs, $\mathcal{A}$, $\mathcal{B}$ sont parallèles, les distances MP, MQ sont placées sur une même perpendiculaire à toutes deux, et leur égalité impose visiblement au point M la condition d'être intérieur à leur bande, ce qui assure l'existence du lieu.

II. S'il s'agit des côtés d'une bande (*fig.* 77), le point M est le milieu du segment PQ (I) ; le lieu β fend donc aussi la bande $\mathcal{A}\mathcal{B}$ en deux parties égales (**119**).

Il est la *bissectrice* de la bande. Pour en obtenir un point, il suffit ainsi de prendre le milieu M du segment PQ découpé par la bande sur une sécante perpendiculaire à ses côtés, ou même oblique (*Ib.*).

III. S'il s'agit des côtés d'une paire d'angles opposés au sommet, a_1Ob_1, a_2Ob_2 (*fig.* 78), les triangles MPO, MQO sont égaux, comme rectangles en P, Q, avec MP $=$ MQ, et OM commun (**243**); d'où, angle $MOa_1 =$ angle MOb_1.

On nomme *bissectrice* de l'un des angles a_1Ob_1, a_2Ob_2, parfois le lieu $\beta_1MO\beta_2$ tout entier, ou bien, plus précisément, celle de ses demi-droites $O\beta_1$, $O\beta_2$ qui est intérieure à cet angle.

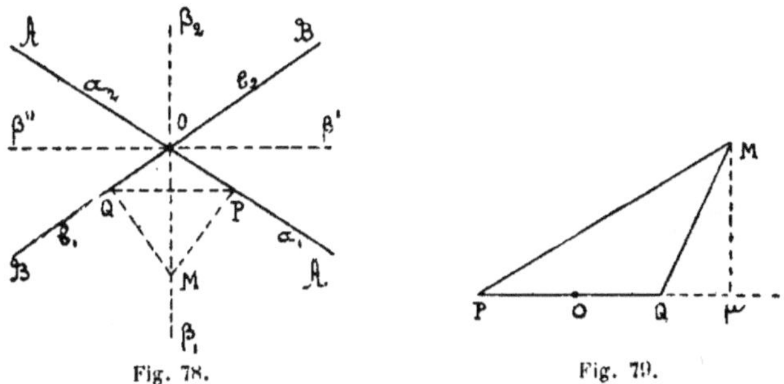

Fig. 78.   Fig. 79.

L'égalité des mêmes triangles MPO, MQO entraînant encore OP $=$ OQ, POQ est un triangle isocèle, et la droite $\beta_1\beta_2$ qui divise son angle O en deux parties égales est perpendiculaire à sa base PQ (**234**). D'où, un autre tracé de la bissectrice par l'abaissement, de O, de la perpendiculaire $O\beta_1$ sur la droite PQ joignant les extrémités de deux segments, d'une même longueur quelconque, portés à partir de O sur les deux côtés de l'angle.

Un tracé plus expéditif et plus précis est fourni par un artifice presque évident : on porte deux mêmes segments inégaux quelconques, d'abord en Oa', Oa'' sur Oa_1, puis en Ob', Ob'' sur Ob_1, et on joint à O, l'intersection des droites $a'b''$, $a''b'$.

265. Le lieu des points *quelconques* du plan, dont chacun est équidistant de deux droites $\mathcal{A}$, $\mathcal{B}$ concourant en O (*fig.* 78), se compose (**264**) de la bissectrice $\beta_1\beta_2$ d'une paire a_1Ob_1, a_2Ob_2 de leurs angles opposés au sommet, et de celle $\beta'\beta''$ de l'autre paire a_1Ob_2, a_2Ob_1, dite fréquemment la *bissectrice extérieure* de l'angle a_1Ob_1 (ou a_2Ob_2) (*Cf.* **262**).

Il est à remarquer que *ces deux bissectrices sont en perpendicularité mutuelle*. Car on a, non seulement $\beta_1Oa_1 = \beta_1Ob_1$, mais encore $a_1O\beta' = b_1O\beta''$, ce dernier angle étant l'opposé au sommet de $b_2O\beta'$ l'égal du premier. D'où, par addition membre à membre, $\beta_1O\beta' = \beta_1O\beta''$, puis la perpendicularité en question, puisque ces angles sont opposés par un côté commun $O\beta_1$ (**187**).

Distance d'un point à un plan.

266. La substitution d'un plan, à la droite $\mathcal{A}$ du n° **258**, procure la définition de la *distance* MP d'un point M de l'espace à ce plan, *d'orientation donnée* Ω, celle du *pied* P de cette distance ; et la proportionnalité constatée aussitôt subsiste. Effectivement, il y a encore parallélisme entre les droites PP′, QQ′ tracées par les plans PMP′, QMQ′, qui sont parallèles (**45**, II), sur un même plan $\mathcal{A}$ (**68**).

A ces nouveaux objets, s'étendent bien facilement les propositions des n°s **259**, **260**, à cela près : *que les lieux sont maintenant des plans, le premier parallèle au plan $\mathcal{A}$; que le second passe par une droite $\mathcal{O}$ de ce plan, à substituer au point unique O dont il était question, et que les segments OP doivent être remplacés, par les distances des pieds P à la droite $\mathcal{O}$, d'orientation fixe Δ donnée dans le plan $\mathcal{A}$.*

267. *Pour deux plans distincts, et le mur, ou paire de dièdres opposés à l'arête, dont ils fournissent les faces, le théorème du n° **261** subsiste, en ce sens que le lieu est alors un plan, tantôt parallèles aux proposés, tantôt passant aussi par leur intersection.* Car on prouvera bien facilement par les mêmes moyens : que la droite M_0M de deux points quelconques du lieu, est parallèle aux plans donnés, quand ils le sont mutuellement (**44**) ; qu'elle rencontre leur intersection, ou lui est parallèle, quand cette intersection existe (**74**, II).

Le pendant, pour l'espace, du théorème du n° **262** dans un plan, s'aperçoit avec une facilité rendant tout développement inutile.

268. Les distances *orthogonale* et *obliques* d'un point à un plan, se définissent comme celles à une droite (**263**), et sont dans les mêmes relations de grandeur. La première, la moindre de toutes, est encore la *distance* proprement dite.

269. *Pour deux plans, le lieu du n° **264** devient un plan partageant en deux parties égales, soit leur mur, soit la paire considérée de leurs dièdres opposés par leur intersection.* La démonstration est la même, sauf, dans le second cas, quelque intervention de l'angle plan de l'un des dièdres en question (**211** *et suiv.*).

Ce lieu est le plan *bissecteur*, soit du mur (même construction), soit de l'un ou l'autre des dièdres considérés (construction revenant à celle de la bissectrice de l'un des angles plans).

On constatera facilement que : I. *Le bissecteur d'un dièdre est le lieu des droites rencontrant son arête, dont chacune fait des angles égaux avec ses faces* (**206**); II. *La section du bissecteur par tout plan à lui perpendiculaire, est la bissectrice des traces de celui-ci sur les faces du dièdre.*

Pour deux plans se rencontrant, le lieu plus général du n° **265** *devient l'ensemble des plans bissecteurs de leurs deux paires de dièdres, plans encore en perpendicularité mutuelle.*

270. *Si les points dont les lieux ont été mentionnés dans le présent paragraphe, étaient assujettis en outre à être situés sur un plan fixe donné* $\mathcal{P}$, *leurs nouveaux lieux s'obtiendraient évidemment en prenant les traces sur ce plan* $\mathcal{P}$, *de ceux trouvés pour lieux en l'absence de cette condition additionnelle. En cas de parallélisme, ces nouveaux lieux n'existeraient pas, ou, tout au moins, se restreindraient.*

Distance de deux droites, plans, parallèles, de deux droites non parallèles.

271. *La longueur uniforme des segments* $\varpi_1\varpi_2$, ... *découpés par une paire de droites parallèles* (**184**), (**115**, II), *ou de plans parallèles* (**167**), (**120**), *ou encore par une droite et un plan parallèles* (**169**, I), (**74**, I), (**67**), (**115**, II), *sur les droites perpendiculaires aux deux objets dans chaque assemblage, est inférieure à celle de tout segment* $\omega_1\omega_2$ *intercepté sur une sécante commune oblique.* Car, sur une parallèle menée de ϖ_1, par exemple, à $\omega_1\omega_2$, les deux figures découpent un segment $\varpi_1\omega'_2$, égal à $\omega_1\omega_2$. Or, $\varpi_1\varpi_2$, $\varpi_1\omega'_2$ sont deux distances du même point ϖ_1 à la seconde figure, mais l'une orthogonale, l'autre oblique (**263**), (**268**).

Cette longueur minimum des segments doublement perpendiculaires, se nomme, en conséquence, la *distance* des figures parallèles considérées. Quand ces dernières sont deux droites ou deux plans, leur distance est la largeur de la bande ou l'épaisseur du mur, limités par elles (**216**).

✲ **272.** Pour deux droites D,E non parallèles, la distance *mn* de deux points quelconques pris sur elles, est aussi bien celle de certains points pris sur les plans menés par chacune parallèlement à l'autre (**72**). Ces plans étant en parallélisme mutuel (**71**), *cette distance est inférieure à toutes autres, quand mn appartient à la perpendiculaire commune unique à* D,E (**186**), puisque celle-ci est perpendiculaire aussi aux deux plans parallèles considérés (**178**), (**271**).

C'est, par définition, la *distance* des deux droites considérées, nulle quand elles sont dans un même plan.

273. *Quand une ligne brisée* **(217)** *n'a pas tous ses côtés parallèles à un axe, sa projection orthogonale* **(173)** *lui est inférieure en longueur.*

Si la ligne ne se compose que d'un seul côté AB non parallèle à l'axe, le segment AB et sa projection A'B' sont, l'un oblique, l'autre perpendiculaire, aux plans projetants de A,B, qui sont parallèles ; d'où A'B' $<$ AB **(271)**.

✻ [Une forme tant soit peu différente, pour ce raisonnement, dériverait du nº **255** : on a effectivement A'B' $=$ AB cos V, avec cos V $<$ 1 si V $\neq$ 0 **(251, II)**.]

Cette conclusion s'étend immédiatement à un nombre quelconque de côtés, *la projection d'une ligne brisée étant, par définition, la somme de celles de ses côtés.*

274. *La longueur d'un segment rectiligne* AB, *est inférieure à celle de toute ligne brisée* (AB) *de mêmes extrémités, celle-ci ne dégénérant pas toutefois en un assemblage de fragments du segment considéré.*

Tout point M' du segment, est la projection orthogonale de quelque point de la ligne ; car, si le plan perpendiculaire à AB en M' ne rencontrait pas (AB), tous les sommets de cette ligne seraient d'un même côté de lui **(78)**, ce qui n'a pas lieu pour A,B. En d'autres termes, la projection (AB)' de (AB), couvre au moins le segment AB; d'où AB $\leqq$ (AB)', puis AB $<$ (AB), à cause de (AB)' $<$ (AB) **(273)**.

Points dont les carrés des distances à deux points fixes sont dans une différence constante.

275. *Deux points fixes distincts* P,Q *(fig.* 79) *étant donnés arbitrairement, ainsi qu'une quantité constante* $\mathfrak{C}$, *le lieu des points* M *de l'espace, pour lesquels on a*

$$(1)\qquad\qquad \overline{MP}^2 - \overline{MQ}^2 = \mathfrak{C},$$

est un plan perpendiculaire sur la droite PQ

La condition (1) assujettissant MQ à être $\leqq$ MP, le triangle MPQ donne lieu à la relation

$$\overline{MQ}^2 = \overline{MP}^2 + \overline{PQ}^2 - 2PQ.P\mu \qquad (237);$$

son angle en P est aigu **(238)**, et, par suite, Pμ, projection de PM, a la direction de PQ **(224, II)**.

Cette égalité peut s'écrire 2PQ. P$\mu = (\overline{MP}^2 - \overline{MQ}^2) + \overline{PQ}^2$, ou bien, en tenant compte de (1),

$$2PQ.P\mu = \mathfrak{C} + \overline{PQ}^2 ;$$

et l'on tire de celle-ci

$$(2) \qquad P\mu = \frac{\mathcal{C} + \overline{PQ}^2}{2PQ},$$

montrant que $P\mu$ est, quel que soit M, un segment de longueur constante, porté sur la droite PQ, à partir de P, dans la direction invariable PQ.

Le point μ est donc fixe; et, comme il est ainsi, sur la droite PQ, la projection orthogonale unique de tous les points M, ceux-ci se trouvent bien sur le plan perpendiculaire $\mathfrak{M}$ élevé en μ sur PQ. On s'assurera bien facilement, d'ailleurs, que tous les points de ce plan appartiennent au lieu.

Quant $\mathcal{C}$ est $= 0$, la formule (2) donne

$$P\mu = \frac{\overline{PQ}^2}{2PQ} = \frac{PQ}{2},$$

plaçant ainsi le pied du plan $\mathfrak{M}$ en O milieu du segment PQ.

Comme alors, la condition (1) équivaut à $MP = MQ$, *le lieu des points dont chacun est équidistant de deux points fixes donnés, est le plan perpendiculaire à leur distance, en son point milieu.* [Conclusion pouvant se tirer immédiatement de ce que le triangle PMQ est alors isocèle (**234**).]

276. *Le lieu de pareils points sur un plan donné* $\mathfrak{P}$, *est évidemment* (quand il existe), *la droite* m, *trace du précédent* $\mathfrak{M}$ *sur ce plan* $\mathfrak{P}$ (*Cf.* **270**).

D'où, en faisant passer $\mathfrak{P}$ par la droite PQ : *Dans un plan, le lieu des points M dont les carrés des distances à deux points fixes P, Q, offrent une différence constante, est une droite perpendiculaire sur PQ ; son pied se trouve au milieu de ce segment, quand on doit avoir $MP = MQ$.*

CHAPITRE X

AIRES PLANES POLYGONALES

Généralités.

277. D'ICI A LA FIN DU NUMÉRO SUIVANT (**278**), NOUS NE CONSIDÉRERONS QUE DES FIGURES SITUÉES DANS UN MÊME PLAN DONNÉ.

I. Dans tout triangle (déchevêtré) ABC (*fig.* 80), les trois demi-plans $\overline{BCA}$, $\overline{CAB}$, $\overline{ABC}$, menés des côtés aux sommets opposés, sont déterminés, et la région du plan qui leur est commune, aux intérieurs des trois angles par suite (**133**, I), est l'*intérieur* ou *aire* du triangle, comprenant les côtés (cette région est ombrée sur notre figure) ; le surplus du plan en est l'*extérieur*.

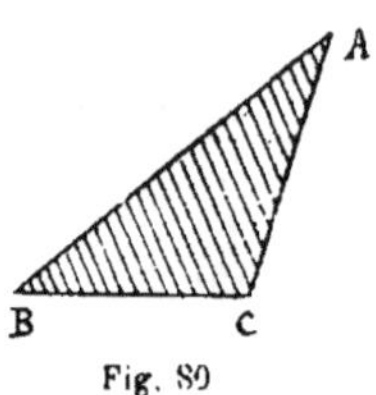

Fig. 80

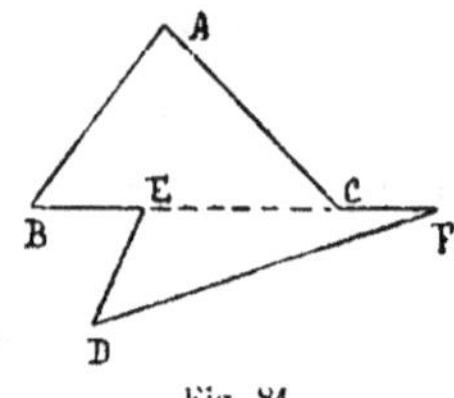

Fig. 81.

II. Deux triangles ABC, DEF sont *contigus*, quand un côté BC de l'un et un EF de l'autre, ont en commun quelque fragment non nul CE, tant du premier, que du second. Leur contiguïté est, *extérieure* si les demi-plans $\overline{BCEFA}$, $\overline{BCEFD}$ sont *opposés* (*fig.* 81), *intérieure* s'ils sont identiques (*fig.* 82). Dans le premier cas, aucun point du plan, sauf ceux de la *soudure* CE, ne peut appartenir à la fois aux aires des deux triangles ; dans le second, ces aires ont une région commune (ombrée sur notre figure). Il est évident qu'*on peut d'une infinité de manières placer deux triangles en contiguïté, extérieure ou intérieure à volonté.*

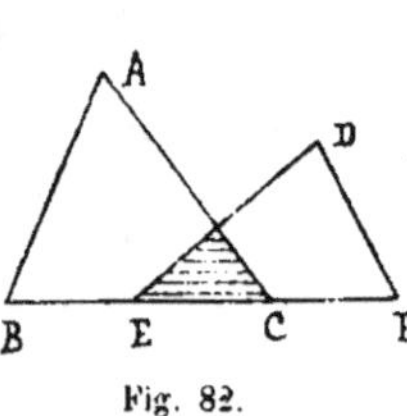

Fig. 82.

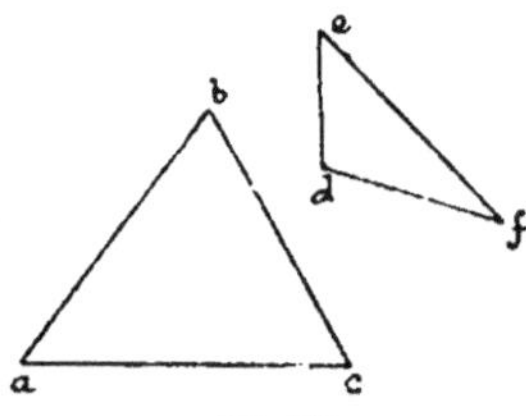

Fig. 83.

Deux triangles sont *extérieurs l'un à l'autre*, si leurs aires n'ont aucun point intérieur commun, sauf ceux de leur soudure en cas de contiguïté extérieure. Ex. : *abc*, *def* (*fig.* 83), ABC, DEF (*fig.* 81)

III. Quand la disposition relative de plusieurs triangles est telle, que chacun d'eux est contigu extérieurement à un voisin au moins (II), sans qu'aucun point de son aire appartienne à celle d'un autre à moins d'être situé sur quelque soudure, la suppression, dans les périmètres de ces triangles, de tous leurs fragments jouant le rôle de soudures, n'en laisse évidemment subsister que des segments assemblés, soit en un polygone déchevêtré (**218**), soit en plusieurs dont deux quelconques n'ont aucun point commun.

On donne alors le nom de *contour polygonal* (*simple* ou *com-*

posé), à ce polygone unique (ou à l'ensemble de tous), et celui d'*aire* délimitée par ce contour, à la figure formée par la solidarisation de celles de tous ces triangles.

L'*intérieur* de cette aire contient tous les points du plan qui sont intérieurs à quelqu'un des triangles, sans distinction; l'*extérieur* comprend les autres, extérieurs à tous les triangles.

IV. *Inversement, le périmètre de tout polygone (plan) déchevêtré peut être régénéré par quelque opération du genre ci-dessus* (III). *Cela est même réalisable d'une infinité de manières ; mais la qualification d'intérieur ou d'extérieur, à donner chaque fois à un même point du plan, demeure invariable.*

D'où la notion d'une *aire plane polygonale*, de sa *décomposition* indéterminée en triangles assemblés comme nous l'avons expliqué, celle de son *intérieur*, de son *extérieur*.

V. *La décomposition d'une aire polygonale en triangles peut être exécutée de manière que ceux-ci n'aient pour sommets que ceux mêmes de son contour, c'est-à-dire par des diagonales* (**217**). La *fig.* 84 en montre un exemple.

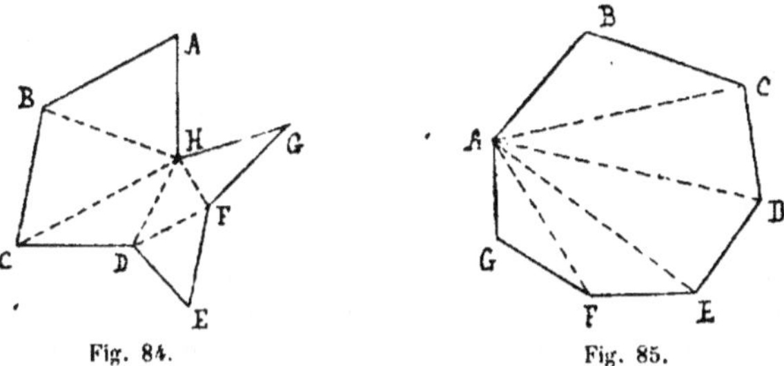

Fig. 84.   Fig. 85.

Ceci est surtout visible pour un polygone *convexe*, tel que ABCDEFGA (*fig.* 85), c'est-à-dire dont chaque côté, comme dans un triangle, appartient à l'arête d'un demi-plan contenant tous les sommets autres que les extrémités de ce côté, dont l'aire est visiblement la région commune à tous les demi-plans déterminés chacun, par un côté (prolongé) et les sommets non situés sur celui-ci. *La décomposition spéciale en question peut être opérée par les diagonales issues d'un même sommet quelconque* A.

278. I. Si l'on peut obtenir un autre contour encore déchevêtré, en juxtaposant deux aires polygonales dans un même plan, de manière qu'elles soient contiguës par quelque ligne brisée commune à leurs périmètres, et que, sauf les points de cette ligne, ceux de chacune des aires soient extérieurs à l'autre, puis en supprimant la soudure, l'aire délimitée par le nouveau contour est, par définition, la *somme* (géométrique) des aires considérées. Par exemple, les aires limitées par les contours APHQA, BQHPB (*fig.* 86), ont pour somme celle dont APBQA est le périmètre.

En construisant ainsi la somme de deux aires polygonales, puis celle de cette première somme et d'une troisième aire, et ainsi de suite, on formera la *somme* (géométrique) de toutes les aires données.

II. Inversement, on *divisera* (géométriquement) une aire polygonale en deux autres, en marquant sur son contour deux points distincts P, Q (*fig.* 86), partageant celui-ci en deux lignes brisées PAQ, QBP, en traçant de P à Q, à l'intérieur de l'aire, quelque ligne brisée PHQ, déchevêtrée et n'ayant sur le contour que ses extrémités P, Q, en dédoublant cette ligne pour former avec PAQ et QBP les deux contours déchevêtrés PAQHP, PHQBP, en prenant enfin les aires de ces deux derniers polygones.

Pour diviser la même aire en un nombre quelconque de parties, on répétera l'opération ci-dessus, sur les aires partielles antérieurement obtenues, ou sur une seule, puis sur les aires partielles nées de cette seconde division, et ainsi de suite.

III. Si deux aires polygonales $\mathcal{A}$, $\mathcal{B}$ peuvent être juxtaposées comme au commencement de l'alinéa I, à cela près, que les points de $\mathcal{B}$ soient maintenant tous intérieurs à $\mathcal{A}$, l'aire résultante $\mathcal{C}$ est l'*excès* (géométrique) de $\mathcal{A}$ sur $\mathcal{B}$, la *différence* entre l'une et l'autre. L'aire $\mathcal{A}$ est évidemment la somme (géométrique) de $\mathcal{B}$ et de $\mathcal{C}$.

En même temps, on dit l'aire $\mathcal{A}$, *plus grande que* $\mathcal{B}$, celle-ci *plus petite que* $\mathcal{A}$.

279. Le *rapport* de deux aires polygonales données A, B, est un nombre se définissant comme il suit (*Cf.* **97**, ...).

1° Quand il se trouve que A peut être considérée comme la somme de m aires chacune égale à B (**278**, I), le rapport de A à B est l'entier m.

2° Quand A et B peuvent être considérées comme les sommes de m et n aires toutes égales entre elles, leur rapport est la fraction $m : n$.

3° Dans **tout** autre cas, il est possible de construire des aires variables A′, B′, dont le rapport soit définissable comme ci-dessus (1°, 2°), et dont les différences à A, B (**278**, III) soient toutes deux infiniment petites (**374**, *inf.*). Le rapport variable de A′ à B′ tend alors vers une certaine limite qui ne dépend pas de la nature du procédé employé, et dont la valeur est le rapport de A à B.

280. Les rapports de plusieurs aires à une même d'entre elles choisie pour *unité*, sont leurs *mesures* (quelquefois leurs *surfaces*), et, à ce propos, il y a à réitérer textuellement les observations faites aux nᵒˢ **98**, **99**, et autres, où il s'agissait de segments rectilignes, bandes, murs, angles rectilignes ou dièdres.

Une dissemblance essentielle est toutefois à noter : dans chacune de ces dernières espèces de grandeurs, l'addition, la soustraction géométriques, donnent un résultat dont la *forme*, autant que la *mesure*, est indépendante du mode opératoire. Pour des aires polygonales au contraire, la mesure du résultat est bien constante, mais sa forme est variable à l'infini.

Quand deux aires ont ainsi même mesure, sans être superposables, on les dit *équivalentes*.

281. Pour l'angle *intérieur* de sommet quelconque, A, d'un polygone plan déchevêtré, l'ambiguïté laissée par la définition du n° **217** se lève ainsi : *on prend celui, tantôt saillant, tantôt rentrant, des deux angles replémentaires compris entre les côtés issus de A, dont le tout, ou quelque partie, est un angle de même sommet appartenant à quelqu'un des triangles élémentaires considérés* au n° **277**, IV. Pour un polygone convexe (*Ib.* V), on ne trouve visiblement ainsi, que des angles saillants.

I. *La somme des angles intérieurs d'un polygone plan (déchevêtré) de N côtés, est égale à* $(N - 2)$ *neutres (Cf.* **222**).

1° *Si le fait en question a été établi pour tous les polygones de moins de N côtés, il est vrai aussi pour un polygone de N côtés.*

Sur un polygone de $N > 3$ côtés (*fig.* 84), exécutons la décomposition par diagonales mentionnée au n° **277**, V, puis, par une quelconque DH de ces diagonales, divisons-le en deux autres DCBAHD, DEFGHD (**278**, II), ayant p (>1) et q (>1) côtés empruntés au proposé, $p+1$ et $q+1$ au total puisque la diagonale en a fourni un à chacun. Comme évidemment $p+1$ et $q+1$ sont tous deux inférieurs à N, les sommes des angles de ces polygones sont par hypothèse $(p+1-2)$ neutres $=(p-1)$ neutres et $(q-1)$ neutres ; et la somme de ces deux sommes, qui reproduit visiblement celle des angles du polygone donné, a bien pour valeur un nombre de neutres égal à $(p-1) + (q-1) = N-2$, puisque $p+q = N$.

2° Or, le fait en question est vrai pour $N = 3$, puisqu'on a alors un triangle, pour lequel $N-2$ est 1, et dont la somme des angles est 1 neutre (**222**) ; donc il l'est aussi pour les polygones de 4 côtés (1°), puis de 5, de 6, ..., et ainsi de suite, indéfiniment.

❋ II. *Dans tout polygone plan convexe* (**277**, V), *la somme des angles extérieurs* (**217**) *est égale à un replet (Cf.* **223**, II).

Comme chaque angle intérieur est saillant (*Sup.*), l'angle extérieur de même sommet est son supplément. Si donc on représente, par N le nombre des côtés, par $A_1, A_2, ...,$ A_N les amplitudes des angles intérieurs, la somme des angles extérieurs sera bien

$$(\mathcal{H} - A_1) + (\mathcal{H} - A_2) + ... (\mathcal{H} - A_N) = N\mathcal{H} - (A_1 + A_2 + ... + A_N)$$
$$= N\mathcal{H} - (N-2)\mathcal{H} = 2\mathcal{H} = \mathcal{R} \text{ (I)}.$$

Comparaison des aires des triangles.

282. Nous devons commencer par les deux lemmes suivants.

I. Quand deux bandes $\mathcal{SS}'$, $\mathcal{AB}$ (*fig.* 87) ne sont pas parallèles, leurs intérieurs ont visiblement en commun l'aire d'un quadrilatère déchevêtré $abb'a'a$ appartenant à l'espèce des *parallélogrammes* (**286**, III, *inf.*). Et, pour des parallélogrammes découpés ainsi dans une même bande $\mathcal{SS}'$, par d'autres $\mathcal{AB}$, $\mathcal{CD}$, ... toutes parallèles entre elles mais non à celle-ci, nous donnerons un instant le nom de *cotes*, aux segments correspondants ab, cd, ... découpés simultanément sur un des côtés de $\mathcal{SS}'$, par $\mathcal{AB}$, $\mathcal{CD}$, ... respectivement.

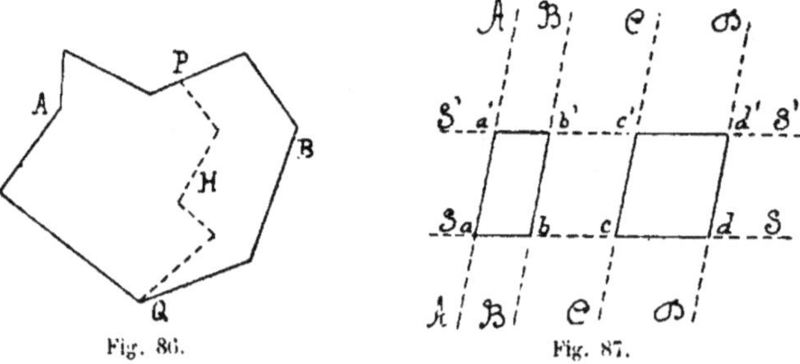

Cela posé, *les aires de ces parallélogrammes sont proportionnelles à leurs cotes*. La démonstration se fait exactement comme celle du n° **119** pour des bandes parallèles découpant des segments sur une même droite.

II. Etant donnés dans un même plan, deux droites fixes non parallèles X, Y (*fig.* 88) et un segment quelconque pp', nous représenterons par $[pp']$ le parallélogramme $pp_1p'p'_1$ déterminé par les deux bandes $\overline{pp_1p'_1p'}$, $\overline{pp'_1p_1p'}$, dont les côtés sont issus de p, p', parallèlement à Y, X (I).

Cela posé, *si après avoir décomposé en parties quelconques, ..., pp', ..., un segment fixe AB, et après avoir construit sur elles les parallélogrammes..., $[pp']$, ..., on vient à faire varier le mode de décomposition, de telle sorte que, chaque fois, tous les fragments ..., pp', ... soient inférieurs à quelque segment infiniment petit ε (**374**, inf.), la somme variable $\Sigma[pp']$ des aires de tous les parallélogrammes considérés ..., $[pp']$, ... est infiniment petite aussi.*

283. *Quand des triangles OPQ, ORS, ... (fig. 89) ont un même point O pour sommet, avec des côtés opposés PQ, RS, ... empruntés*

à une même droite Y, *leurs aires* A, B, ... *sont proportionnelles à
ces côtés* (**279**), (**280**).

I. *Quand un segment variable* mm', *demeurant toutefois sur une
droite fixe, est toujours inférieur à une quantité infiniment petite* ε,
sa projection pp', *faite sur une autre droite fixe par des plans projetants d'une orientation fixe encore, reste inférieure aussi à quelque
quantité infiniment petite* η.

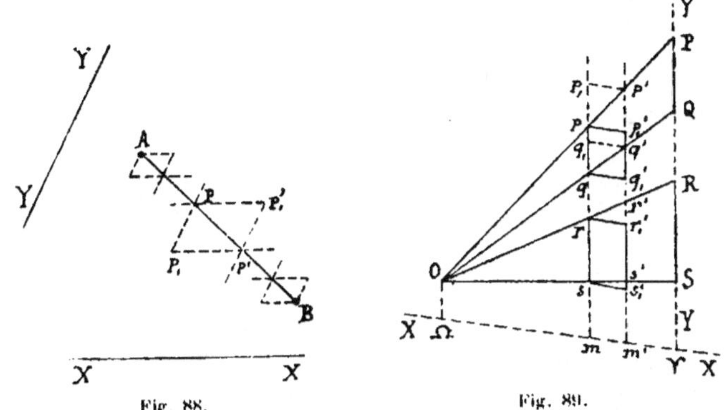

Fig. 88.   Fig. 89.

En appelant r quelque nombre invariable, on a sans cesse
$pp' = r.mm'$ (**131**), avec $mm' < \varepsilon$ par hypothèse ; il vient donc
immédiatement $pp' < r\varepsilon$ quantité infiniment petite comme son
facteur ε.

II. Soient ι la trace de Y sur quelque autre droite X non
parallèle, fixe en outre, et Ω la projection du point O faite sur X
parallèlement à Y ; faisons une division du segment ΩY en
d'autres ..., mm', ... tous inférieurs à quelque même quantité infiniment petite ε, et, par des bandes issues de ..., mm', ... parallèlement à Y, découpons le segment OP en d'autres correspondants
..., pp', ..., le segment OQ pareillement en ..., qq', etc. Les
mêmes bandes décomposent l'aire du triangle OPQ, par exemple,
en quadrilatères irréguliers ..., $pqp'q'$, ... [ce sont des *trapèzes*
(**286**, II, *inf.*)], que nous remplacerons par les parallélogrammes
..., $pqp'_1q'_1$, ... (**282**, I) obtenus en recoupant ces bandes par
d'autres issues des segments ..., pq, ... parallèlement à X

La somme A' *de ces parallélogrammes, ne reproduit pas l'aire* A
du triangle OPQ (elle varie progressivement), *mais elle a cette
aire pour limite.* Car la différence entre le trapèze $pqp'q'$ et le
parallélogramme $pqp'_1q'_1$ ne pouvant visiblement surpasser la
somme des deux parallélogrammes $[pp']$, $[qq']$ (*Ib.* II), celle
entre A et A' est inférieure, égale au plus, à $\Sigma[pp'] + \Sigma[qq']$, ces
deux sommes étant afférentes aux segments invariables OP, OQ
(*loc. cit.*). Or $\Sigma[pp']$, $\Sigma[qq']$ sont des quantités infiniment petites,

parce que les segments ..., pp', ..., projections de ..., mm', ... tous inférieurs à une même quantité infiniment petite ε, jouissent de pareille propriété (I) appartenant à ..., qq', ... pour la même raison.

III. *Les aires variables* A′, B′, *construites ainsi pour deux quelconques des triangles considérés,* OPQ, ORS, *demeurent proportionnelles aux côtés* PQ, RS *de ceux-ci, qui sont sur la droite* Y.

1° *Sur toute parallèle à* Y, *les angles en* O *de ces triangles découpent des segments* pq, rs, *qui sont proportionnels à* PQ, RS.

Les segments qp, qr étant les distances, d'orientations Y, Y, aux droites OP, OR, du point q se déplaçant sur OQ issue aussi de l'intersection O de celles-ci, on a (**261**, II)

$$\frac{qp}{QP} = \frac{qr}{QR}, \text{ puis, pareillement, } \frac{rq}{RQ} = \frac{rs}{RS},$$

d'où

$$\frac{pq}{PQ} = \frac{rs}{RS}.$$

2° *Dans toute bande issue d'un segment* mm' *parallèlement à* Y, *les aires* $\{pq\}$, $\{rs\}$ *des parallélogrammes découpés par les bandes issues des segments* pq, rs *parallèlement à* X, *demeurent proportionnelles à* PQ, RS. Car ces aires sont proportionnelles aux cotes pq, rs de ces parallélogrammes (**282**, I), qui le sont à PQ, RS (1°), (**118**, III).

3° En ajoutant maintenant, membre à membre, les égalités

$$\dots, \frac{\{pq\}}{PQ} = \frac{\{rs\}}{RS}, \dots,$$

dans toutes lesquelles figurent les mêmes dénominateurs PQ, RS, il vient bien

$$\frac{A'}{PQ} = \frac{B'}{RS}.$$

IV. Cette proportion continuelle $A' : B' = PQ : RS$, assure au rapport variable $A' : B'$ la propriété d'avoir pour limite le rapport invariable $PQ : RS$ (**375**, *inf.*). D'autre part, cette limite est le rapport $A : B$ des aires des triangles considérés OPQ, ORS (**279**, 3°). On a donc $A : B = PQ : RS$, puis de même $A : C = PQ : TU$, ..., d'où la proportionnalité annoncée

$$\frac{A}{PQ} = \frac{B}{RS} = \frac{C}{TU} = \dots \qquad (\mathbf{118}, \text{I}).$$

284. *Les aires des triangles dont chacun possède un angle égal à un angle donné ou à l'un de ses jumeaux, indistinctement* (**142**), *sont proportionnelles aux produits des côtés qui, dans les uns et les autres respectivement, comprennent les angles considérés.*

On peut effectivement placer deux quelconques de ces triangles, en des positions HOK, H'O'K' (*fig. 90*) où les côtés de leurs angles en question soient sur deux mêmes droites OHH', OKK' issues d'un sommet commun O. Nommons alors T, l'aire d'un triangle auxiliaire H'OK ayant pour sommets O, et H', K empruntés aux deux proposés sur l'une et l'autre des droites OHH', OKK'. On aura

$$\frac{HOK}{OH} = \frac{T}{OH'},$$

parce que ces deux triangles ont le sommet commun K avec des côtés opposés OH, OH' appartenant à une même droite (**283**), et

$$\frac{T}{OK} = \frac{H'OK'}{OK'},$$

parce que ceux-ci ont le sommet commun H' avec des côtés opposés OK, OK' appartenant encore à une même droite. Or la multiplication membre à membre de ces deux égalités, puis la suppression du facteur T commun aux deux membres, laissent bien

$$\frac{HOK}{OH.OK} = \frac{H'OK'}{OH'.OK'}.$$

285. Dans un triangle quelconque ABC (*fig. 91*), on nomme *base*, un de ses côtés BC arbitrairement choisi, et *hauteur* correspondante, la distance (orthogonale) AH de la droite de ce côté

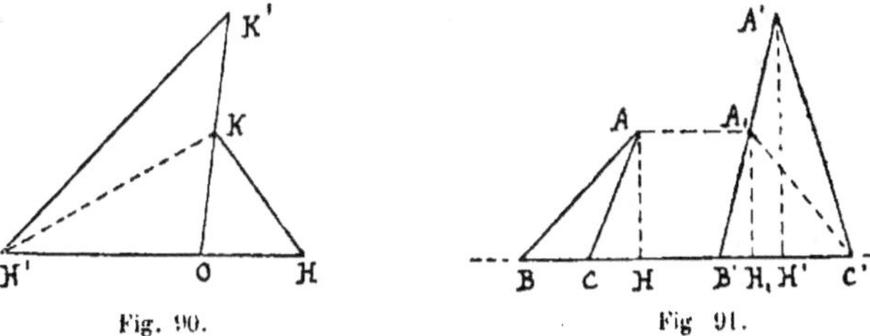

Fig. 90.   Fig 91.

au sommet opposé A (**263**), celle tout aussi bien de la même droite à sa parallèle issue de A (**271**). Cela posé :

Les aires des triangles sont proportionnelles aux produits, pour chacun, de sa base par sa hauteur.

Plaçons deux triangles quelconques en ABC, A'B'C' (*fig. 91*), positions situées dans un même plan, les bases BC, B'C' sur une même droite, et menons les hauteurs AH, A'H'. Par une parallèle à la droite BCB'C', issue de A, coupons en A₁ l'un des côtés issu de A' dans l'autre triangle (ou l'un de ses prolongements), et soient T l'aire du triangle auxiliaire A₁B'C', puis A₁H₁ sa hauteur.

On a

(1)
$$\frac{ABC}{BC} = \frac{T}{B'C'} \qquad (283);$$

car, si l'on imprime au triangle ABC une translation amenant son sommet A en A_1, sa base BC restera sur la droite BCB'C' parallèle à cette translation, et, dans sa nouvelle position $A_1B_1C_1$, ce triangle aura, relativement à $A_1B'C'$, un sommet commun A_1 avec des côtés opposés $B_1C_1 = BC$, B'C' appartenant à une même droite.

On a encore

(2)
$$\frac{T}{A_1B'} = \frac{A'B'C'}{A'B'} \qquad (Ib.),$$

parce que ces deux triangles ont le sommet commun C', avec des côtés opposés A_1B', A'B' sur une même droite. On a de plus, $A_1B' : A'B' = A_1H_1 : A'H'$ équivalant à

(3)
$$\frac{A_1B'}{AH} = \frac{A'B'}{A'H'},$$

en vertu du parallélisme des côtés des triangles $A_1B'H_1$, A'B'H' (**232**) et de $A_1H_1 = AH$.

Or, de (2), (3), on tire

$$\frac{T}{AH} = \frac{A'B'C'}{A'H'} \qquad (\mathbf{118}, III),$$

puis, de cette égalité et de (1) multipliées membre à membre, avec suppression du facteur commun T,

$$\frac{ABC}{BC.AH} \cdot \frac{A'B'C'}{B'C'.A'H'},$$

nouvelle égalité, dont l'association avec toutes celles du même genre, constitue la proportionnalité annoncée.

Mesure des aires polygonales courantes.

286. I. Dans tout quadrilatère plan ABCDA (*fig.* 92) (ou même gauche), on nomme *opposés*, soit deux côtés non contigus, soit deux sommets ne limitant pas quelque même côté, et aussi les angles ayant de tels sommets. Il y a donc deux paires, tant de côtés opposés (AB, CD) et (AD, BC), que de sommets et d'angles opposés (A, C), et (B, D). Chaque paire de côtés opposés (prolongés) donne un angle ou une bande, et le quadrilatère peut être envisagé comme résultat de la *combinaison de ces deux figures*, chacune d'elles découpant sur l'autre, une paire de côtés opposés.

Quand il est déchevêtré, *seul cas considéré* dans ce paragraphe, et si l'une des deux figures en question est un angle, son sommet n'est pas intérieur à l'autre, et l'aire du quadrilatère est la région du plan commune aux intérieurs de ces deux figures.

Les angles intérieurs donnent alors pour somme deux neutres, soit un replet, parce que N étant = 4, l'excès N — 2 est = 2 (**281, I**).

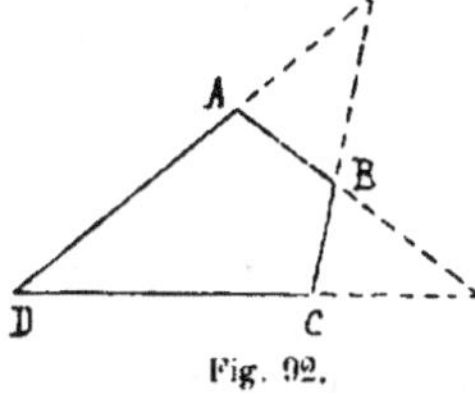

Fig. 92.

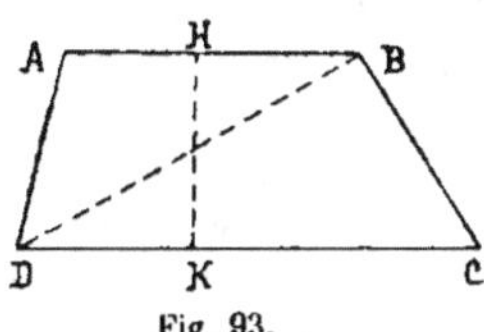

Fig. 93.

II. On a un *trapèze* ABCDA (*fig.* 93), quand deux côtés opposés proviennent d'une bande $\overline{AB}\ \overline{CD}$. Ces côtés parallèles AB, CD sont les deux *bases* du trapèze.

Deux angles intérieurs BAD, CDA, compris entre les bases et un même autre côté AD, sont toujours supplémentaires, comme intérieurs relativement aux parallèles AB, DC coupées par cet autre côté (**148**).

La *hauteur* du trapèze est la distance HK de ses côtés parallèles (**271**).

(Il dégénérerait en un simple triangle, si les côtés opposés découpés par la bande concouraient sur un des côtés de celle-ci.)

III. Un *parallélogramme* ABCDA (*fig.* 94) est un quadrilatère

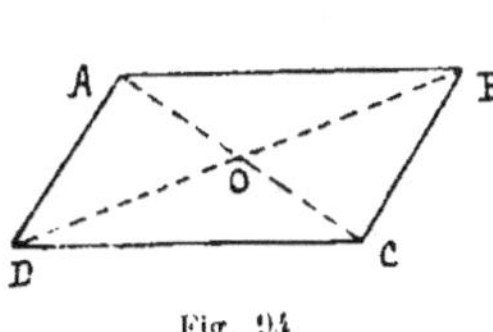
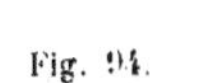

Fig. 94.

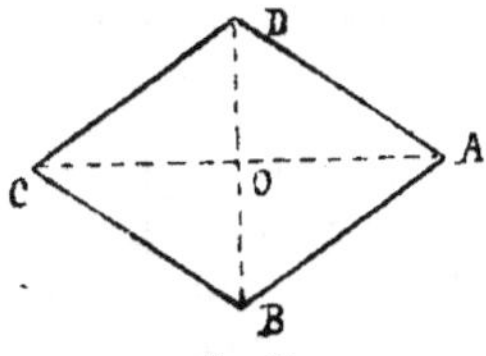

Fig. 95.

résultant de la combinaison de deux bandes (non parallèles) $\overline{ABDC}$, $\overline{ADBC}$, c'est-à-dire un trapèze de deux manières (II). Deux côtés opposés sont toujours égaux, comme segments découpés par une bande sur deux droites parallèles (**115, II**), et deux angles opposés aussi, comme ayant leurs côtés improprement parallèles (**145, II**).

Les paires de sommets opposés donnent deux diagonales, AC, BD, *dont chacune coupe en deux parties égales l'autre, et en même temps l'aire du parallélogramme*. Car l'impropriété du parallélisme de AD, CB, place B,D de part et d'autre de AC, assure ainsi la rencontre de BD, AC en un point O intérieur à BD, à AC aussi pour une cause analogue ; et les deux triangles AOB, BOC sont égaux respectivement à COD, DOA, parce que, dans AOB, COD par exemple, on a AB = CD comme côtés opposés du parallélogramme, avec OAB = OCD comme alternes-internes relativement aux parallèles AB, DC et la sécante AC **(148)**, avec OBA = ODC pour une cause semblable **(228)**. Ce point O, milieu de chaque diagonale, se nomme le *centre* du parallélogramme **(370**, *inf.*).

IV. Un parallélogramme est un *losange*, ou *rhombe*, ABCDA (*fig.* 95), quand ses deux longueurs de côtés sont égales entre elles. *Les diagonales se coupent alors à angle droit*, parce que A et C, par exemple, sont équidistants chacun de B,D **(276)**.

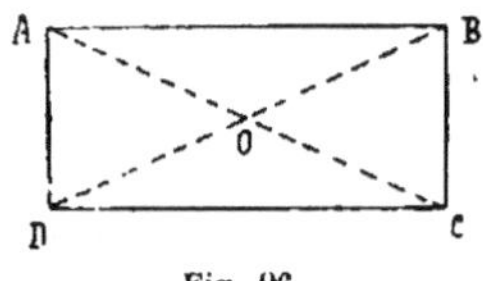

Fig. 96.

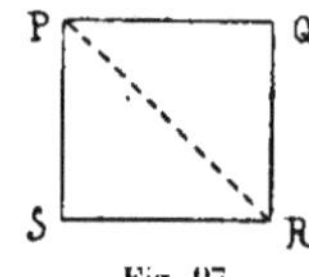

Fig. 97.

V. On a un *rectangle* ABCDA (*fig.* 96), quand il y a perpendicularité entre les deux bandes dont le parallélogramme est la combinaison, cas où *tous les angles sont droits.* En même temps, *les deux diagonales sont égales ;* car deux triangles tels que ABC, BAD, sont égaux, comme rectangles en B,A, avec AB pour côté commun, et BC = AD comme côtés opposés d'un parallélogramme.

Les deux longueurs de côtés sont égales respectivement, mais dans un ordre inverse, à ses deux hauteurs, largeurs de ses deux bandes (II), et se nomment ses *dimensions*.

VI. Un *carré* PQRSP (*fig.* 97) est un rectangle (V) ayant ses deux dimensions égales, c'est-à-dire un losange (IV), rectangle en même temps **(493** I, *inf.*). La longueur commune des quatre côtés, est le *côté* du carré.

287. *On a pris pour unité d'aire, celle du carré ayant l'unité de longueur pour côté* **(286,** VI**)**, en conséquence, le *mètre carré*, le *décamètre carré*, le *kilomètre carré*, ..., les *décimètre, centimètre, millimètre carrés*, ..., selon que l'unité de longueur choisie est le mètre, ou tel de ses multiples, sous-multiples décimaux.

288. *L'aire de tout triangle* ABC, *a pour mesure la moitié du produit du côté* BC, *pris pour base, par la hauteur correspondante* AH.

La comparaison de l'aire de ce triangle, avec celle d'un triangle PQR (*fig.* 97) découpé par une diagonale dans le carré de côté 1, donne

$$\frac{ABC}{BC.AH} = \frac{PQR}{QR.PQ} \qquad (285);$$

car, si l'on prend QR pour base du triangle PQR, la hauteur correspondante est PQ à cause de la perpendicularité de ces deux côtés.

Or PQR a pour mesure 1 : 2, comme moitié (**286**, III) du carré PQRSP adopté pour unité d'aire (**287**), et l'on a par construction $PQ = QR = 1$. La proportion qui précède donne donc $ABC : (BC.AH) = (1 : 2)$, c'est-à-dire

$$ABC = \frac{BC.AH}{2}.$$

289. I. *L'aire d'un trapèze* $A_1A_2B_1B_2$ (*fig.* 98), *a pour mesure la moitié du produit de sa hauteur* $A'B'$, *par la somme de ses bases* A_1A_2, B_1B_2, *ou bien encore, de celui de l'un* A_1B_1 *de ses côtés non parallèles, par la somme des distances* α_2, β_2 *de sa droite aux extrémités* A_2B_2 *du côté opposé.*

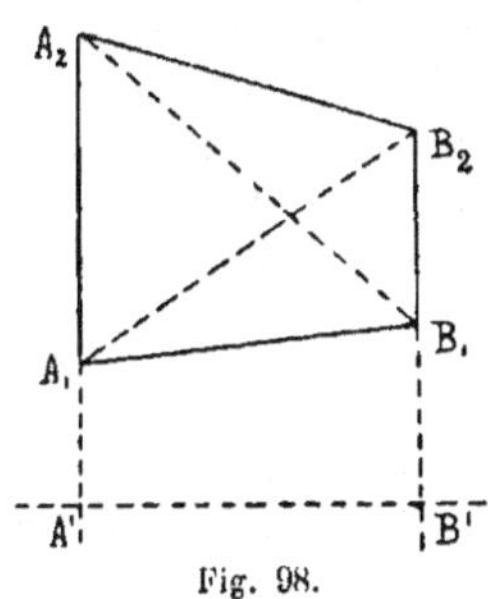

Fig. 98.

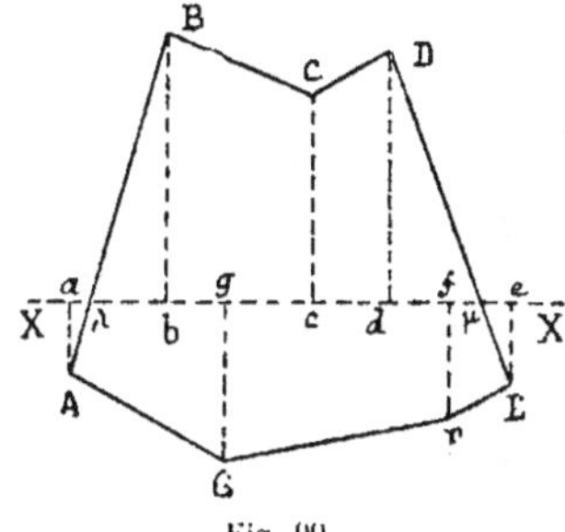

Fig. 99.

1° Cette aire S étant la somme de celles des triangles $A_1B_1B_2$, $B_2A_1A_2$ provenant de sa décomposition par la diagonale A_1B_2, et ces triangles ayant $A'B'$ pour hauteur commune, avec B_1B_2, A_1A_2 respectivement pour bases, on a bien

$$S = \frac{B_1B_2.A'B'}{2} + \frac{A_1A_2.A'B'}{2} = \frac{A'B'(A_1A_2 + B_1B_2)}{2} \qquad (288),$$

2° Le second de ces triangles, $B_2A_1A_2$, étant équivalent à $B_1A_1A_2$ comme ayant même base A_1A_2, avec des hauteurs toutes deux égales à celle du trapèze (**285**), on a encore

$$S = A_1B_1B_2 + A_1B_1A_2 = \frac{A_1B_1(\alpha_2 + \beta_2)}{2},$$

parce que ces derniers triangles ont A_1B_1 pour base commune, avec α_2, β_2 pour hauteurs, respectivement.

II. *L'aire d'un parallélogramme ABCD (fig. 94), a pour mesure le produit d'un côté quelconque pris pour base, par la hauteur correspondante.* Car elle est celle d'un trapèze de même hauteur, dont les bases sont toutes deux égales au côté considéré (**286**, III), ayant ainsi ce côté pour demi-somme (I, 1ᵒ).

III. *L'aire d'un rectangle (fig. 96), a pour mesure le produit de ses deux dimensions.* Car elle est celle d'un parallélogramme ayant ces dimensions pour base et hauteur (**286**, V), (II).

IV. *L'aire d'un carré a pour mesure le carré (arithmétique) de la longueur de son côté* (**286**, VI). Car elle est celle d'un rectangle ayant ses deux dimensions égales à ce côté (III). (D'où le nom de *carré* d'un nombre a, donné à son produit par lui-même, $a.a$ ou a^2.)

290. Un polygone plan quelconque ABCDEFGA (*fig.* 99) étant donné (déchevêtré), on pourra évaluer son aire en le décomposant par des diagonales (**277**, V), en triangles dont les aires seront calculées séparément (**288**), puis sommées.

Mais, en Arpentage surtout, il est plus expéditif de le décomposer (additivement ou soustrativement), par les projetantes orthogonales Aa, Bb, ... de ses sommets sur une même droite X dite *base* (**185**), en trapèzes BbCc, ... ayant chacun deux angles droits, avec adjonction éventuelle de triangles rectangles tels que Aaλ, Eeμ. L'évaluation de ces fragments est facile, parce que les hauteurs ..., bc, cd, ... sont toutes tracées, et que chacune des distances Aa, ... fournit à deux aires partielles, des côtés à ne mesurer pourtant qu'une seule fois

Sections de deux plans par des droites et des plans parallèles à une même droite.

291. Si, dans les définitions visant une ligne brisée (**217** *et suiv.*), on substitue à ses côtés et sommets, des bandes et leurs côtés (**115**), on obtiendra celle d'une *surface prismatique*, ou *paravent, enchevêtrée, déchevêtrée,* de ses *faces*, ou *pans*, de ses *arêtes*, de ses *angles* (dièdres), de ses *plans diagonaux*, ... Parallèles deux à deux comme côtés des diverses faces, les arêtes sont toutes parallèles entre elles et à quelque même droite Ω; les faces aussi sont parallèles à Ω, comme passant par des arêtes; et, pour ces deux causes, *le paravent est une figure cylindrique d'orientation* Ω (**114**).

La section droite d'un paravent (**210**) est une ligne brisée plane ayant évidemment, pour côtés les largeurs des faces de la

figure (**216**), pour angles les angles plans de ses dièdres (**211**),
et pour longueur la mesure de l'*amplitude superficielle*, ou *développement*, du paravent, somme aussi des amplitudes de ses
faces.

292. Un paravent fermé est une *moulure, triangulaire, quadrangulaire,* ... selon le nombre commun de ses pans ou de
ses dièdres, et, tout aussi bien, selon le genre de ses sections
planes. La *fig.* 100 montre une moulure quadrangulaire et ses
sections par deux plans parallèles.

Les considérations des nᵒˢ **277** *et suiv.* visant des polygones
déchevêtrés dans un même plan, sont applicables aux moulures
déchevêtrées dans l'espace, *ayant toutes une même orientation* Ω.
On est conduit ainsi à la notion des points, des droites parallèles
à Ω, *intérieurs* ou *extérieurs* à une moulure, à celles de l'*amplitude
spatiale* d'une telle figure (faisant pendant à l'aire d'un polygone), des *rapports* entre ces nouvelles grandeurs, de leur
mesure, etc.

293. I. Indéfiniment prolongés, les côtés d'un triangle
déchevêtré ABC, divisent son plan en sept régions faciles à distinguer: l'aire de ce triangle d'abord, puis ses six *prolongements,*
savoir, pour chaque angle A, son opposé au sommet A_1, et son
surplus A_2 c'est-à-dire ce que laisse, de l'angle A, l'ablation de
l'aire du triangle : ce sont les prolongements du triangle, *au delà
de son sommet* A *et de son côté* BC.

II. Cela posé, la *topographie* du groupe formé par les trois
points A, B, C et un quatrième quelconque D situé dans le plan
ABC, se définit : 1º si D est sur la droite BC de quelque côté,
par sa disposition relativement aux points B, C (**113.** I); 2º si
non, par la désignation de celle des sept régions ci-dessus où il
se trouve (*Cf. Ib.*).

III. Des points quelconques A, B, C, D, E, ... étant donnés
sur un premier plan, et d'autres *correspondants* A', B', C', D',
E', ... sur un second, il y a *ressemblance* entre leurs *topographies,*
quand celle d'un quelconque des premiers D par rapport à trois
autres A, B, C pris au hasard (II), est toujours homonyme à
celle de D' par rapport à A', B', C'; autrement, il y a *dissemblance* (*Cf.* **113,** III).

IV. L'analogie très grande existant entre des droites, bandes,
murs, dièdres, moulures, tous d'une même orientation, et des
points, segments, bandes, angles rectilignes, polygones, tous
dans un même plan, rend extrêmement facile l'extension des
considérations et dénominations précédentes (I), (II), (III), à des
groupes de droites toutes parallèles dans chacun. En particulier,
on aperçoit immédiatement ce en quoi consiste la ressemblance

ou la dissemblance des topographies de deux groupes d'objets correspondants, ceux-ci étant des droites parallèles dans le premier, d'autres droites parallèles, ou des points sur un même plan dans le second (*Cf.* **117**).

V. *Il y a toujours ressemblance entre la topographie de droites parallèles,* $\mathcal{A}$, $\mathcal{B}$, $\mathcal{C}$, ... (IV), *et celle de leurs traces a, b, c, ... sur tout plan sécant* (II), (*Cf.* **119**, I). Un peu encombrante, la démonstration est cependant assez facile pour pouvoir être laissée aux soins du lecteur.

❋ **294.** *Les amplitudes (spatiales) de moulures d'une même orientation* Ω (**292**), *sont proportionnelles aux aires de leurs sections par un même plan sécant* $\mathcal{G}$ (*Cf.* **119**). Il suffit évidemment de considérer deux telles moulures seulement.

I. Pour deux moulures triangulaires [OPQ], [ORS], dont les sections sont des triangles OPQ, ORS (*fig.* 89) ayant un sommet commun O, avec ses côtés opposés PQ, RS placés sur une même droite, des raisonnements calqués sur ceux des nᵒˢ **282**, **283**, conduisent à une conclusion analogue, consistant dans la proportion

$$(1) \qquad \frac{[OPQ]}{PQ} = \frac{[ORS]}{RS}.$$

Il faut seulement substituer : 1° aux droites des côtés des triangles du nᵒ **283** et aux autres, diverses, qui décomposent les aires des mêmes triangles, des plans menés par toutes ces droites parallèlement à Ω ; 2° aux trapèzes, triangles et parallélogrammes, que ces mêmes droites découpent dans le plan $\mathcal{G}$, les moulures *correspondantes* parallèles à Ω, que ces dernières aires partielles déterminent en fournissant leurs sections.

Or (1) et

$$\frac{OPQ}{PQ} = \frac{ORS}{RS} \qquad (Ib.),$$

conduisent immédiatement à

$$\frac{[OPQ]}{OPQ} = \frac{[ORS]}{ORS}.$$

II. De cette relation une fois établie, et en nommant $\mathcal{T}$, $\mathcal{V}$ les aires de deux triangles quelconques situés dans le plan $\mathcal{G}$, on passera à la suivante

$$(2) \qquad \frac{[\mathcal{T}]}{\mathcal{T}} = \frac{[\mathcal{V}]}{\mathcal{V}},$$

par des raisonnements identiques, quant à la lettre, à ceux qui sont développés dans les alinéas II, III, IV du nᵒ **328** (*inf.*), sauf à y remplacer les tétraèdres de sommet commun $\mathcal{O}$, de faces opposées situées dans le plan $\mathcal{G}$, par des moulures d'orientation Ω, ayant ces mêmes faces pour sections.

III. Soient enfin $[\mathcal{P}]$ et $[\mathcal{Q}]$ des moulures, de sections polygonales quelconques $\mathcal{P}$ et $\mathcal{Q}$, puis $\mathfrak{C}_1$, $\mathfrak{C}_2$, $\mathfrak{C}_3$, ... et $\mathcal{V}_1$, $\mathcal{V}_2$, $\mathcal{V}_3$, ... les triangles en lesquels ces sections peuvent être décomposées (**277, IV**). La conclusion de l'alinéa II assure l'exactitude des égalités

$$\left\{\frac{[\mathfrak{C}_1]}{\mathfrak{C}_1}=\frac{[\mathfrak{C}_2]}{\mathfrak{C}_2}=\frac{[\mathfrak{C}_3]}{\mathfrak{C}_3}=\cdots\right\}=\left\{\frac{[\mathcal{V}_1]}{\mathcal{V}_1}=\frac{[\mathcal{V}_2]}{\mathcal{V}_2}=\frac{[\mathcal{V}_3]}{\mathcal{V}_3}=\cdots\right\},$$

toutes analogues à (2). Or, l'addition terme à terme, des rapports groupés dans chacun des deux entre-parenthèses, conduit à

$$\frac{[\mathfrak{C}_1]+[\mathfrak{C}_2]+[\mathfrak{C}_3]+\cdots}{\mathfrak{C}_1+\mathfrak{C}_2+\mathfrak{C}_3+\cdots}=\frac{[\mathcal{V}_1]+[\mathcal{V}_2]+[\mathcal{V}_3]+\cdots}{\mathcal{V}_1+\mathcal{V}_2+\mathcal{V}_3+\cdots},$$

c'est-à-dire à l'égalité générale

$$\frac{[\mathcal{P}]}{\mathcal{P}}=\frac{[\mathcal{Q}]}{\mathcal{Q}}$$

que nous avions à établir.

※ **295.** *Quand des points correspondants* A, B, C, D, ... *sur un plan* $\mathcal{G}$, *et* A′, B′, C′, D′, ... *sur un autre plan* $\mathcal{G}'$, *sont tracés par des sécantes parallèles* $\mathcal{A}$, $\mathcal{B}$, $\mathcal{C}$, $\mathcal{D}$, ..., *il y a ressemblance entre leurs topographies* (**293, III**), *proportionnalité, en outre, entre les aires des polygones ayant quelques-uns des premiers pour sommets et celles des polygones correspondants* (*Cf.* **124**).

Car ces topographies sont toutes deux ressemblantes à celle des parallèles $\mathcal{A}$, $\mathcal{B}$, ... (**293, V**); et, tant sur $\mathcal{G}$, que sur $\mathcal{G}'$, les aires considérées sont proportionnelles aux amplitudes des moulures dont elles sont les traces (**294**).

※ **296.** *Les amplitudes de moulures quelconques, sont proportionnelles aux aires de leurs sections droites* (**210**), (*Cf.* **212, 216**).

Car, en les déplaçant, de manière à amener toutes leurs sections droites dans un même plan, leurs orientations deviennent toutes perpendiculaires à ce plan, mutuellement parallèles en conséquence (**169, I**), (**294**).

297. *Sur* un plan donné $\mathcal{P}$, la *projection* d'un point quelconque m de l'espace, *faite parallèlement* à l'orientation d'une droite donnée Ω non parallèle à ce *plan de projection*, est la trace m' du *pied* de la *projetante* de m, parallèle à Ω menée par lui (*Cf.* **130**).

La *projection* d'une figure quelconque $\mathfrak{f}$, est le lieu $\mathfrak{f}'$ des projections de ses divers points. C'est, en d'autres termes, la section, par le plan de projection, de la figure cylindrique d'orientation Ω, dont les génératrices sont issues de tous les points de la figure Γ (**114**, I, II).

298. Le cas remarquable, où les points et figures à projeter sont dans un même plan $\mathcal{G}$, comporte plusieurs observations.

I. *Quand ce plan $\mathcal{G}$ est parallèle à l'orientation projetante Ω, les projections de tous ses points m appartiennent à sa trace S sur le plan de projection, et sont, tout aussi bien, leurs projections faites sur l'axe S, dans le plan $\mathcal{G}$, parallèlement à Ω* (**132**).

Car, étant parallèles à Ω, les projetantes des points m le sont toutes aussi à son plan parallèle $\mathcal{G}$, partant situées tout entières sur lui, puisqu'elles y ont ces points.

II. *La projection de toute droite* D *non parallèle à Ω, est ainsi la trace sur le plan de projection, du plan, alors unique, mené par elle parallèlement à Ω* (**72**), (I), *c'est-à-dire une droite* D' *encore.* Quand D est parallèle au plan de projection, *la projection* D' *est parallèle à* D (**67**).

S'il y avait parallélisme entre D et Ω, les projetantes de tous les points de D se confondraient évidemment sur cette droite même, et *la projection* D' *dégénérerait en un simple point*, trace de D sur le plan de projection.

III. *Quand des segments ab, cd, … sont tous parallèles entre eux (mais non aux projetantes), leurs projections a'b', c'd', … sont des segments aussi (tous évidemment en parallélisme mutuel); et il y a proportionnalité entre les longueurs des premiers et celles des derniers, égalité même si, en outre, les segments donnés sont parallèles au plan de projection.*

Toute translation d'un segment laisse invariable la longueur de sa projection, parce qu'elle est décomposable en deux autres, parallèles, la première aux projetantes, la seconde au plan de projection (**36**, III), et que chacune de celles-ci jouit visiblement d'une telle propriété. Cela posé, il suffit d'amener par des translations, tous les segments proposés sur quelque même parallèle commune, d'avoir égard à l'alinéa II, puis d'appliquer le cas **132** du théorème du n° **131**.

❋ IV. Les points m d'un plan $\mathcal{G}$ et leurs projections m' sur le plan $\mathcal{P}$, n'étant que les traces, sur l'un et l'autre, des droites mm', … toutes parallèles entre elles, le théorème du n° **295** a ce corollaire :

Les projections des points d'aires polygonales quelconques P, Q, R, … *situées dans le plan $\mathcal{G}$, appartiennent aux aires* P', Q', R', … *délimitées sur le plan de projection par les projections des contours des premières, et l'on a*

$$P' = r.P, \quad Q' = r.Q, \dots$$

r étant un même nombre pour toutes (Cf. **131**).

On a $r = 1$, *pour une aire située dans un plan parallèle à celui de projection*, puisque cette aire et sa projection sont les sections d'une même moulure par des plans parallèles (**114**, V).

On aurait $r = 0$, *si son plan était parallèle aux projetantes*, puisque la projection de son contour, dégénérerait alors en de simples segments mutuellement appliqués sur la trace du plan de l'aire sur celui de projection (I).

299. Les projections *orthogonales* sont celles dont les projetantes sont perpendiculaires au plan de projection (*Cf.* **173**).

✳ I. *Pour la longueur* A′B′ *de la projection d'un segment rectiligne* AB, *on a la formule*

$$(3) \qquad\qquad A'B' = AB . \cos V,$$

où V *est l'angle de la droite* AB *avec le plan de projection* (**206**). Car A′B′ est aussi bien la projection orthogonale de AB sur la droite A′B′ (**298**, I), et V se confond visiblement avec l'angle des droites AB, A′B′ (**255**).

✳ II. *Pour la mesure* P′ *de la projection orthogonale d'une aire polygonale* P, *on a la formule toute semblable*

$$(4) \qquad\qquad P' = P . \cos V,$$

où V *est maintenant l'angle du plan de* P *avec celui de projection* (**205**), (**257**).

Comme le rapport P′ : P est indépendant de la forme de l'aire à projeter (**298**, IV), nous l'évaluerons en prenant pour P, l'aire d'un triangle ABC (*fig.* 101) ayant un côté BC parallèle à la trace XY du plan de ce triangle, sur celui de projection.

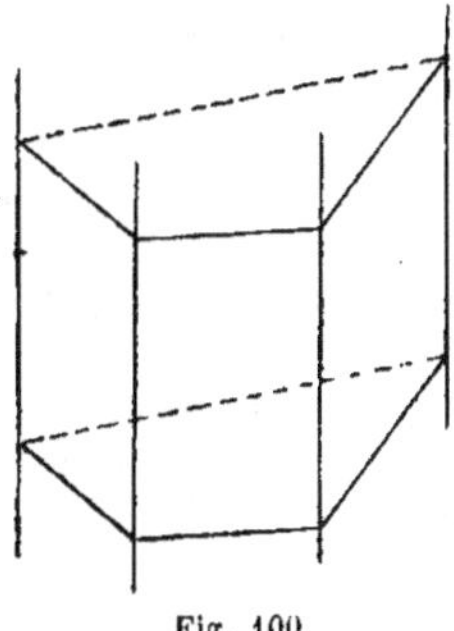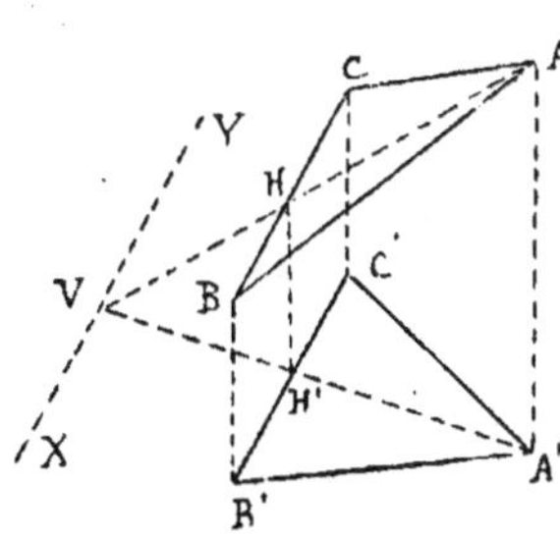

Fig. 100.

Fig. 101.

Cette intersection XY étant dans le plan A′B′C′ perpendiculaire aux projetantes, leur est orthogonale, et, par AA′, l'une de celles-ci, on peut mener un plan AVA′ perpendiculaire à XY (**175**, II), en même temps, par suite, à ses parallèles BC, B′C′

(298, II), **(167)**, aux plans ABC, A'B'C' **(191)**, traçant ainsi sur eux, les côtés de l'angle plan A'VA de son dièdre **(211)**, et les hauteurs AH, A'H' du triangle ABC, de sa projection A'B'C' **(180)**. On a maintenant

$$\frac{A'B'C'}{ABC} = \frac{B'C'.A'H'}{BC.AH} = \frac{A'H'}{AH} = \cos V \qquad (285),$$

à cause de B'C' = BC **(298, III)** et de A'H' : AH = cos V (I), A'H' étant visiblement la projection de AH. D'où notre formule (4).

※ 300. Comme au n⁰ **256** pour les projections sur une droite, la considération d'un plan de projection auxiliaire normal aux projetantes, ramène le calcul de la projection oblique d'une aire, à celui de projections orthogonales.

CHAPITRE XI

ANGLES SOLIDES, TRIÈDRES PRINCIPALEMENT

Généralités.

301. La définition d'un paravent **(291)**, devient celle d'une surface *pyramidale*, ou *éventail*, soit *déchevêtrée*, soit *enchevêtrée*, de ses *faces*, ou *pans*, de ses *arêtes* (qui sont des demi-droites), quand, au lieu de bandes, on assemble par leurs côtés eux-mêmes (à l'exclusion des prolongements de ceux-ci), des angles rectilignes habituellement saillants, mais neutres ou rentrants parfois, présentant un sommet commun qui se nomme le *sommet* de l'éventail. En chaque arête d'une pareille figure, son *angle* est l'un ou l'autre des dièdres replémentaires compris entre les faces dont elle est la soudure (*Cf.* **217**).

Le *développement* d'un éventail, est la somme de ses faces, nouvel angle rectiligne (pouvant être supérieur au replet) qui mesure son *amplitude superficielle* (*Cf.* **291**).

Quand quelque plan issu du sommet, détermine deux demi-espaces, dans un seul desquels tombent toutes les faces d'un éventail, on peut couper celui-ci par un plan (même par plusieurs) rencontrant toutes ses arêtes (*elles-mêmes*, non leurs prolongements). On obtient, pour section, une ligne brisée plane qui fournit une image topographique fort nette de la figure (*Cf.* **151**). La seule connaissance de cette image et du sommet, permettent,

par exemple, de reconstituer immédiatement tous les éléments
de l'éventail (*Cf.* **114**, II). Des sections faites par des plans
parallèles, sont, non plus égales comme dans un paravent (*Ib.* V),
mais *homothétiques* (**347**, IV, 2º, *inf.*).

302. Une surface pyramidale est *fermée*, quand ses faces
extrêmes se soudent aussi par une arête commune, par exemple
si quelque plan peut la couper suivant un polygone. Un éventail
fermé se nomme quelquefois un *coin*, ou *pointe*, mais presque
toujours un *angle solide*, ou *angle polyèdre* ; ses faces et ses
arêtes, sont alors en un même nombre employé pour le spécifier
un peu. Quand ce nombre est 2, avec des faces neutres, on
retombe sur un simple dièdre, et les deux arêtes se prolongent
mutuellement. Quand il est 3, 4, 5, ..., l'angle solide est dit
trièdre, tétraèdre, pentraèdre, ...

En OPQRS (*fig.* 124), on voit un angle solide tétraèdre ayant
le point O pour sommet, et le polygone PQRS pour section
plane.

303. Les angles solides déchevêtrés (**302**) comprennent ceux
qui sont *convexes*, c'est-à-dire où chaque face est un angle saillant dont le plan laisse d'un même côté de lui, toutes les arêtes
autres que les côtés de cette face, et par suite toutes les autres
faces (*Cf.* **277**, V).

I. Quand un trièdre est déchevêtré, aucune de ses arêtes
n'appartient au plan des deux autres ; inversement, trois demi-
droites OA, OB, OC de même origine O, mais non dans un
même plan, sont les arêtes d'un trièdre déchevêtré OABC, qui
est unique et convexe évidemment, si l'on ne prend pour ses
faces que les angles saillants BOC, ..., de ces demi-droites asso-
ciées deux à deux. Pour chaque angle d'un trièdre convexe, on
choisit le dièdre évidemment saillant, auquel les points intérieurs
à la face ne contenant pas son arête, sont intérieurs aussi. *Un
trièdre d'arêtes données, est toujours pris convexe, quand le contraire n'est pas spécifié.*

II. Relativement à un trièdre convexe, l'espace se décompose en
deux régions qui se distinguent l'une de l'autre par ces propriétés
évidentes : *tout point de l'une, appartient à la fois aux trois demi-
espaces $\overline{BOCA}$, ... déterminés chacun par le plan d'une face et
l'arête qui n'y est pas située, est intérieur, en d'autres termes,
aux trois angles $\overline{BOAC}$, ... du trièdre, simultanément* (**160**); *mais
aucun point de l'autre, ne remplit cette triple condition* (*Cf.* **277**, I).
La première région est l'*intérieur* du trièdre, la seconde est son
extérieur.

III. En opérant maintenant, avec des trièdres convexes d'un
même sommet commun, avec leurs faces et arêtes, comme nous

l'avons fait avec des triangles assemblés dans un même plan, avec leurs côtés et sommets (*Ib.*, III, IV), on arrive à la notion de l'*intérieur* d'un angle solide déchevêtré quelconque, de son *extérieur*, puis de son *amplitude spatiale* (*Cf.* **278** *et suiv.*).

Mais il y a cette dissemblance, que *l'extérieur du même angle solide peut, tout aussi bien, être décomposé en trièdres convexes juxtaposés extérieurement les uns aux autres, et cela en nombre limité*, opération dont l'analogue n'est pas possible pour l'extérieur d'un polygone plan. Ici donc, les mots *intérieur, extérieur*, n'ont que des sens *relatifs*.

✱ IV. Nous avons vu implicitement (**302**), que les simples dièdres peuvent être conçus encore comme des angles solides : chacun d'eux prend alors, pour sommet, un point arbitraire O de son arête *rectiligne* unique, pour ses *deux* arêtes *semi-rectilignes*, les demi-droites opposées d'origine O sur la droite précédente, pour faces, deux angles rectilignes neutres. On ne perdra donc pas de vue la possibilité de les comparer numériquement, non seulement les uns aux autres (**160**), *mais encore à des angles polyèdres quelconques* (III). Par exemple, tout plan coupant en O l'arête proprement dite d'un dièdre, décompose son intérieur en deux trièdres du sommet O, dont les amplitudes spatiales ont pour somme, l'amplitude (*radiante*) du dièdre (considéré comme un angle solide de sommet O).

Inégalités entre les angles d'un même trièdre convexe et entre ses faces.

304. Les six *éléments* d'un trièdre convexe, *nous n'en considérerons aucun autre dans le présent chapitre*, sont ses trois faces et ses trois angles définis au n° **303.** I. On les dit *contigus, adjacents, opposés, …* dans les positions relatives analogues à celles que ces dénominations caractérisent pour les éléments d'un triangle (**221**).

305. En substituant à 1, ou à 2, ou à 3 arêtes d'un trièdre donné, OABC (*fig.* 102), leurs 1, ou 2, ou 3 prolongements, OA_1, OB_1, OC_1, on obtient 3, 3, 1, au total 7 autres trièdres convexes de même sommet O, qui sont à considérer quelquefois, et que nous dirons *les jumeaux* du proposé (*Cf.* **142**). Ils lui sont *opposés* : chacun des trois premiers *par une face*, chacun des trois suivants *par une arête*, et le dernier, bien plus remarquable que les autres, *par* ou bien *au sommet*. En particulier, OA_1BC est opposé à OABC par la face BOC, et OAB_1C_1 par l'arête AOA_1 ; $OA_1B_1C_1$ est son opposé au sommet.

Les éléments de deux trièdres jumeaux sont, deux à deux,

tantôt jumeaux aussi (*Ib.*), **(160)**, tantôt identiques, ce qui les rend soit supplémentaires, soit égaux. Mais il suffit de noter que, *pour deux trièdres opposés au sommet, il y a toujours opposition, par leur sommet commun, entre les faces, par leurs diverses arêtes, entre les angles, égalités respectives, par suite, entre les uns et les autres.*

✳ **306.** *Entre les angles* A, B, C *d'un même trièdre* OABC (*fig.* 102), *et le dièdre neutre* $\mathfrak{N}$, *on a les inégalités*

$$(1) \qquad 3\mathfrak{N} > A + B + C > \mathfrak{N} \qquad (Cf.\ \mathbf{222}),$$

et trois autres, du type

$$(2) \qquad A + \mathfrak{N} > B + C.$$

I. La première inégalité (1) résulte de ce que, le trièdre étant convexe, chacun de ses angles est inférieur au dièdre neutre (**303, I**).

II. En considérant, avec le trièdre proposé, son opposé OA_1BC par la face BOC (**305**), puis OA_1B_1C opposé au précédent par leur face commune COA_1, puis enfin $OA_1B_1C_1$ opposé à ce dernier par leur face commune A_1OB_1, on trouve immédiatement, entre leurs amplitudes spatiales et celles des dièdres A, B, C du trièdre considéré (**303, III, IV**), les égalités

$$OABC + OA_1BC = A,$$
$$OA_1BC + OA_1B_1C = \mathfrak{N} - B,$$
$$OA_1B_1C + OA_1B_1C_1 = C.$$

Effectivement, l'addition géométrique de deux trièdres opposés par une face, donne toujours le dièdre qui leur est commun, et ces dièdres communs sont : pour les trièdres de la première égalité, le dièdre d'arête AOA_1 appartenant à tous deux ; pour ceux de la deuxième, un dièdre d'arête BOB_1 évidemment supplémentaire à l'angle B du proposé ; pour ceux enfin de la troisième, un dièdre d'arête COC_1, opposé par celle-ci, égal par suite, à C dans le proposé.

Or, la somme des premiers membres des égalités extrêmes surpasse celui de la moyenne, car elle la reproduit avec addition de $OABC + OA_1B_1C_1$. Il en est donc de même pour les seconds membres, ce qui donne

$$A + C > \mathfrak{N} - B,$$

autre forme seulement de la dernière inégalité (1).

III. Le trièdre OA_1BC opposé au proposé pour la face BOC, a pour angles A et $\mathfrak{N} - B$, $\mathfrak{N} - C$, suppléments de B, C, évidemment.

En lui appliquant donc l'inégalité (1) actuellement établie, il vient

$$A + (\mathfrak{K} - B) + (\mathfrak{K} - C) > \mathfrak{K},$$

c'est-à-dire le type même des inégalités (2).

❋ 307. Un lemme nous est maintenant nécessaire.

Sur un plan passant par un de ses côtés OA (ou parallèle à OA, mais non perpendiculaire à l'autre côté OB), la projection orthogonale AOB′ d'un angle rectiligne AOB, aigu, obtus, ou droit, est un angle aigu et moindre, ou obtus et supérieur, ou droit et égal.

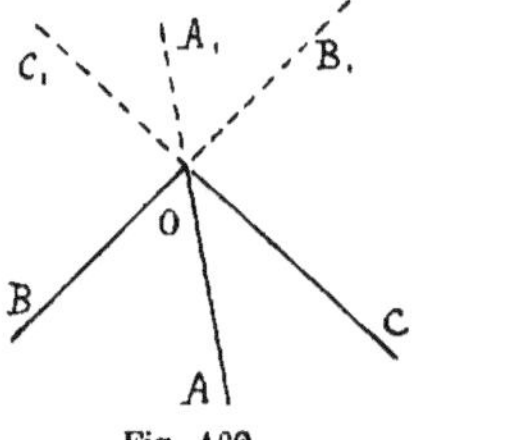
Fig. 102.

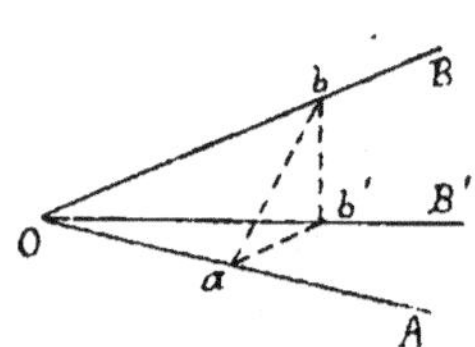
Fig. 103.

En nommant b (*fig.* 103) quelque point pris, ailleurs qu'au sommet, sur le second côté OB de l'angle donné, et b' sa projection, nous observerons d'abord, que la projection OB′ du deuxième côté est précisément la demi-droite Ob'. Nous observerons ensuite, que les droites bb', OA étant orthogonales puisque la seconde OA appartient au plan AOB qui est perpendiculaire à la première, on peut mener par celle-ci, bb', un plan perpendiculaire à l'autre, dont nous nommerons a le pied **(175, II)**. Le point a est ainsi le pied commun des perpendiculaires abaissées de b, b' sur OA, et les droites $b'b$, $b'a$ sont perpendiculaires l'une à l'autre.

I. Cela posé, si l'angle donné AOB est aigu, comme sur notre figure, le point a tombe sur la demi-droite OA (**224, II**), et, pour cette raison, l'angle projection AOB′ est aigu aussi, puisque la perpendiculaire $b'a$ à son premier côté, est issue d'un point b' appartenant au second.

Maintenant, le triangle $ab'b$, rectangle en b', donne $ab' < ab$ **(241)**; d'où, immédiatement, $ab' : Oa < ab : Oa$, c'est-à-dire

$$\text{tang AOB′} < \text{tang AOB} \qquad (\mathbf{251}, \text{I}),$$

puis, par suite, AOB′ < AOB, puisque ces deux angles sont aigus (*Ib.*, V).

II. Si l'angle donné AOB est obtus, soit OA₁ le prolongement de son côté OA. L'angle A₁OB son supplément est alors aigu, et aussi sa projection A_1OB' (I). Le supplément AOB' de celle-ci, c'est-à-dire la projection de l'angle donné, est donc un angle obtus aussi, et l'on a $AOB' > AOB$, à cause de $A_1OB' < A_1OB$ (*Ib.*).

III. Si enfin l'angle donné AOB est droit (*fig.* 104), le pied a est au sommet O, le côté OB se confond avec la perpendiculaire ab à OA, puis, par suite, sa projection OB' avec ab' autre perpendiculaire à la même droite, et l'angle projection AOB' est bien droit.

❊ **308.** *Entre les faces* a, b, c *d'un trièdre quelconque OABC, et l'angle rectiligne replet* $\mathfrak{R}$, *on a les inégalités*

$$(3) \qquad 0 < a + b + c < \mathfrak{R},$$

et trois autres, du type

$$(4) \qquad a < b + c.$$

I. La première inégalité (3) étant toujours évidente à cause de la convexité supposée au trièdre, et la seconde l'étant aussi quand le trièdre a moins de deux faces obtuses, puisque la somme d'un angle saillant quelconque et de deux autres aigus ou droits, ne peut atteindre celle de quatre droits, égale au replet, nous n'avons à l'établir que dans le cas où deux faces au moins sont obtuses.

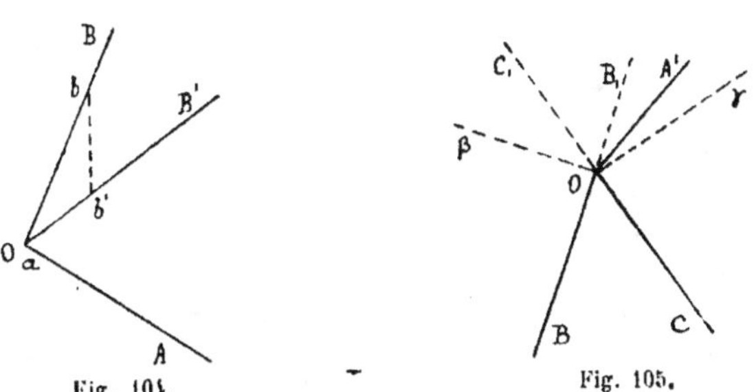

Fig. 104.   Fig. 105.

A cette fin, nous projetterons orthogonalement OA, arête commune à ces deux faces obtuses, en OA' (*fig.* 105), sur le plan de la troisième BOC, contenant leurs côtés OB, OC; et nous observerons que, les deux premières faces étant obtuses, leurs projections le sont aussi (**307**), qu'en conséquence, OA' ne peut se trouver à l'intérieur, ni de cet angle BOC, ni des angles droits BOβ, COγ contigus extérieurement à celui-ci par ses côtés OB, OC; autrement, en effet, OA' ferait un angle aigu, droit au plus, avec OB ou OC.

Cette demi-droite étant ainsi à l'intérieur de l'angle saillant $\beta O\gamma$, on a

$$(5) \qquad BOC + BO\beta + \beta OA' + CO\gamma + \gamma OA' \quad \mathfrak{R},$$

où tous les angles du premier membre sont pris saillants.

Cela posé, si OA' est intérieure à B_1OC_1 opposé au sommet de BOC, les angles $BOA' = BO\beta + \beta OA'$ et $COA' = CO\gamma + \gamma OA'$ sont tous deux saillants, fournissent par suite les projections des faces obtuses BOA, COA, donnant ainsi (*Ib.*)

$$(6) \qquad BOA' > BOA, \quad COA' > COA,$$

et l'égalité (5) conduit bien à

$$(7) \qquad BOC + BOA + COA < \mathfrak{R}.$$

Si, comme dans notre figure, OA' est extérieure à B_1OC_1, à l'intérieur de COB_1 pour fixer les idées, les angles saillants BOA', $COA' = CO\gamma + \gamma OA'$ sont les projections de BOA, COA; et, comme le premier est, par lui-même, inférieur à l'angle rentrant replémentaire $\overline{BOA'} = BO\beta + \beta OA'$, l'égalité (5) donne déjà

$$BOC + BOA' + COA' < \mathfrak{R}.$$

A plus forte raison, les inégalités (6) conduisent donc encore à (7).

II. Comme le trièdre OA_1BC (*fig.* 102) opposé à $OABC$ par leur face commune $BOC = a$, a visiblement pour autres faces les suppléments $\mathfrak{N} - b$, $\mathfrak{N} - c$ de leurs contigues $AOC = b$, $AOB = c$ dans le proposé, l'application de l'inégalité (3) à ce nouveau trièdre, donne

$$a + (\mathfrak{N} - b) \quad (\mathfrak{N} - c) < \mathfrak{R},$$

se réduisant, à cause de $2\mathfrak{N} = \mathfrak{R}$, au spécimen du type (4) que nous avons écrit.

✻ 309. *La somme des faces [ou développement (**301**)] de tout angle solide convexe (**303**), est inférieure à l'angle replet.*

Dans une telle figure, ñous appellerons NOP une face prise au hasard, NOM, POQ celles s'y soudant par les arêtes ON, OP, et OI celle des demi-droites découpées par le plan NOP sur l'intersection des plans NOM, POQ, qui, par rapport à ce plan NOP, tombe dans le demi-espace opposé à celui contenant toutes les arêtes de l'angle solide (sauf ON, OP).

I. *La suppression de ces trois faces MON, NOP, POQ, et leur remplacement par les deux nouvelles MOI, IOQ, change l'angle solide considéré, en un autre, à une face de moins, qui est convexe aussi (ou se réduit à un dièdre).*

II. *La somme des faces de l'ancien angle solide est inférieure à sa valeur dans le nouveau.* Car, dans le passage du premier au second, elle perd l'angle NOP, face du trièdre OINP évidemment convexe, et gagne la somme ION + IOP des deux autres, qui la surpasse toujours (**308**).

III. Comme cette opération, répétée sur le nouvel angle solide qu'elle a fait naître, puis sur ceux qu'elle fait tour à tour dériver de lui, procure une succession de pareils angles, où la somme des faces augmente sans cesse, et qui se termine à un dièdre pour lequel elle est l'angle replet, la somme des faces de l'angle solide considéré était bien inférieure au replet.

[Ceci explique pourquoi il reste toujours de la matière, quand on prend, dans une plaque plane, l'intérieur d'un angle rectiligne, devant être plié en un angle solide convexe. Il n'en est plus de même dans la fabrication de ces filtres faits d'une feuille de papier poreux, qui fonctionnent, supportés par des entonnoirs, dans les laboratoires de chimie ; mais les angles solides réalisés ainsi ne sont jamais convexes.]

❈ **310**. *Avec sa projection orthogonale OB′ sur un plan, une demi-droite OB issue d'un point O de celui-ci, sans lui être perpendiculaire, fait un angle BOB′ inférieur à celui BOA qu'elle fait avec toute autre demi-droite OA issue du même point, dans le même plan.*

Les plans des angles BOB′, AOB′ (*fig.* 103) étant évidemment perpendiculaires, le second angle est toujours, sur son plan, la projection de AOB. Si donc cet angle AOB′ n'est pas aigu, AOB ne l'est pas non plus (**307**), et il surpasse forcément BOB′ qui l'est.

Si AOB′ est aigu, AOB, dont il est la projection, l'est aussi (*Ib.*), ayant en même temps B′OB pour projection sur le plan de ce dernier angle, le surpassant encore par suite (*Ib.*).

L'angle BOB′ est précisément celui de la droite OB avec le plan de projection (**206**), et *le fait précédent en constitue une propriété à remarquer*.

Principaux cas d'égalité de deux trièdres.

❈ **311**. Quelques préliminaires sont indispensables.

I. *Si un même trièdre mobile oabc, a été amené successivement en OABC, O′A′B′C′, positions dont les faces BOC, B′O′C′ sont situées sur un même plan* ᴪ *et dans quelque même direction giratoire* (**159**), *les arêtes opposées OA, O′A′, les trièdres entiers par suite, sont d'un même côté de ce plan.*

Car *oabc* peut encore atteindre sa deuxième position, par deux déplacements successifs, le conduisant : l'un en OABC, l'autre de là à O′A′B′C′, par simple glissement de sa face *boc* sur le plan Φ (*Ib.*), **(33)**. Or ce glissement laisse son arête *oa* dans un même demi-espace de plancher Φ **(174, III)**.

II. *Si les nouvelles positions* O″A″B″C″, O‴A‴B‴C‴ *du même trièdre, ont leurs faces* C″O″A″, A‴O‴B‴ *sur le même plan* Φ, *et dans la direction giratoire de* BOC (*et de* B′O′C′), *elles sont encore du même côté de ce plan, que* OABC (*et* O′A′B′C′).

A partir de OABC pris pour position initiale, autour de l'axe OC et dans un sens identique à celui du dièdre dirigé $\overline{BOCA}$, faisons tourner *oabc* jusqu'à application de sa face *coa* sur le plan Φ dans le demi-plan opposé à $\overline{OCB}$, savoir en $CO\alpha$ angle rectiligne de même sens que BOC **(154, II)**. La rotation ayant la grandeur et le sens du dièdre saillant $\overline{AOC\alpha}$ supplémentaire à $\overline{BOCA}$ et de même sens, le demi-plan $\overline{ocb}$, qui subit la même rotation **(163, V)**, ne sort pas du demi-espace $\overline{BOCA}$, où se trouve ainsi la position finale Oβ de sa demi-droite O*b*.

En O$\alpha\beta$C, on a ainsi une position du trièdre *oabc*, dont la face $CO\alpha$ est sur le plan Φ dans la direction de BOC, de C″O″A″ par suite, dont l'arête Oβ est du même côté de ce plan que OA. L'arête O″B″ est donc du même côté que Oβ (I), que OA par suite et O′A′.

Même raisonnement pour la position O‴A‴B‴C‴, mais en faisant tourner *oabc* autour de Oα, à partir de O$\alpha\beta$C, jusqu'à application de sa face *aob* sur le demi-plan opposé à $\overline{O\alpha C}$.

III. *Si les autres positions* ′O′A′B′C, ″O″A″B″C, ‴O‴A‴B‴C, *ont leurs faces* ′B′O′C, ″C″O″A, ‴A‴O‴B *sur le plan* Φ *toujours, mais dans la direction giratoire opposée à celle de* BOC, *elles sont du côté de ce plan, qui est opposé à celui considéré ci-dessus* (I), (II).

Car, en faisant tourner *oabc*, à partir de OABC, autour de OB, et d'un dièdre neutre, il est visible que la position finale BO′γ de sa face *boc* est dans une direction giratoire opposée à celle de BOC, et que celle O′α de son arête *oa*, est dans le demi-espace opposé à $\overline{BOCA}$. Les trois positions considérées y sont donc aussi, puisque, sur le plan Φ, leurs faces ′B′O′C, ″C″O″A, ‴A‴O‴B ont des directions identiques à celle de BO′γ (I), (II).

❋ 312. Nous considérerons en second lieu, deux trièdres $o_1a_1b_1c_1$, $o_2a_2b_2c_2$, *entre les arêtes desquels, nous établirons les correspondances marquées par ces notations, savoir*: de o_1a_1 à o_2a_2, de o_1b_1 à o_2b_2, de o_1c_1 à o_2c_2.

I. *Si, sur le plan* Φ, *et dans des directions giratoires toutes identiques, on amène successivement les faces* $b_1o_1c_1$, $c_1o_1a_1$, $a_1o_1b_1$ *de l'un, puis les faces* $b_2o_2c_2$, $c_2o_2a_2$, $a_2o_2b_2$ *de l'autre, l'identité ou l'opposition des demi-espaces* $(\Phi)_1$, *puis* $(\Phi)_2$, *de même plancher* Φ, *qui contiennent respectivement les trois positions prises par le premier, puis celles du second (311, II), ne dépendra que de la nature relative des deux trièdres considérés.*

Nous dirons que ces trièdres sont, *homotaxiques* en cas d'identité des demi-espaces $(\mathcal{P})_1$, $(\mathcal{P})_2$, *antitaxiques* en cas d'opposition.

II. *La relation ci-dessus définie (I), change de nom, quand on modifie la correspondance entre les arêtes des trièdres, par la permutation, dans la notation d'un seul d'entre eux, de celles de deux arêtes.*

Car, amener sur le plan $\mathcal{P}$, et dans une direction giratoire donnée, la face $c_1 o_1 b_1$ du trièdre $o_1 a_1 c_1 b_1$ par exemple, est la même chose que placer sur ce plan, mais dans la direction opposée, la face $b_1 o_1 c_1$ du trièdre $o_1 a_1 b_1 c_1$ (311, III).

III. *Deux trièdres sont homotaxiques entre eux, ou antitaxiques, selon que leurs relations de ce genre avec un même troisième, sont d'un même nom, ou de noms différents. Le lecteur l'apercevra immédiatement.*

IV. *L'homotaxie de deux trièdres est une condition nécessaire à leur égalité (du mode déterminé par leurs notations).* Car leur superposition, si elle est possible, applique l'une sur l'autre, dans des sens giratoires identiques, deux faces homologues quelconques ; et le plan commun de celles-ci, laisse les deux trièdres d'un même côté de lui.

❉ 313. *Deux trièdres OABC, O'A'B'C' sont égaux, quand ils sont homotaxiques (312, I), et qu'une face BOC, avec ses dièdres adjacents OB, OC dans l'un, sont respectivement égaux à la face B'O'C' et aux dièdres O'B', O'C', qui leur correspondent dans l'autre (Cf. 228).*

Déplaçons le premier, de manière à appliquer simultanément les côtés OB, OC de sa face BOC, sur les côtés O'B', O'C' de la face B'O'C' de l'autre. Comme ces trièdres sont homotaxiques, la troisième arête OA du premier, vient en une position O'α située du même côté du plan B'O'C', que l'arête O'A' du second.

Les dièdres $C'\overline{O'B'}\alpha$, $C'\overline{O'B'}A'$ sont donc, non seulement égaux, mais portés dans des sens identiques à partir de leur face commune $\overline{O'B'C'}$; donc les demi-plans $\overline{O'B'\alpha}$, $\overline{O'B'A'}$ qui constituent leurs autres faces coïncident. Et on prouvera de même, que les demi-plans $\overline{O'C'\alpha}$, $\overline{O'C'A'}$ se confondent. L'arête O'α, intersection des demi-plans $\overline{O'B'\alpha}$, $\overline{O'C'\alpha}$, se confond donc avec OA', intersection des demi-plans identiques $\overline{O'B'A'}$, $\overline{O'C'A'}$, et la superposition des deux trièdres a pu être réalisée.

❉ 314. *Deux trièdres homotaxiques OABC, O'A'B'C', sont égaux, quand un dièdre OA dans l'un, et les faces AOB, AOC qui* *le comprennent, sont respectivement égaux aux éléments correspondants* O'A', A'O'B', A'O'C' *de l'autre (Cf.* **228**).

Nous amènerons encore le premier trièdre en une position telle, que les côtés OA, OB de sa face AOB soient respectivement appliqués sur les côtés correspondants O'A', O'B' de son égale A'O'B' dans l'autre, et nous nommerons O'γ la position prise en même temps par sa troisième arête OC, position située du même côté du plan A'O'B', que O'C', à cause de l'homotaxie supposée entre les trièdres.

Comme tout à l'heure, l'égalité des dièdres OA, O'A' assure la coïncidence des demi-plans $\overline{O'A'\gamma}$, $\overline{O'A'C'}$; et celle des angles rectilignes AOC, A'O'C', entraîne la confusion des arêtes O'γ, O'C', seconds côtés de ces angles portés ainsi dans un même demi-plan, à partir d'un côté commun O'A'. Donc encore, nos deux trièdres ont pu être superposés.

✳ **315.** *Deux trièdres homotaxiques* OABC *(fig.* 106), O'A'B'C', *sont égaux, quand les trois faces de l'un sont respectivement égales à leurs correspondantes dans l'autre (Cf.* **248**).

Pour fixer les idées, nous nous placerons dans le cas où sont aiguës, les deux faces AOB, AOC du premier trièdre, et, par suite, leurs égales A'O'B', A'O'C' dans le second. Les autres cas ne diffèrent de celui-ci, que par des circonstances purement topographiques, dont nous devons laisser l'examen aux soins du lecteur.

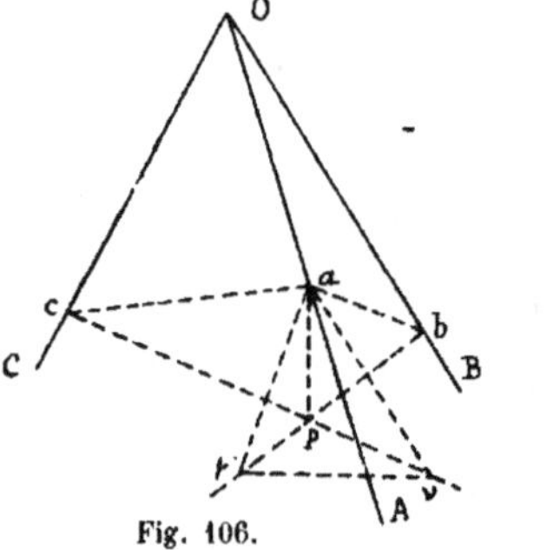

Fig. 106.

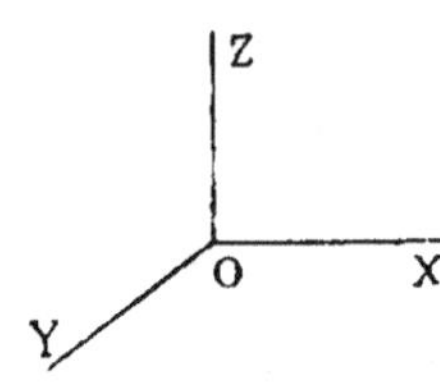

Fig. 107.

Sur l'arête OA du premier trièdre, nous prendrons (ailleurs qu'au sommet) un point quelconque *a*, d'où nous abaisserons, sur les arêtes OB, OC, des plans perpendiculaires, de pieds *b*, *c*, se coupant mutuellement en une perpendiculaire, de pied *p*, à la face BOC, parce que, perpendiculaires aux deux droites OB, OC de ce plan, ils lui sont tous deux perpendiculaires (**196**). Ces mêmes plans coupent les dièdres OB, OC, suivant leurs angles plans *pba*, *pca* (**211**); et, à cause de l'acuité supposée aux faces

AOB, AOC, les points b, c sont sur les arêtes OB, OC, *elles-mêmes* (**224**, II).

Dans le second trièdre (bien inutile à dessiner), les mêmes constructions recommencées à partir d'un point a' pris sur son arête O'A', de manière à rendre $O'a' = Oa$, conduiront aux points b', c', p' jouant les mêmes rôles, que b, c, p dans le premier.

Maintenant, les triangles Oba, $O'b'a'$, rectangles en b, b', sont égaux, comme ayant leurs hypoténuses Oa, $O'a'$ égales par construction, et leurs angles aigus AOB, A'O'B' égaux par hypothèse (**243**); d'où $Ob = O'b'$, puis $Oc = O'c'$ pour des causes analogues. Comme, par hypothèse, on a encore BOC $=$ B'O'C', le déplacement du premier trièdre, qui applique les côtés OB, OC de sa face BOC sur O'B', O'C' côtés de la face correspondante et égale B'O'C' du second, fera coïncider aussi : 1° les points b, c, avec b', c', par suite les droites bp, cp perpendiculaires en b, c sur OB, OC et dans le plan de ces deux arêtes, avec les perpendiculaires correspondantes $b'p'$, $c'p'$; 2° l'intersection p des premières avec celle p' des secondes, d'où $bp = b'p'$, $cp = c'p'$; 3° enfin la *droite pa* perpendiculaire au plan BOC, avec $p'a'$ perpendiculaire correspondante.

Comme l'égalité des triangles Oba, $O'b'a'$ (celle de Oca, $O'c'a'$, aussi bien), donne encore $ba = b'a'$ (et pareillement $ca = c'a'$), les triangles bpa, $b'p'a'$ par exemple, qui sont rectangles en p, p', sont égaux, parce que leurs hypoténuses ba, $b'a'$ le sont entre elles, ainsi que leurs autres côtés bp, $b'p'$ (*Ib.*). On a donc encore $pa = p'a'$, et le déplacement imprimé au premier trièdre superposera le point a à a', parce que le segment pa prend la direction de son égal $p'a'$, à cause de l'homotaxie supposée aux deux trièdres. Ceux-ci sont donc complètement superposés.

✳ **316.** *Deux trièdres homotaxiques* OABC (*fig.* 106), O'A'B'C', *sont égaux, quand les trois dièdres de l'un le sont respectivement à ceux de l'autre* (*Cf.* **315**).

Nous fixerons encore les idées, en supposant aigus deux dièdres OB, OC du premier, et, par suite, leurs égaux O'B', O'C' dans le second.

Par deux plans menés parallèlement aux faces correspondantes BOC, B'O'C', dans les demi-espaces $\overline{BOCA}$, $\overline{B'O'C'A'}$, à des distances de ces faces prises égales (et non nulles), nous couperons les arêtes opposées OA, O'A', en des points a, a' dont les distances ap, $a'p'$ aux plans des mêmes faces sont alors forcément égales. En partant ensuite de ces deux points, nous referons les constructions du n° **315**, dont nous noterons les détails par les mêmes lettres; et nous observerons tout d'abord, que le pied p est à l'intérieur de la face BOC, comme situé à la fois sur les demi-plans $\overline{OBC}$, $\overline{OCB}$ à cause de l'acuité supposée aux dièdres OB, OC (**224**, II), puis, en conséquence, que *pba*, *pca* sont les angles plans de ces dièdres, puis, de même, que p' est intérieur à B'O'C', faisant de $p'b'a'$, $p'c'a'$ les angles plans des dièdres O'B', O'C'. Enfin, les triangles *apb*, $a'p'b'$ sont égaux comme rectangles en *p*, p' avec leurs côtés *pa*, $p'a'$ égaux par construction, leurs angles *pba*, $p'b'a'$ égaux aussi comme angles plans des dièdres OB, O'B' supposés égaux; et semblablement, les triangles rectangles du même genre, *apc*, $a'p'c'$, sont égaux entre eux.

En *a*, sur la droite *ab* et dans le plan *abp*, nous élèverons une perpendiculaire qui, à cause de l'acuité de l'angle *abp*, rectiligne du dièdre OB supposé aigu, coupera certainement, en quelque point μ, la demi-droite *bp* et, par suite le demi-plan $\overline{OBC}$; d'où la conséquence, que la demi-droite $a\mu$ et le demi-plan $\overline{OAC}$ sont d'un même côté du plan AOB. De même, la perpendiculaire, en *a* toujours, à *ac*, dans le plan *acp*, coupera la demi-droite *cp*, le demi-plan $\overline{OCB}$, en un point ν plaçant la demi-droite $a\nu$ dans le demi-espace $\overline{AOCB}$. Les demi-droites $a\mu$, $a\nu$ étant, comme les plans *abp*, *acp*, perpendiculaires aux plans AOB, AOC (**197**), leur angle $\mu a\nu$ est le supplément de l'angle plan du dièdre OA (**215**).

Des constructions toutes semblables exécutées sur le trièdre O'A'B'C', conduiront à deux demi-droites issues de a', coupant $b'p'$, $c'p'$ en certains points μ', ν', et l'angle rectiligne $\mu'a'\nu'$ est supplémentaire à l'angle plan du dièdre O'A', égal en conséquence à $\mu a\nu$, à cause de l'égalité mutuelle supposée aux dièdres OA, O'A'.

Maintenant, l'égalité des triangles *apb*, $a'p'b'$ et la perpendicularité de $a\mu$, $a'\mu'$ à *ab*, $a'b'$ entraîne visiblement l'égalité des figures planes *abpμ*, $a'b'p'\mu'$, d'où, en particulier, $a\mu = a'\mu'$, $p\mu = p'\mu'$; et des considérations analogues conduisent à $a\nu = a'\nu'$, $p\nu = p'\nu'$.

Les triangles $\mu a\nu$, $\mu'a'\nu'$ ayant ainsi égaux, non seulement leurs angles en *a*, a' comme nous l'avons vu tout à l'heure, mais encore les côtés comprenant ces angles, ils sont égaux ; d'où $\mu\nu = \mu'\nu'$, égalité assurant celle des triangles $\mu p\nu$, $\mu'p'\nu'$, dont les autres côtés $p\mu$ et $p\nu$, $p'\mu'$ et $p'\nu'$ étaient déjà égaux respectivement (**248**).

De tout ce qui précède, résulte la possibilité de déplacer le premier trièdre de manière à appliquer le triangle $\mu p\nu$ sur son égal $\mu'p'\nu'$, puis l'application simultanée des segments *pb*, *pc* sur $p'b'$, $p'c'$, de *b*O, *c*O perpendiculaires aux premiers sur b'O', c'O' perpendiculaires aux autres, du point O sur O', de *pa* droite perpendiculaire au plan BOC, sur $p'a'$ perpendiculaire à B'O'C', de *a* enfin sur a', ce qui entraîne la complète superposition des trièdres, puisque l'homotaxie supposée à ceux-ci, place le segment *pa* dans la même direction que son égal *p'a'*.

❊ **317.** *Si, dans l'un quelconque des quatre énoncés ci-dessus (313 à 316), on modifie l'hypothèse par la simple substitution de l'antitaxie des trièdres (312, I) à leur homotaxie, chacun de ceux-ci devient égal à l'opposé au sommet de l'autre (305).*

I. *Deux trièdres opposés au sommet, OABC, $OA_1B_1C_1$ (fig. 102) sont antitaxiques.* Car deux faces correspondantes, BOC, B_1OC_1 par exemple, sont dans un même plan, avec des sens identiques entre eux comme l'étant chacun à celui de leur jumeau commun C_1OB, et leurs arêtes opposées OA, OA_1 sont de part et d'autre de ce plan (**82**).

II. Soient maintenant OABC, O'A'B'C' deux trièdres antitaxiques, et $OA_1B_1C_1$ l'opposé au sommet du premier, ayant ainsi ses éléments égaux à ceux de celui-ci, respectivement (**305**).

Les trièdres $OA_1B_1C_1$, O'A'B'C' sont homotaxiques entre eux, comme étant séparément antitaxiques au même OABC, le premier par construction (I), le second par hypothèse (**312, III**). Si donc les égalités formulées dans l'un des énoncés précités, existent entre des éléments de OABC, O'A'B'C', elles existent aussi entre ceux correspondants dans $OA_1B_1C_1$, O'A'B'C', trièdres maintenant justiciables de ces théorèmes.

318. Deux figures composées, l'une de points, droites, plans, ... l'autre de tels objets en correspondance mutuelle avec ceux de la première (correspondance s'étendant d'elle-même à toutes les parties des deux figures), sont *isomères*, si tous segments, angles rectilignes et dièdres de l'une, sont égaux respectivement à leurs correspondants chez l'autre.

❊ Cette notion permet de renfermer tous les théorèmes précédents dans un seul énoncé :

Quand, dans un trièdre, trois éléments, soit consécutifs, soit d'une même nature, sont respectivement égaux à leurs correspondants chez un autre, il y a toujours isomérie entre eux, avec égalité mutuelle ou non, selon qu'ils sont homotaxiques ou antitaxiques.

❊ **319.** *Quand deux angles d'un trièdre sont égaux, les faces opposées sont égales aussi, et réciproquement. En outre, un même plan jouit de la triple propriété de diviser en deux parties égales le troisième angle, ainsi que sa face opposée, et d'être perpendiculaire au plan de celle-ci (Cf. **234**).*

Soient OABC le trièdre considéré, et $OA_1B_1C_1$ son opposé au sommet, antitaxique (**317, I**), mais isomère (**318**), (**305**).

I. Si les dièdres OB, OC sont égaux, on aura indistinctement

$OB = OC = OB_1 = OC_1$, et, écrits OABC, $OA_1C_1B_1$, nos trièdres deviennent homotaxiques (**312**, II), partant égaux, comme ayant égaux trois éléments consécutifs, savoir: $OB = OC_1$, $BOC = C_1OB_1$, $OC = OB_1$ (**318**). D'où les égalités $AOB = A_1OC_1 = AOC$.

II. Pour la réciproque, raisonnement semblable.

III. Soit enfin xOx_1 la bissectrice commune des angles opposés au sommet BOC, B_1OC_1. La superposition des trièdres égaux OABC, $OA_1C_1B_1$ (I), opère forcément celle des demi-bissectrices Ox, Ox_1, celle par suite des dièdres $\overline{BOA}x$, $C_1\overline{OA_1}x_1$, et des dièdres $\overline{AOx}B$, $A_1\overline{Ox_1}C_1$. On a donc $\overline{BOA}\alpha = C_1\overline{OA_1}x_1 = \overline{COA}\alpha$, puisque ces derniers sont opposés par leur arête commune AOA_1. En d'autres termes, le plan AOx conduit par l'arête OA et la bissectrice Ox de la face opposée, est en même temps le bissecteur du dièdre OA.

On a donc encore $\overline{AOx}B = A_1\overline{Ox_1}C_1 = \overline{AOx}C$, puisque ces derniers dièdres sont opposés par leur arête xOx_1. En conséquence, $\overline{AOx}B$, $\overline{AOx}C$ sont des dièdres droits, comme égaux et donnant pour somme le dièdre neutre $\overline{BOx}C$, et le même plan AOx est perpendiculaire sur la face BOC.

320. Un trièdre peut avoir un dièdre droit, ou deux, ou trois.

I. Dans le premier cas, il est dit *rectangle*, en l'arête de son dièdre droit.

II. Dans le second, il est *birectangle*, et on aperçoit sans peine que *les faces opposées à ses dièdres droits, sont des rectilignes droits aussi* (**196**).

III Dans le troisième, il est *trirectangle*, et ses trois faces sont droites aussi (II).

On obtient évidemment les arêtes d'un tel trièdre, en adjoignant à une demi-arête OX (*fig.* 107) d'un dièdre droit, les traces OY, OZ sur ses faces, d'un plan mené par O perpendiculairement à OX.

Les jumeaux d'un semblable trièdre, sont évidemment trirectangles, tous aussi (**305**).

Deux trièdres trirectangles sont toujours égaux (cela même de trois manières), puisqu'ils sont isomères évidemment, et que des notations convenables peuvent les rendre homotaxiques (**318**), (**312**, II), (**313**, ...).

[Ces trièdres jouent un très grand rôle, non seulement dans certaines théories, mais encore dans les arts de construction. Par exemple, les angles solides des briques (les principaux aussi des pierres de taille ordinaires), sont façonnés de cette manière donnant à deux quelconques de ces objets la propriété de pouvoir se joindre par deux faces égales, avec prolongement mutuel assuré, tant des faces contiguës, que des arêtes communes à ces faces. Pour le même motif, pour une moindre perte de matière, et à cause de l'égalité de tous les trièdres trirectangles, on façonne de même, les angles solides des caisses d'emballage et de la plupart de nos meubles, les encoignures des pièces de nos habitations, ...]

CHAPITRE XII

VOLUMES POLYÉDRIQUES

Généralités.

321. En général, une surface *brisée* ou *polyédrique*, est un assemblage continu de régions de plans, déterminées par des droites, demi-droites, segments rectilignes. Tels étaient déjà, les angles dièdres, même les demi-plans, les paravents et moulures (**291** *et suiv.*), les éventails et angles solides (**301** *et suiv.*); tels sont encore les *plaques brisées*, ou *toits brisés*, que nous rencontrons actuellement.

Une surface de ce genre, est formée de polygones plans, dont chacun est soudé par quelques-uns de ses côtés, à d'autres en possédant d'égaux aux siens; ici, nous supposerons ces *polygones tous déchevêtrés* (**218**), *même convexes* (**277, V**). Leurs aires (*Ib.*, IV) sont les *faces* de la plaque brisée, et leurs côtés en sont les *arêtes*, ou *côtés* encore, plus spécialement ceux qui sont des soudures. Les côtés libres des faces, savoir ceux par lesquels elles ne se soudent pas, s'assemblent en un ou plusieurs polygones (gauches habituellement), dont l'ensemble constitue le *bord* de la plaque.

En chaque soudure, les demi-plans contenant les faces qui s'y joignent, comprennent deux dièdres replémentaires, dont un, choisi suivant les circonstances, est un *angle* de la plaque.

Chacun des sommets des faces, est celui d'un éventail composé par les angles rectilignes de même sommet, dans toutes les faces auxquelles ce point appartient à titre de sommet : c'est un *sommet* de la plaque. Quand un tel sommet est étranger au bord, l'éventail qui en rayonne, se ferme en un *angle solide* de la plaque.

On nomme *diagonale*, toute droite passant par deux sommets non situés sur une même face, et *plan diagonal*, tout plan mené par trois sommets soumis à la même restriction.

La réunion des intérieurs des faces, la somme de leurs aires, donnent l'*intérieur* (*superficiel*) de la plaque, son *aire* ou *développement*.

Une plaque brisée est *déchevêtrée*, quand deux faces quelconques n'ont aucune région commune, sauf une arête ou un sommet de soudure, en cas de contiguïté ; autrement, elle est *enchevêtrée* (*Cf.* **218**).

322. Une plaque brisée est *ouverte*, quand elle a un bord véritable, c'est-à-dire ne dégénérant pas en un simple point. Elle est *fermée* dans le cas contraire, où, en réalité, elle n'a point de bord, chaque face se joignant par tous ses côtés, à des faces contiguës ; en elle, on a alors un *polyèdre*, ou plutôt la *périphérie* d'un polyèdre (*Cf.* **219**, **292**, **302**).

Parmi les polyèdres, on distingue en particulier, les *tétraèdres*, *pentaèdres*, *hexaèdres*, ..., *octaèdres*, ..., *dodécaèdres*, ..., *icosaèdres*, ..., pourvus respectivement de 4, 5, 6, ..., 8, 12, ..., 20, ... faces.

323. Le plus simple des polyèdres déchevêtrés (**322**), (**321**), (*Cf.* **221**), a pour sommets, quatre points non situés dans un même plan, A, B, C, D (*fig.* 108), et pour faces, les quatre triangles dont on obtient les sommets en associant ces points trois à trois, de toutes les manières possibles. C'est donc un *tétraèdre* [nommé parfois *pyramide triangulaire* (**332**, II, *inf.*)]. Un sommet et la face qui ne le contient pas, sont *opposés*. Ex. : A et BCD.

Les arêtes se confondent avec les segments rectilignes qui ont pour extrémités les diverses paires de sommets ; il y en a six, parce que quatre objets s'apparient de six manières. Chacune d'elles et celle qui contient les deux autres sommets, comme AB et CD, sont *opposées* ; elles ne peuvent être dans un même plan, puisqu'il en est ainsi pour les quatre sommets.

Les angles sont les six dièdres, évidemment saillants, dont chacun a pour arête, quelque côté du tétraèdre (pourvu de ses deux prolongements), pour faces, les demi-plans allant de cette arête aux extrémités du côté opposé, et dont l'intérieur contient celui de ce dernier segment.

Les angles solides sont les quatre trièdres convexes (**303**, I), dont chacun a pour arêtes, trois arêtes du tétraèdre rayonnant de quelque même sommet. Ces trièdres ont ainsi pour faces, les angles des faces du tétraèdre, et pour angles, les dièdres mêmes que nous venons de définir. D'après cela, l'intérieur de chacun de ces angles solides, comprend celui de la face du tétraèdre qui est opposée à son sommet.

Un tétraèdre est enchevêtré, quand ses quatre sommets sont

dans un même plan, cas auquel ses faces et arêtes s'y appliquent aussi ; mais *nous n'en considérerons aucun affecté de cette dégénérescence.*

324. L'*intérieur*, ou *volume*, d'un tétraèdre, est la région de l'espace, dont chaque point appartient, soit à sa périphérie, soit à la fois, aux quatre demi-espaces déterminés par les plans des faces et les sommets respectivement opposés. C'est, aussi bien, la région commune aux intérieurs, soit des six dièdres, soit des quatre angles solides. Le surplus de l'espace, est l'*extérieur* du tétraèdre.

La *contiguïté extérieure*, ou *intérieure*, de deux tétraèdres, se définit exactement comme s'il s'agissait de deux triangles sur un même plan (**277, II**), à cela près, qu'elle s'établit par quelque fragment, non plus de droite, mais de plan.

Cela posé, une extension facile des considérations exposées au lieu cité, conduira à la notion de l'*intérieur*, ou *volume*, d'un polyèdre déchevêtré, *convexe* en particulier, de son *extérieur*, à la définition de ses *angles intérieurs*, dièdres ou solides, de la *somme* ou *différence* (géométriques), de tels volumes, du *rapport* de deux d'entre eux, de leur *mesure*, etc. (Mais les analogues des propositions du n° **281**, n'existent pas pour les polyèdres.)

Comparaison des volumes des tétraèdres.

325. Tout d'abord, voici deux lemmes dont nous aurons besoin.

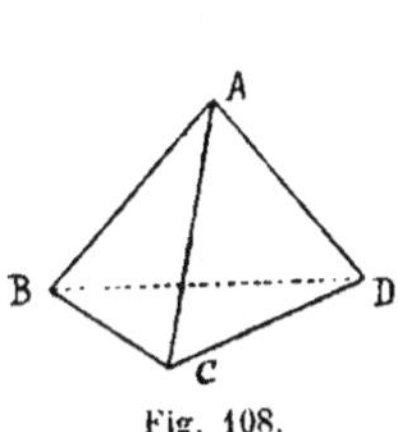

Fig. 108.

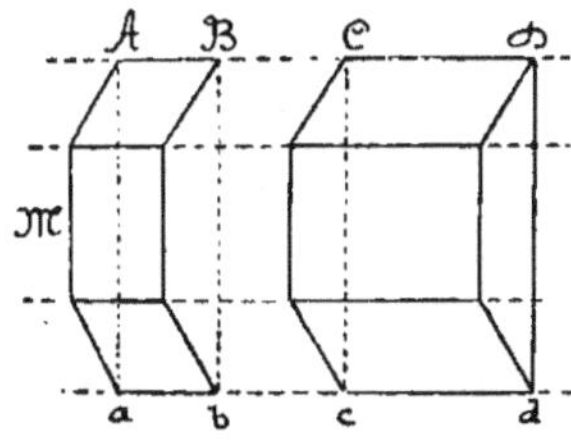

Fig. 109.

I. Quand une moulure déchevêtrée $\mathfrak{M}$ (**292**) et un mur $\mathcal{A}\mathfrak{B}$ (*fig.* 109), ne sont pas parallèles (c'est-à-dire quand les arêtes de la première ne le sont pas aux faces de l'autre), leurs intérieurs ont évidemment en commun, le volume d'un polyèdre déchevêtré appartenant à l'espèce des *prismes* (**330, II, inf.**). Et, pour des prismes découpés ainsi dans une même moulure $\mathfrak{M}$, par des murs $\mathcal{A}\mathfrak{B}$, $\mathcal{C}\mathfrak{D}$, ... tous parallèles entre eux mais non à la première, nous donnerons un instant le nom de *cotes*, aux segments *correspondants ab, cd, ...,* découpés simultanément sur une des arêtes de la moulure par $\mathcal{A}\mathcal{B}$, $\mathcal{B}\mathcal{C}$, ..., respectivement.

Cela posé, *les volumes de ces prismes sont proportionnels à leurs côtes.* Même raisonnement que pour une droite (**119**), ou une bande (**282**, I), coupées par des bandes parallèles.

II. Étant donnés un plan et une droite, fixes et non mutuellement parallèles, $\mathcal{X}$, Y (*fig.* 110), puis un triangle quelconque $pp'p''$, nous représenterons par $[pp'p'']$ le plus grand des trois prismes qui sont découpés, dans la moulure de section plane $pp'p''$ et d'orientation Y, par les trois murs ayant pour faces les paires des plans issus des points p, p', p'', parallèlement à $\mathcal{X}$. (Ici, ce plus grand prisme est $p_1p'p''_1p_2p'_2p''$.)

Cela posé, *si l'on divise progressivement un polygone plan fixe* $\mathcal{P}$, *en parties triangulaires ...,* $pp'p''$, *... dont les côtés sont tous inférieurs à une même quantité infiniment petite, la somme variable* $\Sigma[pp'p'']$ *des volumes des prismes ...,* $[pp'p'']$, *..., est une quantité infiniment petite aussi* (*Cf.* **282**, II).

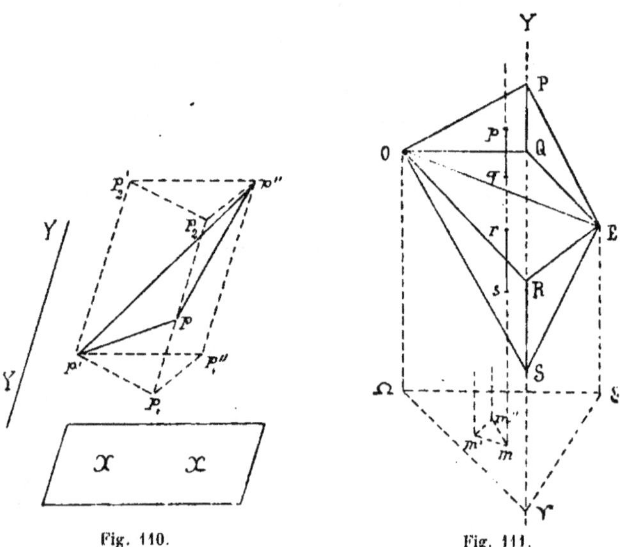

Fig. 110.   Fig. 111.

326. *Les volumes* A, B, *... de tétraèdres* OEPQ, OERS, ... (*fig.* 111) *ayant un même segment* OE *pour arête commune, avec des arêtes opposées* PQ, RS, *... empruntées à une même droite* Y, *sont proportionnels à ces dernières arêtes* (*Cf.* **283**).

I. *Quand un segment variable* mm', *demeurant toutefois sur un plan fixe, est toujours inférieur à une quantité infiniment petite* ε, *sa projection* pp' *faite sur un autre plan fixe par des*

*droites projetantes d'orientation fixe encore (298), reste infé-
rieure aussi à quelque quantité infiniment petite* η. Rendu
assez visible par le fait analogue du n° **283**, I, ce lemme s'établit
par des moyens semblables. Nous en supprimons la démonstration, parce qu'elle comporte quelques longueurs et un trop
médiocre intérêt.

II. Soient γ la trace de la droite Y sur quelque plan $\mathscr{Z}$ non
parallèle, et $\Omega\mathscr{E}$ la projection du segment OE, faite sur $\mathscr{Z}$ par
des projetantes parallèles à Y ; faisons une division du triangle
$\Omega\mathscr{E}\gamma$ en autres ..., $mm'm''$, ... à côtés tous infiniment petits, et,
par des moulures issues de ces derniers triangles, parallèlement
à Y, découpons le triangle OEP en d'autres ..., $pp'p''$, ... correspondant à ceux-ci, le triangle OEQ en ..., $qq'q''$, ..., etc. Les
mêmes moulures décomposent le volume du tétraèdre OEPQ
(*fig.* 112) en pentaèdres irréguliers ..., $pqp'q'p''q''$, ... [ce sont des
troncs de prismes triangulaires (**330**, I, *inf.*)], que nous remplacerons par les prismes ..., $pqp'_1q'_1p''_1q''_1$, ... obtenus en recoupant ces moulures par des murs issus des segments ..., pq, ...,
parallèlement au plan $\mathscr{Z}$.

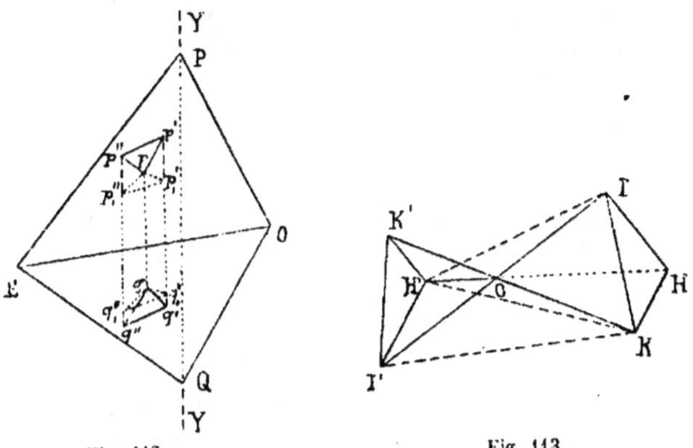

Fig. 112.

Fig. 113.

La somme A' *de ces prismes ne reproduit pas le volume* A *du
tétraèdre* OEPQ (elle varie progressivement), *mais elle a ce
volume pour limite.* Car la différence entre le tronc de prisme
$pqp'q'p''q''$ et le prisme $pqp'_1q'_1p''_1q''_1$, ne pouvant visiblement
surpasser la somme des deux prismes $[pp'p'']$, $[qq'q'']$ (**325**, II),
celle entre A et A' est inférieure, égale au plus, à $\Sigma[pp'p'']$
$+ \Sigma[qq'q'']$, ces deux sommes étant afférentes aux aires des
triangles invariables OEP, OEQ. Or $\Sigma[pp'p'']$, $\Sigma[qq'q'']$ sont des
quantités infiniment petites, parce que les côtés des triangles
..., $pp'p''$, ..., projections de ceux de ..., $mm'm''$, ..., tous infé-

rieurs à une même quantité infiniment petite ε, jouissent de pareille propriété (I), appartenant à ceux de ..., $qq'q''$, ... pour la même raison (**325**, II).

III. *Les volumes variables* A', B', *construits ainsi pour deux quelconques des tétraèdres considérés,* OEPQ, OERS (*fig.* 111), *demeurent proportionnels aux arêtes* PQ, RS *de ceux-ci, qui sont sur la* ¹*droite* Y.

1ᵒ On arrive d'abord à la proportion

$$\frac{pq}{PQ} = \frac{rs}{RS},$$

en raisonnant exactement comme au nᵒ **283**, III, sauf substitution des plans OEP, OEQ, OER, OES aux droites OP, OQ, OR, OS, et appui pris sur le théorème du nᵒ **267**, remplaçant ici celui du nᵒ **261**, II.

2ᵒ *Dans toute moulure issue d'un triangle* $mm'm''$, *parallèlement à* Y, *les volumes* $\{pq\}$, $\}rs\{$ *des prismes découpés par les murs issus des segments* pq, rs *parallèlement à* X (*fig.* 111, 112), *demeurent proportionnels à* PQ, RS. Car ces volumes sont proportionnels aux cotes pq, rs de ces prismes (**325**, I), qui le sont à PQ, RS (1ᵒ).

3ᵒ Comme au nᵒ **283**, III, 3ᵒ, pour obtenir la proportion continuelle à établir,

$$\frac{A'}{PQ} = \frac{B'}{RS}.$$

IV. En poursuivant comme dans l'alinéa IV du numéro cité, on arrive finalement à la proportionnalité annoncée

$$(1) \qquad \frac{A}{PQ} = \frac{B}{RS} = \frac{C}{TU} = \cdots$$

327. *Les volumes des tétraèdres dont chacun possède un trièdre égal à un trièdre donné ou à l'un de ses jumeaux* (**305**), *indistinctement, sont proportionnels aux produits des arêtes qui, dans les uns et les autres, respectivement, appartiennent aux trièdres en question* (*Cf.* **284**).

On peut effectivement placer deux quelconques de ces tétraèdres en des positions OHIK, OH'I'K' (*fig.* 113), où les arêtes de leurs trièdres en question, soient sur trois mêmes droites OHH', OII', OKK' issues d'un sommet commun O. Nommons alors T, U les volumes des tétraèdres auxiliaires OH'IK, OH'I'K.

On aura

$$\frac{OHIK}{OH} = \frac{T}{OH'},$$

parce que ces deux tétraèdres ont l'arête commune IK, avec ses opposées OH, OH′ sur une même droite (**326**), puis

$$\frac{T}{OI} = \frac{U}{OI'},$$

parce que T, U ont l'arête commune H′K, avec des opposées OI, OI′ sur une même droite, et enfin

$$\frac{U}{OK} = \frac{O'H'I'K'}{OK'},$$

parce que ces tétraèdres ont l'arête commune I′H′, une même droite contenant ses opposées OK, OK′. Or la multiplication des trois égalités précédentes, membre à membre, puis la suppression du facteur commun T.U, laissent bien

$$\frac{OHIK}{OH.OI.OK} = \frac{OH'I'K'}{OH'.OI'.OK'}.$$

328. *Quand des tétraèdres ont un même point O pour sommet, et leurs faces opposées $\mathcal{C}_1$, $\mathcal{C}_2$, ... toutes situées sur un même plan $\mathcal{S}$, leurs volumes $[\mathcal{C}_1]$, $[\mathcal{C}_2]$, ... sont proportionnels aux aires de ces faces* (*Cf*. **283, 294, 326**). Il suffit évidemment de considérer deux, seulement, de ces tétraèdres.

I. *Notre proposition a lieu pour des tétraèdres du genre précité, dont les faces en question sont des triangles OPQ, ORS (fig. 89), ayant un sommet commun O, avec des côtés opposés PQ, RS empruntés à une même droite.*

Car ils ont alors OO pour arête commune, avec PQ, RS pour opposées, et, entre leurs volumes [OPQ], [ORS], le théorème du n° 326 donne la proportion

$$\frac{[OPQ]}{PQ} = \frac{[ORS]}{RS},$$

qui, divisée membre à membre par

$$\frac{OPQ}{PQ} = \frac{ORS}{RS} \qquad (\mathbf{283}),$$

laisse

$$\frac{[OPQ]}{OPQ} = \frac{[ORS]}{ORS}.$$

II. *Elle s'étend au cas où les faces en question sont des triangles OHK, OH′K′ (fig. 90), ayant en O des angles jumeaux ou égaux.*

Car la comparaison des deux tétraèdres, à celui de même genre, que la face H′OK détermine, conduit à

$$\frac{[OHK]}{OHK} = \frac{[OH'K]}{OH'K} = \frac{[OH'K']}{OH'K'} \qquad (\mathbf{I}).$$

III. *Elle subsiste, quand les mêmes faces sont des triangles OBC, OEF (fig. 114), ayant un sommet commun O.*

Car, en coupant par une même droite quelconque, en b, c et e, f, les côtés OB, OC et OE, OF de ces triangles, on en forme de nouveaux, Obc, Oef, dont les angles en O sont respectivement égaux ou jumeaux à ceux des précédents. Il en résulte (II)

$$\frac{[OBC]}{OBC} = \frac{[Obc]}{Obc}, \qquad \frac{[OEF]}{OEF} = \frac{[Oef]}{Oef},$$

et les seconds membres de ces égalités sont égaux entre eux, par application de l'alinéa I aux tétraèdres [Obc], [Oef]. D'où

$$\frac{[OBC]}{OBC} = \frac{[OEF]}{OEF}.$$

IV. *Elle s'étend enfin, au cas où les faces en question sont des triangles quelconques ABC, DEF (fig. 115).*

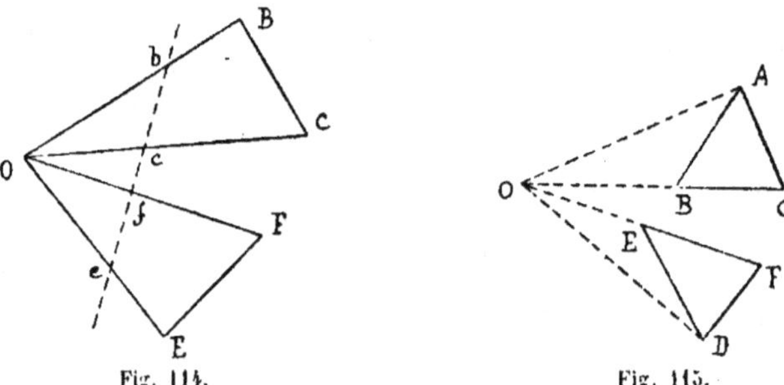

Fig. 114.   Fig. 115.

Comme un côté BC de la première ne peut être parallèle à tous ceux de la seconde, il en coupe quelqu'un EF en un point O que nous joindrons aux sommets opposés A, D. On aura donc

$$\frac{[ABC]}{ABC} = \frac{[ABO]}{ABO}, \qquad \frac{[DEF]}{DEF} = \frac{[DEO]}{DEO} \qquad (I),$$

avec

$$\frac{[ABO]}{ABO} = \frac{[DEO]}{DEO} \qquad (III),$$

puis, par comparaison,

$$\frac{[ABC]}{ABC} = \frac{[DEF]}{DEF}.$$

329. Dans un tétraèdre quelconque ABCD (*fig.* 116), on nomme *base*, une de ses faces BCD arbitrairement choisie, et *hauteur* (correspondante), la distance (orthogonale) AH du plan de cette base au sommet opposé A (**268**), celle, si on le veut, du même plan à son parallèle issu de A (**271**).

Les volumes des tétraèdres sont proportionnels aux produits, pour chacun, de l'aire de sa base par la longueur de sa hauteur (*Cf.* **285**).

Plaçons deux tétraèdres quelconques en ABCD, A'B'C'D' (*fig.* 116), positions dont les bases BCD, B'C'D' sont sur un même plan, et menons les hauteurs AH, A'H'. Par un plan issu de A, parallèlement à celui des bases BCD, B'C'D', coupons, en A_1, l'une des arêtes partant de A' dans l'autre tétraèdre (ou un prolongement), et soient T le volume du tétraèdre auxiliaire A_1B'C'D', puis A_1H_1 sa hauteur.

On a

$$(2) \qquad \frac{ABCD}{BCD} = \frac{T}{B'C'D'}, \qquad (328);$$

car, si l'on imprime au tétraèdre ABCD une translation amenant son sommet A en A_1, sa base BCD restera sur le plan BCDB'C'D' parallèle à cette translation, et, dans sa nouvelle position

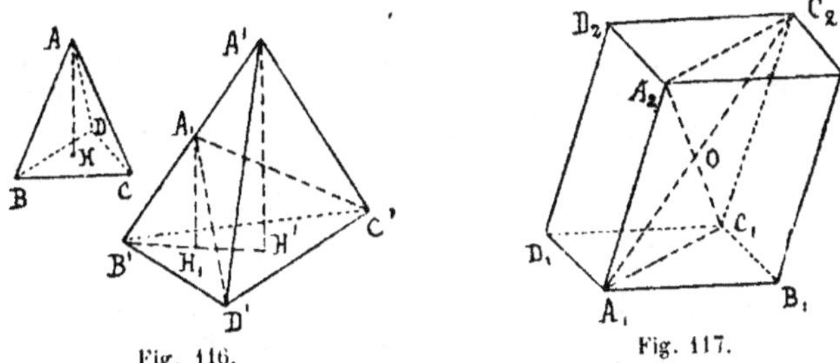

Fig. 116.   Fig. 117.

$A_1B_1C_1D_1$, ce tétraèdre aura, relativement à A_1B'C'D', un sommet commun A_1, avec des faces opposées sur un même plan.

On a encore

$$(3) \qquad \frac{T}{A_1B'} = \frac{A'B'C'D'}{A'B'}, \qquad (326),$$

parce que ces deux tétraèdres ont l'arête commune C'D', avec des arêtes opposées A_1B', A'B' sur une même droite. On a de plus $A_1B' : A'B' = A_1H_1 : A'H'$ équivalant à

$$(4) \qquad \frac{A_1B'}{AH} = \frac{A'B'}{A'H'}.$$

à cause du parallélisme des côtés des triangles $A_1B'H_1$, A'B'H' (**169**, I), (**232**), et de $A_1H_1 = A'H'$, comme segments parallèles découpés par des plans parallèles (**120**).

Or de (3), (4), on tire

$$\frac{T}{AH} = \frac{A'B'C'D'}{A'H'} \qquad (\mathbf{118}, \text{III}),$$

puis, de cette égalité et de (2), multipliées membre à membre, avec suppression du facteur commun T,

$$\frac{ABCD}{BCD.AH} = \frac{A'B'C'D'}{B'C'D'.A'H'},$$

égalité dont l'association avec toutes celles du même genre constitue la proportionnalité annoncée.

Mesure des volumes polyédriques courants.

330. Les polyèdres que nous avons à mesurer, sont fournis par la combinaison, dans l'espace, d'une moulure (**292**), ou d'un angle solide (**302**), avec un angle dièdre ou un mur, de celle de trois murs encore, comme le trapèze et ses variétés (**286**, II, ...) proviennent de celle, dans un même plan, d'une bande avec un angle ou une autre bande.

I. Une moulure déchevêtrée et un dièdre dont elle coupe les faces elles-mêmes, à l'exclusion de leurs prolongements, donnent un *tronc de prisme*, dont les arêtes et faces *latérales* sont découpées par les faces du dièdre sur les arêtes et faces de la moulure, ces dernières ne donnant que des trapèzes à bases fournies par les arêtes de la moulure, dont les deux *bases* sont découpées par la moulure sur les faces du dièdre. Tous les angles solides sont des trièdres.

La *fig.* 121 montre un tronc de prisme triangulaire ayant les segments A_1A_2, B_1B_2, C_1C_2 pour arêtes latérales, les trapèzes $B_1B_2C_1C_2$, $C_1C_2A_1A_2$, $A_1A_2B_1B_2$ pour faces latérales, les deux triangles $A_1B_1C_1$, $A_2B_2C_2$ pour bases.

II. En substituant un mur au dièdre de la définition précédente, on obtient celle d'un *prisme, de ses arêtes et faces latérales, de ses deux bases.*

Ici, les arêtes latérales sont toutes d'une même longueur, comme découpées sur des droites parallèles par les faces d'un même mur ; chaque face latérale est un parallélogramme (**286**, III), comme découpée, dans une face de la moulure qui est une bande, par l'autre bande que le mur trace sur son plan ; les deux bases sont égales, même superposables par translation, comme sections d'une même moulure, faites par des plans parallèles. L'épaisseur du mur est la *hauteur* du prisme. Elle se confond avec la longueur des arêtes latérales, quand le prisme est *droit*, c'est-à-dire quand la moulure et le mur sont en perpendicularité mutuelle.

En $A_1A_2B_1B_2C_1C_2$ ... (*fig.* 123), on voit un prisme pentagonal, avec ses arêtes latérales A_1A_2, B_1B_2, ..., ses faces latérales $A_1A_2B_1B_2$, ..., ses deux bases $A_1B_1C_1D_1E_1$, $A_2B_2C_2D_2E_2$.

331. On remarquera les variétés suivantes du prisme.

I. Quand une moulure est *rhomboïde*, c'est-à-dire quand, étant quadrangulaire, ses faces s'opposent en deux paires, dans chacune desquelles leurs plans sont parallèles entre eux sans l'être à ceux de l'autre, *toutes ses sections planes sont évidemment des parallélogrammes;* elle est déchevêtrée, et résulte de la combinaison de deux murs (*Cf.* **286**, III), ses faces étant découpées par chacun de ceux-ci sur celles de l'autre, son intérieur étant la région de l'espace commune à ceux des deux murs.

Une moulure est toujours rhomboïde, quand ses arêtes, aa', bb', cc', dd', sont issues des sommets a, b, c, d d'un parallélogramme. Car si a, c et b, d sont les paires de sommets opposés dans celui-ci, les plans des faces $aa'bb'$, $cc'dd'$ de la moulure, sont parallèles comme contenant, le premier, les droites ab, aa' non parallèles entre elles, le second, cd, cc' respectivement parallèles aux précédentes (**45**, II); et de même, pour les faces $aa'dd'$, $cc'bb'$.

II. On en conclut immédiatement, qu'*un même prisme dont les bases sont, comme ses faces latérales, des parallélogrammes* $A_1B_1C_1D_1$, $A_2B_2C_2D_2$ *(fig. 117), peut être considéré de trois manières, comme résultant de la combinaison d'une moulure rhomboïde* (I) *avec un mur* (**330**).

Car les arêtes A_1B_1, D_1C_1 étant parallèles, entre elles, comme côtés opposés d'un parallélogramme, à A_2B_2, D_2C_2 respectivement, comme côtés opposés dans des faces latérales d'un prisme, toutes quatre le sont deux à deux indistinctement, et les quatre bandes $\overline{A_1B_1D_1C_1}$, $\overline{D_1C_1D_2C_2}$, $\overline{D_2C_2A_2B_2}$, $\overline{A_2B_2A_1B_1}$ forment une autre moulure qui est encore rhomboïde, puisque $A_1D_1D_2A_2$ est un parallélogramme (I); un autre mur est formé par les plans des faces $A_1A_2D_2D_1$, $B_1B_2C_2C_1$ opposées dans la moulure rhomboïde intervenant dans la définition du prisme (I); et ce dernier résulte, ainsi, de la combinaison de la moulure rhomboïde et du mur en question. Enfin, et de même, il résulte aussi bien, de celle d'une troisième moulure rhomboïde ayant pour arêtes les droites A_1D_1, A_2D_2, B_2C_2, B_1C_1, et d'un troisième mur ayant pour faces les plans $A_1B_1A_2B_2$, $C_1D_1C_2D_2$.

III. *Le prisme considéré résulte encore de la combinaison des trois murs distingués ci-dessus* (II), *dont deux quelconques ne sont pas parallèles;* son volume est ainsi la région de l'espace, dont les points sont intérieurs à ces trois murs à la fois.

Un tel polyèdre porte le nom de *parallélépipède* (*Cf.* **286**, III).

IV. 1º Les faces de chacun des murs du parallélépipède lui en apportent deux, égales entre elles comme sections d'une même moulure par des plans parallèles, et dites *opposées*. Au total, les trois murs lui en donnent six, faisant de lui un hexaèdre (**322**).

2º Chaque moulure rhomboïde lui apporte un groupe de

4 arêtes parallèles, égales entre elles comme latérales dans un prisme, et, parmi lesquelles, on dit *opposées* celles qui le sont dans la moulure. Il y a donc, en tout, 4.3 = 12 arêtes, parallèles et égales, par quatre, à trois directions non parallèles à un même plan, et à *trois longueurs de côtés*.

3° Chaque sommet est fourni par l'intersection de trois faces prises respectivement dans les trois murs. Au total, il y en a donc 2.2.2 = 8, parmi lesquels on dit *opposés*, un quelconque et celui que déterminent les faces des murs n'ayant pas donné le premier sommet considéré.

4° Deux sommets non opposés étant toujours dans quelque même face, le nombre des diagonales (**321**) est celui des paires de sommets opposés, savoir 4.

Toutes ces diagonales concourent en un point O, *milieu de chacune et centre du parallélépipède* (*Cf.* **286**, III *et* **370**, *inf.*).

Deux sommets non opposés δ, z sont forcément dans quelque même face $\mathcal{F}$, et, par suite, leurs opposés σ, ζ, dans la face opposée Φ. Si δz est une arête, $\sigma\zeta$ est son opposée, et leur égalité, avec parallélisme impropre, font d'elles les côtés opposés d'un parallélogramme (**111**) dont les diagonales $\delta\sigma$, $z\zeta$ se rencontrent au milieu O de chacune. Si δz est une diagonale de la face $\mathcal{F}$, les arêtes S, Z issues de δ, z, en dehors du plan de celle-ci, sont opposées ; σ est donc sur Z, ζ sur S, et, comme δz, $\sigma\zeta$ tout à l'heure, $\delta\zeta$, σz sont les côtés opposés d'un parallélogramme dont la diagonale $z\zeta$ passe encore par le milieu O de l'autre $\delta\sigma$, son milieu à elle-même aussi.

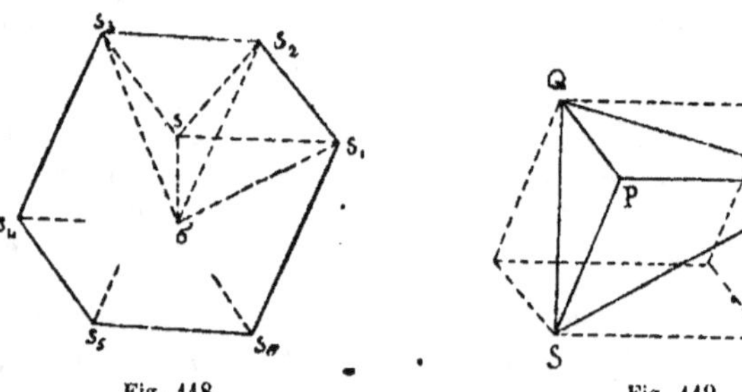

Fig. 118.   Fig. 119.

V. L'ablation des six arêtes issues de deux sommets opposés δ, σ (*fig.* 118), en laissent six, s'assemblant en un certain hexagone gauche $s_1s_2s_3s_4s_5s_6$, dont les côtés sont opposés deux à deux, ainsi que les sommets.

Les six tétraèdres qui ont la diagonale $\delta\sigma$ *pour arête commune, et les six côtés de cet hexagone pour arêtes opposées, respectivement, sont équivalents.* Car deux d'entre eux, formés avec deux côtés contigus de l'hexagone, s_1s_2, s_2s_3 par exemple, ont le sommet commun σ avec des faces opposées $\delta s_1 s_2$, $\delta s_2 s_3$ situées toutes deux dans le plan $s_1 s_2 s_3$, et égales comme découpées dans le parallélogramme $\delta s_1 s_2 s_3$ par sa diagonale δs_2 (**328**).

Comme ces six tétraèdres sont, deux à deux, contigus extérieurement, et que leurs faces par lesquelles ils ne se soudent pas, reproduisent la totalité de la périphérie du parallélépipède, ce dernier est leur somme géométrique. *Leur volume commun est donc le sixième de celui du parallélépipède.*

VI. *Tout sommet d'un parallélépipède*, P *(fig.* 119), *et les trois,* Q, R, S, *qui terminent les arêtes issues de lui, sont ceux d'un tétraèdre dont le volume est encore le sixième de celui du parallélépipède.*

L'opposé à l'un des trois derniers sommets, à S par exemple, est Σ opposé au premier P dans le parallélogramme qui constitue la face ΣQPR ; car, ce point Σ appartient à l'arête opposée à PS, et S à la face opposée à ΣQPR. Cela posé, le tétraèdre considéré, PQRS, et celui de sommets P, Σ, R, S, sont équivalents, parce qu'ils ont le triangle PRS pour base commune, avec des hauteurs qui sont égales, comme mesurant, l'une ou l'autre, la distance de la droite QΣ au plan PRS contenant sa parallèle PR (**271**), (**329**).

Or ce second tétraèdre appartient à la classe de ceux considérés ci-dessus (V), comme admettant pour arêtes opposées, SΣ diagonale du parallélépipède, et PR arête ne contenant aucune de ses extrémités S, Σ.

VII. Quand les trois longueurs d'arêtes (IV, 2°) sont égales entre elles, toutes les faces du parallélépipède sont des losanges (**286**, IV), et il prend le nom de *rhomboèdre*.

VIII. Quand deux quelconques de ses trois murs sont perpendiculaires l'un à l'autre, on aperçoit immédiatement que tous les trièdres du parallélépipède sont trirectangles (**320**, III), que toutes ses faces sont des rectangles (**286**, V), perpendiculaires chacune aux quatre arêtes la recoupant. Le parallélépipède est dit *rectangle*, ayant une forme observable dans les caisses d'emballage, les briques à maçonner, et quantité d'autres objets façonnés par l'industrie humaine (**320**, *in fine*). Ses trois longueurs d'arêtes sont alors égales respectivement à ses trois hauteurs (**330**, II), épaisseurs de ses trois murs, et se nomment ses *dimensions*.

Les quatre diagonales sont d'égales longueurs, parce que les parallélogrammes $\delta z \sigma \zeta$ de l'alinéa IV, 4° sont des rectangles, tous évidemment (**286**, V).

IX. Dans le cas où deux des murs ont des épaisseurs égales, la moulure formée par leur combinaison, trace des carrés sur les faces du troisième, et le parallélépipède rectangle est dit *à base carrée*.

X. Un *cube* est un parallélépipède rectangle dont les trois dimensions sont d'une même longueur, dite son *côté*; il est ainsi un rhomboèdre (VII) à faces toutes carrées et égales entre elles, à trièdres tous trirectangles (*Cf.* **286**, VI).

332 I. Quand les faces et arêtes d'un angle solide rencontrent, elles-mêmes, les faces d'un mur, la combinaison des deux figures donne un *tronc de pyramide à bases parallèles*, ces bases étant les deux polygones [*homothétiques* (**348**, *inf.*)], que l'angle découpe sur les faces du mur. Les arêtes et faces *latérales* du tronc sont découpées par le mur sur les éléments de mêmes noms dans l'angle ; les dernières sont évidemment des trapèzes à bases placées dans les faces du mur. L'épaisseur de ce dernier est la *hauteur* du tronc.

En PQRSP'Q'R'S' (*fig.* 132), est représenté un polyèdre de ce genre, avec ses deux bases PQRS, P'Q'R'S', ses arêtes latérales PP', QQ', ..., les trapèzes PQP'Q', QRQ'R', ... lui servant de faces latérales, et sa hauteur HH'.

II. Dans le cas où l'une des faces du mur passe par le sommet de l'angle solide, la base correspondante s'évanouit en ce point, O (*fig.* 124); les faces latérales (I) dégénèrent en des triangles POQ, QOR, ..., et on a une *pyramide* triangulaire, quadrangulaire, ..., de *sommet* O, de *base* PQRS, de *hauteur* OH, distance (orthogonale) du sommet au plan de la base.

Une pyramide triangulaire se confond avec un tétraèdre, cela même de quatre manières, évidemment.

333. *Pour la mesure des volumes, l'unité adoptée est celui du cube dont le côté (**331**, X) est l'unité de longueur (Cf. **287**)* ; en conséquence, cette unité sera le *mètre cube*, le *décamètre cube*, ..., les *décimètre, centimètre, millimètre, ..., cubes*, quand, soit le mètre, soit l'un de ses multiples ou sous-multiples décimaux, aura été choisi pour unité de longueur.

334. *Le volume d'un tétraèdre ABCD a pour mesure le tiers du produit de celle de l'aire d'une face quelconque BCD prise pour base (**329**), par celle de la hauteur correspondante AH (Cf. **288**).*

La comparaison de ce volume avec celui du tétraèdre SQPR (*fig.* 120), que découpe, dans le cube de côté 1, un plan diagonal mené par les extrémités Q, R, S des trois arêtes issues d'un même sommet P, conduit à

$$\frac{ABCD}{BCD.\overline{AH}} = \frac{SQPR}{QPR.SP} \qquad (329),$$

puisque, pour base et hauteur du second tétraèdre, on peut prendre sa face QPR et son arête SP perpendiculaire au plan de celle-ci. Or la mesure de SP est 1 par hypothèse ; celle du triangle QPR, rectangle en P, est 1 : 2, puisque, pour ses base et hauteur, on peut prendre ses côtés mutuellement perpendiculaires PQ, PR dont les mesures 1, 1 donnent le produit $1.1 = 1$ (**288**) ; celle enfin du tétraèdre SQPR est 1 : 6, puisqu'il est le sixième du cube adopté pour unité de volume (**331**, VI),

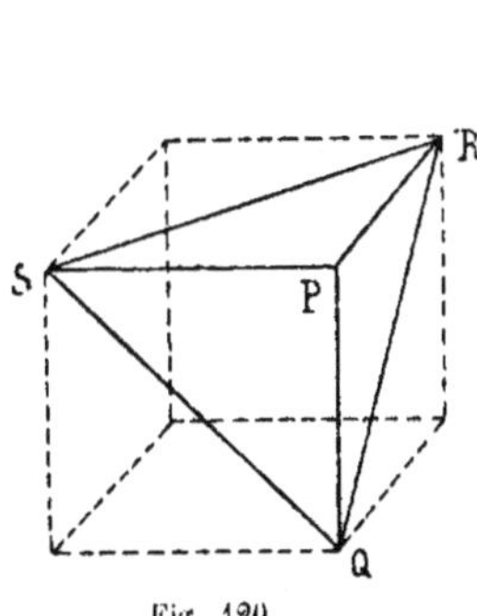

Fig. 120.

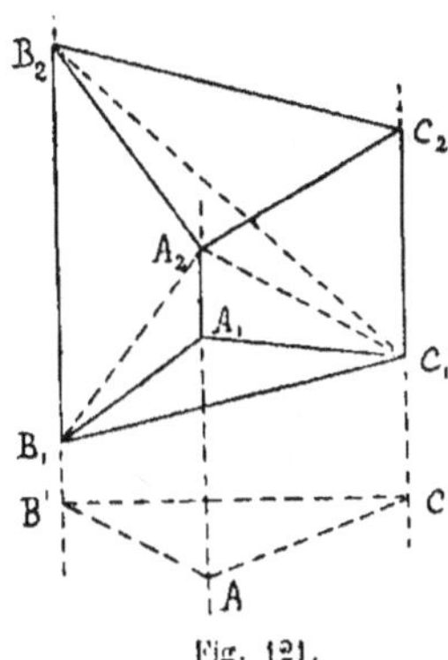

Fig. 121.

(**333**). Le second membre de l'égalité précédente a donc pour valeur $[1 : 6] : [(1 : 2).1]$, c'est-à-dire 1 : 3 ; et cette égalité devient ABCD : (BCD.AH) $= 1 : 3$, c'est-à-dire

$$\text{ABCD} = \frac{\text{BCD.AH}}{3}.$$

335. *Quand un tronc de prisme est triangulaire* (**330**, I), *comme* $A_1B_1C_1A_2B_2C_2$ *(fig. 121), son volume a pour mesure le tiers du produit de l'aire de sa section droite* A'B'C' *[c'est celle de sa moulure* (**210**)], *par la somme de ses arêtes latérales, ou bien encore, le tiers du produit de l'une de ses bases, par la somme des distances de son plan aux sommets de l'autre base (Cf.* **289**, I).

I. *Le volume d'un tétraèdre variable abcd demeure constant :* 1º *quand, une de ses arêtes cd restant fixe, on fait glisser son opposée ab sur sa propre droite laissée fixe ;* 2º *quand, une de ses faces bcd restant fixe, on déplace le sommet opposé a sur un plan fixe, parallèle à celui de cette face.*

1º Si $a'b'$, $a''b''$ sont deux positions de l'arête mobile, on a $a'b' = a''b''$ $(= ab)$, et les tétraèdres correspondants $a'b'cd$, $a''b''cd$ sont équivalents, comme ayant une arête commune cd, avec des opposées, $a'b'$, $a''b''$, empruntées à une même droite, et égales en longueur (**326**).

2º Si a', a'' sont deux positions du sommet mobile, la translation égale et parallèle à $a'a''$ (**123**) amène le tétraèdre $a'bcd$ en une position $a'_1b_1c_1d_1$ dont le sommet a'_1 se confond avec a'' sommet de $a''bcd$, dont la face opposée $b_1c_1d_1$, égale à bcd, est située dans le plan de ce triangle (**328**).

II. Dans un tétraèdre quelconque ABCD (*fig.* 122), nous nommerons un instant, *base linéaire*, une de ses arêtes AB choisie à volonté, et *hauteur aréolaire* correspondante, l'aire de la section droite B′C′D′ de la moulure triangulaire ayant pour arêtes la droite AB et ses parallèles issues des deux sommets C, D limitant l'arête opposée à AB. Cela posé, *le volume de ce tétraèdre a encore pour mesure le tiers du produit de sa base linéaire par son hauteur aréolaire.*

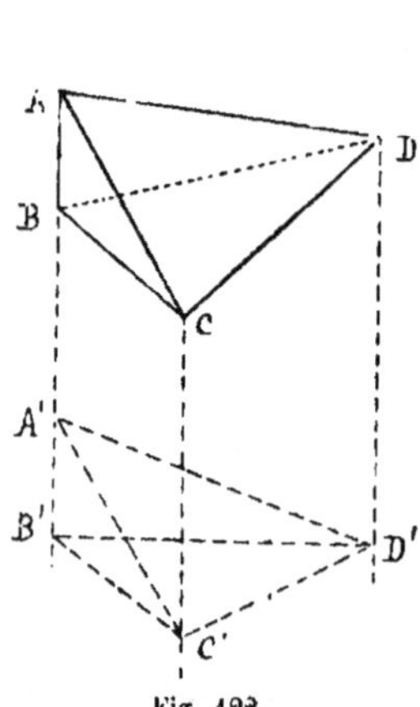

Fig. 122.

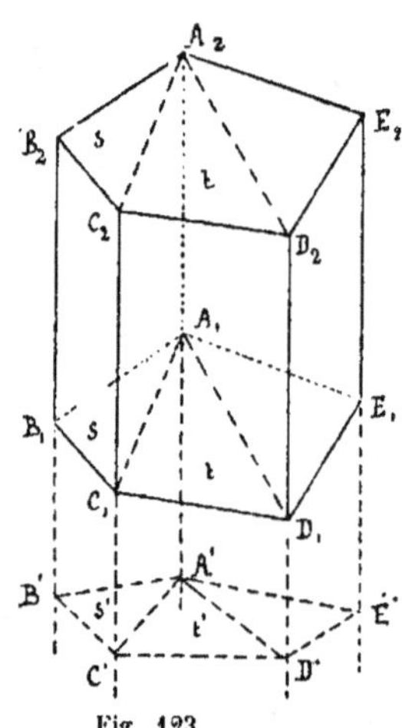

Fig. 123.

Sans changer le volume de ce tétraèdre, on peut effectivement (I) : faire glisser son arête AB sur celle correspondante de la moulure [B′C′D′], jusqu'à la placer en A′B′; puis, dans le second tétraèdre A′B′CD ainsi obtenu, déplacer le sommet C jusqu'en C′, puisque sa face opposée A′B′D est parallèle à la droite CC′; et finalement, dans le troisième tétraèdre A′B′C′D provenant de cette opération, amener le sommet D jusqu'en D′, puisque sa face A′B′C′ est encore parallèle à la droite DD′.

Or le volume du tétraèdre équivalent ainsi obtenu, A′B′C′D′, a pour mesure le tiers du produit de sa base B′C′D′ par sa hauteur A′B′ (**334**), et ces deux facteurs sont bien, respectivement, ce que nous avons nommé la hauteur aréolaire et la base linéaire du proposé.

III. Les plans diagonaux $B_1C_1A_2$ et $C_1A_2B_2$ (*fig.* 121) découpent le tronc proposé en trois tétraèdres $A_1A_2B_1C_1$, $B_1B_2C_1A_2$, $C_1C_2A_2B_2$ ayant respectivement, pour bases linéaires (I), les arêtes latérales du tronc A_1A_2, B_1B_2, C_1C_2, et, pour hauteur aréolaire commune, la section droite $A'B'C'$ du tronc, ceci parce que, dans chacun, les deux sommets n'appartenant pas à sa base linéaire sont toujours sur les deux autres arêtes de la moulure. On a donc (II)

$$A_1A_2B_1C_1 = \frac{A'B'C'.A_1A_2}{3},$$

$$B_1B_2C_1A_2 = \frac{A'B'C'.B_1B_2}{3},$$

$$C_1C_2A_2B_2 = \frac{A'B'C'.C_1C_2}{3};$$

d'où, en ajoutant membre à membre,

$$(1) \qquad A_1B_1C_1A_2B_2C_2 = \frac{A'B'C'(A_1A_2 + B_1B_2 + C_1C_2)}{3}.$$

IV. Les tétraèdres $A_2A_1B_1C_1$, $B_2A_1B_1C_1$, $C_2A_1B_1C_1$, qui ont pour base commune la base $A_1B_1C_1$ du tronc et pour sommets opposés ceux A_2, B_2, C_2, de l'autre base, sont respectivement équivalents aux précédents (III), parce qu'ils ont mêmes bases linéaires A_1A_2, B_1B_2, C_1C_2, avec la même hauteur aréolaire $A'B'C'$; dans chacun, en effet, les sommets n'appartenant pas à sa base linéaire, sont toujours sur les deux autres arêtes de la moulure.

Or, relativement à leur base commune $A_1B_1C_1$, leurs hauteurs sont les distances α_2, β_2, γ_2 du plan de celle-ci aux sommets A_2, B_2, C_2 de l'autre base ; il vient donc, comme tout à l'heure (*loc. cit.*),

$$(2) \qquad A_1B_1C_1A_2B_2C_2 = \frac{A_1B_1C_1(\alpha_2 + \beta_2 + \gamma_2)}{3}.$$

336. *Le volume d'un prisme quelconque* (**330,** II) *a pour mesure le produit de sa section droite par la longueur commune de ses arêtes latérales, ou bien encore, celui de l'aire commune de ses bases par sa hauteur* (*Cf.* **289,** I).

I. S'il s'agit d'un prisme triangulaire, il suffira de le noter comme le tronc considéré ci-dessus (**335,** III, IV), et de recommencer les mêmes raisonnements exactement, pour arriver aux mêmes formules (1), (2). Mais ici, on a $A_1A_2 = B_1B_2 = C_1C_2 = l$ longueur des arêtes, et $\alpha_2 = \beta_2 = \gamma_2 = h$ hauteur du prisme ; on a donc $A_1A_2 + B_1B_2 + C_1C_2 = 3l$ et $\alpha_2 + \beta_2 + \gamma_2 = 3h$, ce qui réduit ces formules à

$$A_1B_1C_1A_2B_2C_2 = A'B'C'.l = A_1B_1C_1.h,$$

conformément à l'énoncé.

II. S'il s'agit de tout autre prisme, $A_1B_1 \ldots E_1A_2B_2 \ldots E_2$ (*fig.* 123), soient S' l'aire de sa section droite $A'B' \ldots E'$, l la longueur de ses arêtes latérales, et S l'aire de sa base, h sa hauteur. Des moulures parallèles à celle du prisme et décomposant sa section droite en triangles d'aires s', t', ..., décomposeront simultanément la base en triangles d'aires s, t, ..., et le prisme luimême en prismes triangulaires, de sections droites s', t', ..., de bases s, t, ..., ayant toujours l pour longueur d'arêtes latérales et h pour hauteur. Pour le volume V du prisme, on trouvera donc, à volonté (I),

$$V = s'l + t'l + \dots = (s' + t' + \dots)\,l = S'l,$$
$$V = sh + th + \dots = (s + t + \dots)\,h = Sh$$

337. *Le volume d'un parallélépipède* (**331**, III) *a pour mesure le produit : soit de l'aire de la section droite de l'une de ses moulures par la longueur de ses arêtes situées sur celles de la même moulure, soit de l'aire d'une face par la hauteur correspondante.*

Car il est un prisme provenant de la combinaison de cette moulure avec le mur dont les faces contiennent la face considérée et son opposée (**336**).

Si le parallélépipède est rectangle (**331**, VIII), *son volume est mesuré par le produit de ses trois dimensions.* Car le produit de deux dimensions mesure l'aire d'une face (**289**, III), et la troisième est la hauteur correspondante.

S'il est un cube, la mesure de son volume est fournie par le cube (arithmétique) de son côté. [D'où le nom de *cube* d'un nombre a, donné au produit $a.a.a$ ou a^3 (*Cf. Ib.* IV).]

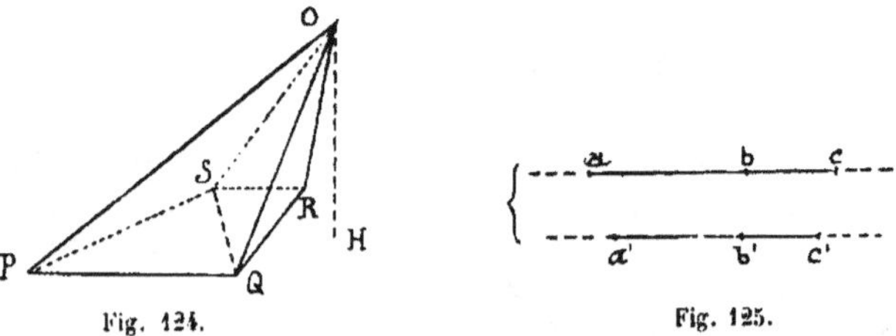

Fig. 124.   Fig. 125.

338. *Le volume d'une pyramide quelconque* (**332**, II) *a pour mesure le tiers du produit de l'aire de sa base par sa hauteur.*

Des plans menés par le sommet de la pyramide, O (*fig.* 124), de manière à décomposer sa base S en triangles d'aires s, t, ..., décomposeront simultanément son volume en ceux de tétraèdres ayant tous sa hauteur h, avec ces triangles pour bases, respectivement. Pour mesure de son volume V, il viendra donc (**334**)

$$V = \frac{sh}{3} + \frac{th}{3} + \dots = \frac{(s + t + \dots)h}{3} = \frac{Sh}{3} \quad (Cf.\ \mathbf{336}).$$

[La mesure du volume du tronc de pyramide à bases parallèles (332, I) sera donnée au n° **348** (*inf.*).]

339. Pour mesurer un polyèdre quelconque, il suffit d'additionner les mesures des tétraèdres en lesquels il peut être décomposé **(324)**, **(334)**.

On pourrait encore imiter la méthode du n° **290** pour les aires planes, en remplaçant, la base rectiligne X, par un plan sécant Ɓ, les bandes menées des côtés de ce polygone perpendiculairement à la droite X, par des moulures issues, perpendiculairement sur le plan Ɓ, des triangles provenant de la décomposition des faces du polyèdre, et les trapèzes, par des troncs de prismes triangulaires évidents. L'évaluation de ces troncs est relativement facile, parce qu'ils ont beaucoup d'arêtes latérales communes, et que leurs bases placées sur le plan Ɓ, sont en même temps leurs sections droites.

CHAPITRE XIII

FIGURES HOMOTHÉTIQUES. — FIGURES SEMBLABLES

Propriétés générales des figures homothétiques.

340. Il est permis de considérer tous les points de l'espace, ..., μ, ν, ϖ, ..., comme composant une figure solide $(..\mu\nu\varpi,..)$ dont un dédoublement peut être mis en mouvement, à l'égal de toute autre figure. Et, si quelque déplacement a conduit ce dédoublement en $(...\mu'\nu'\varpi'...)$, un autre convenable le ramènera à sa position primitive; si bien, qu'entre les points notés par les mêmes lettres dans les figures $(...\mu\nu\varpi...)$, $(..,\mu\nu\varpi...)$, il y aura *une correspondance mutuelle*, consistant en ce qu'*un point quelconque de chacune, aura toujours un correspondant unique chez l'autre, et qu'on retrouvera toujours le premier point, en prenant le correspondant de son correspondant.*

Quand ce déplacement est une simple translation, la correspondance en question comporte, pour tous les vecteurs ..., $\mu\nu$, $\mu\varpi$, $\nu\varpi$, ..., la propriété d'être respectivement parallèles d'une même manière (proprement ici), à ceux ..., $\mu'\nu'$, $\mu'\varpi'$, $\nu'\varpi'$, ... qui unissent les correspondants de leurs extrémités **(111)**.

Mais incessamment, nous reconnaîtrons la possibilité de déduire, d'un arrangement F des points de l'espace, et cela par de tout autres moyens, un nouvel arrangement F′, entre les points duquel, …, m', n', p', …, et ceux, …, m, n, p, …, du premier, existe, comme entre …, μ', ν', ϖ', … et …, μ, ν, ϖ, …, une correspondance mutuelle comportant un parallélisme constant, et d'une même sorte quelconque, entre les vecteurs spécifiés pour ceux-ci.

Deux telles figures F, F′ sont dites *homothétiques* l'une à l'autre, et cela, *proprement* si (comme tout à l'heure) ce parallélisme uniforme est propre, *improprement* s'il est impropre. Dans les deux cas, on nomme *homologues*, deux points correspondants, et encore deux figures partielles quelconques f, f' dont tous les points, dans chacune, ont leurs homologues dans l'autre. Considérées à part, des figures partielles de ce genre sont dites homothétiques aussi.

341. Il convient d'examiner les premières conséquences de cette définition, avant d'aborder la construction des figures homothétiques (**347**, *inf.*)

I. *Quand deux vecteurs* mn, pq *dans une figure* F, *sont parallèles entre eux d'une manière, les vecteurs* $m'n'$, $p'q'$, *d'extrémités homologues dans l'autre* F′, *le sont toujours de la même manière.*

1° Supposons propre, le parallélisme de mn à pq. Si l'homothétie est propre, mn, pq sont proprement parallèles à $m'n'$, $p'q'$ respectivement; $m'n'$, proprement parallèle à mn qui est supposé l'être à pq, lequel l'est à $p'q'$, est proprement parallèle à ce dernier aussi. Si l'homothétie est impropre, $m'n'$ est encore proprement parallèle à $p'q'$, comme improprement parallèle à mn proprement parallèle à pq, ce dernier l'étant improprement à $p'q'$.

2° Quand mn, pq sont improprement parallèles, mn, qp le sont proprement, et $m'n'$, $q'p'$ aussi (1°); $m'n,'$ $p'q'$ sont donc improprement parallèles.

II. *Toute demi-droite* $\overrightarrow{\omega}$ *issue d'un point quelconque* o *dans* F, *a pour homologue la demi-droite* $\overrightarrow{\omega}'$ *issue de* o' *homologue de* o, *et parallèle à la proposée, proprement ou improprement, selon que l'homothétie est propre ou impropre* (**340**, *in fine*).

Une droite entière $\odot$ *passant par* o, *a pour homologue sa parallèle* $\odot'$ *menée par* o'.

1° Soient m, n, … les points de $\overrightarrow{\omega}$, et m', n', … leurs homologues.

Si l'homothétie est propre, les demi-droites $o'm'$, $o'n'$, … sont proprement parallèles aux demi-droites om, on, …, puisque de tels parallélismes sont supposés exister entre les vecteurs de mêmes notations. Il en résulte que les points m', n'. … se trouvent sur la position ′φ procurée à la figure φ que forment om, on, …, par la translation amenant o en o'. Comme la figure φ est la demi-droite $\overrightarrow{\omega}$, la figure ′φ est la demi-droite $\overrightarrow{\omega}'$ issue de o'

en parallélisme propre avec $\overline{\omega}$ **(84)**. Et on voit, par les mêmes moyens, que les homologues des points de $\overline{'\omega}$ appartiennent inversement à $\overline{\omega}$.

Si l'homothétie est impropre, les points m', n', .. sont sur les demi-droites opposées à celles qui forment $'\varphi$, par suite sur la demi-droite $\overline{''\omega}$ opposée à $\overline{'\omega}$, c'est-à-dire sur celle d'origine o', qui est inversement parallèle à $\overline{\omega}$; et on achève comme à l'instant.

2° La figure homologue de ω est l'ensemble des homologues des demi-droites $\overline{\omega}_1$, $\overline{\omega}_2$, en lesquelles le point o la décompose; et ces homologues sont des demi-droites $\overline{\omega'}_1$, $\overline{\omega'}_2$, issues de o' en parallélisme d'un même nom avec les précédentes (1°). Comme $\overline{\omega}_1$, $\overline{\omega}_2$ sont en opposition mutuelle, cas particulier du parallélisme impropre, $\overline{\omega'}_1$, $\overline{\omega'}_2$ s'y trouvent aussi (I), mutuellement opposées en conséquence, puisqu'elles ont même origine o'. Leur ensemble est donc la parallèle à ω, menée par o'.

III. *Les deux parties de l'énoncé précédent* (II) *restent vraies quand on y remplace les demi-droites* $\overline{\omega}$, $\overline{\omega'}$, *et les droites* (ω), (ω'): 1° *soit par des demi-plans* $\overline{\Psi}$, $\overline{\Psi'}$ *et des plans entiers* Ψ, Ψ'; 2° *soit par des demi-espaces* $\overline{\varepsilon}$, $\overline{\varepsilon'}$ *et par des espaces entiers* ε, ε' (*ici cependant, la dernière partie devient évidente et perd son intérêt*).

La considération des points m, n, ..., m', n', ..., des vecteurs om, ..., $o'm'$, ... conduit à des raisonnements se faisant presque dans les mêmes termes **(90)**.

IV. *Sont toujours égaux, deux angles saillants, rectilignes ou dièdres, dont les côtés ou les faces sont respectivement homologues* (II), (III).

Car les côtés de chacun des angles rectilignes sont toujours parallèles d'une même manière à ceux de l'autre (*Ib.*), **(145)**.

Et semblablement pour les dièdres **(162)**.

V. *Quand deux trièdres (convexes)* **(303)**, $\overline{\tau}$, $\overline{\tau'}$, *ont, respectivement homologues leurs arêtes, les plans de leurs faces par suite, chacun d'eux est égal à l'autre, si l'homothétie est propre, à l'opposé au sommet de cet autre, si elle est impropre* **(305)**.

Au trièdre $\overline{\tau}$, imprimons une translation appliquant son sommet sur celui de $\overline{\tau'}$. Si l'homothétie est propre, ses arêtes s'appliqueront sur celles de $\overline{\tau'}$ parce qu'elles leur étaient proprement parallèles, et leur superposition est réalisée.

Si l'homothétie est impropre, les arêtes de $\overline{\tau}$ s'appliqueront sur les opposées de celles de $\overline{\tau'}$, ce qui superpose $\overline{\tau}$ à l'opposé au sommet de $\overline{\tau'}$ (II).

VI. *Quand, dans une des figures, des droites* $(\omega)_1$, $(\omega)_2$, ... *et des plans* Ψ_1, Ψ_2, ..., *sont parallèles à une même droite* (ω), *ou bien, quand des droites* ε_1, ε_2, ... *et des plans* $\natural_1$, $\natural_2$, ..., *sont parallèles à un même plan* $\natural$, *leurs homologues* $(\omega')_1$, ..., Ψ'_1, ..., (ω'), *ou bien* ε'_1, ..., $\natural'_1$, ..., $\natural'$, *offrent les mêmes dispositions relatives.*

Car Φ_1 étant parallèle à Θ par hypothèse et à Φ'_1, à cause de l'homothétie des figures (III), Φ'_1 est parallèle à Θ (**65**), à sa parallèle Θ' par suite (**64**). Et de même, pour le surplus.

VII. *Si, aux parallélismes supposés ci-dessus* (VI), *on substitue l'hypothèse de concourir en un même point* o, *ou bien en une même droite* Δ, *les assemblages considérés sont superposables à leurs homologues* (*non point sur point en général, mais droite sur droite, plan sur plan*).

A cause des parallélismes de $\mathfrak{Q}_1$ à $\mathfrak{Q}'_1$, ..., de $\mathfrak{Q}$ à $\mathfrak{Q}'$, la figure $\mathfrak{Q}_1...\mathfrak{Q}$ est superposée à $\mathfrak{Q}'_1...\mathfrak{Q}'$ par une translation amenant un point de Δ en son homologue. Et de même, s'il s'agit d'un concours au point o.

En particulier : *l'angle de deux droites, plans, indistinctement dans une figure* (**203** *et suiv.*), *est égal à celui de leurs homologues* (*Cf.* IV). *Notamment, ces objets sont toujours en perpendicularité mutuelle, en même temps que leurs homologues.*

342. I. *Quand une partie* f *de* F *est une des figures dont la topographie a été définie* (**113**, ...), *il en est de même pour son homologue* f′, *et leurs topographies sont toujours ressemblantes.*

1° Quand f se réduit à trois points en ligne droite, a, b, c (*fig.* 125 ou 126), f' est composée de leurs trois homologues a', b', c', en ligne droite également (**341**, II). Si maintenant b est intérieur au segment ac, les vecteurs ab, ac sont proprement parallèles, ainsi que cb, ca (**92**). Il en est donc ainsi pour les vecteurs, $a'b'$, $a'c'$ d'une part, $c'b'$, $c'a'$ d'autre part (**341**, I), et b' est intérieur aussi au segment $a'c'$.

2° On raisonnera de la même manière dans tous les autres cas. Ou bien, partant de celui-ci maintenant traité, on repassera par la filière qui nous a conduit à ceux, de droites parallèles dans un même plan (**117**), ou dans l'espace (**293**), de plans parallèles (**121**), etc.

✳ [La topographie de *points placés arbitrairement dans l'espace*, se définit comme s'ils étaient dans un même plan, par la simple substitution, aux triangles alors considérés (**293**), à leurs côtés et sommets, à leurs divers prolongements, de tétraèdres, avec leurs faces, arêtes et sommets, des *prolongements* de ces tétraèdres *au delà de leurs sommets, faces et arêtes encore*.]

II. En particulier, si f *est une figure possédant un intérieur* [i], *un extérieur* [e], f′ *a aussi un intérieur* [i]′, *un extérieur* [e]′, *qui sont respectivement homologues à* [i], [e].

343. *En considérant toujours les mêmes figures homothétiques* F, F′, *les longueurs de segments quelconques dans l'une sont proportionnelles à celles des segments homologues dans l'autre ; et de même, pour les aires de triangles homologues, pour les volumes de tétraèdres homologues.*

Des trois rapports uniformes que ces comparaisons fournissent, le second et le troisième sont le carré et le cube du premier.

I. Deux segments contigus, mn, mp, et leurs homologues $m'n'$, $m'p'$ appartiennent à deux triangles mnp, $m'n'p'$ qui sont équiangles (**341**, II), (**232**), donnant par suite.

$$\frac{mn}{m'n'} = \frac{mp}{m'p'} \qquad\qquad \textbf{(226)}.$$

En comparant donc deux segments quelconques mn, pq et leurs homologues $m'n'$, $p'q'$, aux segments homologues aussi, np, $n'p'$, qui sont respectivement contigus à chacun des premiers et à chacun des derniers, on trouvera immédiatement

$$\frac{mn}{m'n'} = \frac{np}{n'p'} = \frac{pq}{p'q'}\,.$$

La valeur commune de tous les rapports de ce genre se nomme le *rapport de similitude* des figures homothétiques F, F'. Il nous sera commode de le concevoir sous forme fractionnaire, en le représentant par $\lambda : \lambda'$.

II. Soient mnp, $m'n'p'$ deux triangles homologues quelconques ; leurs angles en m, m' étant égaux, chacun à l'autre (et à l'opposé au sommet de celui-ci)(**341**, IV), leurs aires mnp, $m'n'p'$, les côtés mn, mp et $m'n'$, $m'p'$ comprenant ces angles, donnent lieu (**284**) aux relations

$$\frac{mnp}{m'n'p'} = \frac{mn.mp}{m'n'.m'p'} = \frac{mn}{m'n'}\cdot\frac{mp}{n'p'} = (\lambda:\lambda')^2 \qquad \text{(I)}.$$

III. Comme, dans deux tétraèdres homologues $mnpq$, $m'n'p'q'$, les angles trièdres en m, m' sont égaux, chacun à l'autre ou à l'opposé au sommet de celui-ci (**341**, V), on trouvera pareillement (**327**)

$$\frac{mnpq}{m'n'p'q'} = \frac{mn.mp.mq}{m'n'.m'p'.m'q'} = \frac{mn}{m'n'}\cdot\frac{mp}{m'p'}\cdot\frac{mq}{m'q'} = (\lambda:\lambda')^3 \qquad \text{(I)}.$$

344. *Le théorème précédent subsiste de tous points, quand, dans son énoncé, on remplace arbitrairement les segments, triangles, tétraèdres, par des lignes brisées, par des polygones plans, des plaques brisées, par des polyèdres, tous homologues encore.*

I. Pour deux lignes brisées homologues, $mnpqr...$, $m'n'p'q'r'...$, les égalités de rapports

$$\frac{mn}{m'n'} = \frac{np}{n'p'} = \frac{pq}{p'q'} = \frac{qr}{q'r'} = \ldots = (\lambda:\lambda') \qquad \text{(343, I)}$$

conduisent immédiatement à

$$\frac{mn + np + pq + qr + \ldots}{m'n' + n'p' + p'q' + q'r' + \ldots} = (\lambda:\lambda'),$$

où le premier membre est le rapport des longueurs de nos lignes brisées.

II. Les faits topographiques constatés au n° **342**, rendent possible la décomposition en triangles homologues, en tétraèdres homologues, de deux polygones plans ou plaques brisées homologues quelconques, de deux polyèdres dans les mêmes circonstances. En raisonnant donc comme ci-dessus (I), avec appui sur les alinéas II, III du précédent numéro, on trouvera $(\lambda : \lambda')^2$, $(\lambda : \lambda')^3$, pour rapports constants des aires, volumes, de ces figures.

345. *Quand une figure* F *est homothétique à une autre* F′ *dans le rapport de similitude* $(\lambda : \lambda')$ **(343, I)**, *et celle-ci à une troisième* F″ *dans le rapport* $('\lambda : ''\lambda)$, F *est homothétique à* F″ *dans le rapport* $(\lambda : \lambda') . ('\lambda : ''\lambda)$; *et cette dernière homothétie est propre ou impropre, selon que les deux premières sont homonymes ou non.*

Soient mn un vecteur quelconque de F, $m'n'$ son homologue dans F′, et $m''n''$ l'homologue de celui-ci dans F″. Les parallélismes constants de $m'n'$, à mn d'une part, à $m''n''$ d'autre part **(340)**, entraînent celui de ces derniers, propre ou impropre selon que ceux des premiers, les homothéties par suite, sont homonymes ou non **(85)**. L'égalité

$$mn : m''n'' = (mn : m'n') \times (m'n' : m''n'') = (\lambda : \lambda') . ('\lambda : ''\lambda)$$

n'est pas moins évidente.

Centre d'homothétie. — Construction des figures homothétiques. — Volume du tronc de pyramide.

346. Dans deux figures homothétiques F, F′, un point est dit *double*, quand il se confond avec son homologue ; même définition pour une droite *double*, avec l'observation, que tous les points d'une telle droite ne sont pas nécessairement doubles ; et de même, pour un plan *double*.

I. Quand les deux figures sont *en état de superposition*, il est évident que *tous leurs points sont doubles, ainsi que toutes leurs droites et tous leurs plans*.

Jusqu'au n° **347** exclusivement, *nous supposerons expressément qu'il n'en est pas ainsi*.

II. *Les droites doubles sont celles dont chacune contient une paire au moins de points homologues (ou passe par un point double, s'il en existe).*

Si Δ est une droite double, elle contient l'homologue m' de tout point m lui appartenant ; car m étant sur Δ, m' est sur sa droite homologue Δ', c'est-à-dire sur Δ elle-même puisqu'elle est double.

Si λ est une droite contenant deux points homologues m, m', et puisqu'elle passe par m, son homologue λ' est sa parallèle passant par m' (**341**, II), c'est-à-dire cette droite λ elle-même.

III. *Les plans doubles sont aussi ceux dont chacun contient une paire au moins de points homologues (distincts ou confondus), c'est-à-dire quelque droite double* (II).

Raisonnement identique.

IV. *S'il existe un point double ω, il est unique; toutes les droites doubles* (II), *par suite tous les plans doubles* (III) *passent par lui. Et chaque segment mm' compris entre deux points homologues est divisé par lui dans le rapport de similitude $\lambda : \lambda'$ (**343**, I), extérieurement ou intérieurement, selon que l'homothétie est propre ou impropre* (**128**).

1° S'il y avait un second point double υ distinct de ω, le vecteur $\omega\upsilon$ ne serait pas nul, et comme il a pour homologue, lui-même, c'est-à-dire un vecteur proprement parallèle et égal en longueur, l'homothétie serait propre et de rapport $\omega\upsilon : \omega\upsilon = 1$. En nommant donc m, m' une paire quelconque de points homologues, les vecteurs homologues ωm, $\omega m'$ seraient égaux aussi et proprement parallèles; m' se confondrait donc sans cesse avec m, cas excepté (I).

2° Soit mm' la droite double déterminée par les points homologues quelconques m, m'. Comme les points ω, ω sont homologues, les vecteurs ωm, $\omega m'$ le sont aussi, partant parallèles (d'une manière ou de l'autre), en conséquence placés sur une même droite mm', puisque un même point ω leur est commun.

3° L'égalité constante

$$\frac{\omega m}{\omega m'} = \frac{\lambda}{\lambda'},$$

avec la topographie assignée aux trois points ω, m, m', sont maintenant évidents, puisque ces trois points sont toujours en ligne droite (2°), et que les vecteurs ωm, $\omega m'$ sont homologues.

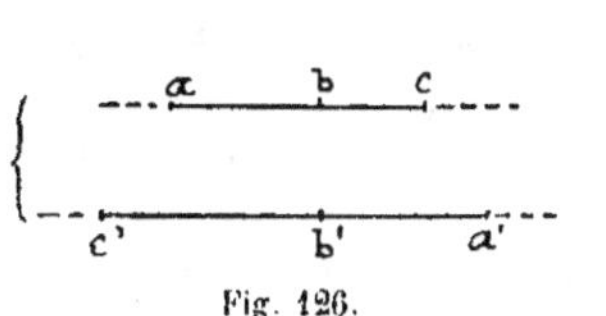
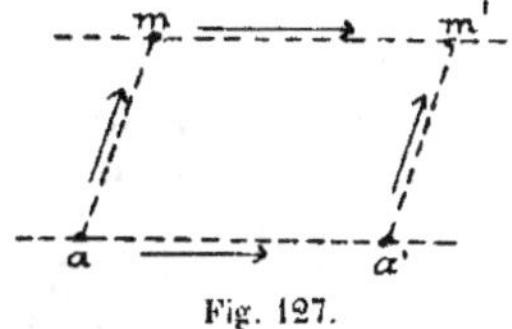

Fig. 126.   Fig. 127.

Ce point double unique ω, est le *centre d'homothétie* des deux figures. Mais il ne peut pas exister (*inf.*).

V. *Quand l'homothétie est propre, avec 1 pour rapport de simili-*

*tude, toutes les droites doubles sont parallèles, les plans doubles
leur sont parallèles aussi, la distance de deux points homologues
est constante, et les figures sont superposables par simple translation. Il n'y a aucun point double.*

Soient a, a' (*fig.* 127) une paire de points homologues, choisie
arbitrairement, et m, m' une autre paire quelconque. Les vecteurs homologues am, $a'm'$ étant proprement parallèles et de
longueurs égales, il en est ainsi pour aa', mm' (**112**), qui appartiennent à des droites doubles, et la translation proprement
parallèle à aa', égale en amplitude (**123**), superposera F à F'.

Le cas d'identité entre les deux figures ayant été excepté (I),
les distances aa', mm', … ne peuvent être toutes nulles ; aucune
donc ne l'est, puisqu'elles sont égales ; en conséquence, aucun
point double ne peut exister.

VI. *Quand il est autrement, un centre d'homothétie ω existe, avec
ses propriétés formulées dans l'alinéa IV.*

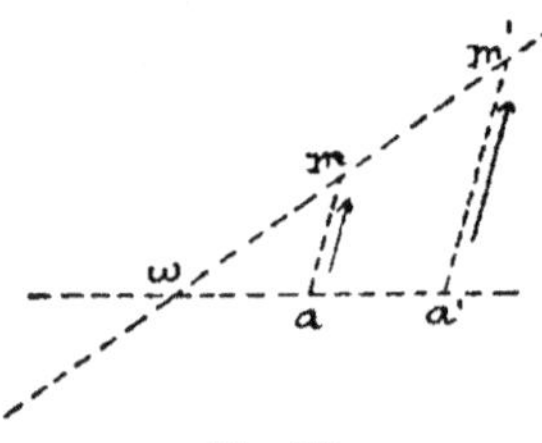
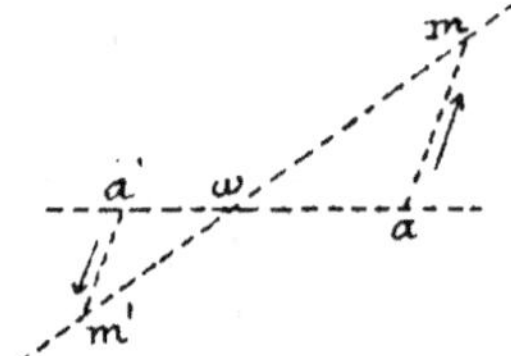

Fig. 128.   Fig. 129.

Car deux vecteurs homologues non situés sur une même
droite, am, $a'm'$ (*fig.* 128 *ou* 129), ne pouvant être à la fois égaux
en longueur et d'un parallélisme propre, les droites aa', mm' ne
sont pas parallèles (**112, II**). Elles se coupent donc, puisque
toutes deux sont dans le plan des droites parallèles am, $a'm'$; et
leur intersection ω est un point double, puisque chacune de ces
droites est double (II), et qu'ainsi, l'homologue de ω est à la fois
sur l'une et sur l'autre, c'est-à-dire en ω même.

347. Un problème important est la *construction d'une figure F'
homothétique à une figure donnée* F, c'est-à-dire de l'homologue
m' d'un point m indiqué arbitrairement dans celle-ci. En voici
les cas principaux.

I. *On connaît le genre de l'homothétie, le rapport de similitude
$\lambda : \lambda'$, et l'homologue a' d'un point a de* F.

Si l'homothétie doit être propre (*fig.* 130), le point m' sera
l'extrémité d'un vecteur de longueur $(\lambda' : \lambda).am$, tracé de a' en
parallélisme propre avec am (**111**) ; et, en plaçant m successivement en tous les points, n, p, …, de F, les positions corres-

pondantes n', p', ... obtenues de cette manière pour m' formeront la figure cherchée F'.

D'abord, les vecteurs $a'm'$, $a'n'$, $a'p'$, ... sont, par construction, proprement parallèles à am, an, ap, ... Soient ensuite m, m' et n, n' deux paires quelconques de points correspondants, et imprimons au triangle man, une translation amenant son sommet a en a', entraînant les autres m, n, en m_1, n_1, simultanément. On

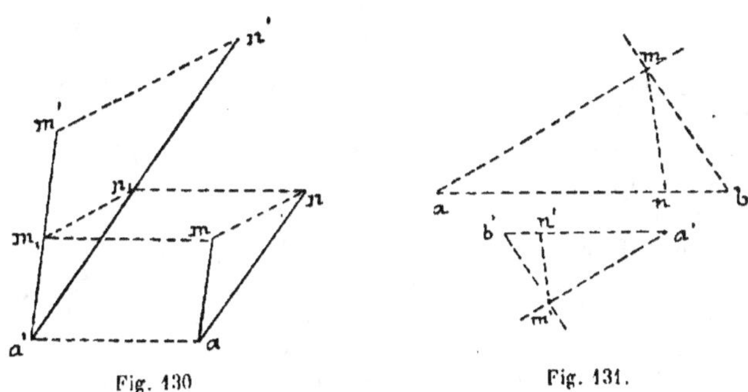

Fig. 130   Fig. 131.

a ainsi $a'm_1 = am$, $a'n_1 = an$, avec parallélisme propre des demi-droites $a'm_1$, $a'n_1$ à am, an respectivement, à $a'm'$, $a'n'$ par suite. Les points m_1, n_1 sont donc sur ces dernières, et, comme on a pris $a'm' = (\lambda' : \lambda).am$, $a'n' = (\lambda' : \lambda).an$, on aura la proportion

$$\frac{a'm'}{a'm_1} = \frac{a'n'}{a'n_1} (= \frac{\lambda'}{\lambda}),$$

achevant la preuve que les vecteurs $m'n'$, $m_1 n_1$ sont proprement parallèles (**126**, III). L'étant chacun à $m_1 n_1$, les vecteurs mn, $m'n'$ le sont l'un à l'autre. D'où résulte bien l'homothétie de F à F' (**340**), avec le rapport de similitude $am : a'm' = \lambda : \lambda'$.

Mêmes constructions, si l'homothétie devait être impropre, sauf improprété donnée maintenant au parallélisme des vecteurs am, $a'm'$.

Constructions toutes semblables, pour passer d'un point indiqué dans F' à son homologue dans F; il suffit de renverser en $\lambda' : \lambda$, le rapport donné $\lambda : \lambda'$.

II. *On donne deux paires (distinctes) de points homologues* (a, a'), (b, b'), *avec le parallélisme de rigueur entre les droites* ab, $a'b'$ (*fig.* 131).

Si m n'est pas sur la droite ab, les droites am, bm sont distinctes, et leurs parallèles issues de a', b' ne seront pas en parallélisme mutuel. Comme elles sont en outre dans le plan parallèle à abm, mené par $a'b'$ parallèle à ab, elles se couperont en un point déterminé m'.

S'il s'agit d'un point n situé sur la droite ab, on prendra pour n', l'extrémité d'un vecteur de longueur $a'n' = (a'b' : ab).an$, issu de a' par exemple, dans une direction dont le parallélisme avec $a'b'$ est de même nom que celui de an avec ab.

Effectivement, les triangles amb, $a'm'b'$ sont équiangles, avec des côtés en parallélismes d'un même nom, tous trois, parce que les droites de ces côtés sont parallèles (**232**), et la proportionnalité de leurs côtés homologues (**226**), donne

$$a'm' = (a'b' : ab).am \; ;$$

d'ailleurs, ce mode de parallélisme et cette relation numérique, sont assurés par construction, aux vecteurs du genre de an, $a'n'$. Les présents tracés font ainsi retrouver, pour m', n', ..., les mêmes points que ceux ci-dessus (I), et les figures F, F' fournies par elles sont bien homothétiques.

Cette homothétie est propre ou impropre, selon que le parallélisme des vecteurs homologues donnés est du premier genre ou du second (ce dernier cas est celui de la figure). Et elle a lieu dans le rapport $ab : a'b'$ de leurs longueurs.

III. Il est très utile de noter, qu'au cours de l'une des deux constructions (I), (II), et dès qu'elle a donné une seule nouvelle paire de points homologues, on peut, si l'on y trouve avantage, l'abandonner pour employer les procédés de l'autre.

Par exemple, pour trouver n' (I), (*fig.* 130), quand m' a été construit, on peut, tout aussi bien, prendre l'intersection des parallèles à an, mn, issues de a', m' respectivement.

Dans le cas II (*fig.* 131), nous avons été forcés d'employer l'autre méthode pour obtenir n' ; mais, m' une fois connu, on aurait encore n' en coupant $a'b'$ par une parallèle à mn, issue de m'. Les directions relatives et le rapport $ab : a'b'$ faisant connaître le nom et le rapport de l'homothétie, la construction du premier point m' peut s'opérer par le procédé (I). Etc.

Dans le dessin pratique, la méthode (II) est bien préférable à l'autre, parce qu'elle comporte des tracés de parallèles seulement, au lieu d'exiger aussi des calculs de segments.

IV. 1° Dans le cas (I), si $\lambda : \lambda'$ était donné $= 1$, avec propreté de l'homothétie, $a'm'$ serait toujours $= am$, et, pour obtenir m', il suffirait de prendre l'intersection des droites menées par a', m, parallèlement à am, aa' respectivement (**346**, V).

2° Si a, a' coïncidaient, leur point de confusion, alors double, serait le centre d'homothétie ω (**346**, IV), et l'énoncé demanderait *la construction d'une figure* F' *homothétique à une figure donnée* F, *connaissant le centre* ω *de l'homothétie, sa nature, et son rapport* $\lambda : \lambda'$. La construction des points m', n', ... serait la même ; elle serait allégée toutefois, du tracé des droites parallèles à ωm, ωn, ... puisque m', n', ... sont forcément sur celles-ci.

3° Si a, a' coïncidaient dans le cas (II), on retomberait sur les particularités ci-dessus (2°). Car leur confusion serait encore le centre d'homothétie ω, la nature et le rapport de l'homothétie étant donnés implicitement, par celle du parallélisme des vecteurs ωb, $\omega b'$ et par le rapport $\omega b : \omega b'$ de leurs longueurs.

4° On notera que *les solutions* 1°, 2° *ci-dessus, assurent l'exactitude des réciproques des théorèmes* V, VI *du n°* **346**.

348. Des considérations précédentes, dérive très facilement la mesure du volume d'un tronc de pyramide quelconque, à bases parallèles (**332**, I).

Si O (*fig.* 132), sommet de l'angle solide générateur, est situé dans le prolongement du mur sécant $\overline{PQRS}$ $\overline{P'Q'R'S'}$ au delà de sa seconde face, les pyramides OP'Q'R'S', OPQRS sont proprement homothétiques, avec O pour centre, et dans un rapport $\rho = OH' : OH < 1$. Car les constructions ci-dessus (**347**, IV, 3°) feront évidemment retrouver tous les sommets de l'une par ceux de l'autre, en prenant ω en O, et b, b' en P, P'; et les hauteurs des deux pyramides, $D' = OH'$, $D = OH$, seront des segments homologues (**341**, VII .

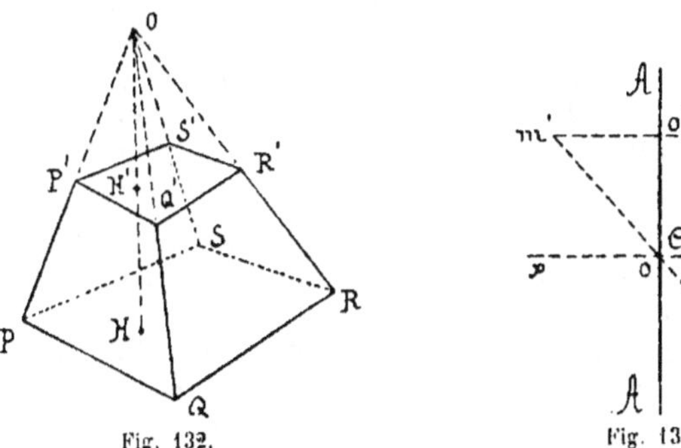

Fig. 132.   Fig. 133.

En appelant maintenant B', B leurs bases, Φ', Φ leurs volumes, V celui du tronc, on aura $V = \Phi - \Phi'$ évidemment, puis $\Phi' = \rho^3 \Phi$ (**344**); d'où,

$$V = \Phi - \rho^3 \Phi = \Phi (1 - \rho^3) = \Phi (1 + \rho + \rho^2) (1 - \rho).$$

Comme on a en outre $\Phi = BD : 3$ (**338**), cette égalité devient

$$V = \frac{1}{3} BD (1 + \rho + \rho^2) (1 - \rho) = \frac{1}{3} (B + \rho B + \rho^2 B) (D - \rho D).$$

Or, on a encore $\rho D = D'$, $\rho^2 B = B'$ (**344**); on en conclut $D - \rho D = D - D' = h$, hauteur du tronc, puis $(\rho B)^2 = B . \rho^2 B = BB'$, c'est-à-dire

$$\rho B = \sqrt{\overline{BB'}};$$

et ces substitutions, faites dans l'égalité précédente, conduisent
à la formule

$$V = \frac{(B + \sqrt{\overline{BB'}} + B')\, h}{3},$$

*tiers du produit, par la hauteur, de la somme des bases et de leur
moyenne proportionnelle.*

Figures semblables.

349. Deux figures solides sont *semblables, proprement,* ou
improprement, quand il existe entre leurs points, une correspondance telle, qu'ils puissent devenir homothétiquement homologues, proprement, ou improprement **(340)**, par l'attribution
aux figures, de positions relatives convenables. Par exemple, on
obtient deux figures semblables, non seulement en prenant
deux figures homothétiques quelconques, mais encore en déplaçant séparément, d'une manière arbitraire, l'une ou l'autre, ou
toutes deux.

Deux figures égales sont toujours semblables, puisqu'on peut
les mettre en superposition, et que cet état est un cas particulier
de l'homothétie propre.

Deux mêmes figures peuvent être semblables, de manières
variées, sous le régime de diverses correspondances réalisables
entre leurs points. En particulier, elles peuvent l'être à la fois,
proprement d'une manière, improprement d'une autre.

350. *Les figures semblables jouissent ainsi, de toutes les propriétés des figures homothétiques, que des déplacements indépen-
dants laissent subsister.* Ce sont celles des nᵒˢ **341** à **345**, sauf le
parallélisme des droites, plans, à leurs homologues **(341, II, III)**.
L'énoncé suivant les formule presque complètement.

*Des droites, des plans, dans une figure, ont pour homologues des
droites, des plans, aussi, dans l'autre (Ib.) ; la topographie d'un
groupe quelconque d'objets pris dans l'une est ressemblante à celle du
groupe homologue dans l'autre* **(342)** *; des angles rectilignes ou
dièdres sont toujours égaux à leurs homologues* **(341, IV)** *; deux
longueurs, deux aires, deux volumes, homologues, donnent toujours
pour rapports, le rapport de similitude, son carré, son cube* **(344)**.

351. *Pour construire, dans des conditions précisées, une figure
qui soit semblable à une autre donnée,* il suffit, par définition
(349), de la tracer tellement, qu'un simple déplacement puisse
la mettre en homothétie avec cette dernière. C'est effectivement de ce principe, qu'avec un peu de réflexion, on verra
dériver les règles courantes du dessin et de la sculpture d'imitation **(353**, *inf.***)**.

Mais les réciproques de diverses combinaisons des parties du théorème précédent (**350,** *in fine*) ont lieu, et fournissent des moyens indirects variés pour exécuter de telles constructions. Nous démontrerons seulement la suivante.

352. *Sous le régime de la correspondance marquée par ces notations, deux lignes brisées planes, abcde..., a'b'c'd'e'..., sont semblables, proprement, et improprement aussi, quand les côtés de l'une sont proportionnels à leurs correspondants dans l'autre, avec égalité respective de leurs angles dans les conditions topographiques expliquées au n° **220**.

Soit $\lambda : \lambda'$ la valeur commune des rapports $ab : a'b'$, $bc : b''c'$, ..., et construisons une figure $a_1b_1c_1d_1e_1...$, qui soit homothétique à $abcde...$ dans le rapport $\lambda' : \lambda$, cela proprement ou improprement, peu importe (**347**). La figure $a_1b_1c_1d_1e_1...$ est aussi une ligne brisée plane, dont les angles, sous la condition topographique spécifiée, sont respectivement égaux à ceux de $abcde...$ (**341**), (**342**), à ceux de $a'b'c'd'e'...$ par suite. On a en outre $a_1b_1 = a'b'$, $b_1c_1 = b'c'$, ..., à cause des relations $a_1b_1 = (\lambda' : \lambda).ab$ (**343,** I), $a'b' = (\lambda' : \lambda).ab$, et autres analogues.

Il y a donc égalité entre $a'b'c'd'e'...$ et $a_1b_1c_1d_1e_1...$ (**220**), avec similitude de genre arbitraire, entre celle-ci et $abcde...$, même similitude par suite entre $a'b'c'd'e'...$ et $abcde...$ (**350**), (**345**).

En particulier, deux triangles équiangles sont toujours semblables, proprement ou improprement, à volonté (Cf. **226** *et suiv.*).

353. La *carte* d'un pays, les *plans* d'une construction, plus généralement un *modèle* réduit d'un objet quelconque, d'une statue par exemple, ... ne sont pas autre chose que des figures semblables, établies dans des conditions qui les rendent peu coûteuses et faciles à manier. La topographie d'un modèle est ressemblante à celle de l'original; ses angles rectilignes et dièdres donnent immédiatement ceux homologues dans l'original, ses longueurs, celles de ce dernier, par de simples multiplications.

On supprime même ces calculs, par l'adjonction, à un plan, à un modèle, d'une unité de longueur factice, ou *échelle*, dont le rapport avec l'unité propre à l'original est égal au rapport de similitude, dont les multiples et sous-multiples décimaux sont même marqués sur sa droite par des traits numérotés. Il n'y a donc plus qu'à mesurer une longueur dans le modèle, au moyen de son unité, pour obtenir le même nombre que si l'on mesurait la longueur homologue de l'original, au moyen de son unité à lui.

Et, comme l'œil humain ne reconnaît un même objet contemplé successivement par lui à diverses distances, que par la similitude *propre*, presque rigoureuse, entre les diverses images par lesquelles cet objet impressionne la rétine, on fait *propre* aussi la similitude d'un modèle à son original. De cette façon, la simple vision du modèle fait apparaître l'original lui-même, vu de plus loin ou de plus près.

Une carte, des plans, un modèle, ... constituent donc des équivalents géométriques, optiques en même temps, de ce qu'ils représentent ; d'où leur utilité, allant pratiquement jusqu'à la nécessité. L'ensemble des procédés à employer pour les confectionner, constitue les *Arts du dessin* (envisagés par leur côté non artistique), qui ont ainsi la théorie des figures semblables pour base scientifique (levé des cartes, des plans, où l'on utilise *directement*, tantôt les procédés du n° **347**, tantôt le théorème du n° **352**), dessins d'édifices ou de machines, même du canevas d'un *dessin à main levée*, ou d'un modelage,.... Les *Arts de construction* fournissent, au rebours, les procédés, variés alors à l'infini, au moyen desquels on peut, *sur de simples dessins*, faire un tracé sur le terrain, tailler les pierres, le bois, les métaux, assembler ensuite les pièces ainsi confectionnées, en murs, voûtes, menuiseries, charpentes, serrureries, ... finalement en maisons, ponts, machines, etc.

On nomme aussi *échelle* d'un plan, d'un modèle, le rapport de similitude existant entre lui et son original. On la prend extrêmement petite, pour une carte, plus ou moins petite encore, pour le plan d'un terrain, pour les dessins d'un édifice ou d'une machine volumineuse, plus ou moins supérieure à 1 au contraire, pour les pièces d'une montre, pour certains dessins anatomiques, extrêmement grande, pour la figuration des objets microscopiques. Autrement, les dessins ne seraient pas maniables pour la main ou pour l'œil.

Il faut se souvenir que l'échelle des aires est le carré de celle des longueurs, que celle des volumes est son cube.

354. *Quand deux figures* F, F′ *sont semblables dans le rapport* 1, *il y a isomérie entre elles, c'est-à-dire égalité entre les longueurs, angles rectilignes ou dièdres, de chacune, et leurs homologues dans l'autre* (**318**), *avec équivalence des aires et volumes homologues. En outre, elles sont égales, si leur similitude est propre, ou bien si elles sont planes.* ✲ *Mais dans tout autre cas, elles ne sont pas superposables.*

I. Le premier point résulte du théorème du n° **350**, combiné avec cette particularité, que le rapport de similitude, son carré, son cube par suite, sont tous égaux à 1.

II. Quand la similitude est propre, la mise en homothétie des deux figures les place dans le cas I ou V du n° **346**.

III. Quand les figures sont planes avec similitude impropre, soient ω un point pris arbitrairement dans le plan de F, puis F″ une troisième figure improprement homothétique à celle-ci,

construite avec ω pour centre et 1 pour rapport d'homothétie
(**347**, IV, 2°, 3°). Comme les vecteurs ω*m*, ω*n*, ... sont respectivement égaux mais opposés à ω*m″*, ω*n″*, ... dans leur plan commun, on superposera F à F″ par un pivotement d'un angle
neutre, exécuté dans leur plan commun autour du pivot ω (**157**).
Or F″, improprement semblable dans le rapport 1, à F qui est
telle relativement à F′, est semblable à F′ dans le rapport 1,
mais proprement (**350**), (**345**). Donc F, égale à F″ qui l'est à
F′ (II), est égale aussi à cette dernière.

✳ IV. Si enfin F, F′, non planes, sont en similitude impropre,
soient *a*, *b*, *c*, *d* quatre points de la première non dans un même
plan, et *a′*, *b′*, *c′*, *d′* leurs homologues dans la seconde. Les
trièdres *abcd*, *a′b′c′d′* sont déchevêtrés et antitaxiques (**341**, V),
(**317**, I), dès lors non superposables (**312**, IV).

✳ **355.** Ces figures improprement semblables dans le rapport 1, qui ne peuvent être superposées malgré leur isomérie,
même malgré la ressemblance de leurs topographies (**342**), assu-
rées toutes deux par cette similitude spéciale, nous sont présen-
tées par la Nature et par les Arts, mais engendrées habituellement
par une correspondante autre que l'homothétie (**366** *et suiv., inf.*).
Ceci les rend très remarquables, et nous trouverons quelque
commodité à les dire *improprement égales*, à dire parfois, que
deux figures égales le sont *proprement*.

*Deux figures, chacune improprement égales à une même troi-
sième, le sont proprement entre elles.* Car elles sont semblables
proprement et dans le même rapport 1 (**345**), (**354**, II).

CHAPITRE XIV

FIGURES SYMÉTRIQUES

Définition des trois symétries.

356. Etant donnés : 1° soit un point fixe ☺ dit *centre de
symétrie*, 2° soit une droite fixe ℳ dite *axe de symétrie*, 3° soit
un plan fixe 𝒫 dit *plan de symétrie*, on obtient le *symétrique m′*
d'un point quelconque *m* :

1° En prenant l'extrémité du vecteur ☺*m′* égal en longueur
mais opposé à ☺*m* ;

2° En cherchant le pied *o* de la perpendiculaire abaissée de *m*
sur l'axe ℳ, puis l'extrémité du vecteur *om′* égal et opposé à *om* ;

3º En procédant de la même manière, relativement au pied *o* de la perpendiculaire abaissée de *m*, sur le plan $\mathfrak{P}$ maintenant.

Il est évident que, dans chacun de ces trois cas, *la relation entre les points m, m′ est réciproque*, c'est-à-dire que si *m′* est le symétrique de *m*, ce point *m* est réciproquement le symétrique de *m′*. On dit en conséquence, que tous deux sont *en symétrie* mutuelle (de l'une ou de l'autre des trois manières susdites).

357. *Quand une droite $\mathcal{A}$ et un plan $\mathfrak{P}$ sont issus d'un point $\mathfrak{O}$ perpendiculairement l'un à l'autre, les symétriques m′, m″ d'un même point m par rapport à deux quelconques de ces trois objets respectivement* (**356**), *le sont toujours mutuellement par rapport au troisième.*

Soient, par exemple, *m′*, *m″* (*fig.* 133), les symétriques de *m* par rapport à la droite $\mathcal{A}$, au plan $\mathfrak{P}$. L'axe $\mathcal{A}$ est parallèle au côté *mm″* du triangle *m′mm″*, parce que tous deux sont perpendiculaires au plan $\mathfrak{P}$ (**169**, I); et il passe par le milieu *o* du côté *m′m″*, parce qu'il contient le milieu *o′* de *mm′* (**126**, III).

Le plan $\mathfrak{P}$ est parallèle au côté *mm′* du même triangle, parce que tous deux sont perpendiculaires à l'axe $\mathcal{A}$ (**179**); et il passe encore par le milieu *o* de *m′m″*, parce qu'il contient celui *o″* de *mm″*, et qu'ainsi sa trace p sur le plan du triangle est la parallèle à *mm′*, issue de *o″* (**67**).

Le milieu *o* du segment variable *m′m″* se confond donc sans cesse avec le point fixe $\mathfrak{O}$ intersection de l'axe $\mathcal{A}$ et du plan $\mathfrak{P}$, ce qu'il fallait constater. Et semblablement, dans les deux autres cas.

(Cette proposition a des analogues, intéressants aussi et parfois plus faciles encore, mais que nous sommes forcés d'omettre.)

358. Deux figures quelconques sont mutuellement *symétriques*, de l'une ou de l'autre des trois manières ci-dessus (**356**), quand le symétrique d'un point quelconque de chacune appartient à l'autre, ou ce qui revient au même, quand leur ensemble n'est formé que de paires de points symétriques. On nomme alors *homologues*, d'un point *m*, d'une partie *f* de l'une, le point symétrique *m′* de l'autre, sa partie *f′* dont les points sont homologues à ceux de *f*.

Les points, droites, plans, *doubles*, sont ceux de l'une ou l'autre figure, qui sont à eux-mêmes leurs homologues (*Cf.* **346**).

Dans les trois modes, nous reconnaîtrons successivement un caractère commun aux figures symétriques : *l'égalité propre* (*proprement dite*), *dans le second*, ❉ *l'égalité impropre dans les deux autres* (**355**).

359. *Le théorème du n° **357** s'étend de lui-même à trois figures quelconques F, F′, F″ douées des symétries supposées aux simples points m, m′, m″.* (Et semblablement, pour ses analogues que nous avons supprimés.)

Symétrie de deux figures par rapport à un point.

360. *La symétrie de deux figures F, F′ par rapport à un point ℭ (**358**), n'est pas autre chose qu'une homothétie impropre, avec ce point ℭ pour centre et 1 pour rapport de similitude (**347**, IV, 2°).*

Car le segment *mm″* que limitent deux points homologues, passe toujours par le point fixe ℭ qui est son milieu.

Ces figures jouissent donc de toutes les propriétés générales dérivant de l'homothétie, et, en outre, de celle-ci entraînée par la valeur spéciale 1 du rapport de similitude : *les longueurs, aires et volumes de chacune sont équivalents aux grandeurs homologues dans l'autre* (**344**).

✳ **360 bis.** *Plus brièvement, il y a, entre de telles figures, égalité impropre, celle-ci coexistant avec l'égalité proprement dite, dans le cas seulement où elles sont planes (**355**), (**354**, III).*

Réciproquement, deux figures F, F′ improprement égales, peuvent être mises en symétrie par rapport à un point.

Car la figure F_1 symétrique à F par rapport à un centre quelconque, lui étant, comme F′, improprement égale, il y a égalité propre entre elle et F′ (**355**). Il suffira donc de transporter F′ en F_1.

✳ **361.** *Avec leurs homologues, une droite, un plan (non doubles) limitent une bande, un mur, dont la bissectrice (**264**), le plan bissecteur (**269**), passent par le centre.* Démonstration des plus faciles.

Symétrie de deux figures par rapport à une droite.

362. *Quand deux figures F, F′ sont symétriques par rapport à une droite ꝺ (**358**), chacune est superposée à l'autre par un simple demi-tour exécuté autour de cet axe (**163**, V).*

Réciproquement, deux figures égales peuvent toujours être placées en telle symétrie.

I. Soient *m* un point quelconque de F par exemple, *o* le pied de la perpendiculaire à ꝺ, issue de *o*, et *p* le plan mené par *om* perpendiculairement à ꝺ (**175**, II). Un demi-tour de cette figure autour de l'axe ꝺ, faisant décrire au vecteur *om* un angle neutre par pivotement autour de *o* dans le plan p (**164**, II), (**213**), le place en une position om_1 égale en longueur, mais opposée à sa position initiale om. La position finale m_1 de m se confond donc avec m' homologue de m.

II. Il suffit évidemment de superposer les deux figures égales considérées, puis de déplacer l'une d'elles par un demi-tour exécuté autour d'un axe quelconque.

✳ **363**. *Les points doubles sont ceux de l'axe ; les droites doubles sont cet axe et ses perpendiculaires ; les plans doubles passent par l'axe ou lui sont perpendiculaires* (**358**, *in fine*).

I. Si m est un point double, il se confond avec son homologue m', par suite avec le milieu o du segment nul mm', qui est toujours sur l'axe.

II. Si une droite double contient un point m étranger à l'axe, elle contient aussi son homologue m' distinct de lui (I). Elle se confond donc avec la droite mm', qui est déterminée et perpendiculaire à l'axe.

III. Sur un plan double, soient m un point étranger à l'axe, m' son homologue, n un point étranger à la droite mm' et à l'axe, n' son homologue, et o, u les milieux des segments mm', nn', appartenant tous deux à l'axe.

Si o, u sont distincts, le plan passe par l'axe, parce qu'il en contient ces deux points.

Sinon, il lui est perpendiculaire, parce qu'il contient les droites distinctes allant de leur point de confusion à m, n, qui lui sont toutes deux perpendiculaires (**181**).

IV. Les réciproques sont presque évidentes.

✳ **364**. En s'appuyant sur ce théorème et sur l'égalité des parties homologues dans les deux figures, le lecteur établira facilement les propositions suivantes, qui déterminent les positions relatives des droites et des plans homologues.

I. *Quand une droite (non double) est, avec l'axe, dans un même plan, son homologue s'y trouve aussi, et fournit avec elle les côtés d'un angle ou d'une bande, ayant l'axe pour bissectrice.*

Quand elle est orthogonale à l'axe, elle forme avec son homologue une bande encore, mais dont le plan est perpendiculaire à l'axe, dont la bissectrice le rencontre.

*Sinon, elle et son homologue ne sont pas dans un même plan ; leur distance (**272**) est coupée par l'axe en son milieu, perpendiculairement ; et l'axe est une bissectrice de tout angle ayant son sommet sur lui, avec des côtés parallèles aux deux droites.*

II. *Quand un plan (non double) est parallèle à l'axe, il l'est à son homologue, et l'axe est situé dans le plan bissecteur de leur mur.*

Sinon, lui et son homologue se coupent suivant une perpendiculaire à l'axe, et un plan bissecteur de leur angle dièdre passe par l'axe.

365. *Quand deux figures sont dans un même plan, il y a équivalence évidente, entre leur symétrie par rapport à un centre $\ominus$ situé dans ce plan, et une autre par rapport à l'axe issu de $\ominus$ perpendiculairement à ce plan.*

Symétrie de deux figures par rapport à un plan.

366. *Quand deux figures* F, F′ *sont symétriques par rapport à un plan* $\mathfrak{P}$ **(358)**, *chacune d'elles est égale à la symétrique de l'autre par rapport à un point* **(360)**.

Car la figure F″ symétrique à F par rapport à un axe perpendiculaire au plan de symétrie, égale par suite **(362)**, est symétrique à F′ par rapport au pied de cet axe **(359)**.

Les figures en question sont donc improprement semblables dans le rapport 1, *cette propriété générale entrainant entre leurs grandeurs homologues, les équivalences formulées à la fin du n° 360.*

❊ **366** bis. *Entre les mêmes figures, il y a donc égalité impropre, et en outre égalité propre, si elles sont planes* (*Cf*. **360** bis).

Réciproquement, deux figures improprement égales peuvent être placées en symétrie par rapport à un plan.

Si F, F′ sont improprement égales, on peut les supposer mises en positions symétriques par rapport à un centre $\ominus$ **(360** bis**)**. Soient alors $\mathscr{A}$ quelque droite menée par $\ominus$, et F_1 la symétrique de F par rapport à cet axe, égale à F par suite **(362)**. Les figures F′, F_1 étant symétriques à F, par rapport, l'une au centre $\ominus$, l'autre à l'axe $\mathscr{A}$ passant par ce point, le sont mutuellement par rapport au plan $\mathfrak{P}$ mené par $\ominus$ perpendiculairement à $\mathscr{A}$ **(359)**. Pour placer F symétriquement à F′ par rapport au plan $\mathfrak{P}$, il suffit donc de l'appliquer sur son égale F_1.

❊ **367**. *Les points doubles sont ceux du plan de symétrie ; les droites doubles sont celles de ce plan et ses perpendiculaires ; les plans doubles sont le plan de symétrie et ceux qui lui sont perpendiculaires.*

I. II. Comme au n° **363**, I, II.

III. Si un plan double contient un point *m* étranger au plan de symétrie, il contient aussi son homologue *m′* qui est distinct de *m*. Il passe donc par la droite *mm′*, qui est déterminée et perpendiculaire au plan de symétrie **(191, III)**.

IV. Les réciproques s'établissent sans difficulté.

❊ **368**. Ce théorème et l'égalité impropre des figures ont des conséquences analogues aux constatations du n° **364**.

I. *Deux droites homologues (non doubles) sont dans un même plan coupé perpendiculairement par celui de symétrie, suivant la bissectrice de leur bande ou de l'un de leurs angles.* .

II. *Deux plans homologues (non doubles) forment un mur ou des dièdres, dont le plan de symétrie est bissecteur.*

369. *Dans un même plan, la symétrie de deux figures par rapport à un axe, équivaut à celle existant par rapport au plan issu de cet axe, perpendiculairement au proposé (Cf. **365**).*

Symétrie absolue d'une figure.

370. Une figure donnée est douée d'un *centre*, ou *axe*, ou *plan de symétrie*, quand elle comprend toujours l'homologue d'un quelconque de ses points dans la symétrie du mode en question, ou, ce qui revient au même, quand elle n'est formée que de paires de points homologues. En y prenant alors un seul point dans chacune de ces paires, on forme une figure présentant la même symétrie *relative*, avec celle formée par les seconds points des paires en question. Inversement, on obtient une figure douée d'une symétrie *absolue*, quand on en solidarise deux offrant la même symétrie *relative*.

371. *Une figure douée d'une symétrie absolue (**370**) est égale à elle-même, proprement (d'une deuxième manière) dans le second mode, ✳ improprement dans les deux autres.*

Ceci veut dire, qu'en appelant $m, n, \ldots$ tous les points de cette figure, $m_1, n_1, \ldots$ leurs nouvelles positions après un déplacement quelconque de la même figure, et $m', n', \ldots$ les homologues de $m, n, \ldots$ dans la symétrie absolue considérée (ce sont ces mêmes points $m, n, \ldots$ conçus dans un autre arrangement), la figure $m_1 n_1 \ldots$, offrant déjà avec $mn\ldots$ l'égalité proprement dite, est encore, avec $m'n'\ldots$, dans cette égalité, ✳ ou dans l'égalité impropre, selon le mode de la symétrie existante.

372. Le théorème du n° **359** précise des cas évidents dans lesquels l'existence, pour une figure, de deux des trois symétries absolues lui assure la possession de la troisième. (Et de même pour ses analogues auxquels nous avons fait allusion.)

Certaines figures sont absolument symétriques de manières variées, dont le nombre peut être considérable, même illimité. Un simple mur, par exemple, admet, pour plans de symétrie, tous ceux qui lui sont perpendiculaires et son plan bissecteur, pour centres, axes de symétrie, tous les points de ce dernier plan, toutes ses droites.

373. Les diverses symétries, relatives ou absolues (ce sont de simples aspects différents de mêmes conceptions), se rencontrent fréquemment dans la nature, la troisième surtout. La figure d'un objet quelconque et celle de son image fournie par la surface réfléchissante d'une eau tranquille, sont symétriques par rapport au plan de ce miroir. La structure générale des animaux comporte un plan de symétrie (approximativement tout au moins): dans l'espèce humaine, par exemple, c'est ce qui rend *impropre*, l'égalité des deux mains, des deux pieds, des deux oreilles, ... On trouve encore la troisième symétrie dans les animaux rayonnés et dans les végétaux, mais plus rarement, l'architecture de leurs organes étant dominée par une répétition de leurs parties autour d'un axe, dont notre deuxième symétrie est un cas particulier.

Ces diverses considérations jouent un rôle capital dans l'étude de la matière cristallisée. Les formes *primitives* des cristaux possèdent des centres, axes et plans de symétrie, très utiles, les uns et les autres, à la spécification des corps qui les présentent, et de leurs propriétés physiques. Des figures improprement égales sont réalisées dans les deux formes *hémiédriques non superposables*, des cristaux de telle même substance chez laquelle elles sont accompagnées de propriétés physiques et chimiques toutes différentes (quartz, acide tartrique, ...).

La troisième symétrie intervient dans les tracés de la plupart des constructions technologiques (édifices, machines, mobilier, outils, ustensiles, ...); en leur imprimant la caractéristique géométrique du corps humain, elle leur donne, plus de commodité assez souvent, de l'élégance presque toujours. Pratiquement, elle est la source la plus abondante des figures improprement égales.

CHAPITRE XV

GÉNÉRALITÉS SUR LES FIGURES COURBES

Variantes arithmétiques. — Variantes géométriques.

374. Quand des quantités en nombre illimité,

$$(1) \qquad v_1, v_2, v_3, \ldots,$$

déterminées elles-mêmes, et leur ordre de succession ont une communauté d'origine, il est très commode de les concevoir comme *valeurs successives* d'une quantité v_m, *unique par sa nature*, mais qui n'est pas fixe dans sa *grandeur*, qui *varie* au contraire, en prenant les valeurs (1), les unes après les autres (*Cf.* **21**).

Une telle quantité variable est une *variante* ayant, pour *indice*, l'entier m dont les valeurs 1, 2, 3, … numérotent celles de cette quantité.

Une variante v_m est *infiniment petite*, si, quelque petite qu'ait été choisie une quantité invariable ε, on peut toujours trouver un entier μ donnant sans cesse $v_m < \varepsilon$, pour $m > \mu$.

Elle a pour *limite* une quantité invariable donnée V, *tend vers* V, quand $V - v_m$ (ou $v_m - V$), différence entre v_m et V (c'est une nouvelle variante d'indice m encore), est infiniment petite.

Par exemple, l'expression $1 : m$ est une variante d'indice m, ayant pour valeurs successives

$$\frac{1}{1}, \ \frac{1}{2}, \ \frac{1}{3}, \ \dots ;$$

et elle est infiniment petite, parce qu'il suffit de prendre $m > 1 : \varepsilon$, pour qu'elle soit toujours moindre que ε.

L'expression $(2m - 1) : m$ est une autre variante d'indice m, dont les valeurs successives sont

$$\frac{1}{1}, \ \frac{3}{2}, \ \frac{5}{3}, \ \frac{7}{4}, \ \dots ,$$

et qui tend vers 2 ; car on a

$$2 - \frac{2m - 1}{m} = \frac{2m}{m} - \frac{2m - 1}{m} = \frac{1}{m},$$

et nous venons de constater que cette dernière variante est infiniment petite.

Il est évident que *la propriété, pour une variante, de tendre vers 0, équivaut à celle d'être infiniment petite, qu'une variante tend vers* V, *quand toutes ses valeurs successives sont égales à* V.

On simplifie le langage et l'écriture, en sous-entendant habituellement les indices des variantes.

375. *Si les variantes* u, v *tendent vers des limites* U, V, *les expressions* au, *où* a *est une quantité invariable,* $u \pm v$, uv, *tendent aussi vers des limites, et celles-ci sont fournies par les formules*

$$\lim (au) = aU, \ \lim (u \pm v) = U \pm V, \ \lim (uv) = UV,$$

dont les seconds membres sont composés avec les limites, comme les parenthèses des premiers avec les variantes. On a de même

$$\lim \left(\frac{u}{v} \right) = \frac{U}{V} .$$

pourvu que V, *limite du dénominateur v, ne soit pas* $= 0$.

Les démonstrations de ces importantes propositions sont assez faciles pour que nous puissions les omettre.

376. Une variante v_m est *infiniment grande, infinie*, si, quelque grande qu'ait été prise une quantité invariable $\mathcal{C}$, on peut toujours trouver un entier μ donnant $v_m > \mathcal{C}$, pour $m > \mu$ (*Cf.* **374**). Il est évident qu'alors elle ne tend pas vers quelque limite.

Son inverse arithmétique $1 : v_m$ est visiblement une variante infiniment petite ; l'inverse d'une variante infiniment petite est visiblement une variante infinie.

377. La substitution aux nombres de la suite (1), de figures quelconques

(2) $$f_1, \ f_2, \ f_3, \ \cdots$$

présentant aussi quelque même trait caractéristique, conduit à la notion d'une *variante géométrique* f_m, figure qui est *unique* dans sa conception, mais qui *varie* dans sa position, dans sa forme, en passant par les *états successifs* (2).

378. Quand une variante géométrique est mesurable (segment rectiligne, angle rectiligne ou dièdre, ...), les définitions des nᵒˢ **374**, **376** peuvent lui être immédiatement étendues. **Si elle tend vers une limite, ou bien si elle est infinie, la variante arithmétique qui la mesure sans cesse, tend vers la mesure de sa limite, ou bien est infinie aussi.**

379. Dans le cas où la figure f (**377**) n'est qu'un simple point m qui se déplace, on dit qu'il a un point M pour *position-limite*, quand le segment variable Mm est infiniment petit, qu'il *s'éloigne à l'infini*, quand ce même segment est infini (**378**).

Dans tout autre cas, la figure f a pour *position-limite* une figure fixe F, quand tout point M de F est la position-limite de quelque point mobile m de f, et que F contient la position-limite de tout point mobile choisi dans f de manière à en posséder une.

Quand tout point pris sur f s'éloigne à l'infini, on dit que cette figure elle-même *s'en va à l'infini*.

380. I. *Dans une figure variable f douée d'une position-limite* F, *quand une quantité variable v (segment, angle, ...) tend vers une limite* V, *en ne dépendant sans cesse que de points* m, n, ... *tous pourvus de positions-limites* M, N, ..., *la quantité-limite* V *dépend, de la même manière, des points-limites* M, N, ...

Si, par exemple, deux points m, n ont M, N pour positions-limites, la longueur du segment mn tend vers celle de MN.

II. *Si une figure variable f est complètement déterminée sans* *cesse, par les valeurs et positions contemporaines de quantités variables u, v, ..., de points mobiles m, n, ..., tendant vers les limites U, V, ..., M, N, ..., et si ces limites déterminent aussi une figure de même nature F, celle-ci est la position-limite de f.*

Par exemple, les positions simultanées *m, n* de deux points restant distincts, et une longueur variable *u*, déterminent toujours le point *p* de la demi-droite *mn*, dont la distance à *m* est égale à *u*. Quand *m, n* ont des positions-limites distinctes M, N, et que *u* tend vers une limite U, ce théorème dit que le point P pris sur la demi-droite MN, à une distance U de M, est la position-limite du point *p* (considéré comme une figure). Mais la position-limite de *p* ne pourrait être trouvée de cette manière, ou même pourrait ne pas exister, si M, N se confondaient, parce qu'alors le point P resterait indéterminé.

Lignes courbes, en général.

381. I. Relativement à une orientation donnée ⊙ de plans parallèles (**91**), un *arc réduit* ayant pour *extrémités* deux points distincts *a, b* (*fig.* 134), est une figure limitée et continue (**109**)

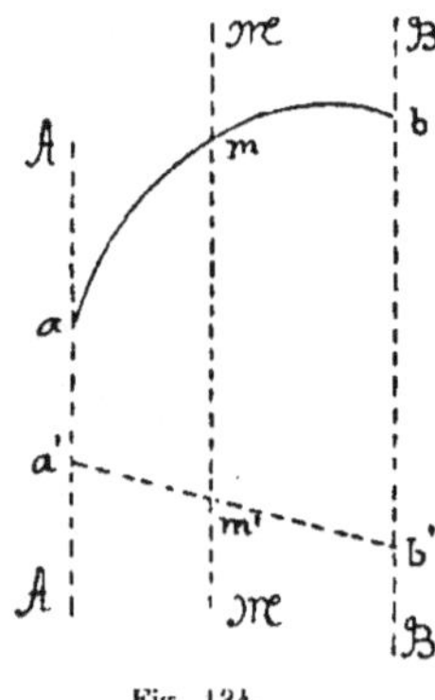

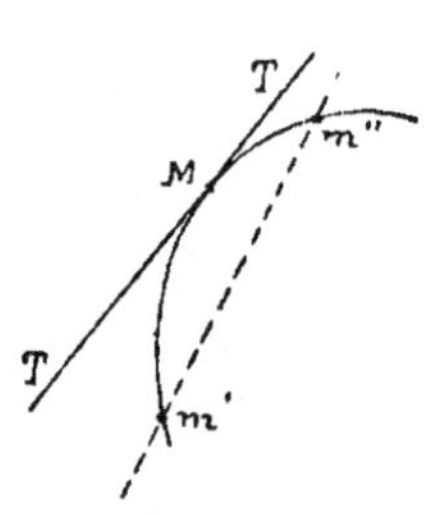

Fig. 134.   Fig. 135.

que coupe toujours en un point unique *m*, tout plan 𝔐 parallèle à ⊙, et non extérieur au mur 𝔄𝔅 dont les faces passent par *a, b* avec la même orientation (pourvu toutefois que ce mur ne soit pas nul). Tel est un segment rectiligne, relativement à toute orientation qui ne lui est pas parallèle.

Le point *m* est *intérieur* à l'arc, quand le plan 𝔐 l'est au mur 𝔄𝔅. Il le décrit *dans le sens constant allant de a à b*, ou dans le sens *opposé ba*, quand la trace *m'* du plan 𝔐, sur le segment *a'b'* résultant de la section de quelque droite par le mur, s'y meut dans le sens constant *a'b'* ou *b'a'* (**110**) ; d'où la notion des *deux directions opposées* à concevoir sur l'arc considéré. *Ces distinctions subsistent telles, pour toutes les autres orientations relativement auxquelles la figure en question est encore un arc réduit.*

II. Une *ligne* est une figure dont la partie intérieure à un polyèdre quelconque (déchevêtré), est toujours décomposable en arcs réduits (I) (avec des points isolés parfois). Telle est la totalité d'une droite.

III. Une ligne *courbe*, une *courbe* plus brièvement, est caractérisée par le fait de ne pouvoir contenir tous les points d'un segment rectiligne, si petit qu'il soit.

Les lignes courbes, *quand elles sont mathématiquement définies*, jouissent, comme la droite, de certaines propriétés appartenant à toutes en leurs points *ordinaires*, mais aléatoires, disparaissant habituellement, en des points exceptionnels dits *singuliers* [parmi lesquels se trouvent toujours les points isolés (II)]. LEURS POINTS DONT NOUS PARLERONS, SERONT TOUJOURS SOUS-ENTENDUS ORDINAIRES ; d'ailleurs, nous n'en rencontrerons aucune offrant des points singuliers.

[Sur une ligne formée par un assemblage de droites, les points de rencontre que celles-ci peuvent avoir, sont singuliers, et tous les autres points sont ordinaires.]

IV. *Tout point (ordinaire) d'une ligne est intérieur à quelque arc réduit (I).*

382. *Par chaque point (ordinaire) d'une ligne, M (fig. 135), passe une droite unique MT, qui, avec elle, mais dans le voisinage seulement de ce point, se confond plus approximativement que toute autre droite. Elle est la position-limite de toute droite mobile, déterminée par deux points m', m" qui se déplacent sur la ligne, de manière à avoir M pour position-limite commune (379).*

La droite en question est la *tangente* à la ligne en M, dit son point de *contact*.

D'après la dernière partie de ce théorème, *une droite est sa propre tangente en chacun de ses points ; et toute tangente à une ligne plane est située dans son plan.*

383. Les plans menés par la tangente en M à une ligne, lui sont dits *tangents* aussi *en* M (*Cf.* **396**, *inf.*)

Si la ligne est courbe, un seul parmi ces plans tangents, dit osculateur, contient plus approximativement que tout autre plan, la région de la ligne qui est extrêmement voisine du point de contact M ; il est la position-limite de tout plan mobile passant par trois points m', m", m'" infiniment voisins de M *sur la ligne (Cf.* **382**).

Quand une ligne est plane, son plan osculateur se confond évidemment avec son plan. Pour une droite, il est indéterminé, pouvant être pris à volonté parmi ses plans tangents, qui tous la contiennent entièrement.

384. En tout point M d'une ligne, prenant alors le nom de *pied*, on nomme *normales*, les perpendiculaires à sa tangente (**180**), et plan *normal*, celui, perpendiculaire aussi à la tangente, qui est le lieu des normales.

La normale *principale* est celle, unique, qui est située dans le plan osculateur (**383**). Telle est la normale menée à une courbe plane, dans son plan (*Ib.*), et nommée sa *normale* tout court. Pour une droite, la distinction n'est plus possible, puisque son plan osculateur est indéterminé.

385. L'*angle* de deux lignes $\mathcal{L}_1$, $\mathcal{L}_2$, en un point M appartenant à toutes deux, est, par définition, celui de leurs tangentes, $\mathcal{C}_1$, $\mathcal{C}_2$, en M (**203**).

Quand cet angle est nul, cas auquel les tangentes $\mathcal{C}_1$, $\mathcal{C}_2$ se confondent, les lignes sont mutuellement *tangentes* en M, prenant alors le nom de point de *contact*.

Quand il est droit, les lignes se coupent en M, à *angle droit, orthogonalement, normalement* (**208**).

386. Habituellement, deux lignes ne se rencontrent pas (**12**). Dans le cas contraire, leurs points communs sont généralement isolés, et on dit parfois, qu'elles *s'appuient* l'une sur l'autre en chacun d'eux.

Une ligne engendrée par un point mobile (**22**), se nomme fréquemment la *trajectoire* de ce point.

Longueurs courbes.

387. I. Quand, sur une même ligne $\mathcal{L}$, des arcs réduits (a_1), (a_2),... (**381**) n'ont aucun point intérieur commun, et que la suppression de leurs extrémités communes, en laisse subsister deux seulement, A, B, leur solidarisation donne un *arc* (*quelconque*) de la ligne $\mathcal{L}$, ayant, pour *extrémités*, les points A, B, pour points *intérieurs*, ceux des arcs réduits considérés, arc, auquel tous les autres points de la ligne sont *extérieurs*, et qui est concevable dans l'une ou l'autre des *deux directions opposées* AB, BA.

Inversement, deux points A, B *marqués arbitrairement sur une région limitée et continue de la ligne, sont toujours les extrémités d'un tel arc* (AB) *décomposable en arcs réduits* (*Cf.* **277**, III, IV).

La *corde* d'un arc (AB) est le segment rectiligne AB.

II. Une ligne brisée est *inscrite* dans un arc de ligne courbe, qui lui est alors *circonscrit*, quand, ayant mêmes extrémités, tous ses autres sommets sont aussi sur cet arc; et cet arc est *circonscrit* à la ligne brisée.

On inscrit *proprement* une ligne brisée :

1º Dans un arc réduit (*ab*) (*fig.* 136), en lui donnant pour côtés, les cordes, *au, uv,..., zb*, des arcs partiels (*au*), (*uv*)...,(*zb*) découpés sur lui par des murs, ↋𝓊𝓋, 𝓋𝓎,..., 𝓏ℬ, dont la somme géométrique reproduit le mur 𝒜ℬ (**121**) ;

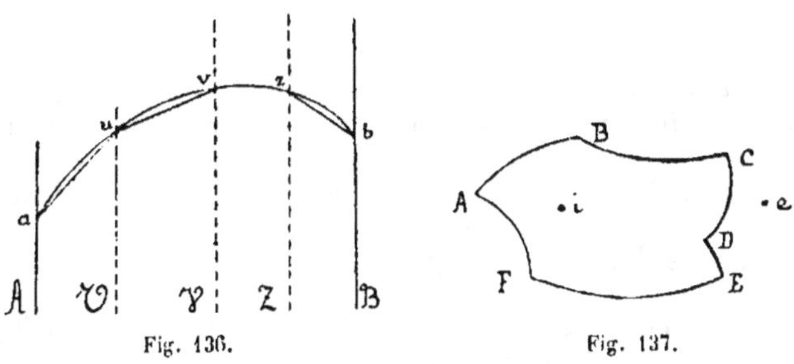

Fig. 136.   Fig. 137.

2º Dans un arc quelconque (AB), en réunissant en une seule ligne brisée, d'autres inscrites proprement dans les arcs réduits qui le composent (I), (1º).

III. *Si une ligne brisée* AUV... ZB *inscrite proprement dans un arc donné* (AB), (II 2º), *varie de manière que tous ses côtés demeurent inférieurs à une même quantité infiniment petite* (**378**), *elle a cet arc pour position-limite, et sa longueur tend vers un nombre absolument indépendant de ce qu'il reste d'arbitraire dans cette opération.* (**379**).

Par définition, ce nombre est la *longueur* de l'arc (AB).

388. La définition d'une ligne brisée et ses compléments (**217** *et suiv.*) s'appliquent à un *chemin curviligne*, à cela près que, maintenant, les côtés ne sont plus des segments rectilignes exclusivement, mais des arcs de lignes courbes (ou droites).

Pour qu'un tel chemin soit *déchevêtré*, il faut, non seulement qu'il remplisse des conditions analogues à celles du nº **218**, mais encore qu'aucun de ses côtés ne présente un *nœud*, en se coupant lui-même.

389. *De tous les chemins qui ont pour extrémités deux mêmes points* A, B, *le segment rectiligne* AB *est celui de moindre longueur.*

Soient $\mathfrak{C}$, la longueur d'un de ces chemins, possédant un point C étranger au segment AB, et $\mathfrak{C}'$, $\mathfrak{C}''$, celles des parties en lesquelles ce point le décompose.

On a $AC \leq \mathfrak{C}'$, $BC \leq \mathfrak{C}''$, parce que $\mathfrak{C}'$, par exemple, est la limite de la longueur d'une ligne brisée inscrite (**387**, III), qui, ayant A, C pour extrémités, est supérieure à AC, égale au moins ; et, en même temps, on a $AB < AC + BC$ (**274**). D'où, $AB < \mathfrak{C}' + \mathfrak{C}''$, c'est-à-dire $AB < \mathfrak{C}$.

Aire plane limitée par un contour curviligne.

390. Quand un chemin curviligne *fermé* (**388**), ou *contour curviligne*, est déchevêtré et plan, ABCDEFA (*fig.* 137), sa considération conduit aux théorèmes suivants :

I. *La soudure de lignes brisées à côtés infiniment petits, toutes inscrites dans les divers côtés du contour comme au n⁰ **387**, III, donne un contour polygonal variable, qui finit par être déchevêtré, qui a pour position-limite le contour curviligne considéré, auquel, en outre, tout point fixe du plan, étranger à ce dernier, finit par demeurer, soit intérieur, soit extérieur.*

Dans ces deux cas, respectivement, le point fixe considéré, i ou e, est dit *intérieur*, ou *extérieur*, au contour curviligne.

II. *L'aire du polygone variable, la mesure de cette aire, tendent vers une position-limite, vers une limite numérique, qui ne dépendent aucunement de la manière dont l'opération a pu être conduite.*

Par définition, cette figure-limite, ce nombre-limite, sont l'*aire* découpée dans le plan par le contour curviligne, et sa *mesure*.

✳ **391.** *Les considérations des n⁰ˢ (**298**, IV), **299**, **300**, s'étendent immédiatement à des aires planes limitées par des contours curvilignes.*

Si, par exemple, P est une telle aire, P' celle de sa projection orthogonale sur un plan faisant l'angle V avec celui de la première, p celle polygonale variable qui tend vers P (**390**, II), et p' celle de sa projection, ayant P' pour limite évidente, la formule (4) du n⁰ **299** donne sans cesse $p' = p.\cos V$; d'où, en passant aux limites (**375**), $P' = P.\cos V$.

Surfaces courbes en général.

392. I. Il est moins naturel, mais plus expéditif, de définir une *moulure d'orientation (rectiligne)* Ω, *à faces courbes, déchevêtrée,* son *intérieur,* son *extérieur,* en disant simplement que ce sont les figures cylindriques de cette orientation (**114**), qui ont pour sections planes, un contour curviligne plan déchevêtré, son intérieur, son extérieur (**390**, I).

II. Relativement à une telle orientation donnée, une *plaque réduite* ayant pour *bord* un contour curviligne déchevêtré *c*, est une figure limitée et continue, que coupe toujours en un point unique *m*, toute droite M parallèle et non extérieure à la moulure déchevêtrée à faces courbes [γ], de l'orientation donnée, qui passe par le contour *c* (sans être enchevêtrée). Telle est une aire plane limitée par un contour curviligne, relativement à toute orientation non parallèle à son plan.

Le point *m* est *intérieur* à la plaque, quand la droite M l'est à la moulure [γ], et *il reste tel, pour toute autre orientation relativement à laquelle la figure considérée ne cesse pas d'être une plaque réduite* (*Cf.* **381**, I).

III. Une *surface* est une figure dont la partie intérieure à un polyèdre quelconque, est toujours décomposable en plaques réduites (II) (accompagnées parfois de points isolés, d'arcs de lignes). Telle est la totalité d'un plan (*Cf.* **381**, II).

IV. Une surface est *courbe*, quand elle ne peut contenir tous les points de l'aire d'un triangle, si petite que soit son élongation (**109**, I), (*Cf. Ib.*, III).

Entre les points *ordinaires* et *singuliers* des surfaces courbes, la distinction est la même que pour les lignes courbes (*loc. cit.*), avec observation que les derniers comprennent toujours les points isolés et ceux des lignes isolées accidentelles mentionnées à l'instant, et que NOUS N'EN RENCONTRERONS PAS D'AUTRES QUE LES SOMMETS DES CÔNES COURBES (**422**, IV, *inf.*).

[Sur une surface consistant en un assemblage de plans, les points communs à deux ou plusieurs de ceux-ci, sont singuliers ; les autres sont ordinaires.]

V. *Tout point (ordinaire) d'une surface est intérieur à quelque plaque réduite* (II), (*Cf.* **381**, IV).

393. Dans la première partie du théorème du n⁰ **382**, si l'on remplace la ligne et la droite considérées, par une surface et un plan, on obtient la définition du *plan tangent* à la surface, au *point de contact* M.

Le plan tangent en M est la position-limite de tout plan mobile, déterminé par trois points m′, m″, m‴ qui se meuvent sur la surface en tendant vers M, sous la condition annexe que le sinus (251) de l'un au moins des angles du triangle m′m″m‴ (de son supplément s'il est obtus) se maintienne supérieur à quelque quantité non nulle invariable.

Il contient les tangentes menées en M, à toutes les lignes de la surface qui passent par ce point.

Pour le construire, *il suffit ainsi de tracer par* M, *sur la surface, deux lignes dont les tangentes en* M *soient distinctes, puis de prendre le plan déterminé par ces deux droites.*

D'après cela, *tout plan est à lui-même son propre plan tangent en chacun de ses points* (*Cf.* **382**, *in fine*).

394. Une *tangente* à la surface, en M, est toute droite issue de M, dans le plan tangent au même point ; telle est la tangente en M, à toute ligne menée sur la surface par ce point (**393**).

Les droites d'un plan se confondent donc avec ses tangentes (*Cf.* **382**, *in fine*).

395. La *normale* à la surface, de *pied* M, est la perpendiculaire élevée par M au plan tangent en ce point ; les *plans normaux* de même pied sont ceux, en nombre illimité, qui passent par la normale (*Cf.* **384**).

396. En un point M commun, soit à une ligne et une surface, soit à deux surfaces, l'*angle* de l'une avec l'autre est, par définition, celui des figures tangentes (droites, plans, selon les circonstances) (**382**), (**393**), (**205** *et suiv.*).

Quand cet angle est nul, cas auquel les figures tangentes sont en application mutuelle, les lieux sont dits mutuellement *tangents* en M prenant alors le nom de point de *contact*.

Quand il est droit, les lieux se coupent en M, *orthogonalement, normalement, à angle droit* (*Cf.* **385**).

397. Quand deux surfaces passent par une même ligne et sont mutuellement tangentes en tout point de celle-ci, on dit que, *suivant cette ligne de contact, de raccord*, elles sont *circonscrites, se raccordent, l'une à l'autre*.

398. La tangente T, en M, à une ligne donnée $\mathcal{L}$, étant située dans le plan $\mathcal{C}$ tangent, en M, à toute surface $\mathcal{S}$ qui passe par cette ligne (**393**), *il suffit, pour l'obtenir, de mener deux telles surfaces* $\mathcal{S}_1$, $\mathcal{S}_2$ *ayant en* M *des plans tangents distincts* $\mathcal{C}_1$, $\mathcal{C}_2$, *puis de prendre l'intersection* T *de ces plans tangents* (*Cf. loc. cit.*).

399. En cas de rencontre, et habituellement : I, l'intersection d'une ligne et d'une surface est un groupe de points isolés ; II, celle de deux surfaces, section de l'une par l'autre, est une ligne ; III, celle de trois surfaces, trace sur chacune, de l'intersection des deux autres (II), se compose de points isolés (I), (**12**).

Quand une surface est engendrée par une ligne variable (**22**), on nomme souvent *directrice*, une ligne fixe tracée sur la surface, de manière que la nécessité, pour cette génératrice, de s'appuyer sans cesse sur elle (**386**), contribue à guider son mouvement et sa déformation. Dans les deux générations d'un plan, mentionnées au n° **74**, la droite D remplit cette fonction de directrice.

400. *En* M, *point de contact de deux surfaces* $\mathcal{G}'$, $\mathcal{G}''$, *coupées par une même troisième* $\mathcal{G}$ *qui passe par* M *sans contact avec elles, les lignes d'intersection* $\mathcal{L}'$, $\mathcal{L}''$ (**399**, II) *sont aussi en contact mutuel.* Car ces lignes y ont pour tangente commune les intersections du plan tangent commun à $\mathcal{G}'$, $\mathcal{G}''$, par celui de $\mathcal{G}$ (**398**), (**385**).

Aires courbes. — Volume limité par une périphérie courbe

401. I. Quand, sur une même surface $\mathcal{G}$, des plaques réduites (c_1'), (c_2), ... (**392**, II) n'ont aucun point intérieur commun, et que la suppression des parties communes à leurs bords c_1, c_2, ..., réduit l'ensemble de ceux-ci à un contour curviligne déchevêtré C, leur solidarisation donne une *plaque* (*quelconque*) (C) de la surface $\mathcal{G}$, ayant pour *bord* ce contour (C), pour points *intérieurs* tous ceux des plaques réduites (c_1), (c_2), ..., et à laquelle tous les autres points de la surface sont *extérieurs*.

Inversement, un contour déchevêtré C, *tracé arbitrairement sur une région limitée et continue de la surface, est (habituellement) le bord d'une telle plaque* (C) *décomposable en plaques réduites* (*Cf.* **277**, III, IV, **387**, I).

II. Une plaque brisée (C') (**321**) est *inscrite* dans la plaque courbe (C), quand tous ses sommets sont sur cette dernière, son bord C' étant inscrit dans le bord C de (C) (*Cf.* **387**, II).

L'inscription est *propre*, si elle est telle pour le polygone C' inscrit dans le contour C (*Ib.*, 2°), si, en outre, les faces de (C') sont des triangles t_1, t_2, ..., construits sous des conditions topographiques analogues à celles du passage cité, dont nous pouvons omettre l'explication détaillée.

III. *Si une plaque brisée* (C'), *inscrite proprement dans une plaque courbe donnée* (C), *varie de manière que les côtés de ses faces triangulaires* t_1, t_2, ... *demeurent tous inférieurs à une même quantité infiniment petite, et que chacun de ces triangles remplisse la condition annexe imposée au triangle* $m'm''m'''$ *du n°* **393**, *elle a cette plaque courbe* (C) *pour position-limite, et la mesure de son aire tend vers un nombre dont la valeur est indépendante du procédé suivi.*

Par définition, ce nombre est la *mesure* de *l'aire* de la plaque courbe (*Cf.* **387**, III).

402. Un *toil* est un assemblage continu de plaques courbes (ou planes), soudées par les côtés de leurs bords.

Quand il est déchevêtré et fermé (*Cf.* **390**), il constitue une *périphérie courbe* (*Cf.* **322**), à laquelle, et par l'intervention de plaques brisées (C′), ... inscrites dans ses faces courbes (C), ... comme il est dit ci-dessus (**401**, III), se rattache une grandeur géométrique dont l'existence est formulée par le théorème suivant.

Le polyèdre variable dont la périphérie se compose des plaques brisées (C′), *..., finit par être déchevêtré, en ayant la périphérie courbe pour position-limite ; et son volume, la mesure de celui-ci, tendent vers une position-limite, vers une limite numérique, qui ne dépendent pas du mode adopté pour l'opération.*

Par définition, cette figure-limite, ce nombre-limite, sont le *volume* découpé dans l'espace par la périphérie courbe, la *mesure* de ce volume (*Cf.* **390**, II).

Similitude, homothétie, symétrie des figures courbes.

403. *Deux figures semblables* $\mathcal{F}$, $\mathcal{F}'$ *étant données* (**349**), *une ligne* $\mathcal{L}$, *une surface* $\mathcal{G}$, *dans l'une, ont pour homologues dans l'autre, une ligne* $\mathcal{L}'$, *une surface* $\mathcal{G}'$, *aussi.* Conséquence immédiate de la définition des lignes (**381**) et des surfaces (**392**), combinée avec la propriété des droites et plans parallèles dans une figure, de correspondre toujours à de tels objets dans l'autre (**350**).

404. *Si, dans* $\mathcal{F}$, *une figure partielle variable f a une position-limite* F, *son homologue f′ en a une aussi, qui est l'homologue* F′ *de* F.

I. *Quand la longueur l d'un segment variable dans* $\mathcal{F}$, *tend vers une limite* L, *celle l′ du segment homologue tend vers* $L' = (\lambda' : \lambda).L$, *produit de* L *par le rapport de similitude* $\lambda' : \lambda$, *de* $\mathcal{F}'$ *à* $\mathcal{F}$.

La relation constante $l' = (\lambda' : \lambda).l$ (**350**), donne effectivement $\lim l' = (\lambda' : \lambda).\lim l = (\lambda' : \lambda).L$ (**375**).

II. Si la figure f se réduit à un point mobile m ayant M pour position-limite, soient m', M′ les homologues de ces deux points. De $\lim Mm = 0$ (**379**), on déduit immédiatement $\lim M'm'' = (\lambda' : \lambda).0 = 0$ (I). Le point mobile m' a donc M′ pour position-limite.

III. Soient maintenant, M′ un point quelconque de F′, M son homologue appartenant à F, m un point de f tendant vers M et m' son homologue appartenant à f'. Ce point m' tend vers M′ (II), et on prouvera aussi facilement, que, pour tout point de f' doué d'une position-limite, celle-ci appartient à F′. La figure f' tend donc vers F′ (**379**).

405. *En des points homologues* M, M', *les tangentes* t, t' *à deux lignes homologues* $\mathcal{L}$, $\mathcal{L}'$, *les plans tangents* $\mathcal{C}$, $\mathcal{C}'$ *à deux surfaces homologues* $\mathcal{G}$, $\mathcal{G}'$, *sont homologues aussi.*

I. Si m_1, m_2 sont, sur $\mathcal{L}$, deux points infiniment voisins de M, leurs homologues m'_1, m'_2 sont, sur $\mathcal{L}'$, infiniment voisins de M' (**404**, II), et les droites $m_1 m_2$, $m'_1 m'_2$ ont ainsi t, t' pour positions-limites (**382**). Ces tangentes sont donc homologues.

II. Les lignes menées par M sur la surface $\mathcal{G}$, ayant pour homologues des lignes menées par M' sur $\mathcal{G}'$, les tangentes aux premières ont aussi pour homologues les tangentes aux secondes (I); et le lieu des unes est homologue à celui des autres. Or, ces deux lieux sont précisément les plans tangents aux surfaces, en M, M' (**393**).

406. *Quand deux lignes* $\mathcal{L}_1$, $\mathcal{L}_2$, *dans* $\mathcal{F}$, *se rencontrant en* M, *y ont un contact, ou une intersection, leurs homologues* $\mathcal{L}'_1$, $\mathcal{L}'_2$ *ont, en* M' *homologue de* M, *un contact aussi, ou une intersection sous un angle égal. Et de même, pour deux surfaces, ou une ligne et une surface, dans* $\mathcal{F}$, *avec leurs homologues dans* $\mathcal{F}'$ (**385**), (**396**).

Car les tangentes à $\mathcal{L}_1$, $\mathcal{L}_2$ en M, étant homologues aux tangentes à $\mathcal{L}'_1$, $\mathcal{L}'_2$ en M' (**405**, I), l'angle des premières, nul ou non, est égal à celui des dernières (**350**).

Et semblablement pour le surplus (**405**, II).

407. *La dernière partie du théorème du* nº **350** *a lieu textuellement pour des longueurs, aires, volumes, définis par des lignes ou surfaces courbes.*

Soient, par exemple, A], [A' deux aires planes homologues limitées par des contours curvilignes A, A', puis a le polygone variable dont l'aire $[a]$ tend vers A] (**390**), et a' le polygone homologue de a. Comme a dans A, le polygone a' est inscrit proprement dans A' (**387**, II), avec des côtés infiniment petits; son aire $[a']$ tend donc vers A'. Mais, si $\lambda : \lambda'$ est le rapport de similitude, on a sans cesse $[a] = (\lambda : \lambda')^2 . [a']$; il vient donc aussi $|A| = (\lambda : \lambda')^2 . |A'$ (**375**).

Même raisonnement pour le reste du théorème.

408. Tous les théorèmes précédents (**403** à **407**) s'appliquent aux figures, soit homothétiques, soit mutuellement symétriques d'une manière quelconque. Car elles sont semblables dans tous ces cas (**349**), (Chap. XIV, *passim.*).

Pour deux figures symétriques, il y a cette particularité, que leur rapport de similitude étant toujours le nombre 1 (*Ib.*), dont le carré et le cube sont = 1 aussi, *les longueurs, aires et volumes de l'une, sont équivalents à leurs homologues dans l'autre.*

409. La combinaison des mêmes théorèmes avec les propriétés générales des figures précitées, conduit sans peine à la détermination des positions relatives, des tangentes à leurs lignes homologues, des plans tangents à leurs surfaces homologues, en des points homologues. Mais nous n'en noterons que ceci.

I. *Dans deux figures homothétiques, il y a toujours parallélisme entre de telles tangentes, entre de tels plans tangents, identité même, si leurs points de contact se confondent au centre d'homothétie.*

Car les premières sont des droites homologues (**405**, I), les seconds sont des plans homologues (*Ib.*, II); d'où, leur parallélisme dans les deux cas (**341**, II, III), avec leur identité dans le second cas leur conférant le caractère de la duplicité (**346**, II, III).

II. *Quand une ligne douée d'un axe ou d'un plan de symétrie* (**370**), *est rencontrée par lui en un point* M (*fig.* 138) [*non singulier* (**381**, III)], *c'est toujours orthogonalement* (**385**), (**396**).

Si *m* désigne un point infiniment voisin de M sur la ligne, et *m'* son symétrique, les distances Mm = Mm' (Chap. XIV, *passim*) sont infiniment petites aussi, et la droite *mm'* a la tangente en M pour position-limite (**382**). Celle-ci est donc perpendiculaire sur l'axe ou le plan de symétrie, puisque *mm'* jouit de cette propriété sans cesse (**380**, I).

III. *Même propriété pour une surface rencontrée en un tel point* M, *par un axe ou un plan de symétrie* (**396**). Car les lignes résultant de sa section par des plans menés, soit par l'axe, soit perpendiculairement en M au plan de symétrie, sont douées visiblement de la même symétrie absolue; par suite (II), leurs tangentes en M sont toutes perpendiculaires, soit à cet axe, soit à ce plan (**393**), (**181**).

CHAPITRE XVI

GÉNÉRALITÉS ÉLÉMENTAIRES SUR LES CYLINDRES ET SUR LES CÔNES

Cylindres.

410. Aux premières propriétés des figures cylindriques (**114**), nous pouvons actuellement ajouter celles-ci.

I. *Dans les alinéas* II, IV, V *du numéro cité, on peut remplacer*

*les plans sécants par des surfaces sécantes quelconques, mais ren-
contrant toutes les génératrices, en outre, superposables par translation parallèle à l'orientation, s'il s'agit du dernier.*

II. *Toute figure homothétique à une figure cylindrique, est une
figure cylindrique parallèle (Ib., VI).* Car les génératrices de la
proposée étant des droites parallèles entre elles, leurs homologues sont des droites aussi (**341, II**), qui le sont mutuellement
(*Ib., VI*).

*On retrouve évidemment la proposée elle-même, quand l'homo-
thétie est de la variété spécifiée au n° **346, V**, avec parallélisme des
droites doubles à son orientation (**114, III**).*

III. *Une figure cylindrique est symétrique par rapport à tout
plan perpendiculaire à ses génératrices,* puisque chaque génératrice est une droite double dans ce genre de symétrie (**367**).

[On rencontre des figures cylindriques, en Physique (faisceaux
de rayons lumineux parallèles, ...), et surtout dans mille objets
créés par les arts de construction.]

411. Un *cylindre* est une surface (**392**) de nature cylindrique
(dont les génératrices sont dites parfois ses *arêtes*); elle jouit, en
conséquence, des propriétés générales des figures quelconques
de cette sorte, et, en outre, des suivantes.

I. *Les sections d'un cylindre par d'autres surfaces sont des
lignes* (**399**). Inversement, *une figure cylindrique se réduit à
un cylindre, quand toutes ses génératrices s'appuient sur
quelque même ligne fixe* (**386**).

II. *Un cylindre peut donc être engendré, soit par une droite g,
d'orientation ᶃ invariable, qui se déplace en appui continuel sur
quelque section δ jouant alors le rôle de directrice* (**399**), *soit par
cette section animée d'une translation indéfinie parallèle à ᶃ*
(**114, IV**).

Il y a plus de simplicité et de clarté, à prendre pour δ une
section plane.

[La propriété générale des figures cylindriques, constatée au
lieu cité, confère une importance extrême aux cylindres, pour
la taille des pièces mécaniques devant n'être capables que de
translations d'une direction déterminée, et pour celle des pièces
fixes devant les supporter et les guider dans ces mouvements
(pistons et leurs corps de pompe, tiges de ces pistons et leurs
colliers, chariot conduisant le burin de la machine à rabo-
ter, etc.).]

412. *L'intersection de deux cylindres parallèles se réduit à
quelque groupe de droites parallèles à leur orientation commune ᶃ*
(*Ib., VI*).

On la construit souvent, en cherchant les points d'intersection des sections des cylindres par une même surface auxiliaire, par un plan sécant de préférence, puis en prenant les parallèles menées à $\mathcal{G}$ par chacun de ces points.

Tout ceci est applicable à l'intersection d'un cylindre et d'un plan parallèle à son orientation, puisque ce plan est toujours un cylindre parallèle (*Ib.*, I).

413. *En tout point* M *d'un cylindre, le plan tangent* (**393**) *contient entièrement la génératrice passant par ce point, et il est encore tangent à la surface en un autre point quelconque* M′ *de la même génératrice.*

I. Le premier fait est évident, car cette génératrice est tangente à elle-même (**382**), c'est-à-dire à une ligne menée par M sur le cylindre.

II. Si, ensuite, on imprime à toute la figure une translation égale et parallèle au vecteur MM′, les positions finales du cylindre et du plan sont mutuellement tangentes en M′. Leurs positions initiales l'étaient donc aussi au même point, puisque la glissière MM′ étant, à la fois, dans le plan et parallèle à l'orientation du cylindre, chacune de ces deux figures est restée en application sur sa position initiale.

III. Ainsi donc, *un plan ne peut être tangent à un cylindre, sans être parallèle à son orientation,* puisqu'il contient la génératrice, lieu de ses points de contact (I), *et sans être circonscrit à la surface suivant cette génératrice,* dite alors *de contact* (**397**).

414. Pour construire le plan tangent à un cylindre suivant une génératrice donnée, il suffit de tracer sur la surface une ligne rencontrant cette génératrice, en un point M où elle ne lui est pas tangente, de prendre ensuite le plan déterminé par la génératrice et la tangente en M à la ligne auxiliaire (**393**).

Inversement, on obtiendra la tangente en M à une ligne située sur le cylindre, en coupant le plan tangent suivant la génératrice du point M, par le plan tangent en M à quelque autre surface menée par la ligne (de manière qu'il ne se confonde pas avec celui du cylindre) (**398**).

415. *Tout plan perpendiculaire aux génératrices d'un cylindre, le coupe orthogonalement* (**396**) *en chaque point de la section droite correspondante* (**210**). Car, en un tel point M, il se confond avec son plan propre tangent (**393**), et celui du cylindre en M, contient la génératrice passant par M (**413**), qui est perpendiculaire au plan sécant.

❋ 416. *Tout le long d'une génératrice commune* (**412**), *deux cylindres parallèles se coupent sous un angle constant* (**396**), *ou bien sont circonscrits l'un à l'autre* (**397**). Car, en tous les points

de cette génératrice, les plans tangents sont deux mêmes plans
(**413**), formant ainsi un même dièdre, ou bien se confondant.

❋ **417**. On notera que *la projection £' d'une ligne £ sur un
plan 𝒫* (**297**), *n'est pas autre chose que la trace, sur le plan de projection, du cylindre ayant, pour directrice* (**411**, II), *la ligne £ à
projeter, et, pour orientation, celle des droites projetantes.* Ce
cylindre est dit *projetant* pour la ligne considérée. (Même observation, pour le cas où le plan serait remplacé par toute autre
surface *de projection*.)

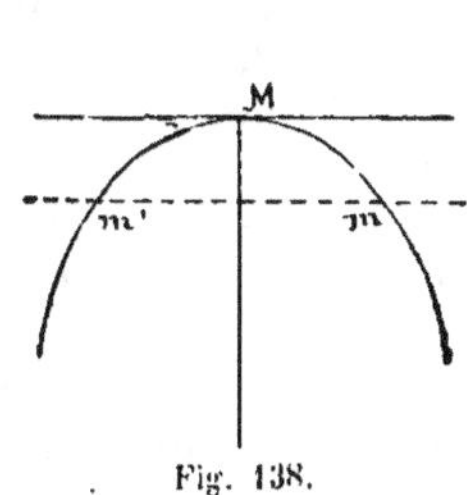

Fig. 138.

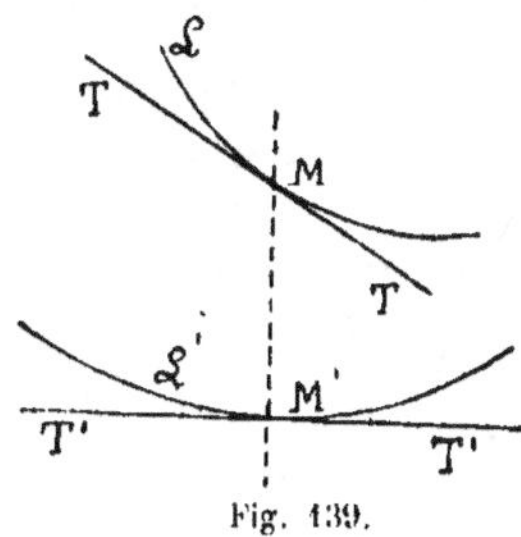

Fig. 139.

La tangente T' *(fig.* 139*), en* M', *à la projection* £', *est la projection de la tangente* T *menée à* £, *en son point* M *qui se projette
en* M'. Car, £' étant la trace, sur le plan de projection, du cylindre
projetant de £, sa tangente T' en M' est celle, sur le même plan,
du plan tangent au cylindre en M' (**414**). Or, ce plan tangent,
l'étant aussi en M, point qui appartient à la génératrice qui passe
par M' (**413**), il contient la tangente T à £ en M (**393**); et il est
le plan projetant de T, parce qu'il contient la droite projetante MM'.

418. Quand, parallèlement à une même droite (ϴ), on peut
mener, à une surface donnée 𝒮, des droites tangentes en tous les
points d'une ligne £ de cette surface (**394**), *le cylindre, lieu de
ces tangentes, est circonscrit à la surface suivant cette ligne* (**397**).
Car si, en un point *m* de £, sa tangente t et la génératrice 𝑔 du
cylindre sont distinctes, le plan t𝑔 qu'elles déterminent est tangent en *m*, tant à la surface qu'au cylindre (**393**), (**414**).

Si la droite (ϴ) marquait l'orientation d'un faisceau de rayons
lumineux parallèles, la ligne £ serait, sur un corps opaque
limité par la surface 𝒮, la ligne *d'ombre propre*, limite commune
de la région éclairée et de celle qu'aucun rayon n'atteint.

Cônes.

419. I. Par la simple substitution de droites issues d'un même
point S, à des droites d'une même orientation donnée, la défini-

tion d'une figure cylindrique (**114**) donne celle d'une figure *conique* de *sommet* S, celle de ses *génératrices*, de ses diverses *sections* par des plans (*Ib.*) ou autres surfaces (*Cf.* **410**, I), les uns et les autres rencontrant toutes les génératrices, *ailleurs qu'au sommet.*

La génération d'une telle figure peut ainsi s'opérer par des déplacements d'une droite mobile, assujettie à passer sans cesse par son sommet.

On trouve évidemment une figure conique de sommet donné S, dans une droite, dans un plan passant par S, même dans l'espace entier, dans l'ensemble des intérieurs de deux angles rectilignes ou polyèdres (**303**) opposés par ce sommet, de deux dièdres opposés par une arête qui contient ce point, etc.

II. *Dans une homothétie quelconque, une figure conique a pour homologue une figure conique égale* (*Cf.* **410**, II). Car la première figure est composée de droites passant toutes par un même point (**341**, VII).

Cette homologue se confond avec la figure considérée elle-même, quand l'homothétie a le sommet de celle-ci pour centre (*Cf.* **410**, II). Car chaque génératrice est alors une droite double (**346**, II).

En particulier, *la figure est symétrique par rapport au sommet* (**370**)

III. *Dans toute homothétie ayant le sommet S pour centre, l'homologue δ′ d'une section quelconque δ est la section de la figure conique par la surface 𝒮′ homologue à celle 𝒮, qui a donné la section proposée* (*Cf.* **410**, I). Car alors la figure conique est à elle-même son homologue (II).

On peut ainsi considérer une figure conique, comme *engendrée encore par sa trace sur une surface qui rencontre toutes ses génératrices, cette trace variant indéfiniment ensuite, de manière à rester, avec une de ses positions, en homothétie constante par rapport au sommet* S (**347**, IV, 2°), (*Cf.* **114**, IV).

IV. Comme des plans parallèles entre eux, mais ne contenant pas le sommet, sont toujours en homothétie évidente par rapport à ce point, *leurs sections présentent la même homothétie* (*Cf.* **114**, V).

V. *Quand plusieurs figures coniques ont un même point pour sommet commun, on en obtient une de même sommet, en les solidarisant, ou bien en prenant leurs parties communes* (*Cf. Ib.*, VI).

[Les figures coniques jouent aussi un rôle dans les sciences physiques (faisceaux de rayons lumineux divergeant d'un même point, ...) et interviennent encore dans les arts de construction.]

420. Un *cône* est une surface de nature conique (où les génératrices portent aussi le nom d'*arêtes*) (*Cf.* **411**) ; *ses sections par d'autres surfaces sont ainsi des lignes*, et *une figure conique est*

un cône, quand quelque surface rencontrant toutes ses généra-
trices ne la coupe que suivant une ligne (Ib., I). La génération
d'un cône peut ainsi s'opérer, soit par le mouvement d'une droite
passant par le sommet, en s'appuyant sur une directrice fixe
(Ib., II), soit par la variation d'une ligne restant homothétique à
elle-même par rapport au sommet (**419**, III).

Il y a avantage à considérer les sections planes, de préférence
aux autres.

421. *L'intersection de deux cônes de même sommet se réduit à*
un groupe de droites passant par ce point (**419**, V), *(Cf.* **412**), et
se construit volontiers, comme il est dit pour des cylindres au
numéro cité.

Tout plan étant un cône auquel on peut donner un quelconque de ses points pour sommet, *ceci est applicable à l'inter-*
section d'un cône par un plan issu de son sommet (Cf. loc. cit.).

422. *En tout point* M *d'un cône, son sommet* S *expressément*
excepté s'il est courbe, le plan tangent contient entièrement la géné-
ratrice passant par ce point, et il est encore tangent à la surface en
un autre point quelconque M' *de la même génératrice (Cf.* **413**).

I. Comme au lieu cité (I).

II. Soient ☒ le cône considéré, ☒' son homologue dans une
homothétie déterminée par le centre S et les points homologues
M, M' (**347**, IV, 3°), puis ☔ le plan tangent au cône en M, et ☔'
son homologue. Ce plan ☔' est tangent en M' à ☒' homologue
du cône (**405**) ; en outre, il se confond avec ☔, parce que celui-ci
est double comme passant par la droite double SMM' (I), (**346**,
III), et ☒' se confond avec ☒ (**419**, II) ; ☔ est donc tangent au
cône proposé, au point M' aussi.

III. Il résulte de tout ceci, qu'*un plan ne peut être tangent à un*
cône, sans passer par son sommet, puisqu'il contient la génératrice, lieu de ses points de contact (I), *et sans être circonscrit à*
la surface suivant cette génératrice, dite de contact (*Cf.* **413**, III).

IV. On remarquera que, *si le cône ne se réduit pas à un plan*
(**419**, I), *son sommet* S *est toujours un point singulier* (**392**, IV).

Car, si ce sommet était un point ordinaire, le cône y possèderait
un plan tangent unique (**393**), sur lequel les génératrices
seraient toutes situées, puisqu'elles sont tangentes en ce point à
elles-mêmes (**382**), c'est-à-dire à certaines lignes de la surface
issues du même point (**393**) ; or c'est ce qui n'a pas lieu, puisque
le cône est supposé courbe.

C'est pourquoi, les sommets des cônes doivent être exceptés dans
tous les énoncés généraux de la théorie de ces surfaces.

423. Les moyens indiqués au nᵒ **414** pour un cylindre,
s'appliquent textuellement à la construction du plan tangent à

un cône suivant une génératrice donnée, et à celle de la tangente à une ligne située sur le cône.

⁂ **424**. *Le long d'une génératrice commune* (**421**), *deux cônes de même sommet se coupent sous un angle constant, ou bien sont mutuellement circonscrits.* Comme au nº **416** pour deux cylindres parallèles.

425. Sur une surface donnée, dite *de projection, ou tableau*, et relativement à un point fixe donné, dit *centre de projection, point de vue*, on nomme *perspective*, quelquefois *projection centrale ou conique*, d'une figure quelconque $\mathfrak{f}$, la figure $\mathfrak{f}'$ formée par les traces, sur le tableau, des droites joignant le point de vue aux divers points de $\mathfrak{f}$. *Quand il s'agit d'une ligne, sa perspective, ou projection,* n'est ainsi, que la section, par le tableau, du cône *projetant*, cône ayant cette ligne pour directrice et le point de vue pour sommet.

⁂ [*Le théorème du* nº **417** *pour les projections cylindriques, s'applique textuellement aux projections coniques.* Démonstration toute semblable, fondée sur le théorème du nº **422**.]

Dans celui du nº **418**, la substitution, pour des tangentes à une même surface, de la condition d'être issues d'un point fixe, à celle d'être parallèles à une orientation donnée, conduit immédiatement à la notion du *cône de sommet donné, circonscrit à la surface*, et à celle de la ligne de contact, dite *contour apparent de la surface vue du point en question.*

Bien plus encore que les projections cylindriques, les projections coniques interviennent dans certaines branches du dessin (perspective, tracé des ombres au flambeau, ...).

426. En réduisant chaque génératrice d'une figure conique, à l'une seulement des deux demi-droites en lesquelles le sommet S la divise, on forme une autre figure, d'un genre à considérer quelquefois, qui a, pour génératrices, des *demi-droites* issues d'un même point S, et que l'on pourrait dire *semi-conique*, de sommet S. Tels sont, par exemple, l'intérieur d'un angle, soit rectiligne, soit solide, ou même seulement l'ensemble, soit des côtés du premier, soit des faces du second.

Toute figure conique est décomposable ainsi, cela même d'une infinité de manières, en deux parties semi-coniques, dont, inversement, la solidarisation reproduit la proposée. Quand il s'agit d'un cône, ou d'une région continue limitée sur lui par deux génératrices, et si ces deux parties ne sont contiguës que par le sommet, elles se nomment les *nappes* de la surface.

CHAPITRE XVII

PRINCIPES DE LA THÉORIE DU CERCLE

Sécantes rectilignes et diamètres. — Tangente. —
Normale (principale).

427. Un *cercle*, quelquefois une *circonférence* (de cercle) pour
un peu plus de précision, est le lieu des points d'un *plan* donné,
M, M′, M″, ... (*fig.* 140), dont les distances OM, OM′, OM″, ... à un
même point fixe O, donné dans ce plan et dit le *centre* du
cercle, sont toutes égales à une même longueur donnée, qui est
le *rayon* du cercle (*Cf.* **496,** *inf.*).

Pour le *construire par points*, c'est-à-dire en marquer autant
de points qu'on le veut, il suffit ainsi, de prendre les extrémités
M, M′, M″, ... de segments tous égaux au rayon, portés à partir
du centre O, sur des demi-droites O*x*, O*x*′, O*x*″, ... issues à
volonté de ce point dans le plan donné (**101**). On en conclut
facilement, que *dans tout cercle, les points intérieurs à un angle*
ayant le centre pour sommet, forment une figure continue
(**109,** II).

Quand la longueur donnée pour rayon est nulle, le lieu n'a
pas d'autre point que le centre O, et n'est plus dans un plan
déterminé. Dans ce cas, *que nous excepterons toujours implicite-*
ment, il est parfois commode de considérer ce point unique
comme un *cercle nul* (ou infiniment petit, moins proprement).

Deux cercles de rayons égaux sont des figures égales aussi, car
ils se superposent évidemment par l'application du plan et du
centre de l'un, sur ceux de l'autre.

Pendant un temps, nous n'étudierons que les propriétés du
cercle, *associé à des objets situés dans son plan.* Jusqu'au chapitre XIX inclusivement [sauf, toutefois, au n° **463** (*inf.*)], nous
supposerons donc, sans le rappeler à chaque instant, que TOUTES
NOS FIGURES, POINTS, DROITES, CERCLES, ... SONT TRACÉES DANS
UN MÊME PLAN.

428. *Un cercle est symétrique par rapport à son centre* O,
et encore par rapport à toute droite (D) *menée par son centre (dans*
son plan) (**370**), (*Cf.* **431,** IV, *inf.*).

Soient M, un point quelconque du cercle, et M′, son symétrique par rapport au point O. Le plan du cercle étant double

(**346**, III) parce qu'il passe par le centre de symétrie et contenant M, l'homologue M′ de ce point est également dans ce plan. Comme, en outre, O est le point double de cette symétrie, le segment OM′ est égal à son homologue OM, c'est-à-dire au rayon. Donc M′ appartient aussi au cercle.

Même raisonnement pour la symétrie par rapport à la droite (O.

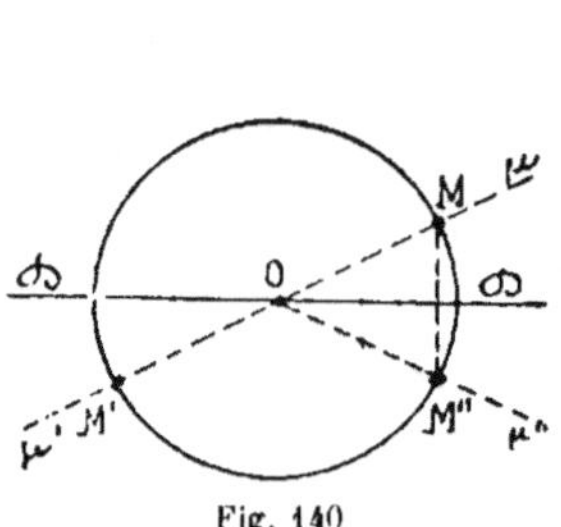

Fig. 140

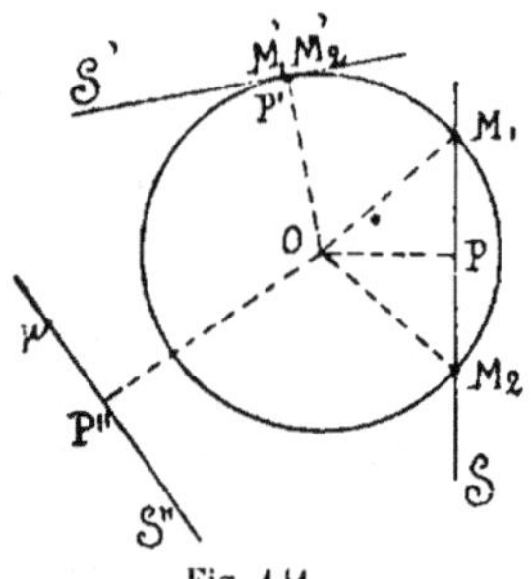

Fig. 141.

429. *Une droite rencontre un cercle en deux points distincts, ou deux points confondus (un seul en fait), selon que sa distance au centre O (fig. 141) est inférieure ou égale au rayon r. De plus, entre cette distance OP, celle mutuelle des deux points d'intersection, M₁, M₂, et le rayon, on a la relation*

$$(1) \qquad \overline{OP}^2 + \frac{\overline{M_1M_2}^2}{4} = r^2.$$

Mais elle ne le rencontre pas, si sa distance au centre surpasse le rayon.

I. Quand la distance en question, OP, est $> r$, on a aussi $\overline{OP}^2 < r^2$; par suite, si sur la sécante $\mathcal{S}$, à partir du pied P de la distance et dans les deux sens, on porte les segments

$$(2) \qquad PM_1 = PM_2 = \sqrt{r^2 - \overline{OP}^2},$$

leurs extrémités M₁, M₂ appartiendront au cercle. Les deux triangles OPM₁, OPM₂, rectangles en P, donneront effectivement

$$(3) \qquad \overline{OM_1}^2 = \overline{OP}^2 + \overline{PM_1}^2 = \overline{OP}^2 + (r^2 - \overline{OP}^2) = r^2,$$

d'où OM₁ $= r$, puis, de même, OM₂ $= r$. Tout autre point μ de la sécante est étranger au cercle, car sa distance Pμ à P n'étant pas égale à PM₁ par exemple, sa distance Oμ au centre ne peut l'être à OM₁ $= r$ (**263**).

La relation (1) n'est que l'égalité (3) écrite autrement, car PM₁ = PM₂ donne PM₁ = (PM₂ + PM₂) : 2 = M₁M₂ : 2.

II. S'il s'agit d'une distance $OP' = r$, les choses se passent de la même manière, à cela près que, dans l'égalité (2), le radical prend la valeur 0; d'où, $P'M'_1 = P'M'_2 = 0$, ceci assurant toujours l'existence des points d'intersection M'_1, M'_2, mais, en même temps, leur coïncidence avec le pied P', et leur confusion mutuelle.

III. Si enfin il s'agit d'une distance $OP'' > r$, tout point μ de la droite considérée ϑ'' est étranger au cercle, parce que sa distance $O\mu$ au centre, supérieure, égale au moins, à la distance orthogonale $OP'' > r$ (*Ib.*), surpasse toujours le rayon.

430. *Les milieux p, q, O, t, u, ... (fig. 142) des segments p_1p_2, q_1q_2, O_1O_2, t_1t_2, u_1u_2, ... découpés par un même cercle sur des sécantes rectilignes parallèles entre elles, sont tous sur la perpendiculaire commune* $(\triangle)(\triangle)$, *qu'on peut leur abaisser du centre* O *de ce cercle* (**184**).

Car nous venons de voir implicitement (**429**), que chacun de ces segments a, pour point milieu, le pied de la distance orthogonale de sa droite au centre, c'est-à-dire la trace sur la sécante, de la perpendiculaire commune mentionnée dans l'énoncé.

431. Plusieurs conséquences et observations se rattachent aux constatations précédentes.

I. Pour la distance mutuelle de deux points quelconques d'un cercle, M_1, M_2 (*fig.* 141), la relation (2) donne

$$M_1M_2 = 2\sqrt{r^2 - \overline{OP}^2},$$

où OP est la distance de la droite M_1M_2 au centre; et, comme la quantité sous le radical est $< r^2$, M_1M_2 est $< 2r$. *Un cercle est donc une figure limitée* (**109**, I).

On a évidemment $M_1M_2 = 2r$, *quand* $OP = 0$, *c'est-à-dire quand la droite M_1M_2 passe par le cercle; et ce même segment diminue toujours, quand sa droite s'éloigne du centre;* car la croissance de OP entraîne celle de $\overline{OP}^2$, mais la décroissance de $r^2 - \overline{OP}^2$.

II. *Un cercle est une ligne courbe* (**381**).

Si t, u (*fig.* 142) sont les traces du cercle sur une droite quelconque $(\triangle)$ passant par son centre O, un demi-plan $(\triangle)$, d'arête $(\triangle)$, est en même temps un angle neutre de sommet O; les points du cercle s'y trouvant, forment donc une figure continue (**427**), d'ailleurs limitée (I). En outre, cette figure n'est jamais rencontrée qu'en des points uniques, t_1, u_1, p_1, ..., par les perpendiculaires (t), (u), (p), ... élevées sur la droite $(\triangle)$ aux points t, u, p, ... du segment tu (**429**), ou, ce qui revient au même, par les plans parallèles et intérieurs à un mur dont les faces passeraient par t, u, en parallélisme avec ces perpendiculaires. La figure en question $(t_1p_1O_1 ... u_1)$ est donc un arc réduit relativement à l'orientation de ces plans parallèles (**381**, I), à celle, pouvons-nous dire aussi bien, de leurs traces parallèles (l), (u), (p), ... sur le plan de la figure.

Composé donc de cet arc réduit et de l'autre $(t_2 p_2 O_2 ... u_2)$ existant pareillement dans le demi-plan opposé $(\mathcal{O})_2$, le cercle est bien une ligne, même courbe puisqu'il ne peut avoir plus de deux points sur une droite (*Ib.*, II, III), (**429**).

*Un cercle est la trajectoire ainsi (**386**) de l'extrémité m d'un vecteur mobile Om d'une longueur constante égale au rayon r, qui pivote sur le plan de la courbe autour de son origine O fixée au centre (Cf. **496**, inf.).*

Le point unique O d'un cercle nul (**427**) joue le rôle de point singulier isolé (**381**, III).

III. 1º Quand la distance OI d'un point I au centre O d'un cercle, est inférieure à son rayon r, celle OP d'une droite quelconque issue de I est $< OI$ (**263**), $< r$ à plus forte raison, et cette droite rencontre toujours la courbe en deux points distincts (**429**, I). Tout point I ainsi placé est dit *intérieur* au cercle ; tel est le centre O.

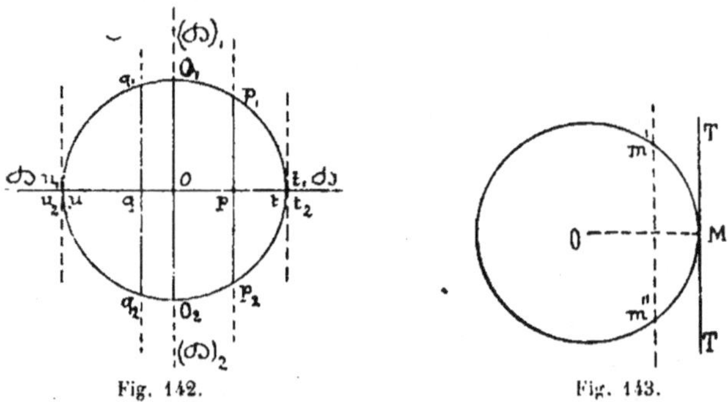

Fig. 142.Fig. 143.

2º Comme la distance OM d'un point M du cercle est $= r$, la distance OP d'une droite issue de M est $< r$, si celle-ci n'est pas perpendiculaire à OM, mais $= r$ si elle l'est. Dans le premier cas, cette droite rencontre le cercle en un second point M′, symétrique de M par rapport au pied P ; dans le second cas, M′ se confond avec M (*Ib.*, II).

3º Par un point E dont la distance OE au centre excède le rayon, passent enfin des droites dont les distances au centre sont tantôt inférieures, tantôt supérieures au rayon. Les premières, EO notamment, coupent le cercle ; mais les dernières, comme celle perpendiculaire à EO, ne le rencontrent pas. Un tel point E est dit *extérieur* au cercle.

IV. En thèse générale, quand chaque position d'une droite mobile d'orientation constante, rencontre une figure en des points tous associables deux à deux, de manière à limiter des segments de point milieu commun, le lieu géométrique de ce point milieu se nomme le *diamètre* de la figure, *conjugué* à l'orientation des sécantes parallèles considérées. D'après cette définition et le théorème du n° **430** :

Dans un cercle, le segment tu (fig. 142) *découpé par lui sur toute droite* ⊙t⊙ *issue du centre, est diamètre conjugué pour les sécantes perpendiculaires* t_1t_2, p_1p_2, ... issues de ses points. On retrouve ainsi la symétrie axiale déjà constatée au n° **428**.

En conséquence, on dénomme *diamètre*, toute droite ⊙t⊙ passant par le centre, et encore la longueur $tu = 2r$ (I) du segment découpé par la courbe sur un diamètre. Les extrémités t, u d'un même diamètre, qui sont symétriques par rapport au centre, sont *diamétralement opposées*.

Enfin, deux diamètres perpendiculaires l'un à l'autre, comme tOu, O_1OO_2, sont *conjugués* mutuellement, parce que chacun d'eux l'est à l'orientation de l'autre.

432. *En tout point* M *d'un cercle (fig.* 143), *sa tangente* **(382)** *est la perpendiculaire* MT *élevée par ce point sur le rayon* OM *y aboutissant, parallèle en conséquence aux cordes ayant* OM *pour diamètre conjugué* (**431**, IV). Car le point de contact M est une intersection du cercle par le diamètre OM, qui en est toujours un axe de symétrie **(428)**, **(409**, II).

A cause de cette perpendicularité et de $OM = r$, *la tangente est à une distance du centre* $= r$; *elle rencontre ainsi le cercle en deux points confondus avec son point de contact* (**429**, II) ; *et tous les autres points sont extérieurs à la courbe*, puisque leurs distances au centre surpassent le rayon (**431**, III, 3°).

Tous les points du cercle sont dans le demi-plan $\overline{\text{MT}}$O. Un point N du demi-plan opposé, ne peut effectivement appartenir au cercle, puisqu'il donne un segment ON, que l'arête MT rencontre en un point v qui lui est intérieur **(78)** ; d'où, $ON > Ov > OM$, c'est-à-dire $ON > r$.

433. *Selon qu'un point donné est extérieur, afférent ou intérieur à un cercle* (**431**. III), *on peut mener par lui à la courbe, deux tangentes distinctes, deux confondues (une seule en fait), ou aucune* (*Cf.* **429**), (*Cf.* **434**, *inf.*)

I. Soient O (*fig.* 144) le centre du cercle, r son rayon, E un point extérieur donné, M_1 le point de contact de quelque tangente issue de lui. Aucun des segments M_1O, M_1E n'étant nul, et l'angle OM_1E étant droit **(432)**, OM_1E est un triangle rectangle déchevêtré, où la projection P du sommet de son angle droit sur l'hypoténuse OE est intérieure à celle-ci, et donne

$$(4) \qquad\qquad \overline{OM}_1{}^2 = r^2 = OE.OP \qquad\qquad (245, I) ;$$

d'où,

$$(5) \qquad OP = \frac{r^2}{OE},$$

troisième proportionnelle aux segments OE, r (**127**).

Inversement, si P est l'extrémité de cette troisième proportionnelle portée à partir de O sur la demi-droite OE, et M_1, une trace sur le cercle, de la perpendiculaire (P) élevée en P sur OE, EM_1 est une tangente répondant à la question; car l'identité des directions OE, OP, et la relation (4) entraînée par la formule (5), assurent au triangle OM_1E la possession d'un angle droit en M_1 (**245**, II).

Or, il existe bien deux semblables traces M_1, M_2, qui donnent deux tangentes distinctes EM_1, EM_2; car on a $OE > r$, d'où $r : OE < 1$, puis d'après la formule (5), $OP = r(r : OE) < r$ (**429**, I).

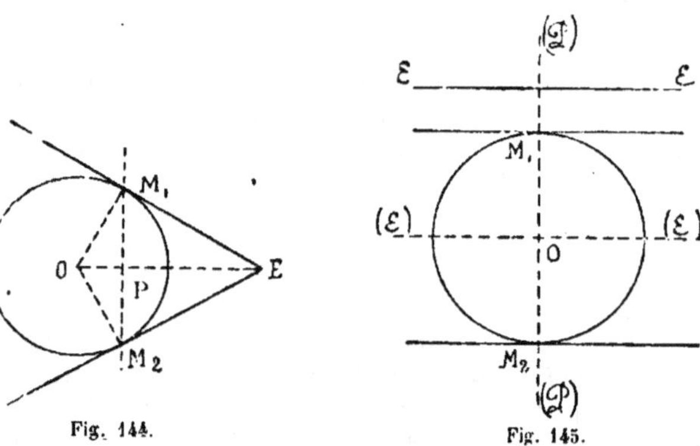

Fig. 144.   Fig. 145.

II. Si le point donné appartient au cercle, comme M (*fig. 143*), la perpendiculaire MT élevée en M sur le rayon OM répond à la question, mais elle seule. Car toute autre droite issue de M, rencontre la courbe en un second point M′ distinct de celui-ci (**431**, III, 2°), et ne peut être une tangente (**432**).

La construction précédente (I) conduirait, pour les traces M_1, M_2, à deux points confondus en M, à cause de $OP = r(r : OM) = r(r : r) = r$ (**429**, II). On considère donc volontiers la tangente MT, unique ici, comme fournie par la confusion des tangentes désignées tout à l'heure par EM_1, EM_2.

III. Si enfin il s'agit d'un point intérieur I, chacune des droites issues de lui coupe le cercle en deux points distincts (**431**, III, 1°), et ne peut, en conséquence, être une tangente. La construction (I) révélerait cette impossibilité, car on a $OI < r$ d'où $r : OI > r$, puis $OP = r(r : OI) > r$ (**429**, III).

IV. La solution (affirmative ou négative) dépend toujours ainsi, de la droite auxiliaire (P), liée au point donné par ces deux conditions : *elle est perpendiculaire au diamètre du cercle qui passe par ce point, et le produit des distances des deux objets au centre, est le carré du rayon.* C'est la *polaire* du point donné, dit en même temps le *pôle* de cette droite.

1° Dans le cas I, la symétrie par rapport à l'axe OE, tant du cercle (**431**, IV), que du point E et de la perpendiculaire (P) (**363**), entraîne immédiatement celle des points de contact M_1, M_2, puis les conséquences suivantes :

*Le diamètre OE conjugué à la corde des contacts M_1M_2 (**431**, IV), est la bissectrice de l'angle M_1EM_2 des tangentes, celle aussi de l'angle M_1OM_2 des rayons allant aux points de contact. Les longueurs EM_1, EM_2 des tangentes sont égales entre elles et à* $\sqrt{EO^2 - r^2}$, ce que montre par exemple le triangle OM_1E rectangle en M_1.

Le cercle est tout entier à l'intérieur de l'angle M_1EM_2, puisque, placé sur la bissectrice de cet angle, son centre s'y trouve (**432**).

❊ *Une droite issue de E, rencontre le cercle en deux points, quand elle est intérieure au même angle (et à son opposé au sommet), mais en aucun, quand elle leur est extérieure.* Si μ est le pied de la perpendiculaire abaissée de O sur cette droite, les triangles OM_1E, $O\mu E$, rectangles en M_1, μ, donnent $r = OM_1 = OE.\sin OEM_1$, $O\mu = OE.\sin OE\mu$ (**252**); et, selon que la sécante en question est intérieure ou extérieure à l'angle M_1OM_2, on a évidemment $OE\mu \lessgtr OEM_1$, d'où $\sin OE\mu \lessgtr \sin OEM_1$ (**251**, V).

Pour la distance de cette droite au centre, on a donc $O\mu \lessgtr r$, ce qu'il suffisait de constater (**429**).

2° Semblablement dans le cas II, à cela près que l'angle M_1EM_2 est neutre, l'angle M_1OM_2 nul, et que la longueur commune des tangentes est nulle.

434. *Parallèlement à toute droite donnée $\mathcal{C}$, on peut mener à un cercle deux tangentes distinctes.*

Ces tangentes sont évidemment celles dont les points de contact M_1, M_2 (*fig.* 145) sont tracés sur le cercle par le diamètre ($\mathcal{P}$) perpendiculaire à la droite donnée, diamètre jouant ici le rôle de la droite auxiliaire (P) du n° **433**.

Le diamètre ($\mathcal{C}$), parallèle à la droite donnée $\mathcal{C}$, est axe de symétrie pour le cercle, pour le diamètre auxiliaire ($\mathcal{P}$), par suite aussi pour les points de contact M_1, M_2, et pour les tangentes. Il est donc la bissectrice de la bande des tangentes, et aussi de l'angle neutre M_1OM_2 des rayons allant aux points de contact. *Le cercle est tout entier à l'intérieur de la bande des tangentes ; etc.* (*Cf.* **433**).

435. *Toute droite rencontrant un cercle en* M_1, M_2 *(fig. 144 ou 145), l'y coupe sous deux angles égaux* **(385)**, parce que toute la figure admet pour axe de symétrie, le diamètre OE, ou (C), conjugué à la corde M_1M_2 **(371)**.

436. I. *En chaque point* M *d'un cercle (fig. 143), sa normale (principale)* **(384)** *est le diamètre* MO *y passant,* parce que ce diamètre est la perpendiculaire élevée sur la tangente MT, en son point de contact M, dans le plan du cercle **(432)**.

Réciproquement, *tout diamètre* M_1OM_2 *(fig. 146) est normal au cercle en chacun des points* M_1, M_2 *où il le coupe;* c'est évident.

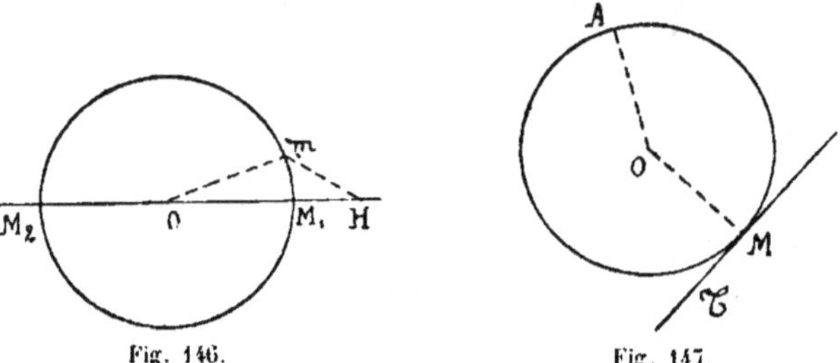

Fig. 146.   Fig. 147.

II. *Par tout point donné autre que le centre, ou parallèlement à toute droite donnée, on peut mener à un cercle une seule normale* [ayant deux pieds (I)]. Car il faut prendre le diamètre unique, remplissant l'une ou l'autre condition (*Ib.*).

Ce seraient toutes les droites issues du centre, s'il s'agissait de lui pour point donné.

III. *La distance d'un même point fixe* H *autre que le centre* O *(fig. 146), à un point indéterminé* m *d'un cercle, est minimum pour le pied* M_1 *de la normale issue de* H *et limitant avec* H *un segment* HM_1 *qui ne contient pas le centre; elle est maximum pour l'autre pied* M_2, *donnant un segment* HM_2 *qui contient le centre* (*Cf.* **263**).

Si m n'est pas en M_1 ou en M_2, il est étranger à la droite M_1M_2 ne rencontrant le cercle qu'en ces deux points, et l'on a **(274)**

$$Hm < HO + Om, \quad OH < Hm + Om, \quad Om < Hm + OH.$$

D'où, et de $Om = OM_1 = OM_2 =$ le rayon r, on conclut: $Hm < HO + OM_2 < HM_2$; puis: 1° $Hm > OH - Om > HM_1$, si OH est $> r$; 2° $Hm > Om - OH > HM_1$ encore, si OH est $< r$.

Quand H est le centre O, la distance Hm n'a, ni minimum, ni maximum, à cause de l'égalité constante $Hm = r$.

437. Problème (pratique). *Tracer un cercle (sur une épure), connaissant son centre* O *(fig. 140) et son rayon* r.

A un compas ayant une pointe sèche et une pointe traçante
(**101**), on donne une ouverture égale à *r* ; par une légère piqûre
sur le papier, on fixe la pointe sèche en O ; on maintient la
pointe traçante en contact avec l'épure, puis on fait pivoter d'un
angle replet sur elle, l'ouverture du compas (**431**, II).

Les propriétés cinématiques du cercle, la facilité et la précision d'un tel tracé, confèrent au compas, dans la construction
des épures, un rôle presque aussi important que celui de la
règle et de l'équerre.

438. Problème. *Construire un cercle ayant pour centre un
point donné* O *(fig.* 147) *et :* I, *ou passant par un point donné* A ;
II, *ou ayant pour tangente une droite donnée* $\mathfrak{C}$.

I. On procède comme ci-dessus (**437**), en donnant au compas
une ouverture égale au segment OA.

II. On a le point de contact de la tangente, en prenant le pied
M de la perpendiculaire abaissée du centre O sur elle (**190**) ;
puis on trace le cercle ayant O pour centre et passant par M
(I), (**432**).

439. Problème. *Construire quelque cercle dont on donne :*
I, *soit un point* A ; II, *soit deux points (distincts)* A, B ; III, *soit
trois points* A, B, C.

I. Toutes les solutions seront évidemment fournies par la
construction I du n° **438**, si l'on prend, pour le centre O, tous les
points du plan de la figure, successivement. *Elles sont donc en
nombre illimité, le lieu de leurs centres s'étendant à la totalité de
ce plan. Le problème est indéterminé* (**3**).

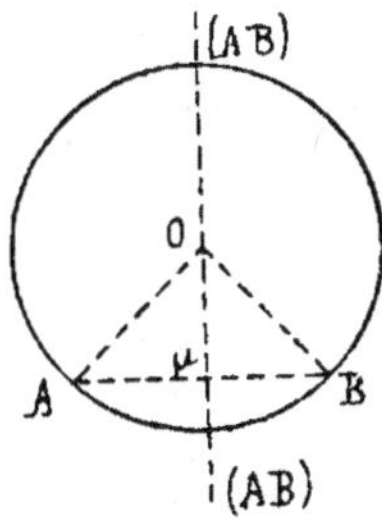

Fig. 148.

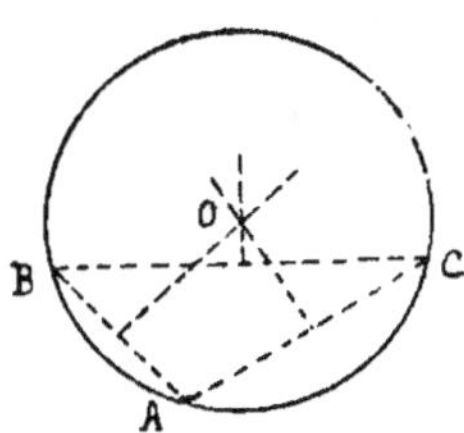

Fig. 149.

II. Si O (*fig.* 148) et *r* sont le centre et le rayon d'un cercle
répondant à la question, les égalités $OA = r = OB$ montrent que
O appartient à la perpendiculaire (AB) élevée sur le segment AB
en son milieu μ (**276**), axe de symétrie évident de la paire des
points A, B. Inversement, tout cercle ayant pour centre un
point O de cet axe (AB) et passant par un des points donnés,

passera par l'autre, à cause de AO BO. *Le problème est encore indéterminé, ses solutions étant toujours fournies par la construction précitée (I), sous la seule condition de ne prendre, pour O, que tous les points de l'axe (AB) auquel se réduit ici le lieu des centres.*

III. D'après ce qui précède (II), le centre d'une solution ne peut être qu'un point commun aux axes (BC), (CA), (AB des trois paires formées par les points donnés.

1° Si ceux-ci ne sont pas en ligne droite (*fig.* 149), deux de ces axes,(CA),(AB),par exemple,se rencontrent toujours en un point unique O; car, s'ils étaient parallèles, leurs perpendiculaires AC, AB issues de A se confondraient, contrairement à l'hypothèse. Et, à cause de CO AO, AO = BO, d'où BO = CO, ce point O appartient encore au troisième axe (BC). *Le problème est déterminé, sa solution unique s'obtenant par la même construction (I), en traçant le cercle défini par l'un des points donnés et celui de concours des trois axes (BC), (CA), (AB), pris pour centre.*

D'après cela : *les axes des paires de sommets de tout triangle (déchevêtré) concourent tous trois en un même point, centre du cercle circonscrit au triangle* (**387**, II).

2° Si A, B, C sont en ligne droite, les perpendiculaires (BC), (CA), (AB) sont parallèles (**183**), distinctes en outre, puisque les points donnés sont tels ; elles ne peuvent donc se rencontrer, et *le problème est impossible.* Cette impossibilité était révélée d'avance, par celle, pour un cercle, d'avoir trois points distincts sur une même droite (**429**).

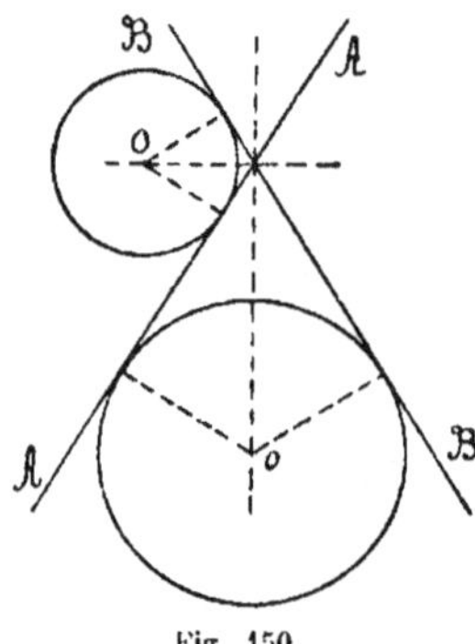

Fig. 150.

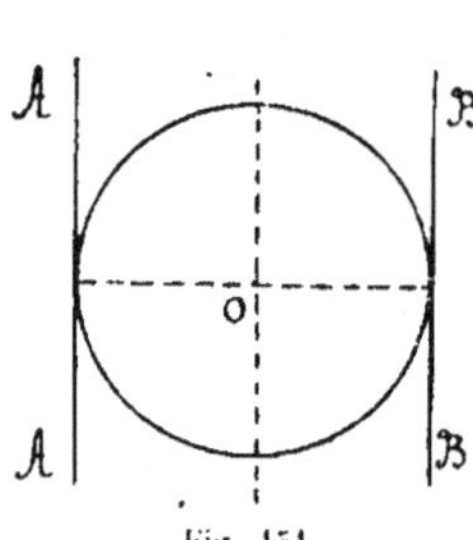

Fig. 151.

440. Problème. *Construire quelque cercle dont on donne :* I, *soit une tangente $\mathcal{A}$;* II, *soit deux tangentes (distinctes) $\mathcal{A}$, $\mathcal{B}$;* III, *soit trois tangentes (distinctes) $\mathcal{A}$, $\mathcal{B}$, $\mathcal{C}$ (Cf.* **439**).

I. En procédant comme au numéro cité, I, sauf substitution de la deuxième construction du n° **438** à la première, on arrive à des conclusions toutes semblables.

II. Le centre d'un cercle étant équidistant de toutes ses tangentes (**432**), on verra, en raisonnant exactement comme ci-dessus (**439**, II), que toutes les solutions sont fournies par la construction II du n° **438**, sous la condition de prendre leurs centres O sur le lieu ($\mathcal{AB}$) des points équidistants des droites données $\mathcal{A}$, $\mathcal{B}$.

Si elles se coupent (*fig.* 150), ce lieu est l'ensemble des bissectrices de leurs deux paires d'angles opposés au sommet (**265**), axes de symétrie de la paire des droites $\mathcal{A}$, $\mathcal{B}$.

Si elles sont parallèles (*fig.* 151), il se réduit à la bissectrice de leur bande $\mathcal{AB}$ (**264**, II), axe de symétrie unique de la paire des droites données.

III. La marche est la même qu'au n° **439**, III, à cela près, qu'aux lieux (BC), (CA), (AB) d'alors, il faut substituer ceux ($\mathcal{BC}$), ($\mathcal{CA}$), ($\mathcal{AB}$) d'ici (II) ; et tout point O, commun aux deux derniers, par exemple, appartiendra forcément au premier ; car les égalités $Oc = Oa$, $Oa = Ob$ entre ses distances à $\mathcal{C}$, $\mathcal{A}$ d'une part, à $\mathcal{A}$, $\mathcal{B}$ d'autre part, entraînent toujours $Ob = Oc$, égalité semblable entre ses distances à $\mathcal{B}$, $\mathcal{C}$.

1° Quand les droites données $\mathcal{A}$, $\mathcal{B}$, $\mathcal{C}$ (*fig.* 152) se coupent deux à deux en trois points distincts, ceux-ci A, B, C sont les sommets d'un triangle déchevêtré, et nous affecterons les notations suivantes aux huit demi-bissectrices, tant intérieures

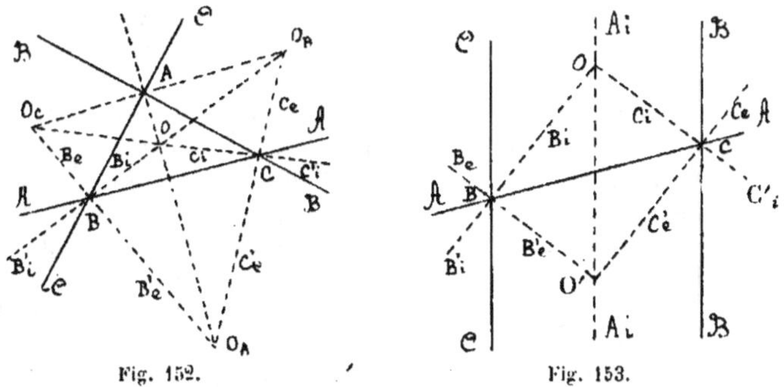

Fig. 152.   Fig. 153.

qu'extérieures, de ses angles en B, C, par exemple : B_i, B'_i à celles de l'angle intérieur de sommet B qui sont dans le demi-plan $\overline{BCA}$ et dans son opposé, B_e, B'_e à celles de l'angle extérieur de même sommet B dans les mêmes demi-plans, C_i, C'_i, C_e, C'_e à celles des angles intérieur et extérieur de sommet C dans les mêmes demi-plans. Cela posé :

B_i, C_i se coupent en un point O intérieur au triangle, car, dans le même demi-plan $\overline{BCA}$, elles font avec les demi-droites BC, CB les angles $B:2$, $C:2$, dont la somme $(B+C):2 < (A+B+C):2 < 2\mathfrak{R}:2$ est inférieure à l'angle neutre $\mathfrak{R}$ (**222**),

(**224**, I) ; le point O est intérieur au triangle, parce qu'il est dans les demi-plans $\overline{\mathrm{BAC}}$, $\overline{\mathrm{BCA}}$ comme appartenant à B_i, dans $\overline{\mathrm{CAB}}$, $\overline{\mathrm{BCA}}$ comme appartenant à C_i (**277**, I). $\mathrm{B'}_e$, $\mathrm{C'}_e$ se coupent en un point $\mathrm{O_A}$ situé dans le prolongement du triangle au delà de son côté BC (**293**, I), car, dans le demi-plan opposé à $\overline{\mathrm{BCA}}$, elles font avec BC les angles $(\mathcal{H} - \mathrm{B}):2$, $(\mathcal{H} - \mathrm{C}):2$, dont la somme $[2\mathcal{H} - (\mathrm{B}+\mathrm{C})]:2 = (\mathcal{H}+\mathrm{A}):2$ est encore $< \mathcal{H}$; le point $\mathrm{O_A}$ occupe la position indiquée, parce qu'il est dans les demi-plans $\overline{\mathrm{BAC}}$ et l'opposé de $\overline{\mathrm{BCA}}$ comme appartenant à $\mathrm{B'}_e$, dans $\overline{\mathrm{CAB}}$ et le même opposé comme appartenant à $\mathrm{C'}_e$.

Les mêmes moyens montreront qu'il y a intersection entre B_i, C_e, entre B_e, C_i, en $\mathrm{O_B}$, $\mathrm{O_C}$, points situés dans les prolongements du triangle au delà de ses côtés CA, AB.

Les intersections de la paire de droites ($\mathcal{C}\mathcal{A}$) *par la paire* ($\mathcal{A}\mathcal{B}$), *existent donc toutes, donnant au problème quatre solutions qui ont pour centres* O, $\mathrm{O_A}$, $\mathrm{O_B}$, $\mathrm{O_C}$, *et dont chacune est évidemment située tout entière dans la région du plan assignée pour son centre* (**432**), (*Cf.* **433**, IV, 1°). Ce sont le cercle *inscrit*, et les trois *ex-inscrits* au triangle ABC, dit *circonscrit* à chacun d'eux.

On reconnaîtra sans difficulté, que la bissectrice intérieure de l'angle BAC est la partie du lieu ($\mathcal{B}\mathcal{C}$) qui contient O et $\mathrm{O_A}$. D'où ce théorème : *Dans un triangle* ABC, *toute bissectrice d'un angle intérieur* A *concourt, d'une part avec celles des deux autres au centre* O *du cercle inscrit, d'autre part avec les bissectrices extérieures des mêmes angles* B, C, *en celui* $\mathrm{O_A}$ *du cercle ex-inscrit dans le prolongement du triangle au delà de son côté* BC.

2° Quand deux des droites données, $\mathcal{B}$, $\mathcal{C}$ (*fig.* 153), sont parallèles et coupent $\mathcal{A}$ en C, B, le lieu ($\mathcal{B}\mathcal{C}$) se réduit à la bissectrice A_i de la bande $\mathcal{B}\mathcal{C}$. Les bissectrices $\mathrm{B}_i\mathrm{B'}_i$, $\mathrm{C}_e\mathrm{C'}_e$ ne se rencontrent pas, parce que les angles CBB_i, BCC_e sont visiblement supplémentaires (**224**, I); et, pour cause semblable, $\mathrm{B}_e\mathrm{B'}_i$, $\mathrm{C}_i\mathrm{C'}_i$ sont dans le même cas. Les lieux ($\mathcal{C}\mathcal{A}$), ($\mathcal{A}\mathcal{B}$) n'ont donc plus en commun, que les deux points O, $\mathrm{O'}$, intersections des deux autres combinaisons de bissectrices issues de B, C, points situés sur la bissectrice A_i. *Ce sont les centres des deux seuls cercles répondant à la question.* On constatera bien facilement, que les rayons de ces cercles sont égaux, que, par suite, leurs centres sont équidistants de leur tangente commune $\mathcal{A}$.

3° Quand les trois droites données sont concourantes ou parallèles, elles ne peuvent être tangentes à aucun cercle non nul (**433**), (**434**), impossibilité qui serait encore révélée par les considérations précédentes (1°, 2°). Dans le premier cas cependant, on pourrait, à la rigueur, considérer le point de concours comme un cercle nul répondant à la question (**427**).

441. PROBLÈME. *Construire quelque cercle, connaissant une de* *ses tangentes $\mathfrak{C}$ avec son point de contact t, et, en outre :* I, *soit un autre de ses points,* A, *non situé sur* $\mathfrak{C}$; II, *soit une autre de ses tangentes,* $\mathfrak{B}$, *ne passant pas par* t.

La condition commune aux deux questions place visiblement le centre O du cercle cherché, sur la perpendiculaire $(\mathfrak{C}t)$ élevée à $\mathfrak{C}$ en t (**432**), axe de symétrie de la figure formée par ces deux objets. Puis, pour l'obtenir, il faudra évidemment :

I. Couper ce premier lieu par l'axe (tA) (*fig.* 154) de la paire des points donnés (**439**, II); d'où une solution unique existant toujours. [Indétermination, si A était en t ; impossibilité, s'il était autre part sur $\mathfrak{C}$ (**432**).]

II. Couper le même lieu par celui $(\mathfrak{C}\mathfrak{B})$ des points équidistants des droites données (**440**, II).

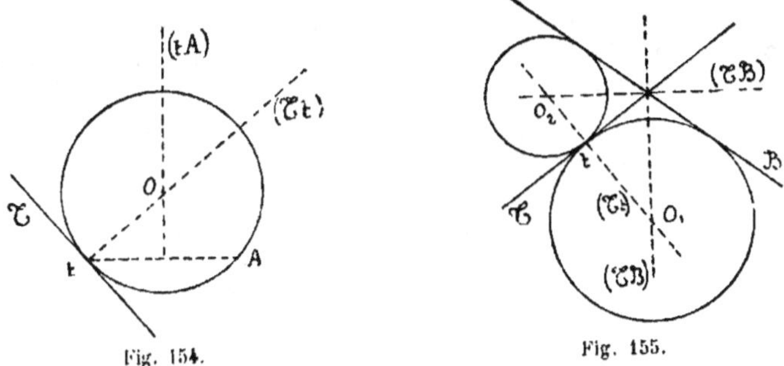

Fig. 154.   Fig. 155.

Si celles-ci se coupent (*fig.* 155), $(\mathfrak{C}\mathfrak{B})$ est formé par les bissectrices de leurs deux paires d'angles opposés au sommet; d'où, toujours deux solutions distinctes.

Si elles sont parallèles, $(\mathfrak{C}\mathfrak{B})$ se réduit à la bissectrice unique de leur bande; d'où, une seule solution toujours.

[Indétermination, si $\mathfrak{B}$ se confondait avec $\mathfrak{C}$; impossibilité (par un cercle non nul), si elle la rencontrait en t seulement (**433**, II).

Puissance d'un point par rapport à un cercle.

442. La *puissance* d'un point K par rapport à deux autres A, B *en ligne droite avec lui*, est le produit KA . KB, des longueurs des segments limités par lui et les deux autres. Elle est $= 0$, quand K coïncide avec A, ou avec B.

Si m, μ désignent le milieu du segment AB et la moitié de sa longueur, on a : 1° quand K est extérieur à ce segment (*fig.* 156), $KA = Km \pm \mu$, $KB = Km \mp \mu$, d'où, dans les deux hypothèses, $KA . KB = \overline{Km}^2 - \mu^2$, et nous dirons la puissance *positive* ; 2° quand

K est intérieur (*fig.* 157), $KA = \mu \pm Km$, $KB = \mu \mp Km$, d'où $KA \cdot KB = \mu^2 - \overline{Km}^2$, et nous dirons la puissance *négative*.

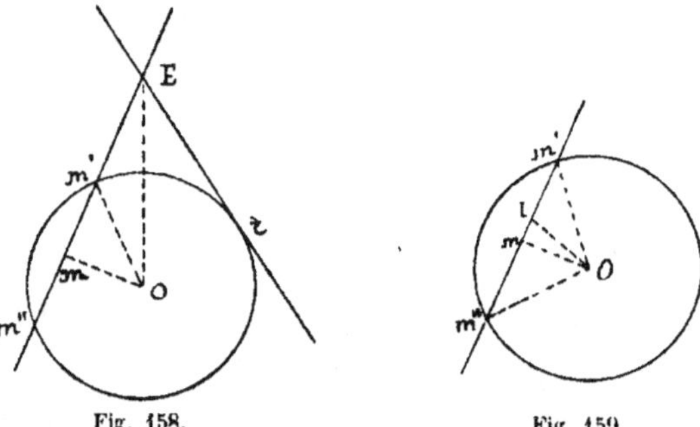

Fig. 156.    Fig. 157.

443. *La puissance d'un point fixe, par rapport aux traces marquées sur une droite pivotant autour de lui, par un cercle fixe, conserve le même nom et la même valeur* (**442**).

Désignons, par O, r le centre et le rayon du cercle considéré, par m', m'' ses traces sur une position quelconque de la sécante, et par m le point milieu du segment $m'm''$, pied de la perpendiculaire abaissée sur lui, du centre O (**430**).

I. S'il s'agit d'un point extérieur E (*fig.* 158), on a $OE > r$, c'est-à-dire $OE > Om'$ et $> Om''$, d'où $mE > mm'$ et $> mm''$ (**263**); E est donc extérieur aussi à la corde $m'm''$, et sa puissance est toujours positive.

Fig. 158.   Fig. 159.

On a de plus $Em' \cdot Em'' = \overline{Em}^2 - \overline{mm'}^2$ (**442**), puis, dans le triangle Omm', rectangle en m, $\overline{mm'}^2 = \overline{Om'}^2 - \overline{Om}^2 = r^2 - \overline{Om}^2$; d'où $Em' \cdot Em'' = \overline{Em}^2 + \overline{Om}^2 - r^2 = \overline{OE}^2 - r^2$, à cause de la rectangularité en m, du triangle OmE. La puissance considérée conserve donc cette valeur constante $\overline{OE}^2 - r^2$, *carré de la longueur commune des tangentes issues de* E, soit en vertu du n° **433**, IV, soit parce que les traces m', m'' viennent se confondre avec le point de contact t d'une de ces tangentes, quand la droite mobile en prend la position.

II. Pour un point intérieur I (*fig.* 159), on trouve, de la même manière, $mI < mm'$ et $< mm''$, ceci montrant que I est intérieur aussi à la corde $m'm''$, d'où le caractère négatif de sa puissance. Il vient encore $Im' \cdot Im'' = \overline{mm'}^2 - \overline{Im}^2 = r^2 - \overline{Om}^2 - \overline{Im}^2 = r^2 - \overline{OI}^2$, et la même puissance est encore constante.

III. Pour chaque point du plan, cette quantité constante est *sa puissance* aussi, par rapport au cercle considéré, nulle évidemment, quand il appartient à la courbe.

444. *Pour que quatre points A, B, C, D, dont trois quelconques ne sont pas en ligne droite, se trouvent simultanément sur quelque même cercle, il faut et il suffit :* I, *si les droites AB, CD se rencontrent, que les puissances de leur intersection K par rapport à A, B et C, D* (**442**) *soient de noms semblables et de valeurs égales;* II, *si elles sont parallèles, que les axes des mêmes paires de points* (**439**, II) *se confondent.*

I. La nécessité de la condition énoncée est imposée par le théorème précédent (**443**). Si elle est remplie, soit D′ la seconde trace sur CD, du cercle déterminé par les trois points A, B, C (**439**), III). On a, par le théorème cité, KA . KB = KC . KD′, avec ressemblance des topographies de K, A, B et de K, C, D′ (**113**); puis, par notre condition, KA . KB = KC . KD, avec ressemblance encore entre les topographies de K, A, B et de K, C, D. On en conclut immédiatement l'identité des vecteurs KD′, KD, c'est-à-dire celle de leurs extrémités D′, D.

II. Raisonnement analogue, mais fondé ici sur la symétrie par rapport à l'axe de A, B, du cercle unique passant par A, B, C (**431**, IV).

III. Dans les deux cas, on dit le quadrilatère ABCD, *inscriptible* (dans quelque cercle).

445. *Pour que quelque même cercle passe par trois points* A, B, C *non en ligne droite, tangent en* C *à une droite* $\mathscr{C}$ *issue de ce point sans contenir aucun des deux autres, il faut et il suffit :* I, *s'il y rencontre entre les droites* AB, $\mathscr{C}$, *que leur intersection* E *soit extérieure au segment* AB *et donne* $\overline{EC^2}$ = EA . EB; II, *s'il y a parallélisme, que* C *soit sur l'axe de la paire des points* A, B.

Car le cercle considéré doit contenir les deux points A, B et être coupé par $\mathscr{C}$, en C et en un quatrième D confondu avec C sur cette droite (**432**), (**443**, I), (**431**, IV).

446. PROBLÈME. *Construire un cercle qui passe par deux points (distincts) donnés* A, B, *et touche une droite donnée* $\mathscr{C}$ *ne contenant ni* A, *ni* B.

Un point C de la droite $\mathscr{C}$ complétera la détermination d'un cercle assujetti à passer en outre par A et à être tangent à $\mathscr{C}$ (**441**, I), partant fournira une solution, si ce cercle passe aussi par B.

I. Les droites $\mathscr{C}$, AB se coupent en un point K : 1° extérieur au segment AB (*fig.* 160), 2° ou intérieur.

1° Il faut et il suffit (**445**) que l'on ait $\overline{KC^3}$ = KA . KB, d'où deux solutions dérivant des extrémités C_1, C_2, de deux segments

de longueur $\sqrt{\overline{KA.KB}}$, (**481**, III, *inf.*), portés à partir de K sur $\mathfrak{C}$
et dans ses deux sens. Les centres O_1, O_2 de ces cercles pourront
évidemment se construire encore, en coupant l'axe de la paire
des points A, B, par les perpendiculaires élevées sur $\mathfrak{C}$ en C_1, C_2
(**439**, II), (**441**).

2° Impossibilité (**445**).

II. Les droites $\mathfrak{C}$, AB sont parallèles (*fig.* 161). Il faut et il suffit
(*Ib.*, II), que C soit la trace de l'axe de A, B, sur $\mathfrak{C}$. Une solution
seulement, dont le centre O est l'intersection de cet axe et de
celui de A, C par exemple (**441**, I).

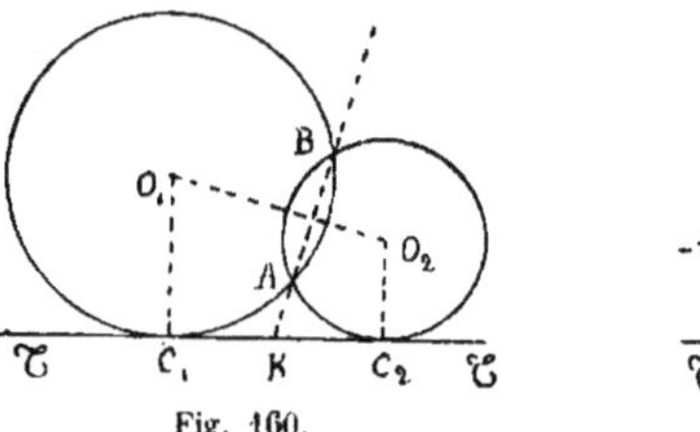

Fig. 160.   Fig. 161.

447. PROBLÈME. *Construire un cercle tangent à deux droites*
(distinctes) données $\mathfrak{C}$, $\mathfrak{V}$, *et passant par un point donné* A, *étran-*
ger à toutes deux.

I. Quand les droites $\mathfrak{C}$, $\mathfrak{V}$ se coupent en un point E, et comme
elles sont alors les deux tangentes menées par E à une solution,
celle-ci est tout entière à l'intérieur de l'angle (A) de ces droites
qui contient le point A (**433**, IV). Comme, en outre, la bissectrice $\mathfrak{A}$ de cet angle est un diamètre de la solution, ce cercle
passe par le point A′, symétrique de A par rapport à l'axe $\mathfrak{A}$.
Après ces remarques, on reconnaîtra sans peine l'existence de
deux solutions s'obtenant, en prenant les cercles qui passent
par A, A′ et touchent une des droites $\mathfrak{C}$, $\mathfrak{V}$, choisie à volonté
(**446**, I).

II. Quand $\mathfrak{C}$, $\mathfrak{V}$ sont parallèles, toute solution ne peut qu'être
intérieure à la bande $\mathfrak{C}\mathfrak{V}$, et passer par A′, symétrique de A par
rapport à sa bissectrice (**434**). Si A est intérieur à la bande,
deux solutions s'obtiennent comme ci-dessus (I), et ce sont des
cercles égaux. S'il lui est extérieur, il y a impossibilité.

Principaux lieux circulaires.

448. *Quand un point mobile décrit un cercle, le lieu de son*
*homologue dans toute figure semblable (***349***) est un cercle aussi,*
dont le plan, le centre et le rayon, sont les homologues de ceux du
proposé (Cf. **463**, *I, inf.)*

Ce lieu est effectivement dans le plan homologue de celui du cercle considéré; et les distances de ses points à l'homologue du centre, sont toutes égales entre elles, comme produits des divers rayons de ce cercle, par le rapport de similitude de la seconde figure à la première (**350**), (**427**).

449. *En appelant* P, Q, *deux points fixes* (*distincts*), *puis* $p \gtrless q$, *des coefficients constants quelconques mais inégaux dans le cas du signe inférieur ci-après, et* ☺ *quelque troisième constante, le lieu des points* M, *pour lesquels on a l'une ou l'autre des deux relations*

$$(1) \qquad p.\overline{PM}^2 \pm q.\overline{QM}^2 = \mathfrak{C},$$

est (*sauf impossibilité*) *un cercle ayant pour centre le point* O *qui divise le segment* PQ *dans le rapport* $q : p$, *intérieurement ou extérieurement selon qu'il s'agit du signe* + *ou du signe* − (**128,** III). (Si l'on avait $p = q$ dans le second cas, le lieu ne serait évidemment que la droite trouvée au nº **276**.)

I. Dans le premier cas (*fig.* 162), les triangles POM, QOM donnent (**237**)

$$(2) \qquad \begin{cases} \overline{PM}^2 = \overline{OM}^2 + \overline{OP}^2 \mp 2.OP.OH, \\ \overline{QM}^2 = \overline{OM}^2 + \overline{OQ}^2 \pm 2.OQ.OH, \end{cases}$$

OH étant la projection de OM sur la droite PQ, et, les signes supérieurs devant être pris, ou bien les inférieurs, selon que l'angle POM est aigu ou obtus.

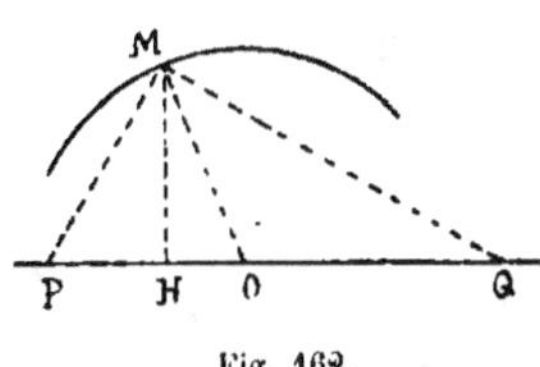

Fig. 162.

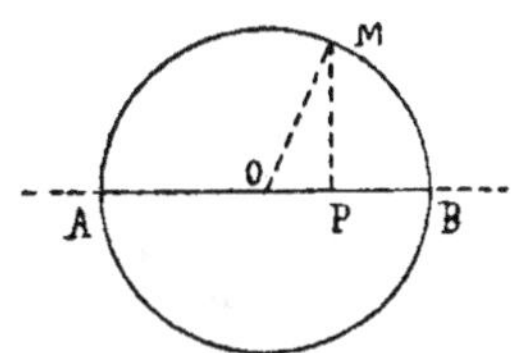

Fig. 163.

L'addition de ces égalités multipliées par p, q, puis la combinaison du résultat avec la relation OP : $q =$ OQ : p, donnant $p.\text{OP} = q.\text{OQ}$, conduisent à

$$(3) \qquad p.\overline{PM}^2 + q.\overline{QM}^2 = (p+q)\overline{OM}^2 + p.\overline{OP}^2 + q.\overline{OQ}^2.$$

Pour que la condition (1) soit remplie, il faut donc et il suffit évidemment, que l'on ait

$$(p+q)\overline{OM}^2 + p.\overline{OP}^2 + q.\overline{OQ}^2 = \mathfrak{C},$$

c'est-à-dire que la distance OM ait la valeur constante r donnée par la formule

$$r = \sqrt{(\mathrm{e} - p.\overline{OP^2} - q.\overline{OQ^2}) : (p+q)}.$$

On peut avoir $\mathrm{e} \gtreqless p.OP^2 + q.OQ^2$. Dans la première hypothèse, le lieu est un cercle de centre O, de rayon r ; dans la deuxième, il se réduit au cercle nul O ; dans la troisième, il disparaît.

II. Dans le second cas, les choses se passent de la même manière, à cela près : que O est sur le prolongement du segment PQ au delà de P, qu'ainsi les angles POM, QOM sont toujours égaux, qu'il faut prendre les mêmes signes ambigus dans les égalités (2), retrancher la seconde de la première après leurs multiplications par p, q. Les relations (3) et suivantes n'en sont modifiées que par le changement des signes y précédant q, et, à part cela, toutes les conclusions subsistent.

III. Les considérations de l'alinéa I conduisent à deux menues observations.

1° En laissant le point M indéterminé, la relation (3) montre, que son premier membre diminue toujours, quand ce point se rapproche de O, qu'ainsi *cette expression a sa valeur minimum quand M est en O. Et de même, pour l'expression semblable* $p.PM^2 - q.QM^2$ (II).

2° Dans un triangle quelconque PMQ, la distance MO d'un sommet M au milieu O du côté opposé PQ, est sa *médiane* issue de M, et $OP = OQ = PQ : 2$. Cela posé, *on a la relation*

$$\overline{PM^2} + \overline{QM^2} = 2.\overline{OM^2} + 2\left(\frac{PQ}{2}\right)^2,$$

forme évidente de (3) pour $p = q = 1$.

450. *Le lieu des points* M *(fig. 163), dont le pied* P *de la distance à une droite fixe, conserve, par rapport à deux points* A, B *donnés sur elle, une puissance négative* (**442**) *de valeur toujours égale au carré de cette distance, est le cercle de diamètre* AB.

Le pied P restant à l'intérieur de AB puisque sa puissance est assujettie à être négative, celle-ci PA.PB est égale à $\mu^2 - \overline{OP^2}$, où μ représente la moitié de AB. L'égalité de condition

$$(4) \qquad PA.PB = \mu^2 - \overline{OP^2} = \overline{PM^2},$$

et la considération du triangle OPM, rectangle en P, conduisent donc à

$$(5) \qquad \overline{OP^2} + \overline{PM^2} = \overline{OM^2} = \mu^2;$$

d'où, $OM = \mu$, preuve que tous les points du lieu cherché sont sur le cercle mentionné dans l'énoncé ; et tous les points de ce cercle appartiennent au lieu, parce qu'ils donnent lieu à l'égalité (5), d'où l'on repasse immédiatement à (4).

451. *Relativement à un cercle, de centre O, de rayon r, donnés, le lieu des points M d'une puissance de nom et de valeur II, donnés (443, III), est un cercle concentrique, de rayon* $\sqrt{r^2 \pm \text{II}}$, *selon que cette puissance doit être positive ou négative.*

Car on a $\text{II} = \overline{OM}^2 - r^2$ dans le premier cas, et $\Pi = r^2 - \overline{OM}^2$ dans le second ; d'où $\overline{OM}^2 = r^2 \pm \Pi$. Dans le second cas, le lieu se réduit au seul point O, pour $\Pi = r^2$; il disparaît, pour $\Pi > r^2$.

452. Trois points quelconques, A, B, M, étant considérés, l'angle saillant AMB se nomme celui *sous lequel* le segment AB est *vu de M.* Il est nul, neutre, ou indéterminé, quand M est extérieur au segment, intérieur, ou placé en l'une de ses extrémités.

Soient A, B (fig. 164) une paire de points distincts, V_1 un angle saillant (non nul, ni neutre) et $(AB)_1$ un demi-plan d'arête AB. Dans $(AB)_1$, le lieu des points M_1 d'où le segment AB est vu sous l'angle V_1, est la partie correspondante du cercle $(AB\alpha_1)$ déterminé par la condition de passer par A, B et d'avoir pour tangente en A, la droite α_1 dont la moitié $A\alpha_1$, dirigée dans le même demi-plan, fait avec AB l'angle $\mathcal{K} - V_1$ (441, I), (464, inf.).

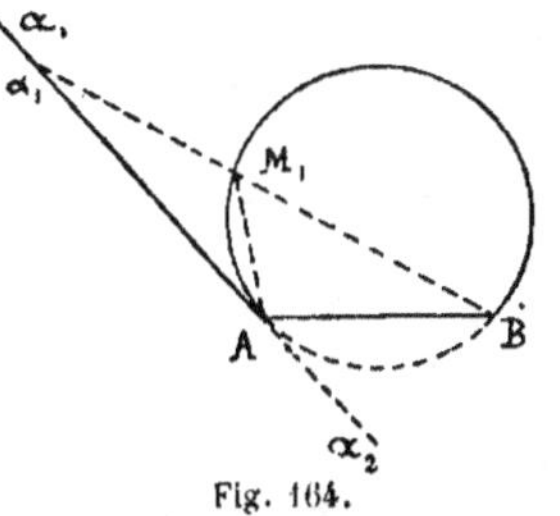

Fig. 164.

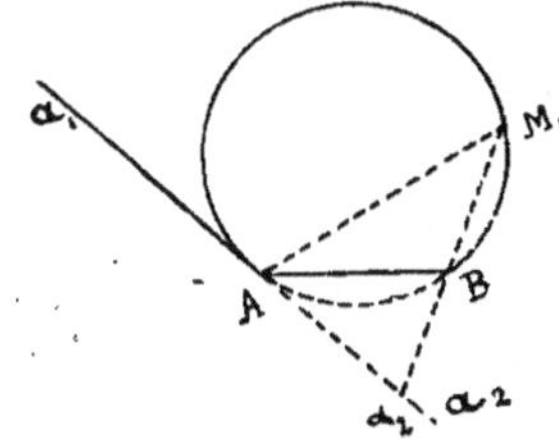

Fig. 165.

I. Si l'angle AM_1B est $= V_1$, avec $M_1BA \neq 0$, la relation

$$(6) \qquad M_1AB + M_1BA = \mathcal{K} - AM_1B = \mathcal{K} - V_1 \quad (\textbf{222})$$

montre, qu'aucun des angles du premier membre ne peut surpasser $\mathcal{K} - V_1$, que le premier lui est inférieur, qu'ainsi la demi-droite AM_1 est intérieure à l'angle $\alpha_1 AB = \mathcal{K} - V_1$, et qu'on a sans cesse

$$(7) \qquad \alpha_1 AM_1 = M_1BA,$$

puisque ces angles sont égaux respectivement à $\alpha_1 AB - M_1AB$, $(\mathcal{K} - V_1) - M_1AB$ (6), valeurs égales entre elles à cause de $\alpha_1 AB = \mathcal{K} - V_1$.

II. Quand la demi-droite BM_1 rencontre la droite αb en un point α_1 (autre que A) de sa moitié $A\alpha_1$, les directions $\alpha_1 M_1$, $\alpha_1 B$ sont identiques, parce que, l'angle $M_1 AB$ étant inférieur à $\alpha_1 AB$ $= \mathcal{T} - V_1$ (I), le point M_1 est intérieur au segment $\alpha_1 B$ (**133, IV**). Par suite, les triangles $\alpha_1 A M_1$, $\alpha_1 BA$ ont égaux leurs angles en α_1, et sont équiangles comme ayant déjà tels leurs angles en A, B (**7**). D'où la proportion

$$(8) \qquad\qquad \frac{\alpha_1 M_1}{\alpha_1 A} = \frac{\alpha_1 A}{\alpha_1 B} \qquad\qquad (226),$$

puis l'égalité équivalente

$$(9) \qquad\qquad \overline{\alpha_1 A}^2 = \alpha_1 M_1 . \alpha_1 B,$$

montrant que le point M_1, appartient au cercle $(AB\alpha b)$ (**445, I**).

III. Quand BM_1 rencontre αb en un point α_2 de la demi-droite $A\alpha_2$ opposée à $A\alpha_1$ (*fig.* 165), les choses se passent de la même manière, à ceci près. L'identité des directions $\alpha_2 M_1$, $\alpha_2 B$, assurant l'égalité des angles en α_2, des triangles $\alpha_2 A M_1$, $\alpha_2 BA$, a pour cause la circonstance, que B est intérieur au segment $M_1 \alpha_2$, parce que M_1, α_2 sont de part et d'autre de AB (**78**). L'égalité des angles en A, B des mêmes triangles a lieu, parce qu'ils sont les suppléments des deux membres de l'égalité (**7**).

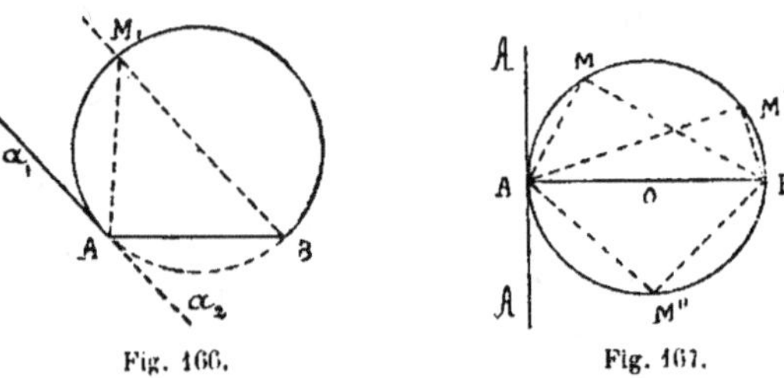

Fig. 166.   Fig. 167.

IV. Quand BM_1 est parallèle à αb (*fig.* 166), proprement par suite à $A\alpha_1$ (**87**), $M_1 B$ l'est improprement à la même, l'angle $BM_1 A$ est égal à son alterne-interne $\alpha_1 A M_1$ (**148**), à l'égal $M_1 BA$ de celui-ci (**7**), le triangle $M_1 AB$ est isocèle, et l'axe de la paire des points M_1, B passe par A (**234**). Donc encore, M_1 est sur le cercle $(AB\alpha b)$ (**445, II**).

V. Si maintenant, M_1 désigne un point de la partie de ce cercle qui est située dans le demi-plan $(AB)_1$, le renversement facile des raisonnements ci-dessus, montrera que M_1 appartient au lieu.

Supposons par exemple que la demi-droite BM_1 rencontre $A\alpha_1$, en α_1, (*fig.* 164). Les directions $\alpha_1 M_1$, $\alpha_1 B$ sont identiques, parce que les points M_1, B sont dans un même demi-plan ayant la tangente αb pour arête (**432**). D'où, l'égalité des angles que les triangles $\alpha_1 AM_1$, $\alpha_1 BA$ ont en α_1, puis l'équiangularité de ces derniers (**227**), à cause de l'égalité (9) (**443**), entraînant la proportion (8). En particulier, l'égalité de leurs angles $\alpha_1 AM_1$, $\alpha_1 BA$, a pour conséquence $M_1 AB + M_1 BA = M_1 AB + \alpha_1 AM_1 = \alpha_1 AB = \mathfrak{M}$ $- V_1$, et ensuite $AM_1 B$ V_1 à cause de (6). Et semblablement, dans toute autre hypothèse.

VI. Le lieu présentement considéré, a été nommé par les Anciens, le *segment* [circulaire (**469**, *inf.*)] *capable* de l'angle V_1, décrit sur le segment AB, dans le demi-plan $(AB)_1$.

453. Comme la demi-droite $A\alpha_2$, opposée à $A\alpha_1$ (*fig.* 164), fait avec AB un angle V_2 supplémentaire à V_1, *la totalité du cercle* $(AB\mathfrak{b})$ *défini tout à l'heure* (**452**), *est le lieu des points* M *d'où l'on voit le segment* AB *sous l'angle* V_1 *ou* V_2, *selon qu'ils sont dans le demi-plan* $(AB)_1$ *ou dans son opposé* $(AB)_2$.

Quand V_1 est droit, la droite AB passe par le centre O du cercle $(AB\mathfrak{b})$ (*fig.* 167), parce qu'elle est perpendiculaire à sa tangente $\mathfrak{b}$ en A. Comme alors, V_2 supplément de V_1 est droit aussi, l'énoncé général qui précède, a ce cas particulier très remarquable.

Le lieu des points M, *d'où* AB *est vu sous un angle droit, est le cercle décrit sur ce segment comme diamètre.*

454. Au lieu des théorèmes des nᵒˢ **444**, **445**, on a pris l'habitude d'employer beaucoup plus volontiers ces deux corollaires du précédent (**453**).

I. *Pour que quatre points* A, B, C, D, *dont trois quelconques, non en ligne droite, soient sur un même cercle, il faut et il suffit que deux angles tels que* ABC, ADC, *soient : égaux si le quadrilatère* ABCDA *est enchevêtré, supplémentaires s'il est déchevêtré.*

II. *Pour que trois points* A, B, C, *non en ligne droite, et une droite* $\mathfrak{b}$ *issue de* A, *appartiennent à un même cercle,* $\mathfrak{b}$ *comme tangente, il faut et il suffit, que la demi-droite découpée par* A *sur* $\mathfrak{b}$, *dans le demi-plan opposé à* $\overline{ABC}$ *par exemple, fasse avec* AB *un angle saillant égal à* ACB.

455. *Étant donnés deux points fixes distincts* R, S (*fig.* 168) *et deux nombres constants correspondants,* $r < s$, *le lieu des points* M *donnant la proportion*

$$(10) \qquad\qquad RM : SM = r : s,$$

est le cercle $(M_1 M_2)$ *ayant pour un de ses diamètres, la distance* $M_1 M_2$ *des points qui partagent le segment* RS *dans le rapport* $r : s$, *intérieurement et extérieurement.* (Pour $r = s$, on aurait $RM = RS$, et le lieu serait l'axe des points R, S, trouvé au nᵒ **276**).

I. Soient R_1, S_1 et R_2, S_2, les pieds des perpendiculaires abaissées, de R, S, sur les droites MM_1 et MM_2. Les triangles $M_1 RR_1$,

M_1SS_1, évidemment équiangles, donnent $R_1R : S_1S = RM_1 : SM_1 = r : s = RM : SM$. Les triangles RR_1M, SS_1M, rectangles en R_1, S_1, sont donc équiangles (**242**, II); d'où, l'égalité de leurs angles M_1MR, M_1MS, puis la propriété pour la droite MM_1, d'être la bissectrice *intérieure* de l'angle RMS.

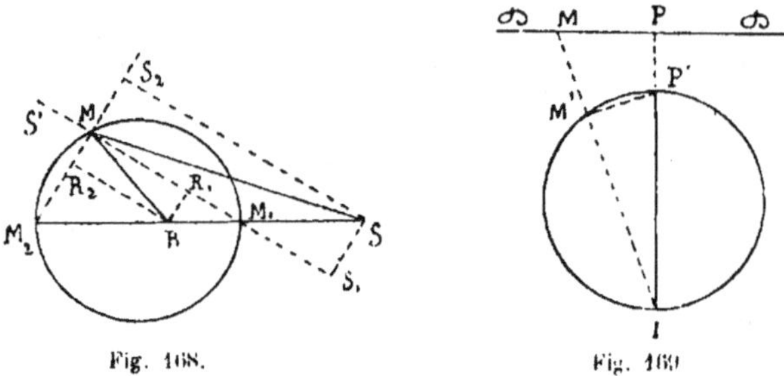

Fig. 168.   Fig. 169.

Les mêmes moyens, basés sur l'équiangularité des triangles M_2RR_2, M_2SS_2, conduisent à celle des triangles RR_2M, SS_2M, rectangles en R_2, S_2, puis à l'égalité de leurs angles R_2MR, S_2MS. D'où, la propriété pour la droite MM_2, d'être la bissectrice *extérieure* du même angle RMS, puisque l'angle S_2MS est opposé par le sommet, à l'angle R_2MS' formé par la même droite MM_2 avec le prolongement MS' de MS au delà de M.

La perpendicularité mutuelle de ces deux bissectrices (**265**), et leur passage constant par les points fixes M_1, M_2, montrent que leur intersection M appartient au cercle (M_1M_2) (**453**).

II. Inversement, si M est un point quelconque de ce cercle, les droites MM_1, MM_2 sont perpendiculaires l'une à l'autre (*Ib.*), RR_1, SS_1, MM_2 sont parallèles ainsi que RR_2, SS_2, MM_1; et les proportions alors évidentes (**232**) $RR_1 : SS_1 = RM_1 : SM_1 = r : s$, $RR_2 : SS_2 = RM_2 : SM_2 = r : s$, d'où $RR_1 : SS_1 = RR_2 : SS_2$, conduisant à $RR_1 : SS_1 = R_1M : S_1M$, à cause de $RR_2 = R_1M$, $SS_2 = S_1M$ comme segments parallèles compris entre droites parallèles. Les triangles RR_1M, SS_1M, rectangles en R_1, S_1, sont donc équiangles (**242**, II), ce qui entraîne la proportion $RM : SM = RR_1 : SS_1 = RM_1 : SM_1 = r : s$, c'est-à-dire qui place le point M du cercle sur le lieu considéré.

456. Comme la condition (10), élevée au carré, peut être écrite $s^2.\overline{RM^2} - r^2.\overline{SM^2} = 0$, le lieu précédent se présente encore comme un simple cas particulier du nᵒ **449**. Mais la méthode suivie à l'instant pour le trouver, conduit en outre à ce théorème maintenant évident : *Dans un triangle (déchevêtré) RMS, les bissectrices intérieure et extérieure de tout angle M, divisent le côté opposé RS, intérieurement et extérieurement, dans le rapport RM : SM des autres côtés contigus à celui-ci par les sommets R, S.*

457. Quand deux points indéterminés M, M', sont en ligne droite avec un point fixe donné I, qui a, par rapport à eux, une puissance $\mathfrak{J}$ (non nulle), donnée en nom et en valeur **(442)**, chacun d'eux est dit *inverse* de l'autre, relativement à ces *origine* I, et *puissance* $\mathfrak{J}$, *d'inversion*. Pour obtenir l'inverse M' de tout point donné M, autre que l'origine I, il faut ainsi prendre l'extrémité d'un vecteur de longueur $\mathfrak{J}$: IM, porté à partir de I sur la droite IM, dans la direction IM ou MI, selon que la puissance donnée est positive ou négative. Mais ce point inverse n'existe pas, quand M se confond avec l'origine, puisque alors IM est $= 0$.

Cette relation entre les points M, M' *est réciproque*, car on retombe évidemment sur chacun d'eux, en prenant l'inverse de son inverse.

Une figure donnée $\mathfrak{F}$, et celle $\mathfrak{F}'$ formée par les inverses M' de tous ses points M, sont *inverses* aussi l'une de l'autre.

458. *L'inverse d'une droite* (δ) *est :* I, *celle droite elle-même si elle passe par l'origine ;* II, *sinon, le cercle ayant pour diamètre, la distance de l'origine* I *(fig.* 169), *à l'inverse* P' *du pied* P *de la perpendiculaire abaissée d'elle sur* (δ).

I. C'est évident, puisque l'inverse M' de tout point M de la droite (δ), est sur la droite IM identique à celle-ci **(457)**.

II. Il résulte immédiatement de la définition, qu'il y a identité ou opposition entre les directions IM, IM', en même temps qu'entre celles de IP, IP'; d'où, l'égalité des angles PIM, P'IM', soit comme identiques, soit comme opposés au sommet, et qu'on a $IM.IM' = IP.IP'$ $(= \mathfrak{J})$, c'est-à-dire $IM : IP' = IP : IM'$. Les triangles IPM, IM'P' sont donc équiangles **(227)** ; et, comme le premier est rectangle en P, le second l'est en M', dont le lieu est ainsi celui des points d'où le segment IP' est vu sous un angle droit, c'est-à-dire le cercle défini par l'énoncé **(453)**.

459. *L'inverse d'un cercle de centre* O *est :* I, *s'il passe par l'origine* I, *la droite menée perpendiculairement à* IO *par l'inverse du point diamétralement opposé à* I ; II, *sinon, le cercle ayant pour diamètre le segment* P'Q' *compris entre les inverses des extrémités* P, Q *du diamètre mené par* I *dans le cercle donné.*

I. Le cercle donné étant la figure inverse de la droite définie dans l'énoncé **(458, II)**, celle-ci est l'inverse de ce cercle **(457)**.

II. Pour fixer les idées, supposons positives, la puissance $\mathfrak{J}$ de l'inversion et celle Π de son origine I par rapport au cercle donné **(443, III)** ; soient ensuite, O *(fig.* 170) le centre de ce cercle, M un de ses points, M' I' inverse de M, et M'' l'autre trace du même cercle sur la droite IM.

Les directions IM', IM'' sont identiques l'une à l'autre comme l'étant chacune à IM, et l'on a $IM.IM' = \mathfrak{J}$, $IM.IM'' = \Pi$, d'où, par division membre à membre, IM' : IM" = J : II. Le lieu de M' est donc une figure proprement homothétique par rapport au centre I, à celui de M" (**347, IV, 2°**), c'est-à-dire un autre cercle dont le centre O' est homologue de O (**448**). Par suite, les droites IO, IO' se confondent (**346, IV**) en un diamètre OO' commun aux deux cercles, dont les traces P, Q sur celui qui est donné, ayant pour homologues ses traces Q', P' sur l'autre, ont pour inverses les mêmes points disposés dans l'ordre P', Q', ce qui achève la démonstration.

On remarquera que *le cercle considéré a lui-même pour inverse, quand les puissances J, II ont mêmes noms et valeurs ;* car alors, le rapport J : II de leur homothétie directe constatée à l'instant, est = 1.

CHAPITRE XVIII

LONGUEURS ET AIRES PLANES CIRCULAIRES. — COMPARAISON DES ANGLES PAR DES ARCS DE CERCLE

Longueur d'un arc de cercle.

460. I. *Sur un cercle de centre O, les traces a, b des côtés de tout angle saillant ou neutre, de sommet O, et celles des demi-droites issues de O, intérieurement à cet angle* (**427**), *sont les extrémités et les points intérieurs d'un arc réduit (ab) de la courbe* (**381, I**).

Un tel angle aOb est dit *au centre* du cercle, *interceptant* sur lui l'arc (ab); et ces définitions, la proposition ci-dessus (sauf la réduction de l'arc intercepté), s'étendent d'elles-mêmes au cas d'un angle d'amplitude quelconque (**136, IV**), (**387, I**).

II. *Quand une demi-droite Om, issue du centre O, décrit dans un sens giratoire constant* (**154, I**), *un angle quelconque ∢OℬB, sa trace m sur le cercle décrit dans un sens constant aussi, l'arc (AB) intercepté par cet angle au centre* (**381, I**), (**387, I**). D'où, la notion des *deux directions opposées,* dans l'une desquelles, à volonté, un cercle peut être décrit indéfiniment par un point mobile.

461. *Les longueurs des arcs d'un même cercle sont proportionnelles à leurs angles au centre.*

I. *Quand un angle au centre* POQ *(fig. 171) est la somme (géomé-*

trique) de plusieurs autres POl, lOm, mOn, nOQ, *l'arc* (PQ) *intercepté par lui est la somme aussi, de ceux* (Pl), (lm), (mn), (nQ), *qui sont interceptés par ces derniers.*

Car, de même que leurs angles au centre, ces arcs sont deux à deux contigus, mutuellement extérieurs (**460**), et la suppression de leurs extrémités communes, *l, m, n* ne laisse subsister que celles de l'arc POQ (**387**, I).

II. *Deux angles au centre égaux,* AOB, A′OB′ *(fig. 172), interceptent des arcs* (AB), (A′B′) *qui sont superposables, par suite de longueurs égales* (**387**, III). Car l'application de AOB, par exemple, à A′OB′, amène sur l'arc (A′B′) tout point M de (AB), puisque le vecteur OM se place à l'intérieur de l'angle A′OB′, et que sa longueur est égale au rayon du cercle (**460**, I), (**427**).

III. La démonstration s'achève par les moyens employés pour toutes les propositions analogues (*Cf.* **119**, IV, V; *etc.*).

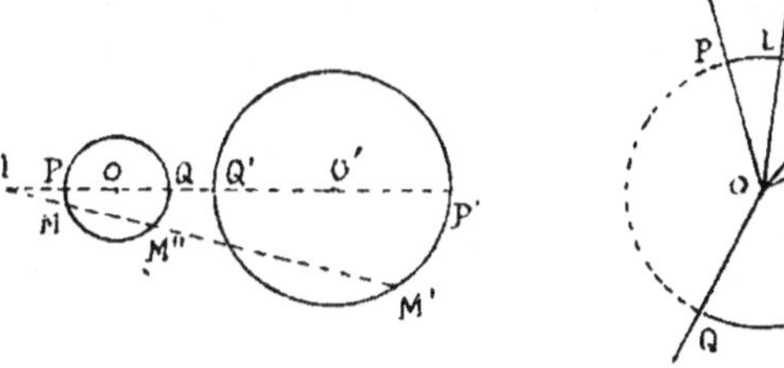

Fig. 170.   Fig. 171.

462. Moyennant les conventions suggérées déjà par la proportionnalité des dièdres à leurs angles plans (**213**), le théorème précédent autorise à dire, que *les arcs d'un même cercle ont pour mesures celles de leurs angles au centre;* d'où les dénominations *d'arcs de δ degrés, de γ grades* (**139**), données à ceux qui ont de tels angles au centre.

La longueur de la totalité d'un cercle, sa moitié, son quart, sont les arcs interceptés par les angles replet, neutre, droit, et se nomment ses *circonférence, hémicycle, quadrant.* Parfois, nous dirons *saillants, rentrants, supplémentaires,* ... les arcs des angles au centre portant ces noms.

463. *En posant*

$$(1) \qquad \pi = 3{,}1415926535\ldots,$$

nombre uniforme pour tous les cercles, les longueurs C, s, *de la circonférence de rayon* r, *de son arc de* δ *degrés ou de* γ *grades, sont fournies par les formules*

$$(2) \qquad C = 2\pi r, \qquad s = \frac{\delta}{360} \cdot 2\pi r = \frac{\gamma}{400} \cdot 2\pi r.$$

I. *Deux cercles $\mathfrak{C}$, $\mathfrak{C}'$, dont les plans $\mathfrak{P}$, $\mathfrak{P}'$ sont parallèles, appartiennent toujours à deux figures homothétiques, proprement ou improprement à volonté* (**340**), *dont le rapport de similitude est celui des rayons r, r'* (**343**, I), *où les centres O, O' sont des points homologues. Et des arcs homologues sur les deux courbes ont toujours des angles aux centres égaux entre eux.*

Si, dans le plan $\mathfrak{P}$, on mène, de O, une demi-droite mobile ∂, une autre ∂' issue de O' en parallélisme avec elle, sera toujours dans le plan $\mathfrak{P}'$ parallèle à $\mathfrak{P}$ (**64**), (**65**). Toutes deux ainsi rencontreront les cercles $\mathfrak{C}$, $\mathfrak{C}'$, aux points uniques M, M' donnant sans cesse $OM = r$, $O'M = r'$, d'où $OM : OM' = r : r'$.

Quand ce parallélisme de ∂, ∂' est toujours propre, les positions simultanées de M, M', et O, O', seront homologues dans une homothétie propre, de rapport $r : r'$ (**347**, I), dont le centre divise extérieurement le segment OO' dans le rapport $r : r'$ si $r \neq r'$, disparaît en cas contraire (**346**, V, VI).

Quand il est improprе, on a une autre homothétie de même rapport, mais impropre, dont le centre divise OO' dans le même rapport, intérieurement (*Ib.*).

Si maintenant, (AB), (A'B') sont des arcs homologues décrits par des points mobiles homologues m, m', les intérieurs et côtés des angles AOB, A'O'B décrits simultanément par les demi-droites Om, O'M', sont homologues parce que O, O' le sont comme m, m' sans cesse (**342**, II) ; ces angles sont donc égaux (**341**, IV), (**146**).

II. *Deux cercles quelconques peuvent être considérés comme des figures semblables, dans lesquelles deux arcs (AB), (A'B'), interceptés par des angles aux centres AOB, A'O'B' égaux entre eux, sont homologues* (*Cf.* **448**). Car, pour mettre ces cercles en homothétie, il suffit de déplacer l'une des figures, de manière à rendre respectivement parallèles les côtés de ces angles égaux, soit proprement tous deux, soit improprement (I).

III. Les circonférences C, C', C″, ... du cercle considéré et d'autres quelconques, de rayons r, r', r'', ..., étant interceptées par des angles aux centres tous égaux à un replet (**462**), la similitude de tous ces cercles, comparés deux à deux (II), donnera immédiatement pour leurs longueurs,

$$\frac{C}{C'} = \frac{r}{r'} = \frac{2r}{2r'}, \qquad \frac{C}{C''} = \frac{2r}{2r''}, \qquad \frac{C'}{C''} = \frac{2r'}{2r''}, \dots \qquad (407),$$

ou bien

$$(3) \qquad \frac{C}{2r} = \frac{C'}{2r'} = \frac{C''}{2r''} = \dots = \pi,$$

valeur commune de tous ces rapports égaux. Or l'égalisation du premier de ces rapports au nombre π donne immédiatement la première des formules (2).

IV. On a enfin (**461**), (III),

$$\frac{s}{\delta}=\frac{C}{360}=\frac{2\pi r}{360}, \qquad \frac{s}{\gamma}=\frac{2\pi r}{400},$$

selon qu'il s'agit de degrés ou de grades, ce qui conduit à la dernière des mêmes formules.

V. Les égalités (3) ont fait donner au nombre π, le nom de *rapport de la circonférence au diamètre*. Des considérations où nous ne pouvons nous engager, montrent qu'il est incommensurable, et en fournissent très rapidement des valeurs aussi approchées qu'on le veut. Celle ci-dessus (1) l'est bien au delà des besoins des applications.

☼ **464**. *Un angle au centre saillant AOB (fig. 173) et son replément rentrant $\overline{AOB}$, interceptent sur un cercle, deux arcs (ASB), (ARB), de directions opposées comme eux (460, II), le second situé dans le demi-plan $\overline{ABO}$, le premier dans son opposé. Et, ϖ étant le pied sur la corde AB, de son diamètre conjugué (431, IV), ils sont divisés chacun en deux parties égales par les traces R, S sur le cercle, de la demi-droite Oϖ et de son opposée.*

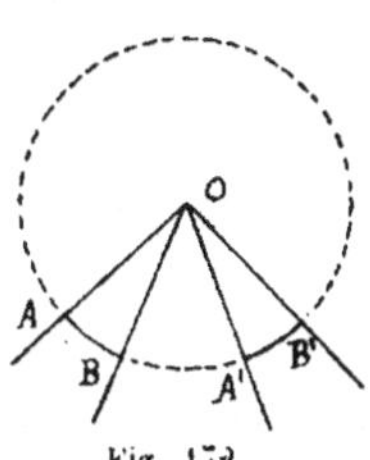

Fig. 172.

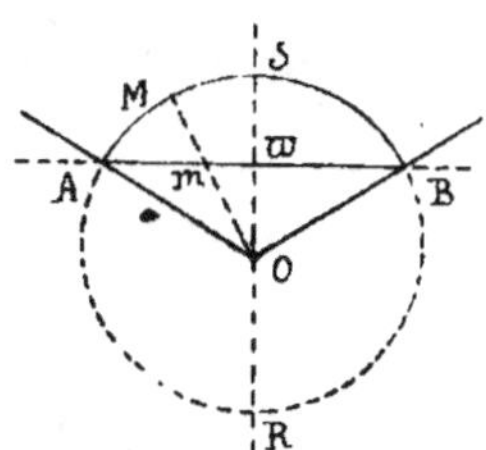

Fig. 173.

Puisque une demi-droite allant de O à un point M du premier arc, est intérieure à son angle au centre AOB, et que celui-ci est saillant, sa trace m sur la droite AB est intérieure aussi au segment AB, partant plus rapprochée que A, de ϖ milieu de celui-ci, pied en même temps de la perpendiculaire abaissée de O sur lui. Comme on a pour cette cause, $Om < OA$ (**263**) et $< OM (= OA)$, m est intérieur au segment $\overline{OM}$; d'où, la position de M dans le demi-plan opposé à $\overline{ABO}$. La demi-droite Oϖ est la bissectrice de l'angle AOB dans le triangle isocèle de même notation (**234**); d'où, l'égalité des angles au centre ϖOA, ϖOB, puis celle des arcs SA, SB interceptés par eux. Moyens tout semblables pour l'arc $(\overline{ARB})$.

☼ **465**. *Entre deux arcs saillants d'un même cercle, la relation de grandeur (égalité ou inégalité) est la même qu'entre leurs cordes.*

Un arc saillant ASB (*fig.* 173) est intercepté par un angle au centre AOB, qui est au sommet du triangle isoscèle de même notation ; et ce triangle a pour base la corde AB de l'arc, que la perpendiculaire Oϖ abaissée du centre divise en deux parties égales, ainsi que l'angle et l'arc. Dans un triangle rectangle tel que OϖA, on a donc ϖA $=$ OA.sin (AOB : 2) (**252**), c'est-à-dire

$$(4) \qquad \sin\frac{\sigma}{2} = \frac{c}{2r},$$

en nommant r, s, σ, c, le rayon du cercle, l'arc, son angle au centre et sa corde. Or la comparaison de cette formule avec ce qu'elle devient pour un autre arc saillant, donne immédiatement

$$\sin\frac{\sigma}{2} \gtreqless \sin\frac{\sigma'}{2}, \quad \text{selon que } c \gtreqless c';$$

d'où, entre les angles au centre (**251**, V), partant entre les arcs (**461**), la relation de grandeur énoncée.

✳ **466.** Problème. *Calculer la longueur s d'un arc saillant ou rentrant, connaissant celles r, c de son rayon et de sa corde.*

Si l'arc est saillant, la formule (4) et les Tables trigonométriques (**252**) donnent immédiatement son angle au centre σ, d'où sa longueur (**463**).

S'il est rentrant, son angle au centre Σ est évidemment le replément de cet angle σ.

Aires planes à contours formés de segments rectilignes et d'arcs de cercles.

467. Deux rayons d'un cercle, OA, OB (*fig.* 174), comprenant un angle inférieur au replet, et l'arc AMNPQB intercepté par cet angle au centre, forment un contour curviligne visiblement déchevêtré (**388**). L'aire plane limitée par lui (**390**, II), est un *secteur circulaire*, ayant, pour *rayon* celui du cercle, pour *angle* et *arc* ceux dont il s'agit, résultant ainsi de la combinaison du cercle avec un angle au centre quelconque (*Cf.* **286**, I).

L'aire $\mathcal{A}$ d'un secteur circulaire, dont le rayon et l'arc sont de longueurs r, a, est donnée par la formule

$$(1) \qquad \mathcal{A} = \frac{ar}{2}.$$

I. *Si la somme,*

$$s = u_1 + u_2 + \ldots + u_n,$$

de quantités variables dont le nombre n peut croître indéfiniment, tend vers une limite S, *et si les quantités en même nombre,*

$$v_1, v_2, \ldots, v_n,$$

tendent toutes vers une même limite V, *en présentant avec elle des différences, toutes et toujours, inférieures à une même quantité infiniment petite* φ, *on a*

$$\lim (u_1 v_1 + u_2 v_2 + \ldots + u_n v_n) = SV.$$

La somme entre parenthèses peut effectivement s'écrire

$$u_1 [V + (v_1 - V) \quad \ldots \quad u_n \, V \quad (v_n - V)]$$
$$= sV \quad u_1(v_1 - V) \quad \ldots \quad u_n (v_n - V)],$$

et cette expression tend bien vers SV, parce que sa première partie sV a pour limite $\lim s . V = SV$ (**375**), et que sa dernière partie, inférieure à $(u_1 + \ldots + u_n) \varphi = s\varphi$, est infiniment petite, à cause de $\lim s = S$, $\lim \varphi = 0$, d'où $\lim s\varphi = 0$ (*Ib.*).

II. Dans l'arc AB du secteur considéré, inscrivons proprement une ligne brisée variable AMNPQB, à côtés u_1, u_2, ..., u_n tous inférieurs à une même quantité infiniment petite ε (**387**, II), formant ainsi, avec les rayons fixes OA, OB, un polygone variable dont l'aire a pour limite celle du secteur (**390**); et soient

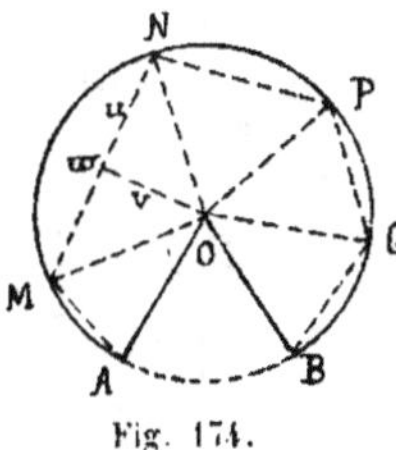

Fig. 174.

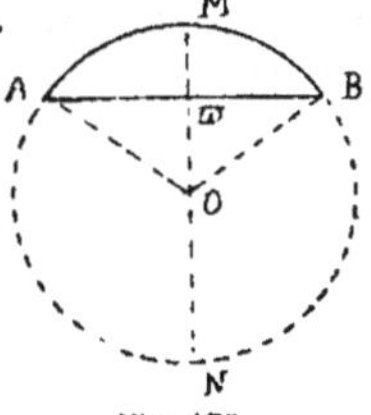

Fig. 175.

$v_1, v_2, \ldots, v_n$ les distances de ces côtés au centre du cercle. Ce polygone étant décomposé par les rayons OA, OM, ON, ..., en triangles AOM, MON, ... de bases u_1, u_2, ..., de hauteurs v_1, v_2, ..., le double de son aire a pour mesure (**288**)

$$(2) \qquad u_1 v_1 + u_2 v_2 + \ldots + u_n v_n,$$

où la somme $u_1 + u_2 + \ldots + u_n$ a pour limite la longueur a de l'arc du secteur (**387**, III).

En nommant maintenant, u, v, la longueur MN de l'une quelconque des cordes u_1, u_2, ... et sa distance Oω au centre, on a

$$(r - v)(r + v) = r^2 - v^2 = \frac{u^2}{4}, \text{ d'où } r - v = \frac{u^2}{4(r - v)} < \frac{\varepsilon^2}{4r},$$

à cause de $u < \varepsilon$, $r + v > r$ (**429**). Par suite, les distances v

ont r pour limite commune, offrant avec elle des différences toutes inférieures à la même quantité infiniment petite $\varepsilon^2 : 4r$. Le lemme I assigne donc à l'expression (2), la limite ar, double ainsi de l'aire du secteur ; d'où la formule (1).

468. Voici des corollaires évidents.

I. *L'aire d'un secteur de rayon r, dont l'angle a δ degrés ou γ grades, a pour mesure* $(\delta : 360).\pi r^2$ *ou* $(\gamma : 400).\pi r^2$. Car son arc a pour longueur $(\delta : 360).2\pi r$ ou $(\gamma : 400).2\pi r$ (**467**), (**463**).

II. *Celle du cercle tout entier est mesurée par* πr^2. Car c'est un secteur de 360 degrés ou 400 grades (I).

469. Un *segment circulaire* est une aire plane limitée par un arc de cercle (saillant ou rentrant), AMB (*fig. 175*), et sa corde AB ; la *flèche* du segment, de l'arc également, est la longueur Mω, découpée par l'arc et sa corde sur le diamètre OM perpendiculaire à celle-ci (en son milieu).

Si l'arc est saillant, comme AMB, on a visiblement

$$\text{segm. AMBA} = \text{sect. OAMBO} - \text{triangle OABO} ;$$

s'il est rentrant, comme ANB, on a, au contraire,

$$\text{segm. ANBA} = \text{sect. OANBO} + \text{triangle OABO} ;$$

et les termes des seconds membres de ces formules se calculent très facilement (**468**), (**288**), même quand on connaît seulement le rayon du cercle et la corde du segment (**466**).

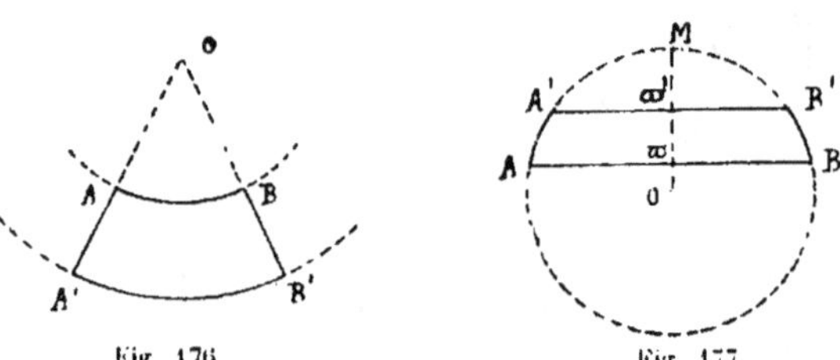

Fig. 176.   Fig. 177.

470. La mesure d'une aire plane, limitée par un contour curviligne dont tous les côtés sont des segments rectilignes ou arcs de cercles, ne présente actuellement aucune difficulté théorique.

Quand, en remplaçant les arcs par leurs cordes, on change le contour en un polygone déchevêtré dont aucun côté ne rencontre les arcs en question, il est visible que l'aire considérée s'obtient en ajoutant à celle du polygone, ou en en retranchant, celles des segments circulaires auxquels appartiennent les arcs précités (**469**).

Sinon, la subdivision des arcs en fragments suffisamment petits, ramènera toujours la question au cas précédent.

Après le secteur et le segment, on peut remarquer quelques aires de ce genre.

1° Le *secteur coronal*, ABB'A'A (*fig.* 176), que limitent les arcs AB, A'B' interceptés sur deux cercles concentriques de rayons inégaux $r < r'$ par un même angle au centre, dit *du secteur*, et les segments rectilignes AA', BB' découpés sur les côtés du même angle par les mêmes cercles.

2° *La couronne circulaire*, secteur coronal d'angle replet. La mesure de son aire est évidemment (**468**, II)

$$\pi r'^2 - \pi r^2 = \pi(r'^2 - r^2) = \pi(r' + r)(r' - r) = \frac{2\pi r' + 2\pi r}{2}(r' - r)$$

demi-produit de la somme des circonférences (**463**) *par la largeur* $(r' - r)$ *de la couronne* (*Cf.* **289**, I).

L'aire d'un secteur coronal de δ degrés ou de γ grades (1°), s'obtient évidemment en multipliant celle de la couronne par la fraction $\delta : 360$ ou $\gamma : 400$.

3° Le *segment à deux bases*, AA'B'BA (*fig.* 177), limité par les cordes AB, A'B' qu'un même cercle découpe sur les côtés d'une bande, et deux arcs AA', BB', égaux entre eux, que cette bande intercepte sur le cercle (l'existence de ces arcs est une conséquence bien facile du théorème du n° **464**).

La *hauteur* d'un tel segment est la largeur $\varpi\varpi'$ de sa bande, différence des flèches, ou *hauteurs* encore, des segments AMBA, A'MB'A', *à une seule base* chacun; son aire est évidemment la différence de celle de ces derniers (**469**).

Comparaison des angles au moyen d'arcs de cercle.

471. En renversant le point de vue auquel le théorème du n° **461** a été énoncé, pour ramener la mesure d'un arc de cercle à celle de son angle au centre (**462**), on voit que :

Pour mesures des angles rectilignes, on peut, tout aussi bien, prendre celles des longueurs des arcs interceptés par eux sur un même cercle, placé successivement de manière qu'ils en soient des angles au centre (sous la convention toujours, que la longueur de l'arc, intercepté par l'unité angulaire, soit prise pour unité linéaire).

472. La facilité et la précision avec lesquelles on peut réaliser matériellement les arcs de cercles et les diviser en parties égales (opération où le théorème du n° **465** trouve une application évidente), a fait de l'observation précédente, le principe universel des instruments employés pour mesurer les angles.

Chacun comprend essentiellement un *limbe*, secteur circulaire d'angle neutre ou moindre parfois (467), cercle entier très souvent, dont l'arc a été divisé à la manière d'une échelle rectiligne (105), en *degrés* ou en *grades*, 360^{ièmes} ou 100^{ièmes} parties de la circonférence de ce cercle, avec leurs subdivisions spéciales, jusqu'à la limite de distinction des traits. Sur ce limbe, on peut assigner physiquement un angle au centre superposable à celui qu'on veut mesurer (à son angle plan s'il s'agit d'un dièdre), puis lire avec telle ou telle approximation, la mesure en degrés ou grades, de l'arc intercepté ; cette mesure est celle de l'angle considéré. Les questions suivantes mettent en jeu le plus simple de tous ces instruments.

473. PROBLÈME (PRATIQUE). *Sur une épure :* I, *mesurer un angle (saillant) donné;* II, *construire le second côté d'un angle de mesure donnée;* III, *construire le second côté d'un angle égal à un angle donné.*

L'instrument, nommé *rapporteur*, se réduit à un simple limbe d'angle neutre, taillé généralement dans une feuille de corne, rendue transparente et flexible par une minime épaisseur. Un point bien apparent y marque le centre de son arc dont les divisions, numérotées par groupes, procèdent par demi-degrés ou demi-grades, et peuvent donner une plus grande approximation par estime.

I. On applique le rapporteur sur l'épure, de manière que son centre soit au sommet de l'angle à mesurer AOB, sa division 0 sur l'un des côtés OA, son arc dans le demi-plan $\overline{OAB}$. On lit ensuite le numéro de la division qui s'est placée sur l'autre côté OB visible par transparence.

II. Relativement au côté donné OA, et dans le demi-plan voulu, on place le rapporteur comme ci-dessus (I) ; puis, sur son arc, on cherche la division qui correspond à la mesure donnée ; son extrémité, marquée au crayon sur l'épure, est un second point du côté cherché OB.

III. La solution est évidemment fournie par la combinaison des opérations précédentes (I), (II). (Ici, le bord du limbe pourrait avoir une forme quelconque, circulaire ou non.)

✳ **474**. Les angles saillants de sommets quelconques peuvent être comparés entre eux, par l'intermédiaire de certaines combinaisons correspondantes d'arcs d'un même cercle *de comparaison*, cela toutefois, sous la condition qu'ils soient *bisécants*, c'est-à-dire qu'il y ait rencontre entre ce cercle et la droite de chacun de leurs côtés. Voici l'essentiel à dire à ce sujet.

I. Un angle est *formé par une tangente et une corde*, quand, ayant son sommet J sur le cercle de comparaison (*fig.* 178), l'un de ses côtés est une demi-tangente Ja issue de J, le second passant par un autre point B de ce cercle.

Les points du cercle, qui sont intérieurs à un tel angle, composent l'arc (JBa) *qui est situé dans le demi-plan* $\overline{JBa}$ *(464), et qui est dit intercepté par lui.* Car tout point de cet arc est intérieur à l'angle (133, I), comme situé à la fois dans ce demi-plan et dans $\overline{JaB}$ (432); tout point intérieur à l'angle appartient en particulier au demi-plan $\overline{JBa}$. Cela posé :

Cet angle aJB *a pour mesure la moitié de l'arc* (JBa) *intercepté par lui,* ceci voulant dire qu'il est égal à l'angle au centre interceptant cette moitié (460, I), (471).

1° Si l'angle en question est aigu comme sur la figure, la perpendiculaire Oϖ, abaissée du centre O sur la corde JB, coupe la demi-droite Ja en quelque point a (224, II), le pied ϖ de la perpendiculaire au diamètre Oa, menée par le point de contact J

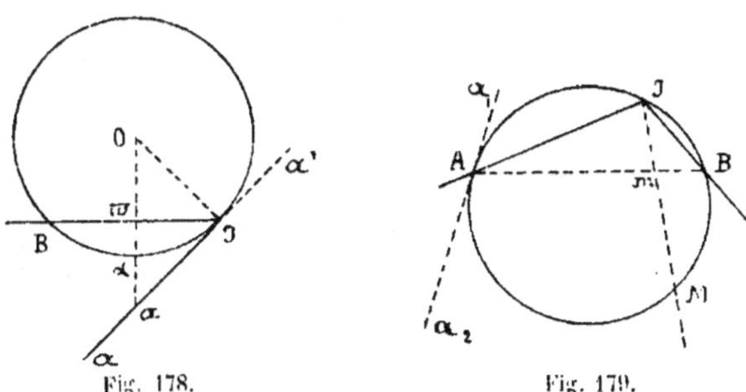

Fig. 178.
Fig. 179.

d'une tangente issue du point a, est intérieur au segment Oa (433, I), la demi-droite Oa, identique ainsi à Oϖ, passe par le point milieu a de l'arc (JBa) (464), et l'angle au centre JOa intercepte l'arc (Ja) moitié de (JBa). Or cet angle au centre et l'angle considéré sont bien égaux entre eux, comme homologues dans les triangles aJO, $a\varpi$J, rectangles en J, ϖ, et équiangles pour avoir l'angle aigu commun JaO.

2° Un angle du même genre, mais obtus comme a'JB, a pour supplément l'angle aigu analogue aJB qui lui est opposé par le côté JB ; il a pour valeur $\mathcal{H}$ — aJB, et il intercepte l'arc (JBa') situé dans le demi-plan $\overline{JBa'}$, c'est-à-dire $\mathcal{C}$ — (JBa), en représentant par $\mathcal{C}$ la circonférence du cercle de comparaison. Or, un angle au centre égal à $\mathcal{H}$ — aJB intercepte bien un arc égal à $\mathcal{C}$: 2 — (JBa) : 2 (1°), c'est-à-dire à [$\mathcal{C}$ — (JBa)] : 2 = (JBa') : 2.

3° Pour un angle droit de cette sorte, le point en question est plus visible. Car, son côté JB passant par le centre du cercle, il intercepte un hémicycle $\mathcal{C}$: 2, et s'il était placé au centre, il intercepterait un quadrant $\mathcal{C}$: 4, moitié de l'hémicycle.

II. On obtient les côtés d'un angle *inscrit*, en menant d'un point J (*fig.* 179), appartenant au cercle de comparaison, des demi-droites allant à deux autres points distincts A, B, du même cercle.

Les points du cercle, qui sont intérieurs à un tel angle, composent l'arc (AB) qui est situé dans le demi-plan $(\overline{ABJ})'$ opposé à $\overline{ABJ}$, et qui est dit intercepté par lui. Car, tout point M de cet arc et J étant dans des demi-plans opposés par l'arête AB, la corde JM est coupée par AB en quelque point *m* qui lui est intérieur, intérieur au cercle en même temps (**443**. II), au segment AB par suite ; et la demi-droite JM est intérieure à l'angle AJB, parce qu'elle contient ce point *m*. Inversement, toute demi-droite intérieure à l'angle passe par quelque point *m* intérieur aussi au segment AB, au cercle par suite ; ce même point *m* est donc intérieur encore au segment limité par J et par le second point M où la droite J*m* rencontre le cercle. D'où la situation de M dans le demi-plan opposé à ABJ, c'est-à-dire sur l'arc (AB). Cela posé :

L'angle inscrit AJB a pour mesure la moitié de l'arc (AB) intercepté par lui (I).

Car, si de A par exemple, on mène au cercle ses deux demi-tangentes, l'une Aa_1 dans le demi-plan $\overline{ABJ}$, l'autre Aa_2 dans son opposé, l'angle en question est égal à $\mathcal{R} - a_1AB = a_2AB$ (**452**), et ce dernier angle a précisément la moitié de l'arc (AB) pour mesure (I).

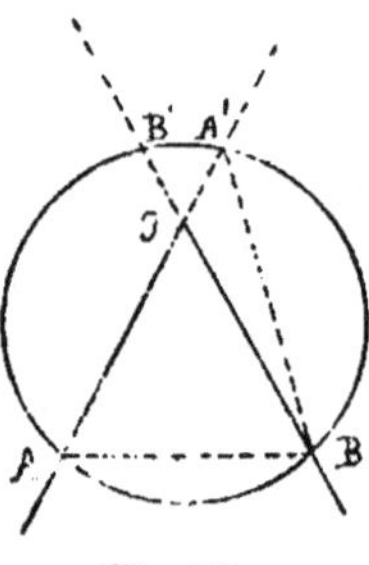

Fig. 180.

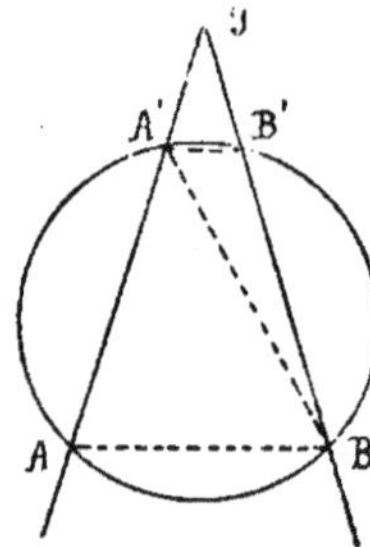

Fig. 181.

III. On obtient un angle *interne* AJB (*fig.* 180), comme un angle inscrit, à cela près, que son sommet J est intérieur au cercle de comparaison, au lieu de lui appartenir.

Les points du cercle qui sont intérieurs à l'angle, composent l'arc (AB) qui est dans le demi-plan opposé à $\overline{ABJ}$, et dit intercepté par l'angle. Comme pour un angle inscrit (II).

L'opposé au sommet d'un tel angle est du même genre, parce que J étant intérieur au cercle, les secondes traces A', B' sur celui-ci, des droites AJ, BJ sont sur les prolongements des demi-droites JA, JB, côtés du premier angle. Tout cela posé :

L'angle interne AJB a pour mesure la demi-somme des arcs (AB), (A'B'), interceptés par lui et par son opposé au sommet.

Car, étant l'angle extérieur, en J, du triangle A'JB par exemple, il est égal à la somme de ses angles intérieurs en A' et B (**223**, I). Or ceux-ci sont les angles inscrits AA'B, A'BB', interceptant les arcs (AB), (A'B'), précisément. Car, J étant intérieur au segment AA', les directions AA', AJ sont identiques, d'où la situation de A' dans le demi-plan $\overline{\text{ABJ}}$, puis l'identité des arcs interceptés par AA'B et AJB ; et de même pour A'BB' et A'JB'. Comme les mesures des angles AA'B, A'BB' sont les moitiés des arcs (AB), (A'B') (II), celle de leur somme AJB est bien [(AB) + (A'B')] : 2.

IV. On obtient un angle *externe*, comme un angle inscrit ou interne (II), (III), mais en prenant son sommet J, à l'extérieur du cercle de comparaison. Pour cette dernière cause (**443**, I), la droite de chaque côté de l'angle trace sur le cercle un second point, pouvant se confondre avec le premier, qui est sur ce côté *lui-même*, non sur son prolongement ; et nous représenterons ces quatre traces, par A, A' (*fig.* 181) pour un côté, par B, B' pour l'autre, les lettres ayant été placées de manière à donner

$$\text{JA} \leqq \text{JA}', \quad \text{JB} \geqq \text{JB}'.$$

Les arcs (AB) dans le demi-plan opposé à $\overline{\text{ABJ}}$*, et (A'B') dans* $\overline{\text{A'B'J}}$*, sont interceptés par* AJB, c'est-à-dire constituent les parties du cercle qui sont intérieures à cet angle (*Cf.* I, II, III). La démonstration se fait, à fort peu près, comme pour les faits analogues concernant un angle inscrit ou interne (*loc. cit.*). Cela posé :

L'angle externe AJB a pour mesure le demi-excès de l'arc (AB) sur l'arc (A'B').

En raisonnant comme ci-dessus (III), on prouvera sans difficulté : que, dans le triangle A'JB, l'angle A'JB est intérieur, les angles AA'B, A'BJ sont extérieur, intérieur, d'où la relation A'JB = AA'B — A'BJ (**223**, I) ; puis, qu'il y a identité entre ces trois angles respectivement, et AJB, les angles inscrits AA'B, A'BB', d'où,

$$\text{AJB} = \text{AA'B} - \text{A'BB'} ;$$

puis enfin, que (AB), (A'B') sont précisément les arcs interceptés par ces angles inscrits. La mesure de AJB est donc l'excès de la mesure de AA'B sur celle de A'BB', c'est-à-dire (II),

$$(\text{AB}) : 2 - (\text{A'B'}) : 2 = [(\text{AB}) - (\text{A'B'})] : 2.$$

CHAPITRE XIX

SYSTÈME DE DEUX CERCLES (DANS UN MÊME PLAN). — CONSTRUCTIONS DIVERSES OÙ LE CERCLE INTERVIENT.

Points communs, tangentes communes à deux cercles.

475. *La figure formée par deux cercles, a pour axes de symétrie* (**370**) : I, *la droite de leurs centres, quand ces points sont distincts, toute droite issue du centre commun des cercles, quand ils sont concentriques ; II, en outre, l'axe de la paire O, o, de leurs centres* (**439**, II**), *si ces points sont distincts et les rayons égaux.*

I. Si, dans une symétrie axiale, chaque cercle doit être une ligne double, c'est-à-dire se confondre avec son homologue (**358**), son centre doit être un point double, se trouver ainsi sur l'axe ; car autrement, il différerait de son homologue, et le cercle aurait deux centres, ce qui est manifestement impossible. D'où, l'existence des axes en question, puisque tout diamètre d'un cercle est tel pour lui (**428**).

Cette observation domine la théorie des systèmes de deux cercles.

II. Si chaque cercle doit être l'homologue de l'autre, leurs centres, leurs rayons, sont forcément homologues, ces derniers égaux par suite ; l'axe ne peut être que celui de la paire O, o, de ces points. Quand il y a égalité entre les rayons, il est visible que cette dernière droite est bien l'axe d'une telle symétrie pour les cercles.

476. *Soient* $R \geqq r$ *les rayons de deux cercles, O, o leurs centres, et* ω *la distance de ces points.*

I. *Quand les cercles sont concentriques, ils n'ont aucun point commun, ou bien ils se confondent, selon que R est* $>$, *ou* $= r$. *C'est évident.*

II. *Quand* ω $\neq 0$, *leurs points communs s'obtiennent en prenant les intersections de l'un d'eux, à volonté, par une certaine droite perpendiculaire à celle des centres Oo, leur seul diamètre commun ; par suite* (**429**), *il ne peut en exister plus de deux, pouvant d'ailleurs être distincts, confondus ou disparaître.*

Un quelconque M de ces points, s'il en existe, donne $OM = R$, $oM = r$, d'où

(1)
$$\overline{OM}^2 - \overline{oM}^2 = R^2 - r^2.$$

Il appartient donc au lieu des points m dont les carrés des distances à O, o offrent la différence constante $R^2 - r^2$, c'est-à-dire à une perpendiculaire à la ligne des centres, que nous savons construire (**276**).

Inversement, si M désigne une intersection de cette perpendiculaire et du second cercle par exemple, l'égalité (1), combinée avec $oM = r$, donne $OM = R$, montrant que M est aussi sur l'autre cercle.

Cette droite auxiliaire se nomme *l'axe radical* des deux cercles, et jouit de propriétés à remarquer dès à présent.

1° *Elle est aussi le lieu des points m dont chacun a, par rapport aux deux cercles, des puissances de mêmes noms et valeurs* (**443**), *est, par suite, intérieur ou extérieur à ces deux courbes, simultanément*. C'est ce que montre l'égalité $\overline{Om}^2 - \overline{om}^2 = R^2 - r^2$, écrite

$$\overline{Om}^2 - R^2 = \overline{om}^2 - r^2, \text{ ou } R^2 - \overline{Om}^2 = r^2 - \overline{om}^2,$$

selon que Om est $>$ ou $< R$.

2° *L'ensemble de ses régions extérieures aux deux cercles, est celui des points, de chacun desquels les tangentes menées à ces courbes ont des longueurs égales* (**433**, IV). Car les puissances de tout point extérieur sont précisément les carrés de ces longueurs (**443**, I), (1°).

477. Dans l'hypothèse $\omega \neq o$ (**476**, II), la seule restant à examiner, cinq cas différents peuvent se présenter, dont voici l'énumération, avec indication de ce qui se passe pour chacun d'eux.

I $R + r < \omega (> R - r)$. *Les cercles ne se rencontrent pas, et tous les points de chacun sont extérieurs à l'autre.*

II. $R + r = \omega (> R - r)$. *Ils ont en commun une fusion seulement de deux points (Cf.* **429**, II), *en laquelle ils sont tangents à l'axe radical, mutuellement par suite* (**385**), *et, sauf laquelle, tous les points de chacun sont extérieurs à l'autre.*

III. $R + r > \omega > R - r$. *Ils se coupent sous des angles égaux (Ib.), en deux points distincts, symétriques par rapport à la ligne des centres, et divisant chacun d'eux en deux arcs respectivement extérieurs et intérieurs à l'autre cercle.*

IV. $(R + r >) \omega = R - r$. *Ils ont en commun une fusion de deux points, en laquelle ils sont tangents à l'axe radical, mutuellement par suite, et, sauf laquelle, les points du cercle de plus grand rayon sont extérieurs à l'autre, ceux de ce dernier intérieurs au premier (Cf. II).*

V. $(R + r >) \omega < R - r$. *Ils ne se rencontrent pas, et tous les points du cercle de plus grand rayon sont extérieurs à l'autre, tous ceux de celui-ci intérieurs au premier.*

(On abrège ces divers énoncés, en disant simplement, que *les cercles sont mutuellement : extérieurs* (I), *en contact extérieur* (II), *en intersection* (III), *en contact intérieur* (IV), *intérieurs* (V).)

Pour faire la discussion, nous nommerons $\Re$ l'axe radical, ι son pied sur la droite des centres Oo, puis D', D'' et d', d'' les traces des cercles sur celle-ci, tellement notées que OD', od' aient la direction Oo, et OD'', od'', la direction opposée oO.

Elle repose sur le calcul du segment $O\iota$, à porter dans le sens Oo pour avoir le pied ι de l'axe radical, et qui (**476**) sera donné par la formule (2) du n° **275**, moyennant la substitution, à $\mathfrak{O}$, P, Q, μ, PQ, Pμ, de $R^2 - r^2$, O, o, ι, ω, $O\iota$. Il vient ainsi

$$O\iota = \frac{R^2 - r^2 + \omega^2}{2\omega},$$

ce qu'il convient d'écrire

(2) $$O\iota = R + \frac{[\omega - (R + r)] [\omega - (R - r)]}{2\omega},$$

(3) $$O\iota = R - \frac{[(R + r) - \omega] [\omega - (R - r)]}{2\omega},$$

(4) $$O\iota = R + \frac{[(R + r) - \omega] [(R - r) - \omega]}{2\omega},$$

selon les relations de grandeur de ω avec les deux quantités $(R + r)$, $(R - r)$.

Les moyens à employer dans l'examen de ces divers cas, seront amplement indiqués par celui du troisième seulement, qui est le plus intéressant de tous. La forme (3) donnant alors $O\iota < R$, l'axe radical coupe le premier cercle, le second par suite, en deux points distincts étrangers à la droite des centres, M_1, M_2 (*fig.* 182), et symétriques par rapport à elle (**429**, I), en chacun desquels, pour la première cause, les tangentes aux cercles ne peuvent se confondre ; ceux-ci s'y rencontrent donc sans contact. Et, parce qu'ils composent une figure douée, comme leurs intersections M_1, M_2, de symétrie absolue par rapport à la droite des centres (**475**, I), leur angles en ces points (**385**) sont égaux (**408**), (**362**).

Le point d' est sur le prolongement du segment $D'D''$ au delà de D' ; car il donne $Od' = Oo + od' = \omega + r$, et la seconde des inégalités définissant le cas III, conduit à $\omega + r > R$, c'est-à-dire $> OD'$. Mais le point d'' est intérieur au même segment.

Car, si $\omega \geqq r$, la première des mêmes inégalités conduit à $\omega - r < R$, c'est-à-dire à $Od'' \quad OD'$; et, si $\omega < r$, $r - \omega$ est $< R$ (à cause de $r \leqq R$), d'où $Od'' < OD''$. En conséquence, les diamètres $D'D''$, $d'd''$ empiètent l'un sur l'autre, par le segment commun $D'd''$ contenant le pied ι de l'axe radical, puisque celui-ci rencontre l'un et l'autre cercle.

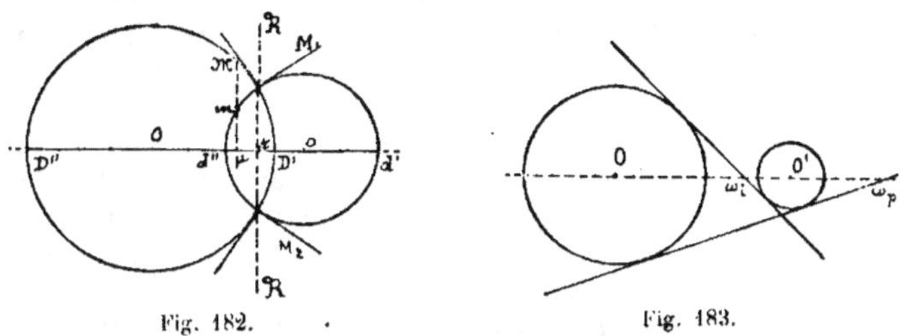

Fig. 182.   Fig. 183.

Cela posé, soient $\mathfrak{M}$ quelque point du premier cercle, μ sa projection orthogonale sur la droite des centres, appartenant forcément au segment $D'D''$, et m une des traces (quand il en existe) de la droite μM sur le second cercle. Quand $\mathfrak{M}$ appartient à l'arc $(M_1 D''M_2)$, il est extérieur au second cercle ; car μ appartient à la projection $\iota D''$ de cet arc : soit sur $D''d''$, où, à cause de $o\mu > r$, tous les points de la projetante $\mathfrak{M}\mu$ sont extérieurs au second cercle ; soit sur $d''\iota$, où l'on a $O\mu < O\iota$, $o\mu > o\iota$, d'où $\mu\mathfrak{M} > \mu M_1 > \mu m$ (**431**, I), puis $\overline{o\mathfrak{M}}^2 = \overline{o\mu}^2 + \overline{\mu\mathfrak{M}}^2 > \overline{o\mu}^2 + \overline{\mu m}^2$, c'est-à-dire $o\mathfrak{M} > r$. Raisonnements tout semblables, pour prouver, que l'arc $(M_1 D'M_2)$ est intérieur au second cercle, que les arcs $(M_1 d'M_2)$, $(M_1 d''M_2)$ de celui-ci sont extérieur, intérieur, au premier.

478. *On obtient les tangentes communes à deux cercles* $\mathcal{C}$, $\mathcal{C}'$, *en prenant, dans chacune de leurs deux homothéties* (**463**, I), *celles des droites doubles* (**346**), *qui sont tangentes à l'un d'eux.*

Comme les centres O, O′ sont toujours homologues, les points de contact M, M′ d'une tangente commune $\mathfrak{E}$, le sont aussi, parce que les vecteurs OM, OM′, tous deux perpendiculaires à $\mathfrak{E}$, sont parallèles, et cela dans l'homothétie propre ou impropre, selon que ce parallélisme est propre ou impropre ; $\mathfrak{E}$ est donc une droite double, puisqu'elle contient les deux points homologues M, M′.

Réciproquement, si, dans une homothétie, $\mathfrak{E}$ est une droite double, tangente au cercle $\mathcal{C}$ par exemple, son homologue, c'est-à-dire elle-même, est tangente aussi à la courbe homologue de $\mathcal{C}$ (**405**), c'est-à-dire à $\mathcal{C}'$. S'il s'agit de l'homothétie propre, les vecteurs homologues MO, M′O′ sont proprement parallèles, les demi-plans $\mathfrak{b}$O, $\mathfrak{b}$O′ se confondent (**87**), les cercles $\mathfrak{S}$, $\mathfrak{S}$′ sont d'un même côté de la tangente $\mathfrak{b}$, dite alors *extérieure*. Dans l'homothétie impropre, les cercles sont de part et d'autre de la tangente commune, qui est *extérieure*. Voici les cas possibles.

I. *Cercles concentriques, rayons inégaux.* Les centres des deux homothéties se confondent avec le centre commun O des cercles, par lequel, en conséquence, passent toutes les droites doubles. De O, intérieur à chaque cercle (**431**, III, 1º), on ne peut lui mener aucune tangente (**433**) ; *il n'y a point de tangente commune.*

II. *Cercles concentriques, rayons égaux (non nuls).* Dans l'homothétie propre, il y a au moins deux points doubles distincts, savoir le centre commun et un point quelconque des cercles alors confondus. Tous les points, toutes les droites sont donc doubles (**346**, IV, 1º); *on trouve communes, toutes les tangentes à l'un ou l'autre cercle, et ce sont les seules,* car, comme à l'instant (I), l'homothétie impropre n'en donne aucune. Tout ceci était évident.

III. *Cercles non concentriques.*

1º Dans l'homothétie propre, si les rayons r, r' sont inégaux, le rapport de similitude $r : r'$ est $\neq 1$, les droites doubles sont celles issues du centre d'homothétie ω_p qui divise dans ce rapport, extérieurement, le segment OO′ des centres, limité par des points homologues. D'où, une première paire de tangentes communes, qui sont extérieures (*sup.*), et s'obtiennent en prenant les tangentes menées par ω_p à l'un ou l'autre cercle (**433**). Ces tangentes existent distinctes, se confondent ou disparaissent, selon que ω_p est extérieur, afférent ou intérieur à un des cercles, à l'autre en même temps, par suite. Dans la seconde éventualité, les cercles sont tangents intérieurement en ω_p (**477**, IV), parce que ce point est sur la droite OO′, y donnant aux vecteurs $O\omega_p$, $O'\omega_p$ des directions identiques, d'où, si $r > r'$, $O\omega_p - O'\omega_p = r - r' = $ OO′.

Si $r = r'$, d'où $r : r' = 1$, les droites doubles sont parallèles les unes aux autres, à OO′ en particulier. On a toujours une paire de tangentes communes extérieures, en menant à l'un des cercles, des tangentes parallèles à la droite des centres (**434**); ici, cette paire ne peut disparaître, ni se composer de droites confondues.

2º La considération de l'homothétie impropre donne une seconde paire de tangentes communes, maintenant intérieures et issues du centre impropre ω_i qui existe toujours. Ces tangentes peuvent aussi disparaître ou se confondre, ceci se produisant quand les cercles sont tangents extérieurement (**477**, II).

La *figure* 183 montre deux cercles de rayons inégaux, dont les tangentes communes existent distinctes, dans chaque paire où une seule a été tracée.

Comme les points communs (**477**), les tangentes communes
sont, dans chaque paire, symétriques par rapport à la droite des
centres, axe de symétrie absolue pour l'ensemble des deux
cercles (**475**).

Constructions simples comportant le tracé de quelque cercle.

479. Problème. *Construire un triangle (déchevêtré), dont on
connaît un angle A (saillant) et deux côtés, l'un adjacent, l'autre
opposé à cet angle, b($\neq 0$), a ($\neq 0$), c'est-à-dire dont trois éléments
ainsi placés aient ces valeurs (Cf. **539**, inf.).*

Nous tracerons un angle $\mathscr{B}A\mathscr{C}$ (*fig.* 184 *ou* 185) d'amplitude A
(**229**),(**473**), (**483**, III, *inf.*), sur le côté $A\mathscr{C}$ duquel, et à partir du
sommet, nous porterons un segment AC de longueur b; du point C
comme centre, avec un rayon $= a$, nous décrirons un cercle
(**437**); puis, en cas qu'elles existent, nous prendrons ses traces
B_1, B_2 sur la *droite* $A\mathscr{B}$ (**429**), que nous noterons de manière à
rendre la direction B_2B_1 identique à celle de la demi-droite $A\mathscr{B}$.

Il est clair qu'on obtiendra les sommets d'un triangle répondant à la question, et pas autrement, en associant à A, C, chacun
de ces points B_1,B_2. pourvu qu'il soit sur la demi-droite $A\mathscr{B}$
elle-même, ailleurs qu'en A. Les cas suivants peuvent se présenter.

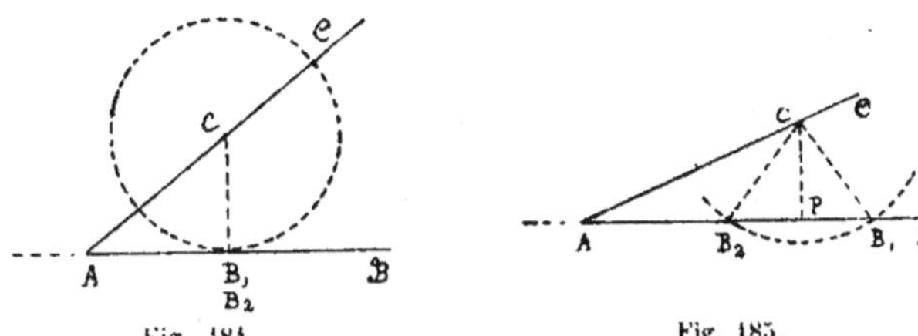

Fig. 184.   Fig. 185.

I. *La longueur a est* $<$ CP, *distance de C à la droite* $A\mathscr{B}$. Les
traces B_1, B_2 n'existent pas (**429**, III), et le problème est impossible.

II. *On a* $a = $ CP, cas auquel les points B_1, B_2 se confondent
avec P (*Ib.* II).

1° *Quand* A *est aigu* (*fig.* 184), le point unique B_1B_2P est sur la
demi-droite $A\mathscr{B}$ elle-même (**224**, II), et le triangle APC, rectangle
en P, est la solution unique du problème.

2° *Quand* A *est droit*, le point B_1B_2P se confond avec A, et il
n'y a point de solution, puisque le triangle APC est alors enchevêtré.

3º *Quand* A *est obtus*, il n'y a point de solution non plus, parce que P est sur le prolongement de la demi-droite A$\mathfrak{B}$, et qu'ainsi, l'angle en A du triangle APC est supplémentaire, non égal, à l'angle donné $\mathfrak{B}$A$\mathfrak{C}$.

III. *On a* $a >$ CP, cas auquel les traces B_1, B_2 existent distinctes, limitant un segment B_1B_2 non nul, dont P est le point milieu (**429**, I).

1º *Quand* A *est aigu*, le point B_1 (*fig* 185) donne toujours une solution, parce que le vecteur AP est $\neq 0$, avec une direction identique à A$\mathfrak{B}$, à B_2B_1 par suite, à PB$_1$ par suite encore, et qu'ainsi B_1, comme P, tombe sur la demi-droite A$\mathfrak{B}$ elle-même.

La direction du vecteur PB$_2$ étant opposée à celle de PB$_1$, identique par suite à celle de PA, son extrémité B_2 tombera entre A et P, c'est-à-dire sur la demi-droite A$\mathfrak{B}$ encore, en A, ou sur le prolongement de A$\mathfrak{B}$, selon qu'on aura PB$_2 <$, ou $=$, ou $>$ PA, c'est-à-dire (**263**), selon que a ($=$ CB$_2$) sera inférieur, égal ou supérieur à b ($=$ CA). Dans le premier cas, réalisé par notre figure, le triangle AB$_2$C donne une deuxième solution; dans le second, il est enchevêtré; dans le troisième, il ne répond pas à la question, parce que l'angle B$_2$AC est supplémentaire, non égal à l'angle donné $\mathfrak{B}$A$\mathfrak{C}$ (*Cf*. II, 3º).

2º *Quand* A *est droit*, le pied P, milieu de B_1, B_2, se confond avec A, le triangle AB$_1$C répond visiblement à la question; il en arrive de même pour AB$_2$C, parce que ces deux triangles se trouvent être égaux.

3º *Quand* A *est obtus*, l'emploi des mêmes moyens montrera que le triangle AB$_2$C est toujours à rejeter, comme ayant son sommet B$_2$ sur le prolongement de A$\mathfrak{B}$; que AB$_1$C est dans le même cas, enchevêtré, ou acceptable, selon que b est $<, =$, ou $> a$.

IV. On remarquera que les considérations précédentes renferment la solution graphique du problème résolu par le calcul au nº **244**, III : *Construire un triangle rectangle, connaissant son hypoténuse a et un côté b de son angle droit* (I), (II, 2º), (III, 2º).

✳ **480**. Problème. *Construire un angle aigu, ayant un nombre donné* $k \neq 0$ *pour sinus ou pour cosinus* (*Cf*. **254**).

On construit deux segments a, b dont le rapport $b : a$ soit $= k$ (*Cf*. **128**, III), puis le triangle rectangle ayant son hypoténuse et un côté de son angle droit égaux à a, b (**479**, IV), et on prend son angle B opposé à b dans le premier cas, son angle C adjacent à b dans le second.

Quand k est > 1, le problème est impossible (**251**, II), ceci résultant encore, par la méthode graphique, de ce que a est $< b$ (**479**, I).

Quand k est $= 1$, l'angle cherché est droit dans le premier cas, nul dans le second, ce que la méthode graphique montrerait encore à cause de $a = b$ (*Ib.*, II, 2°).

Quand k est < 1, a est $> b$, et le problème est possible, avec une solution unique (*Ib.*, III, 2°).

Si k était $= 0$, l'angle du sinus nul le serait aussi, celui du cosinus nul serait droit (**253**).

481. Problème. *Construire deux segments rectilignes, dont la somme ou différence soit égale à un segment donné p, et dont le produit des longueurs soit égal à celui des longueurs, $q \neq 0$, $r \neq 0$, de deux autres segments donnés aussi.*

I. Sur quelque droite, à partir d'un même point I (*fig.* 186), je porte en IQ, IR, des segments égaux à q ($\geq r$), r, et cela dans des directions opposées (c'est le cas réalisé dans la figure), ou identiques, selon que p doit être la somme des segments cherchés, ou leur différence. En Q, l'un des points Q, R pris à volonté, j'élève à la droite QI une perpendiculaire Q𝒫, sur laquelle, à partir de Q et dans un sens arbitraire, je porte $QP = p$. Je prends l'intersection O des perpendiculaires élevées sur les droites Q𝒫, QI, en ϖ, χ milieux des segments QP, QR, et je trace le cercle ayant O pour centre, passant par I. Cela posé, *si ce cercle rencontre la droite Q𝒫, et si X désigne celle des deux intersections, symétriques par rapport à ϖ, qui donne XQ non $< $XP, ces deux segments sont ceux que l'on cherchait ; sinon, le problème est impossible.*

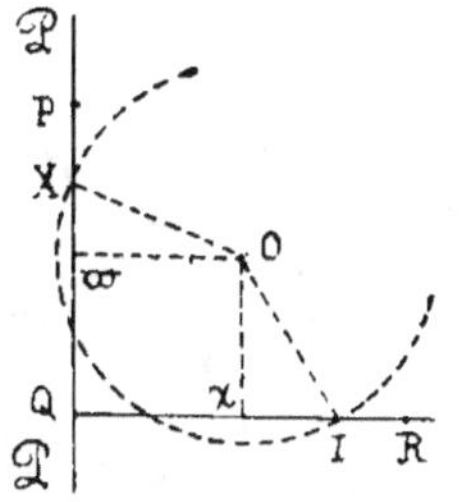

Fig. 186.

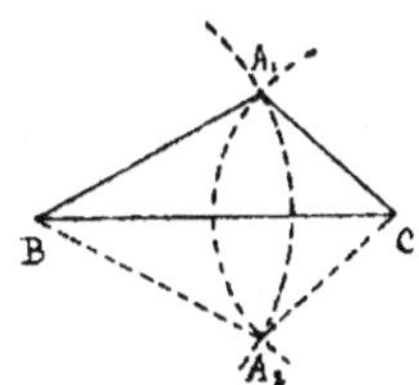

Fig. 187.

Car les points X, I étant équidistants de O, centre aussi d'un second cercle (PQR) passant par P, Q, R (**439**, III), (**441**, I), ils lui sont tous deux à la fois, et, par suite, à ses cordes, QP passant par le premier, QR (**443**), soit intérieurs, soit extérieurs ; d'où $XQ \sim XP = QP = p$, selon que les directions IQ, IR sont opposées ou identiques, c'est-à-dire que l'on aura voulu rendre $= p$, la somme ou la différence des segments inconnus. Pour la même raison, leurs puissances par rapport au cercle (PQR) sont égales (**451**); d'où $XQ.XP = IQ.IR = qr$.

La possibilité du problème entraîne enfin l'existence sur $Q\Phi$ d'un point X donnant les deux égalités précédentes, et, par suite, le passage par I, du cercle de centre O, issu de X, cela pour les motifs invoqués à l'instant.

II. Pour que le problème soit possible, il faut donc et il suffit, que OI, rayon du cercle résolvant, soit $\geqq O\varpi$, distance de son centre à la droite $Q\Phi$ qu'il doit rencontrer. Deux cas sont ici à examiner.

1° *C'est la somme des segments inconnus qui doit être* $=p$. Le point I est alors intérieur au segment QR, et l'on a $\chi Q = (q+r):2$, $\chi I = q-(q+r):2 = (q-r):2$; à cause de la perpendicularité de $Q\Phi$, χO à QI, ϖO, on a, en outre, $\varpi O = Q\chi = (q+r):2$, $\chi O = Q\varpi = p:2$. D'où

$$\overline{OI}^2 = \overline{\chi I}^2 + \overline{\chi O}^2 = \frac{(q-r)^2}{4} + \frac{p^2}{4},$$

et la condition de possibilité $\overline{OI}^2 \geqq \overline{\varpi O}^2$ équivaut à $(q-r)^2 + p^2 \geqq (q+r)^2$ se simplifiant en $p^2 \geqq 4qr$. Si c'est l'égalité qui a lieu, le cercle résolvant touche en ϖ la droite $Q\Phi$: les solutions XQ, XP sont égales entre elles, et toutes deux à $p:2$.

2° *C'est la différence des segments inconnus qui doit être* $=p$. Le point I est extérieur à la corde QR du cercle (PQR), à ce cercle lui-même en conséquence ; d'où, $OI > OQ > O\varpi$, et le cercle résolvant, dont le rayon est OI, ne peut manquer de couper la droite $Q\Phi$ en deux points distincts extérieurs au segment QP ; le problème est toujours possible.

III. Dans ce dernier cas, et quand on a $p=0$, le point P se confond avec Q. Il en résulte XQ = XP, d'où $\overline{XQ}^2 = qr$, ou bien $q:XQ = XQ:r$, ce qui fait, du segment trouvé XQ, la moyenne proportionnelle entre les segments donnés q, r (**245**, I).

Alors, le cercle résolvant a son centre O en χ, et on apercevra sans peine, que le point J, autre que I, où il coupe encore son diamètre QI, est l'extrémité d'un vecteur QJ de longueur $=r$ et de direction opposée à celle de QI $=q$. Notre construction de la moyenne XQ revient ainsi au tracé classique : *Sur une droite, à partir d'un même point Q, porter en QI, QJ, dans des directions opposées, les longueurs q,r, puis prendre la moitié QX, de la corde découpée par le cercle de diamètre IJ, sur la perpendiculaire $Q\Phi$ élevée en Q à ce diamètre (Cf.* **450***).*

482. PROBLÈME. *Construire un triangle, connaissant les longueurs de ses trois côtés a, b, c (Cf.* **540***, inf.).*

Pour les sommets de ce triangle, opposés aux côtés de longueurs b, c, on peut prendre les extrémités B, C d'un segment quelconque de longueur a ; et alors, il y aura identité évidente, entre le troisième sommet inconnu A, et tout point commun aux cercles (b), (c), décrits des centres C, B, avec b, c pour rayons.

Quand on a $a > b + c$, ou $< b - c$ (en supposant $b \geq c$, pour fixer les idées), ces cercles n'ont aucun point commun (**477**, I, V), et le problème est impossible.

Quand $a = b + c$, ou $= b - c$, les cercles ne se rencontrent qu'en deux points confondus sur un seul A de la droite BC (*Ib.*, II, IV), et le triangle ABC répond à la question, mais il est enchevêtré.

Quand enfin, a est à la fois $< b + c$ et $> b - c$, les cercles (*fig.* 187) ont deux intersections distinctes A_1, A_2, étrangères à la droite BC et symétriques par rapport à elle (*Ib.*, III) ; les triangles A_1BC, A_2BC sont déchevêtrés, de plus égaux (**248**), et la solution est fournie par l'un ou l'autre, pris à volonté.

483. Dans les problèmes précédents, l'emploi du cercle concurremment avec la droite, est *de toute nécessité*. Il peut être évité dans les suivants, puisque nous les avons déjà résolus autrement ; mais par lui, on obtient des tracés *pratiquement* plus simples et plus précis, que par les moyens naturels.

I. *Trouver le point milieu μ d'un segment donné* AB (*fig.* 188) (*Cf.* **128**, III).

De A, B pris successivement pour centres, on décrit deux cercles avec un même rayon quelconque, mais assez grand pour qu'ils se coupent en deux points distincts M_1, M_2 (**477**, III). Ces points communs étant forcément sur l'axe de symétrie perpendiculaire à la droite de leurs centres que ces cercles possèdent alors (**475**, II), ils le déterminent, et cette droite M_1M_2 trace sur le segment AB son milieu μ demandé.

On remarquera que cette droite M_1M_2, si facile à construire, est l'axe de la paire de points A, B (**439**, II).

II. *Sur une droite donnée ω* (*fig.* 188), *élever quelque perpendiculaire* (*Cf.* **190**). Il suffit évidemment de marquer sur elle deux points quelconques, A, B, et de prendre la droite M_1M_2 donnée par la construction précédente (I).

Si l'on voulait que cette perpendiculaire passât par un point donné I, il suffirait visiblement de prendre pour A, B, les traces sur ω, d'un cercle décrit de I comme centre, avec un rayon quelconque suffisamment grand (*Cf.* **276**).

Ces deux tracés rendent de très grands services dans tous les arts, et aussi dans la confection de graphiques analogues à ceux de la Géométrie descriptive, où il y a souvent à tirer un grand nombre de perpendiculaires à une même droite. Effectivement, ils fournissent avec beaucoup de précision, une première perpendiculaire, à laquelle il suffit ensuite de mener des parallèles. Ils sont utiles encore pour la construction et la vérification des équerres (rectangulaires).

III. *A partir d'une demi-droite donnée* $O\mathcal{A}$, *et dans un demi-plan d'arête* $O\mathcal{A}$ *donné, porter un angle égal à un angle saillant donné* aob ($\neq 0$) (*Cf.* **229**).

A partir de o, sur les côtés oa, ob de l'angle donné, je porte en oa, ob deux segments non nuls de longueurs quelconques, et je prends des segments β, α, ω égaux respectivement (ou simplement proportionnels) à oa, ob, bc. Je construis ensuite (**482**) les deux triangles de côtés β, α, ω, le premier côté ayant été porté sur $O\mathcal{A}$ en OA. Si OAB est celui de ces triangles, dont le troisième sommet B est dans le demi-plan donné, l'angle AOB est celui que l'on demandait. Car il est aussi dans ce demi-plan, et les proportions $OA : oa = OB : ob = BC : bc$ assurent l'égalité de l'angle AOB à aob (**247**).

Ce tracé est la base du levé des plans, dit *au mètre*.

IV. *A un cercle donné, de centre* O, *construire les tangentes issues d'un point donné* E (*Cf.* **433**).

D'un point de contact M, le segment OE étant vu sous un angle droit, de tels points s'obtiendront en coupant le cercle proposé par celui qui a OE pour diamètre (**453**). La discussion de cet artifice procède des principes du n° **477**, et ramène immédiatement aux conclusions connues.

Polygones réguliers élémentaires.

484. Une ligne brisée est indéfinie, quand ses côtés, ses sommets par suite, sont en nombre illimité; (plane), elle est *régulière*, si elle remplit les conditions suivantes : ses côtés..., JK, KL, LM, MN, NO, OP (*fig.* 189), sont tous égaux entre eux d'une part, ainsi que ses angles ..., J, K, L, M, N, O, P,... d'autre part, avec des valeurs communes a, α, la première non nulle, la seconde saillante, qui sont dites le *côté* et l'*angle* de la ligne ; de trois côtés consécutifs quelconques, LM, MN, NO, les extrêmes ML, NO ne tombent jamais de part et d'autre du moyen MN.

De cette définition, dérive immédiatement la construction d'une telle ligne dont sont donnés : I, soit, avec la longueur du côté, un angle en grandeur et en position; II, soit avec la grandeur de l'angle, un côté en longueur et en position, mais alors avec le demi-plan allant de sa droite aux côtés contigus. *Dans chaque cas, la solution est unique.*

Si l'angle donné était nul, la ligne dégénérerait évidemment en un même segment pris indéfiniment dans ses deux sens alternativement, en un *bilatère*, dirons-nous. S'il était neutre, ce serait en une suite illimitée dans les deux sens, de segments égaux juxtaposés extérieurement sur une même droite. *Ces deux particularités sont toujours exceptées, sauf mention du contraire.*

485. La non-ambiguïté du résultat de chacune des constructions ci-dessus (**484**), a des conséquences aussi importantes que facilement visibles.

I. *Si deux lignes brisées régulières ont respectivement égaux leurs côtés et angles, leur superposition complète est réalisée par celle seulement, soit d'un angle quelconque de l'une, avec un angle quelconque de l'autre, soit de tout côté de l'une avec tout côté de l'autre, mais alors, des demi-plans en outre, qui vont de ces côtés à leurs contigus (Cf. **220**).*

En particulier, *elles sont égales d'une infinité de manières toutes évidentes.*

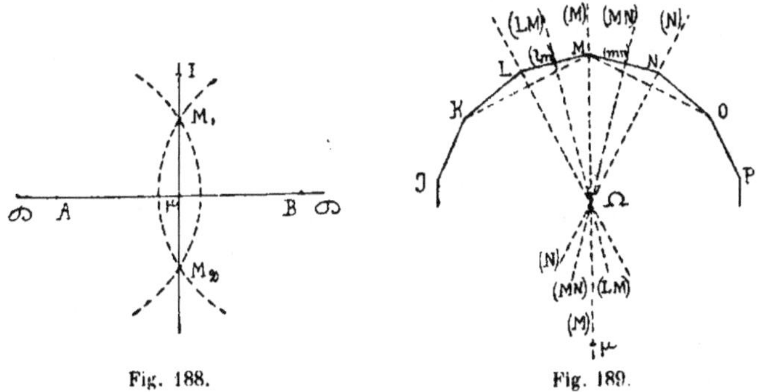

Fig. 188.   Fig. 189.

II. *Une ligne brisée régulière ... JKLMNOP ... (fig. 189), admet des axes de symétrie (**370**) de deux classes comprenant : la première, les bissectrices (intérieures, axes aussi) de tous les angles, la deuxième, les axes de tous ses côtés (V. **439**, II).*

1º Soient M le sommet d'un angle indiqué à volonté, et (M) la bissectrice de cet angle. Dans l'égalité de la ligne considérée, à elle-même écrite ... PONMLKJ . ., (I), ce sommet se confond avec son homologue, et encore tout point μ de la bissectrice, puisque les angles LMμ, NMμ sont égaux entre eux, avec identité simultanée ou opposition de leurs directions à celles des angles LMN, NML respectivement ; et aucun autre point du plan ne jouit évidemment de la même propriété.

Si donc, K, O est une paire quelconque de sommets représentés par des lettres équidistantes de M, à droite et à gauche de lui, dans la notation de la ligne, le segment KO a son milieu m sur la droite (M); car lui et OK sont évidemment homologues, ainsi que leurs milieux se confondant en m. Quand K est étranger à (M), O l'est pareillement, et, comme leur droite KO, alors déterminée, se confond avec son homologue, mais non avec (M), elle est forcément perpendiculaire à cette dernière, parce qu'il y a égalité mutuelle, et à (P) (**187**), entre les angles MmK, MmO opposés par leur côté Mm. D'où, la symétrie de la paire de points K, O, par rapport à l'axe (M). Même conclusion, quand K appartient à la bissectrice, à cela près qu'il se confond alors avec O.

2° S'il s'agit de l'axe (MN) d'un côté quelconque MN, on partira de l'égalité de la ligne avec elle-même écrite maintenant ... QPONMLKJ..., et on raisonnera exactement comme ci-dessus (1°), en remplaçant les points homologues confondus M, M, par (mn), (mn), milieu dédoublé du côté MN, la bissectrice (M) par la perpendiculaire (MN) élevée en (mn) à ce côté, et des points K, O équidistants de M, M, par des points tels que K, P équidistants de M, N respectivement, dans les deux sens aussi.

III. *Dans les deux classes indistinctement, tous les axes concourent en un même point qui est équidistant de tous les sommets, équidistant aussi de tous les côtés ; et l'angle de deux axes alliés, c'est-à-dire appartenant à une extrémité et au milieu d'un même côté quelconque, a toujours la même valeur.*

Dans le demi-plan allant d'un côté MN à ses deux contigus, les demi-axes alliés (M), (MN) se rencontrent en quelque point Ω, parce que leurs angles $\alpha : 2$, (P), avec les demi-droites M(mn), (mn)M, ont leur somme inférieure à l'angle neutre (**224**, I).

L'axe de première classe (N), appartenant à l'autre extrémité N du même côté, passe par Ω, et l'on a MΩ=NΩ, MΩ(mn) = NΩ(mn). Car ce point Ω, situé sur l'axe de la symétrie de toute la figure par rapport à (MN) (I, 2°), est un point double (**363**), appartenant dès lors à (N) homologue évidente de (M) dans cette symétrie. D'où, encore, l'égalité des segments et angles considérés.

L'axe de deuxième classe (LM), appartenant au milieu (lm) d'un côté LM contigu au précédent, passe aussi par Ω, et l'on a (lm)Ω = (mn)Ω, (lm)ΩM = (mn)ΩM : même raisonnement, basé sur ce que la figure est symétrique encore par rapport à la droite (M), et que, dans cette symétrie, les droites (LM), (MN) sont homologues, comme les points (lm), (mn).

Par ces deux moyens employés alternativement et indéfiniment, on fera évidemment la démonstration de tous les faits mentionnés dans l'énoncé.

Ce point Ω se nomme le *centre* de la ligne.

IV. *Du centre Ω, on voit sous un même angle ω, double de celui de deux axes alliés (III), et supplément de l'angle de la ligne, tous les côtés de celle-ci, et encore la distance des milieux de deux côtés consécutifs quelconques.*

Car les angles (mn)ΩM, (mn)ΩN, par exemple, étant toujours égaux et de sens contraires, celui MΩN de leurs côtés extrêmes est le double de chacun ; en outre, il est supplémentaire à la somme des angles M, N dans le triangle de même notation, c'est-à-dire à $\alpha : 2 + \alpha : 2 = \alpha$. Raisonnement analogue pour un angle tel que $(lm)\Omega(mn)$.

Cet angle ω est l'*angle au centre* de la ligne.

V. *La ligne est réappliquée sur elle-même (d'une autre manière) par tout pivotement dans son plan, autour de son centre, dont l'amplitude est égale à son angle au centre, ou encore, par suite, à un multiple entier quelconque de cet angle* (**157**).

Car, à cause de $\ldots = \Omega L = \Omega M = \Omega N = \Omega O = \ldots$ (III) et de $\ldots = L\Omega M = M\Omega N = N\Omega O \ldots = \omega$ (IV), un tel pivotement de mêmes sens et amplitude que l'angle $L\Omega M = \omega$, amènera les sommets ..., L, M, N, O, .. en ..., M, N, O, P, ... respectivement.

VI. *Réciproquement, une ligne brisée* .... LMN... *est régulière, quand, autour d'un pivot* Ω, *quelque rotation (d'amplitude saillante pour fixer les idées) amène ses sommets* ..., L, M, ... *en* ... M, N, ... *respectivement.*

Si le point Ω est étranger à la ligne, les triangles ..., LΩM, MΩN, ... sont déchevêtrés, d'ailleurs égaux entre eux et isoscèles, puisque la position finale de chacun est superposée à la position initiale du suivant, et qu'on a ainsi ..., $\Omega L = \Omega M$, ... Comme ensuite, les directions giratoires d'angles tels que MΩL, NΩM sont identiques (**156**, I), celles de MΩL, MΩN sont opposées, les demi-droites ΩL, ΩN sont de part et d'autre de la droite ΩM, parce que ces angles sont saillants, et les demi-plans $\overline{\Omega ML}$, $\overline{\Omega MN}$ sont opposés. Il en résulte que les angles ΩML, ΩMN, égaux par ce qui précède et visiblement aigus, ont des directions opposées, partant que le double de chacun est l'angle LMN de la ligne, pris saillant, enfin que le second côté MN de ce dernier est dans le demi-plan $\overline{LM\Omega}$. De tout quoi, on conclut sans peine, que la ligne considérée remplit les diverses conditions voulues pour sa régularité (**484**).

Si le pivot appartenait à la ligne, la rotation serait forcément neutre, et on aurait visiblement un bilatère.

VII. D'après ce qui précède (VI), *on obtient une ligne brisée régulière, en construisant une infinité de triangles isoscèles égaux entre eux, les juxtaposant de manière que leurs angles au sommet s'ajoutent les uns aux autres dans les deux sens giratoires, en prenant l'ensemble de leurs côtés opposés au sommet commun de tous ces angles.*

VIII. *Deux lignes brisées régulières sont semblables, quand elles ont égaux, soit leurs angles, soit leurs angles au centre.* Le premier point qui entraîne le second (IV), résulte de ce qu'il y a respectivement, égalité entre leurs angles et proportionnalité entre leurs côtés, cela sous les conditions topographiques voulues (**352**).

La *forme* d'une telle ligne ne dépend ainsi, que de la valeur de son angle, aussi bien de celle de son angle au centre, ou même encore évidemment, du rapport $\omega : \Re$ de ce dernier angle au replet, rapport que nous nommerons le *caractère* de la ligne. Ce nombre est toujours $< 1 : 2$, parce que l'angle au centre, supplément de l'angle de la ligne qui est saillant, est inférieur au neutre, moitié du replet. Dans le cas exceptionnel du bilatère (**484**), il est évidemment $1 : 2$.

486. *En posant*

$$\left. \begin{array}{l} \ldots = \Omega L = \Omega M = \Omega N = \ldots = R, \\ \ldots = \Omega(lm) = \Omega(mn) = \ldots = r, \end{array} \right\} \quad \text{(485, III)},$$

et en vertu de ces égalités mêmes, tous les sommets de la ligne sont situés sur le cercle de centre Ω, de rayon R, et tous ses côtés sont tangents en leurs milieux, au cercle concentrique de rayon r.

Ce sont les cercles *circonscrit* et *inscrit* à la ligne, dite inversement *inscrite* dans le premier, *circonscrite* au second. Leurs rayons R et r, se nomment son *rayon* et son *apothème*.

L'intervention de ces cercles donne de grandes facilités pratiques au tracé de la ligne. Si, par exemple, on en connaît le côté a, un de ses sommets M et le cercle circonscrit, il suffira, pour obtenir les deux sommets voisins L, N, de prendre les intersections de ce cercle par celui qui a M pour centre et a pour rayon (**476**), construction dont la réitération à partir de L, ... et de N, ... procurera autant d'autres sommets qu'on en voudra. Des facilités analogues sont fournies par la connaissance du cercle inscrit; mais elles sont bien moindres, parce que ce sont des tangentes à lui mener, pour avoir les droites des côtés de la ligne (**433**), (**483, IV**).

487. Entre les diverses quantités que nous avons successivement rencontrées, on notera les relations

(1) $$\alpha + \omega = \Re \qquad \text{(485, IV)},$$

(2) $$\frac{a}{2} = R \sin\frac{\omega}{2}, \quad r = R \cos\frac{\omega}{2},$$

les deux dernières immédiatement fournies par la considération d'un triangle tel que M$(lm)\Omega$, qui est rectangle en (lm) (**252**), et donne encore

(3) $$\frac{a^2}{4} + r^2 = R^2 \qquad \text{(240)}.$$

Dès que, parmi les cinq quantités a, α, ω, R, r, un segment et un angle, ou bien deux segments, auront été donnés, on pourra calculer les trois autres au moyen des Tables trigonométriques et des équations (1), (2), l'une des deux dernières pouvant être remplacée par (3).

Si un angle seulement était donné, l'autre serait fourni par (1), et, en attribuant une valeur arbitraire à l'un des segments a, R, r, le calcul des deux autres, au moyen de (2), compléterait les éléments d'une des lignes, toutes semblables entre elles (**485**, VIII), où l'angle en question à la valeur donnée. On partirait tout aussi bien du caractère de la ligne (*Ib.*), puisque le produit de ce nombre par la valeur du replet donne celle de l'angle au centre.

488 *Une ligne brisée régulière, de caractère commensurable mis sous forme d'une fraction irréductible m : n, se réduit à une infinité de dédoublements d'un même polygone de n côtés.*

Comme les angles en Ω, des triangles isocèles égaux mentionnés au n° **485**, VII, ont pour valeur commune l'angle au centre de la ligne, $\omega = (m : n)\,\mathfrak{R}$, la somme de n de ces angles est $m\mathfrak{R}$, multiple entier du replet. Le groupe des n premiers de ces triangles donne donc une partie de la ligne qui se ferme en un polygone de n côtés, P_n; et, avec P_n, se confondent évidemment les parties de la ligne afférentes aux groupes de même sorte, qui sont contigus au premier, puis à leurs contigus, et ainsi de suite.

Si, d'ailleurs, le premier groupe contenait des triangles en un nombre $k < n$, la somme de leurs angles en Ω, $k(m : n)\mathfrak{R} = (km : n)\,\mathfrak{R}$, ne se réduirait pas à un multiple entier du replet, parce que, m étant premier à n, km ne pourrait être divisible par m, et la portion correspondante de la ligne ne serait pas fermée.

489. Un polygone, tel que P_n, est dit *régulier*, et sa considération est toujours préférée à celle de la ligne brisée dont les parties se superposent indéfiniment à lui. En voici une propriété générale.

Le nombre n des côtés est toujours celui des axes distincts (**485**, II). *Quand il est impair, chaque axe appartient aux deux classes, simultanément. Quand il est pair, chacun n'est que d'une seule classe, mais deux fois, et il y en a n : 2 dans chacune.*

I. Si $n = 2\nu + 1$, soient M un sommet quelconque, puis, L, K, ..., H, les ν rencontrés successivement en marchant sur le périmètre dans un sens, et N, O, ..., R, les ν trouvés semblablement dans le sens contraire. Par rapport à l'axe de première classe (M), chacun des segments LN, KO, ..., HR est en symétrie absolue, mais le dernier HR qui ferme la partie H, ..., K, L, M, N, O, ... R du polygone est un côté de celui-ci. Donc, l'axe de première classe, appartenant au sommet M, coupe le côté *opposé* HR, en son milieu et orthogonalement ; en d'autres termes, il est encore celui de deuxième classe qui appartient au milieu de ce côté. En outre, deux des n axes (H), ..., (K), (L), (M), (N), (O), ..., (R) ne peuvent se confondre en un seul, car celui-ci contiendrait alors deux sommets distincts, et on en conclurait facilement que le nombre total n des sommets ne serait pas impair.

Par des moyens semblables, on constatera que, réciproquement, tout axe appartenant au milieu d'un côté appartient aussi au sommet opposé.

II. Si $n = 2\nu$, il est évident que les sommets extrêmes H, R des deux suites de ν sommets concédées ci-dessus (I) se confondent en un seul *opposé* à M, qu'ainsi les axes de première classe appartenant à ce sommet HR et à M se confondent, qu'aucun axe de première classe ne peut contenir plus de deux sommets, puis, en conséquence, que la première classe contient $n : 2$ axes distincts.

En considérant enfin un côté quelconque MN, on trouvera par un raisonnement tout semblable, que son axe (MN) appartient encore au milieu d'un autre côté, *opposé* à celui-ci et évidemment parallèle, mais non au milieu d'un troisième côté, et qu'ainsi le nombre de tels axes est encore $n : 2$.

490. *Le polygone régulier* P_n *est enchevêtré quand le numérateur de son caractère* $m : n$ *(irréductible) est* > 1. *Mais il est déchevêtré, convexe en outre* (**277**, V), *quand ce numérateur se réduit à* 1.

Dans le dernier cas, deux côtés ne peuvent effectivement avoir un point commun, sauf quelque sommet, s'ils sont contigus, parce qu'ils sont tout entiers dans deux angles au centre toujours extérieurs l'un à l'autre (**488**).

Soient enfin, MN un côté quelconque, Ω le centre du polygone (**485**, III), et S un sommet autre que M, N. Si la demi-droite ΩS n'atteint pas la droite MN, tous ses points, S en particulier, appartiennent au demi-plan $\overline{\text{MN}}\Omega$. Si elle la rencontre, c'est nécessairement en quelque point s extérieur au segment MN, puisqu'elle est intérieure à un angle au centre qui est extérieur à MΩN. On en conclut $\Omega s > \Omega$M $> \Omega$S, inégalité plaçant encore le sommet S dans le même demi-plan, assurant par suite la convexité du polygone.

Les polygones réguliers enchevêtrés sont dits *étoilés*, parce que leurs formes rappellent la figuration conventionnelle des étoiles. Ils offrent moins d'intérêt pratique que les autres, déchevêtrés, parce qu'ils n'enceignent aucune aire, et qu'en outre, ils dérivent très facilement de ceux-ci. Nous ne parlerons donc plus que de ces derniers, auxquels nous réserverons désormais le nom de polygones *réguliers*, sans qualification accessoire.

491. Comme les polygones réguliers de n côtés ont $1 : n$ pour caractère commun, ils sont d'une même forme (**485, VIII**), qui est entièrement déterminée par la simple connaissance de ce nombre ; et il suffit d'en avoir construit un seul, pour déduire de lui tous les autres par voie de similitude (**352, ...**). Cette construction revient, si on le veut, à celle de n demi-droites divisant un angle replet Ω en n parties égales ; car on obtiendra évidemment les sommets d'un polygone du caractère voulu, en coupant ces demi-droites par un cercle de centre Ω et de rayon quelconque R (**485, VII**). Ceci équivaut encore à la division de la circonférence de ce cercle en n parties égales (**461**), par suite (**465**) à la détermination de la longueur commune des cordes de tous ces arcs égaux, d'après celle du rayon R supposé donné. C'est ce qu'on nomme *l'inscription d'un polygone régulier de n côtés dans un cercle de rayon donné* R, parce que ces cordes sont les côtés d'un tel polygone.

Cette forme de la question est la plus usitée, à cause de sa commodité (**486**).

A pratiquer *empiriquement*, l'opération n'offre aucune difficulté (**472**); mais *scientifiquement*, elle peut être des plus ardues, cela, selon la grandeur, ou plutôt une structure arithmétique spéciale, de l'entier n, et nous ne pourrons l'exécuter que dans des cas très simples dont le nombre est infime.

Dans un même cercle de rayon R donné, nous représenterons généralement par a_n, r_n le côté et l'apothème du polygone régulier inscrit de n côtés, quantités se déduisant immédiatement l'une de l'autre (**487**).

492. La solution du problème suivant joue un grand rôle dans celles des questions élémentaires que nous avons en vue.

Connaissant le polygone régulier de n côtés, inscrit dans un cercle donné de rayon R, *construire celui dont les côtés sont en nombre double, et calculer les éléments du dernier au moyen de ceux du premier.*

I. Les angles au centre des deux polygones étant $\mathcal{R} : n$, $\mathcal{R} : 2n$, le second est la moitié du premier, et, pour l'obtenir, il n'y a qu'à diviser celui-ci, $M\Omega N$ (*fig.* 190), en deux parties égales par le tracé de sa bissectrice, c'est-à-dire de la demi-perpendiculaire $\Omega\omega$ abaissée du centre Ω sur la corde MN de son arc (**464**), un des côtés du polygone donné. Le segment MΠ par exemple, compris entre M et la trace Π de cette bissectrice sur le cercle, est le côté du polygone cherché, de $2n$ côtés.

II. L'apothème r_n du polygone de n côtés est $\Omega\omega$, et celui r_{2n} du polygone de $2n$ côtés est $\Omega\varphi$, distance du centre à MΠ l'un de ses côtés. En nommant donc φ' le pied de la perpendiculaire abaissée de φ sur la bissectrice $\Omega\Pi$, le triangle $\Omega\varphi\Pi$, rectangle en φ donne (**245**)

$$\overline{r_{2n}}^2 = \overline{\Omega\varphi}^2 = \Omega\Pi \cdot \Omega\varphi' = R \cdot \frac{R + r_n}{2} \; ;$$

car, φ étant le milieu de MΠ, φ' est celui de sa projection $\varpi\Pi$ (**131**), d'où $2\Omega\varphi' = \Omega\Pi + \Omega\varpi = R + r_n$, puisque les directions $\Omega\Pi$, $\Omega\varpi$ sont identiques. De cette équation, on tire immédiatement

$$(4) \qquad r_{2n} = \sqrt{\frac{R(R + r_n)}{2}}.$$

La connaissance du rayon R donné pour le polygone de $2n$ côtés, étant maintenant complétée par celle de son apothème r_{2n},

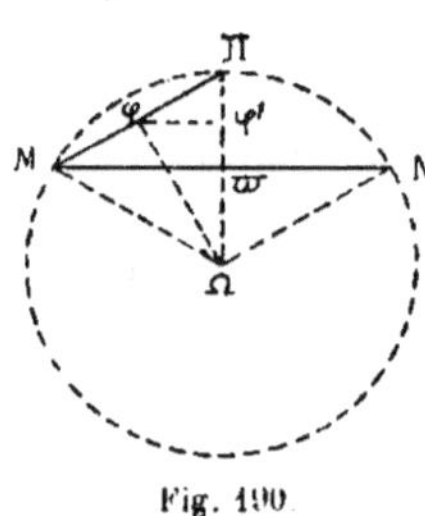

Fig. 190.

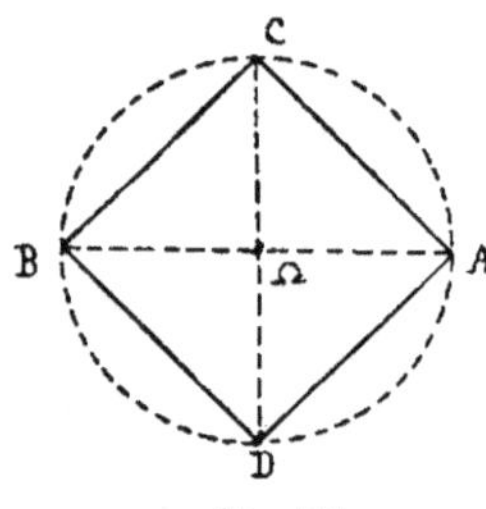

Fig. 191.

son côté, son angle, son angle au centre seront fournis sans difficulté par les équations fondamentales du n° **487**. Pour le côté a_{2n}, par exemple, la dernière (3) donne aisément

$$a_{2n}^2 = 4(R^2 - r_{2n}^2) = 4R^2 - 2R(R + r_n) = 2R(R - r_n) \quad (4),$$

d'où,

$$(5) \qquad a_{2n} = \sqrt{2R(R - r_n)},$$

résultat auquel la considération du même triangle rectangle $\Omega\varphi\Pi$ conduirait plus rapidement encore.

La substitution à r_n, de son expression en a_n, changerait ces formules en d'autres ayant pour point de départ, non plus l'apothème, mais le côté du polygone inscrit de n côtés.

493. Les cas particuliers classiques sont maintenant faciles à traiter.

I. *Bilatère* (1 : 2) ; *Carré* (1 : 4) ; *Octogone* (1 : 8) ; ...

1° Il est évident que les deux sommets du bilatère inscrit (**484**) sont les extrémités A, B (*fig.* 191) d'un même diamètre du cercle, et qu'on a pour lui

$$a_2 = 2R, \quad r_2 = 0.$$

2° Le polygone de 4 côtés, P_4, est un carré (**286**, VI), à cause de l'égalité existant entre tous ses côtés et entre tous ses angles, ceux-ci ayant pour valeur commune Θ, supplément de son angle au centre $\Re : 4 = \Theta$. On le déduit immédiatement du précédent, en coupant le cercle en C, D, par la perpendiculaire menée du centre Ω au côté AB du bilatère (**492**, I),

A cause de $r_2 = 0$, les formules (4), (5) donnent

$$r_4 = \sqrt{\frac{R^2}{2}} = \frac{1}{2} R \sqrt{2},$$

$$a_4 = \sqrt{2R^2} = R \sqrt{2}.$$

3° Par les mêmes moyens, on passera à l'octogone (1 : 8) de 2.4 côtés, puis au polygone (1 : 16) de 2.8 côtés, et ainsi de suite.

II. *Triangle* (1 : 3) : *Hexagone* (1 : 6) ; *Dodécagone* (1 : 12) ;...

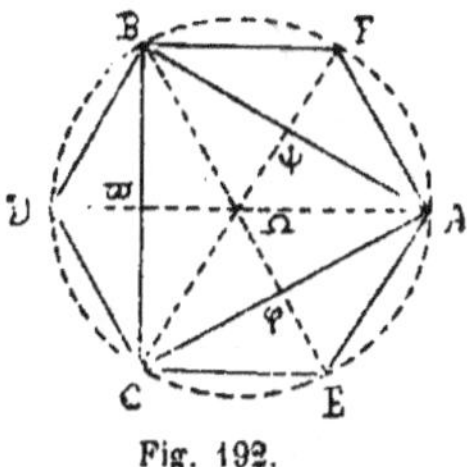
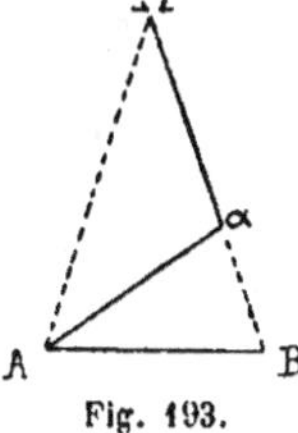

Fig. 192.   Fig. 193.

1° Le triangle régulier ABC (*fig.* 192) est équilatéral (**235**). Comme l'axe de première classe $A\Omega$, issu d'un sommet A, est en même temps celui de deuxième classe, qui appartient au milieu du côté opposé BC (**489**, I), il passe par ce milieu ϖ, et le triangle $A\varpi B$ est rectangle en ϖ, avec $B\varpi = BC : 2$, partant équiangle au triangle $A\psi\Omega$, dont le sommet ψ est le milieu du côté AB, pied de sa perpendiculaire abaissée du centre. La proportionnalité des côtés homologues,

$$\frac{B\varpi}{\Omega\psi} = \frac{BA}{\Omega A},$$

et l'égalité précédente $B\varpi = BC : 2 = BA : 2$ donne aussi $\Omega\psi = \Omega A : 2$, c'est-à-dire

(5 *bis*) $$r_3 = \frac{R}{2},$$

d'où (3),

$$\frac{a_3}{2} = \sqrt{R^2 - r_3^2} = \sqrt{R^2 - \frac{R^2}{4}} = R \frac{\sqrt{3}}{2},$$

ou bien,

$$a_3 = R\sqrt{3}.$$

Pour inscrire le triangle équilatéral, il suffit dès lors de tracer un diamètre $A\Omega D$, de couper le cercle par la perpendiculaire élevée sur ce diamètre en ϖ, milieu du rayon ΩD; A et les traces B, C de cette perpendiculaire sont les sommets du triangle cherché.

2° Ses axes ΩA, ΩB, ΩC se confondant avec les perpendiculaires $\Omega\varpi$, $\Omega\varphi$, $\Omega\psi$ abaissées du centre sur les trois côtés, leurs secondes traces, D, E, F, sur le cercle, compléteront, avec les sommets A, B, C, ceux de l'hexagone inscrit AFBDCEA, puisque le nombre de ses côtés est $6 = 2.3$ **(492)**.

Pour le même hexagone, on trouvera ensuite,

$$r_6 = \sqrt{\frac{R(R+r_3)}{2}} = \sqrt{\frac{3R^2}{4}} = R\frac{\sqrt{3}}{2} \quad (4), (5\ bis),$$

$$(6) \qquad a_6 = \sqrt{2R(R-r_3)} = \sqrt{2R\frac{R}{2}} = R \qquad (5).$$

Cette dernière formule à fait un jeu enfantin, de l'inscription de l'hexagone régulier, et aussi du triangle équilatéral, par la jonction de sommets de l'hexagone, divisant son périmètre en trois paires de côtés contigus. Elle s'établit bien facilement, d'une manière directe : l'angle de l'hexagone, supplément de son angle au centre $\mathcal{R} : 6$, étant ainsi égal à $(\mathcal{R} : 2) - (\mathcal{R} : 6) = \mathcal{R} : 3$, sa moitié est $\mathcal{R} : 6$ encore. Un triangle tel que ΩBD est donc équilatéral, comme ayant tous ses angles égaux à $\mathcal{R} : 6$; d'où, $a_6 = BD = \Omega B = R$.

3° Une nouvelle application des considérations du n° **492**, conduira au dodécagone, au polygone de 24 côtés, etc.

❋ III. *Pentagone* $(1 : 5)$; *Décagone* $(1 : 10)$; ...; *Pentédécagone* $(1 : 15)$; ...

1° Il y a grande facilité à partir du décagone. Nous considérerons un triangle isocèle $A\Omega B$ (*fig.* 193), formé par un côté AB et les rayons ΩA, ΩB allant à ses extrémités, ayant par suite son angle en Ω égal à $\mathcal{R} : 10$ et ses angles en A, B, à $(1 : 2)[\mathcal{R} : 2 - \mathcal{R} : 10]$ $= 2\mathcal{R} : 10$ Il en résulte que la bissectrice de l'angle A par exemple, fait avec ses côtés, des angles égaux à $(1 : 2)(2\mathcal{R} : 10)$ $= \mathcal{R} : 10 = \Omega$; et qu'ainsi elle décompose le triangle considéré $A\Omega B$ en deux autres, l'un $A\alpha\Omega$, isocèle comme ayant ses angles en A, Ω égaux entre eux, l'autre αAB, équiangle à $A\Omega B$, par suite isocèle encore, comme ayant ses angles en A, B, respectivement égaux à ceux en Ω, B de ce dernier.

On en conclut les égalités $\Omega\alpha = A\alpha = AB = a_{10}$, puis la proportion $A\alpha : \Omega A = \alpha B : AB$, pouvant, d'après les premières, s'écrire encore

$$(7) \qquad \frac{R}{a_{10}} = \frac{a_{10}}{R - a_{10}}.$$

Celle-ci conduit ensuite à $a_{10}^2 = R(R - a_{10})$, puis à

$$(8) \qquad (a_{10} + R)\, a_{10} = R^2,$$

montrant finalement, que a_{10}, côté du décagone, est le plus petit des deux segments déterminés par la condition d'avoir R pour différence, avec R^2 pour produit **(481)**. [La proportion (7) fait dire encore, d'après les Anciens, que a_{10} est la plus grande partie du rayon R *divisé en moyenne et extrême raison*.]

Comme, d'après l'égalité (8), a_{10} satisfait à l'équation du deuxième degré $x^2 + Rx - R^2 = 0$ qui a une racine négative, il en est la racine positive unique, pour laquelle on trouve immédiatement

$$(9) \qquad a_{10} = R\, \frac{\sqrt{5} - 1}{2}.$$

2° De a_{10} on passera à r_{10} (3), puis aux polygones de 20, 40, ... côtés **(492)**. La marche inverse conduira à r_5, a_5, apothème et côtés du pentagone, ceux-ci étant en nombre sous-double. Mais ces calculs seraient aussi oiseux que ceux du même genre, déjà supprimés.

3° L'angle $A\alpha\Omega$ (*fig.* 193) étant égal à $3\mathcal{R} : 10$, comme supplément de $A\alpha B$, ou B, valant $2\mathcal{R} : 10$, il est égal à l'angle au centre du décagone étoilé **(490)**, de caractère $(3 : 10)$; et, parce que le triangle de même notation est isocèle, $A\Omega$ est le côté d'un tel décagone de rayon αA. En nommant donc a'_{10} celui du décagone semblable de rayon R, on a la relation $A\Omega : a'_{10} = \alpha A : R$, c'est-à-dire $R : a'_{10} = a_{10} : R$, d'où $a'_{10} a_{10} = R^2$, puis

$$a'_{10} = \frac{R^2}{a_{10}} = R\, \frac{\sqrt{5} + 1}{2} \qquad (9).$$

L'inscription du décagone étoilé a donc été opérée par celle du décagone déchevêtré, particularité à remarquer, parce qu'elle se présente dans tous les cas analogues.

4° Comme $1 : 15 = (1 : 6) - (1 : 10)$, l'angle au centre $\mathcal{R} : 15$ du pentédécagone est égal à la différence $(\mathcal{R} : 6) - (\mathcal{R} : 10)$, de ceux de l'hexagone et du décagone, que nous venons de construire implicitement (II, 2°), (1°); d'où, sa construction immédiate, puis celle du pentédécagone inscrit, seule observation de quelque intérêt à faire à ce sujet.

494. *La longueur du périmètre d'un polygone régulier de n côtés est évidemment na_n; son aire (s'il n'est pas étoilé) a pour mesure $na_n r_n : 2$*, car ses rayons le décomposent en triangles isocèles dont chacun a a_n pour base, avec r_n pour hauteur **(288)**.

Dans une suite de polygones réguliers (déchevêtrés), tous inscrits dans un même cercle de rayon R, dont le premier est connu, et dont chacun se déduit du précédent par la duplication du nombre des côtés, les longueurs des périmètres composent une autre suite dont le terme général tend visiblement vers celle de la circonférence de ce cercle (**387**, III). En partant donc de quelque polygone connu (**493**), et réitérant l'emploi des formules du n° **492**, la première partie de la proposition précédente, combinée avec ces procédés élémentaires, permettra de calculer, aussi approximativement qu'on le voudra, le périmètre d'un polygone différant lui-même de la circonférence d'aussi peu qu'on le désirera, puis, en divisant ce périmètre par 2R, *de trouver une valeur du nombre* π (**463**), *aussi approchée qu'on l'aura voulu.* Cet artifice, imaginé par Archimède, le grand géomètre de l'antiquité, a été remplacé dans les temps modernes, par des méthodes infiniment plus naturelles et expéditives; mais c'est lui qui a fourni, pour ce nombre d'importance capitale, les premières valeurs approchées que les hommes aient connues

495. Tout polygone régulier (déchevêtré) dont l'angle est un sous-multiple du replet, fournit évidemment un modèle de plaques planes toutes identiques, susceptibles d'être juxtaposées indéfiniment sur un même plan, sans y laisser de lacunes. On s'assurera bien facilement, que, seuls, le triangle équilatéral, le carré et l'hexagone ont de tels angles.

Le premier règle la disposition *quinconciale*, imposée notamment par les cultivateurs aux sujets d'une plantation étendue, pour espacer chacun également de ses voisins les plus rapprochés : elle consiste à les planter aux sommets de triangles équilatéraux égaux, et juxtaposés, sans vides, par leurs côtés.

Pour la fabrication des carreaux de pavage uniformes, on délaisse le triangle à cause de la fragilité de ses angles tous aigus; on emploie parfois le carré, mais on lui préfère habituellement l'hexagone, dont les angles, tous obtus, sont encore moins fragiles, qui donne un carrelage exempt de longs joints rectilignes, par là moins sujet au gauchissement et à la dislocation.

L'hexagone fournit encore aux tonneliers, foudriers, ..., avec une facilité extrême et une précision parfaite, la construction du rayon du fond circulaire à tailler pour fermer une futaille. Elle consiste à chercher par tâtonnements, l'ouverture de compas susceptible d'être portée six fois exactement, comme corde, sur la gorge de la rainure circulaire creusée dans les douves pour recevoir le bord aminci du fond (**493**, II, 2°).

Les formes des polygones réguliers simples se rencontrent dans l'étude anatomique des êtres vivants; elles interviennent dans le tracé de quelques pièces mécaniques, et inspirent assez souvent les ornemanistes. Le carré, le triangle équilatéral, l'hexagone, jouent un rôle important en Cristallographie.

CHAPITRE XX

SURFACES DE RÉVOLUTION ÉLÉMENTAIRES

Le cercle considéré dans l'espace.

496. *Tout cercle est la trajectoire d'un point d'une figure solide qui tourne indéfiniment autour de la perpendiculaire à son plan, issue de son centre ; et réciproquement.*

Car il est celle de l'extrémité M (*fig.* 194) de l'un de ses rayons, pivotant dans son plan autour de son centre O (**431**, II), et il y a identité entre ce pivotement du rayon et sa rotation autour de la perpendiculaire AOB mentionnée dans l'énoncé (**164**).

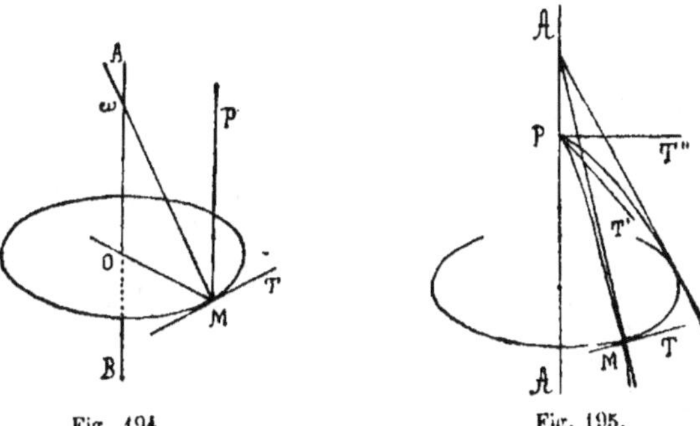

Fig. 194.   Fig. 195.

497. Cette perpendiculaire, *dont chaque point est évidemment équidistant de tous ceux du cercle*, est l'axe de ce dernier, et sa considération conduit aux observations suivantes.

I. *Un cercle est entièrement déterminé dans l'espace, par la connaissance de son axe et de l'un de ses points.* Car il a : pour plan, celui mené par le point donné, perpendiculairement à l'axe donné, pour centre, le pied de ce plan sur l'axe, pour rayon, la distance de l'axe au point donné (**427**).

II. *Un cercle est symétrique par rapport à son axe et par rapport à tout plan issu de celui-ci* (**370**). Raisonnements tout semblables à ceux du n° **428** ; ou bien, observation que, le cercle étant une figure plane, les symétries énoncées sont équivalentes à celles constatées au numéro cité (**365**), (**369**).

Ces plans de symétrie et les demi-plans découpés sur eux par l'axe, sont les plans et demi-plans *méridiens* du cercle.

III. *En tout point* M *(fig.* 194) *d'un cercle d'axe* AB, *sa tangente* MT **(432)** *se confond avec la perpendiculaire sur le plan méridien* ABM *passant par ce point.*

Le plan du cercle et le méridien de M sont mutuellement perpendiculaires, puisque le second passe par l'axe AB perpendiculaire au premier **(191, III)**; en outre, ils se coupent suivant la droite OM ayant ses points distincts O, M, sur tous deux à la fois. La tangente MT, perpendiculaire à cette intersection, menée en M dans le premier plan, est donc perpendiculaire au second **(197)**.

IV. *Le plan normal en* M **(384)** *se confond avec le plan méridien* ABM *de ce point; les normales de pied* M (*Ib.*) *sont donc toutes les droites menées par ce point dans le plan méridien, c'est-à-dire celles qui rencontrent l'axe, comme* MO, Mω, *et celle* MP *qui lui est parallèle.* Conséquences immédiates de ce qui précède (III).

La normale *principale* est MO allant au centre du cercle, parce qu'elle est située dans son plan qui lui est osculateur **(383)**.

Généralités sur les surfaces de révolution.

498. I. Une figure est *de révolution* autour d'une droite donnée 𝒜 nommée son *axe*, quand elle contient entièrement tout cercle d'axe 𝒜, passant par un quelconque de ses points **(497, I)**. Elle admet alors pour génératrices, des cercles d'axe commun 𝒜, nommés ses *parallèles*, dont les plans et demi-plans issus de l'axe sont les méridiens et demi-méridiens (*Ib.*, II), et gardent ces noms pour toute la figure.

Elle est entièrement déterminée par la connaissance de son axe et d'un point seulement sur chacune de ses parallèles, notamment, de sa section par quelque surface les rencontrant tous, en particulier de sa trace sur un demi-méridien, ou *demi-section méridienne* (*Cf.* **114, 419**).

Telles sont évidemment : un simple cercle autour de son axe, ayant lui-même pour parallèle unique, et toujours un seul point pour demi-section méridienne ; un plan autour d'une quelconque de ses perpendiculaires, ayant pour parallèles, pour demi-sections méridiennes, tous les cercles dont le pied de cette perpendiculaire est le centre commun, toutes ses demi-droites issues du même point ; un mur autour de toute perpendiculaire à ses faces, dont chaque demi-section méridienne est une demi-bande s'apercevant sans peine, etc.

II. *Une figure de révolution est réappliquée sur elle-même par toute rotation autour de son axe.* Car chacun de ses points est replacé ainsi sur le parallèle qui passe par sa position initiale (**496**), (**497**, I).

Réciproquement, *une figure est de révolution, avec une droite ⳺ par axe, quand elle se réapplique sur elle-même par toute rotation autour de cette droite.* Elle contient effectivement tout cercle de tel axe, passant par un de ses points (*Ib.*).

III. *Les points des sections d'une figure de révolution lui sont laissés afférents par de telles rotations,* puisque, entraînée par ce déplacement, la figure ne fait que glisser (rotativement) sur elle-même (II).

IV. *Deux surfaces superposables par une rotation de l'une autour de l'axe, donnent des sections jouissant de la même propriété, égales en conséquence.* Car ce déplacement réapplique en même temps la figure sur elle-même (II).

On peut ainsi considérer la figure, comme *engendrée encore* (**22**) *par la rotation indéfinie autour de son axe, de sa trace sur une surface quelconque rencontrant tous ses parallèles.*

V. Comme deux plans ou demi-plans méridiens (I) sont toujours superposables par une telle rotation (**163**, I), *les sections méridiennes sont égales entre elles, les sections demi-méridiennes aussi, et la figure est engendrée par la rotation indéfinie de l'une d'elles autour de l'axe* (IV). Un demi-tour suffit évidemment pour chacune des premières, tandis qu'il faut un tour entier pour les dernières.

VI. *Une figure de révolution est symétrique par rapport à son axe et par rapport à tout plan issu de lui.* Car il en est ainsi pour chacune de ses parallèles (**497**, II).

De la première symétrie combinée avec celle présentée par tout plan méridien, il résulte, que *les parties de la figure, qui sont situées respectivement dans les deux demi-espaces séparés par un pareil plan, sont toujours superposables* (**362**).

VII. *Quand plusieurs figures sont de révolution autour d'un même axe, on en obtient une de même nature, en les solidarisant, ou bien en prenant leurs parties communes.*

499. I. Une surface est *de révolution,* quand elle appartient à la classe des figures dont nous venons de parler (**498**). *Ses sections par d'autres surfaces sont alors des lignes* (**399**), *et une figure de révolution se réduit à une surface, quand quelque surface rencontrant tous ses parallèles, ne la coupe que suivant une simple ligne* (*Cf.* **411**, **420**).

II. *La génération d'une telle surface peut donc s'opérer : soit par le mouvement d'un cercle conservant un axe fixe et s'appuyant sans cesse sur une ligne directrice fixe, soit par la rotation d'une ligne autour d'un axe fixe solidarisé avec elle* (**498**, IV).

Il y a commodité à prendre, pour directrice dans le premier

mode, pour génératrice dans le second, une *méridienne*, ou bien une *demi-méridienne*, sections de la surface par un plan ou demi-plan méridiens (*Ib.*, V). La détermination d'une surface de révolution par son axe et une méridienne, est celle, en outre, qui donne, de sa forme générale, la vision la plus nette (**507**, *inf.*)

III. *Les parallèles et les méridiennes d'une même surface de révolution se coupent orthogonalement* (**385**). Car en un point commun, la tangente au parallèle est perpendiculaire au plan méridien mené par ce point (**497**, III), en conséquence à la tangente à la méridienne, qui est située dans le même plan (**382**).

IV. *L'intersection de deux surfaces de révolution ayant même axe, se compose de parallèles communs (avec des points isolés de l'axe, parfois).* C'est évident (**498**, VII), (*Cf.* **412**, **421**). Ces parallèles communs sont déterminés par l'axe des surfaces et les points d'intersection de leurs demi-méridiennes situées dans quelque même demi-méridien (**497**, I).

Telle est notamment la nature de la section d'une surface de révolution par un plan perpendiculaire à son axe, puisque celui-ci est également une surface de révolution autour du même axe (**498**, I).

V. *Sur toutes les demi-méridiennes d'une surface de révolution, il y a égalité entre des arcs découpés par deux mêmes parallèles.*

Le mur, dont les plans de ces parallèles sont les faces, étant une figure de révolution autour du même axe (*Ib.*), sa partie commune avec la surface considérée en est une encore (*Ib.*, VII), et les arcs précités en sont précisément des sections demi-méridiennes (*Ib.*, V).

VI. *Etranger à l'axe, un point d'une surface de révolution est ordinaire* (**392**, IV), *s'il est tel pour la méridienne passant par lui. Situé sur l'axe, il l'est encore sous la même condition accompagnée de la symétrie de la méridienne par rapport à l'axe.*

Quand l'axe rencontre la surface, en chacune de ses traces *le parallèle dégénère en un point isolé, par lequel passent toutes les méridiennes.*

Une telle trace se nomme un *pôle* de la surface, si elle est un point ordinaire, un *nœud*, alors singulier, quand la méridienne y coupe l'axe sous un angle aigu.

500. *En tout point (ordinaire) d'une surface de révolution, le plan tangent est déterminé par les conditions, de passer par la tangente à la méridienne, et d'être perpendiculaire au plan méridien.*

La première condition résulte de ce que la méridienne est une ligne de la surface, qui passe par le point de contact, dont la tangente, par suite, est située dans le plan tangent (**393**).

S'il s'agit d'un point non pôle, M (*fig.* 195), le plan tangent passe en outre par la tangente MT au parallèle de ce point. Or cette tangente est perpendiculaire sur le plan méridien en M, de ce cercle, de la surface par suite (**497, III**).

S'il s'agit d'un pôle P, le plan tangent passe par les tangentes PT′, PT″, ... menées en P à toutes les méridiennes. Or ces tangentes sont toutes perpendiculaires à l'axe $\mathcal{A}$ de la surface, parce que cette droite est un axe de symétrie pour chaque méridienne (**499, VI**), (**409, II**).

501. *Toute normale à la surface se confond avec la normale principale $\mathcal{N}$, de même pied* v, *à la méridienne passant par ce point.*

La droite $\mathcal{N}$ est la perpendiculaire à la tangente $\mathcal{M}$ à la méridienne, élevée en v dans le plan méridien, plan même de cette ligne (**384**). Si v n'est pas un pôle, son parallèle ne dégénère pas en un point, et y possède une tangente $\mathcal{P}$, distincte de $\mathcal{M}$ (**499, III**), qui est perpendiculaire au plan méridien (**497, III**), à $\mathcal{N}$ par suite située dans ce plan. Si v est un pôle, l'axe $\mathcal{A}$ de la surface, qui le contient, est axe de symétrie pour toutes les méridiennes (**499, VI**), perpendiculaire par suite à leurs tangentes $\mathcal{M}$, $\mathcal{M}'$, ... en v (**409, II**), situé en outre dans tous leurs plans à la fois, se confondant par suite avec la normale principale $\mathcal{N}$ commune ici à toutes. La droite $\mathcal{N}$ est donc normale à la surface, comme perpendiculaire à deux tangentes distinctes passant par son pied, savoir $\mathcal{N}$, $\mathcal{P}$ dans le premier cas, $\mathcal{M}$, $\mathcal{M}'$ dans le second.

On remarquera, *qu'une normale et l'axe sont toujours dans un même plan, que ce plan méridien est normal à la surface en tous les points de sa méridienne, et encore, évidemment, que toutes les normales dont les pieds appartiennent à un même parallèle, concourent en un même point de l'axe, ou bien lui sont parallèles.*

502. *Le long d'un parallèle commun, deux surfaces de révolution de même axe se coupent sous un angle constant, ou bien sont mutuellement circonscrites* (**396**), (**397**), (*Cf.* **416, 424**).

En nommant M et M′ deux points quelconques de ce parallèle, puis $\mathcal{C}_1$, $\mathcal{C}_2$ et $\mathcal{C}'_1$, $\mathcal{C}'_2$, les plans tangents menés aux deux surfaces en M et en M′, le fait en question résulte de ce qu'une rotation autour de l'axe amenant M en M′, superpose en même temps la figure $\mathcal{C}_1\mathcal{C}_2$ à $\mathcal{C}'_1\mathcal{C}'_2$, parce qu'elle réapplique chacune des surfaces sur elle-même (**498, II**).

Si on coupe les surfaces et leurs plans tangents en M, par le plan méridien issu de ce point, on apercevra immédiatement que *l'angle (dièdre) des surfaces a, pour rectiligne, celui des tangentes en M à leurs méridiennes, qu'elles sont mutuellement cir-*

conscrites, si les méridiennes sont mutuellement tangentes en M
(385).

503. Entre le mouvement de translation, les figures cylindriques, d'une part, et le mouvement de rotation autour d'un axe
déterminé, les figures de révolution autour de cet axe, d'autre
part, il y a de très grandes analogies qui sont à remarquer. Les
rôles joués, dans le premier cas, par les *droites* glissières, génératrices, par les cylindres parallèles à celles-ci, passent, dans le
second, aux *cercles*, dits parallèles, qui glissent aussi sur eux-
mêmes (rotativement), aux surfaces de révolution de même axe,
qui jouissent toutes aussi de la même propriété. (Le pivotement
d'un plan mobile fait un pendant analogue, à sa translation sur
lui-même.)

Tous ces faits géométriques ont une importance de tout premier ordre en Cinématique. Les derniers expliquent l'intervention constante des surfaces de révolution, dans la taille des
corps solides destinés, soit à ne pouvoir que tourner autour
d'axes fixes, soit à fournir des appuis guidant ces rotations.
Elles expliquent encore la facilité extrême du façonnage de
pareilles surfaces, l'une d'elles naissant forcément par l'usure
réciproque de deux corps, l'un fixe, l'autre tournant autour d'un
axe fixe ; c'est le principe de la machine-outil portant le nom de
tour. Aussi, il n'y a presque aucun objet produit par l'industrie
humaine, dont quelque partie de la surface ne soit de révolution.

Enfin, la nature nous présente aussi des figures de révolution,
notamment dans les astres dont la forme a pu être étudiée.

Cylindre et cône de révolution.

504. Quand la demi-méridienne d'une surface de révolution
est une droite parallèle à son axe Δ (sans identité toutefois),
toutes ses positions dans le second mode de génération du n° **499**,
II, sont parallèles au même axe, mutuellement par suite, et la
surface est en même temps un cylindre d'orientation Δ **(411)**.
Les parallèles (**499**, IV) se confondent alors avec les sections
droites du cylindre (**415**), et leur rayon commun, dit *rayon du
cylindre*, est égal à la distance, évidemment constante, de l'axe à
ces demi-méridiennes rectilignes (**271**). Les arêtes, sur lesquelles
deux parallèles quelconques découpent des segments égaux
(**120**), (**499**, V), se confondent avec les normales à ces cercles,
qui sont parallèles à leur axe commun (**497**, IV).

*Un cylindre est de révolution, quand il contient un cercle dont
l'axe est parallèle à ses génératrices.* Car, par chacun de ses

points, passe sur lui, un cercle ayant même axe que celui-ci (**411**, II).

[Le fait, pour un cylindre de révolution, de glisser simplement sur lui-même, par toute translation parallèle à son axe (**114**, III), et par toute rotation autour de la même droite (**498**, II), en conséquence, par toutes les combinaisons de ces deux mouvements, confère à de telles figures, une assez grande importance dans les applications de la Cinématique.]

505. Quand, sans se confondre avec l'axe, ni lui être perpendiculaire, la demi-méridienne est une droite le rencontrant en un point S, elle passe par ce point dans toutes ses positions, et la surface est un cône de sommet S (**420**) ; on en nomme *angle au sommet*, l'angle aigu, évidemment constant, de l'axe avec ces demi-méridiennes rectilignes. Si cet angle était droit, le cône dégénérerait en un plan perpendiculaire à l'axe (**180**), (**498**, I).]

Entre les parallèles, il y a homothétie par rapport au sommet (**419**, IV), et les arêtes, sur lesquelles, l'un d'eux et le sommet, ou deux quelconques, découpent des segments égaux (**499**, V), sont leurs normales issues du sommet (**497**, IV).

Un cône est de révolution, quand il contient un cercle dont l'axe passe par son sommet. Car, par chacun de ses points, passe sur lui un cercle homothétique à celui-ci par rapport au sommet (**420**), ayant même axe par suite (**341**, VII).

La totalité d'un cône de révolution (ne dégénérant pas en un plan) se décompose naturellement en deux nappes (**426**) comprenant, l'une, les demi-génératrices appuyées sur quelque même parallèle, l'autre, leurs opposées.

506. *Un cylindre circonscrit à une surface de révolution parallèlement à son axe* (**418**), *est de révolution autour du même axe, avec une ligne de contact décomposable en parallèles communs ; et de même, pour un cône circonscrit ayant son sommet sur l'axe* (**425**).

Soient M un point de contact de la surface avec le cylindre, puis, $\mathfrak{M}$ la demi-méridienne, $\mathcal{G}$ la génératrice, tracées sur les deux figures par le demi-méridien de M. Comme, en M, il y a contact entre $\mathfrak{M}$ et $\mathcal{G}$ (**400**), la rotation indéfinie autour de l'axe, de ces trois objets solidarisés avec lui, leur conserve cette disposition relative. Or, $\mathfrak{M}$ engendre la surface (**499**, II) ; $\mathcal{G}$ lui restant ainsi tangente (**394**) engendre un cylindre de révolution autour de son axe (**504**), et M décrit un parallèle commun à tous deux. Le cylindre est donc circonscrit à la surface suivant ce parallèle (**418**).

On nomme *équateur* de la surface, tout parallèle de contact entre elle et un cylindre circonscrit parallèle à son axe, et aussi le plan de ce cercle. Nous avons vu implicitement, qu'un équateur, leur ensemble s'il y en a plusieurs, est le lieu des contacts des tangentes aux méridiennes, menées parallèlement à l'axe.

Raisonnement tout semblable pour le cône.

507. *Quand l'orientation d'un cylindre circonscrit est orthogonale à l'axe* (**175**, I), *sa ligne de contact est une méridienne.*

Cette proposition, très facile à démontrer, donne une méridienne pour contour apparent à toute surface de révolution, vue d'un point infiniment éloigné sur un plan perpendiculaire à l'axe. De là vient, pour un corps de révolution, le nom de *profil*, porté souvent par la demi-méridienne de la surface qui le limite.

Sphère.

508. Une *sphère* est le lieu des points (de l'espace), M, M′, M″, ..., dont les distances OM, ... à un même point fixe donné O, dit *son centre*, sont toutes égales à une même longueur donnée *r*, dite *son rayon*. La forme de la sphère se montre dans les surfaces, des boules, billes, balles, ballons servant aux jeux, des billes d'acier atténuant le frottement dans certains organes de machines, des boulets de l'artillerie d'autrefois.

La quasi-identité de cette définition avec celle du cercle, confère aux deux figures une étroite connexité, et la possession de beaucoup de propriétés analogues, s'établissant par des moyens presque identiques.

I. *Une sphère est une figure continue, admettant pour centre, axe ou plan de symétrie, son centre O, toute droite ou plan passant par ce point* (*Cf.* III, VII, *inf.*). Raisonnements tout semblables à ceux du n° **428**.

II. *Une sphère est réappliquée sur elle-même, par tout déplacement laissant son centre O immobile.* Car la distance à O, de la nouvelle position prise par un point quelconque de la figure, est encore égale au rayon *r*.

III. *Autour de toute droite issue de son centre, une sphère est une figure de révolution, ayant pour section méridienne* (**498**, I) *une circonférence de mêmes centre et rayon.*

Toute rotation de la sphère autour de cette droite, la réapplique effectivement sur elle-même (II), puisqu'elle laisse son centre en repos (**498**, II), et la section de la figure par un méridien est le lieu des points de ce plan, dont les distances au point O sont égales à *r* (**427**).

IV. *Une droite rencontre une sphère en deux points distincts, en deux points confondus, ou en aucun, selon que sa distance d au centre O est inférieure, égale ou supérieure au rayon r, c'est-*

à-dire, selon que son pied, sur un plan perpendiculaire issu du centre, est extérieur, afférent ou intérieur au cercle de centre O et de rayon r, dans ce plan (**431**, III).

Dans les deux premiers cas, la distance des deux points a ce pied pour milieu, et, en nommant l sa moitié, on a la relation

$$(1) \qquad\qquad l^2 + d^2 = r^2.$$

Car ces points de rencontre, par exemple M_1, M_2 (*fig.* 196), sont précisément les intersections de la sécante considérée $\mathcal{G}$ et du cercle de centre O, de rayon r, section de la sphère considérée comme figure de révolution autour de la perpendiculaire $\mathcal{A}$, abaissée de O sur $\mathcal{G}$ (III), par le plan méridien $\mathcal{A}\mathcal{G}$ (**429**).

V. Comme au nº **431**, II, on en conclut facilement qu'*une sphère est une surface courbe* (**392**).

VI. *Un plan coupe une sphère, suivant un cercle, un point isolé, ou ne la rencontre pas, selon que sa distance d au centre O est inférieure, égale, ou supérieure, au rayon r, c'est-à-dire, selon que son pied sur sa perpendiculaire $\mathcal{A}$ issue du centre, est à l'intérieur, à une extrémité, ou à l'extérieur, d'un segment de milieu O et de demi-longueur r, sur cette droite.*

Dans les deux premiers cas, le cercle d'intersection, ou point-cercle, a ce pied pour centre, et on a encore la relation (1), *si l y représente maintenant le demi-diamètre du cercle en question* (*Cf.* IV, **429**).

Car la sphère et le plan sécant sont des surfaces de révolution autour de la perpendiculaire $\mathcal{A}$ (*fig.* 196) (III), (**498**, I), ayant pour sections méridiennes, une circonférence de centre O, de rayon r, et une perpendiculaire $\mathcal{G}$ à l'axe $\mathcal{A}$, dont la distance à O est égale à d (**499**, IV).

VII. *Quand une sphère est coupée par une droite mobile restant parallèle à une droite fixe, ou bien par un plan mobile demeurant parallèle à un plan fixe, le lieu du milieu de la paire des points d'intersection* (IV), *ou bien du centre de la section circulaire* (VI), *est le plan issu du centre perpendiculairement à l'orientation des plans sécants dans le premier cas, la droite issue du centre perpenculairement à l'orientation des plans sécants dans le second; (plus exactement, l'aire du cercle de centre O, l'intérieur du segment de milieu O, qui ont été précisés aux lieux cités)* (*Cf.* **430**).

Conséquences immédiates des alinéas en question. Le premier lieu est le plan *diamétral conjugué* à l'orientation des sécantes; le second est le *diamètre conjugué* à celle des plans sécants (*Cf.* **431**, IV).

On nomme *pôles* d'un cercle d'une sphère, les deux points où la surface est percée par l'axe du cercle, diamètre conjugué à l'orientation de son plan. *Chaque pôle est équidistant de tous les points du cercle* (**497**), *et leur paire est commune à tous les cercles de la surface dont les plans ont même orientation* (Sup.).

VIII. En vertu de la relation (1), *la demi-distance des traces d'une sphère sur une droite, le rayon de sa trace circulaire sur un plan, augmentent toujours, quand diminue la distance au centre, soit de la sécante, soit du plan sécant* (Cf. **431**, I).

Il s'ensuit que :

1° *Les droites passant par le centre, c'est-à-dire les diamètres* (VII), *sont celles sur lesquelles la sphère découpe les plus grands segments.*

Ces segments, de longueur commune $2r$, se nomment aussi des *diamètres*, et les deux extrémités de chacun sont des points *diamétralement opposés*.

2° *Les plans passant par le centre, c'est-à-dire les plans diamétraux* (Ib.), *sont ceux sur lesquels la sphère trace les cercles de plus grand rayon.*

Ces cercles, de rayon commun maximum et égal à celui de la surface, sont ses *grands cercles ;* par opposition, les autres, dont les rayons sont moindres, dont les plans ne passent pas par le centre, sont ses *petits cercles.*

IX. *La sphère est une figure limitée* (VIII, 1°), (**109**, I). On nomme *hémisphère*, chacune des deux parties égales en lesquelles un plan diamétral découpe la surface (III), (**498**, VI).

X. Un point de l'espace est *intérieur* ou *extérieur* à une sphère, selon que sa distance au centre est inférieure ou supérieure au rayon. *Dans le premier cas, les droites et plans issus de ce point rencontrent tous la sphère, ce qui n'a pas lieu toujours dans le second* (IV), (VI), (*Cf.* **431**, III).

509. *En tout point* M *d'une sphère, le plan tangent est perpendiculaire à la droite* OM *du rayon allant à ce point. Par suite, les tangentes à la surface sont les perpendiculaires en* M *à cette droite, et la normale est cette droite* OM *elle-même, passant ainsi toujours par le centre* (Cf. **432**, **436**).

Car la sphère est une surface de révolution autour de la droite OM (**508**, III), et le point M est toujours un pôle (**499**, VI), (**500**).

Les plans tangents, tangentes (**394**), sont donc les plans et droites dont les distances au centre sont égales au rayon, qui rencontrent la surface en de simples points (**508**, IV, VI).

Les points de la sphère, dont les distances à un même point donné sont minimum et maximum, se déterminent exactement comme sur un cercle (**436**, III).

510. *Sont toujours de révolution, un cylindre circonscrit d'orientation quelconque* α (**418**), *un cône circonscrit de sommet quelconque* S (**425**).

Car la sphère est de révolution autour de son diamètre $\mathcal{A}$ d'orientation a, et, aussi bien, autour de son diamètre OS (**508**, III), (**506**).

Pour un cylindre, la ligne de contact est le grand cercle d'axe $\mathcal{A}$. Pour un cône, elle est le petit cercle d'axe OS, dont le centre o est déterminé sur cet axe par la condition $Oo . OS = r^2$ (**433**). Selon que OS est $>$, $=$, ou $< r$, c'est-à-dire que S est extérieur, afférent ou intérieur à la sphère, on a ainsi $Oo <$, $=$, ou $> r$, et ce cercle existe, dégénère en un point, ou disparaît (**508**, VI); *le cône existe dans le premier cas, dégénère en le plan tangent en o dans le second, disparaît dans le troisième.*

D'après ces faits, dont la constatation est des plus faciles, *une sphère observée dans des conditions quelconques (sauf d'un point afférent ou intérieur), a toujours un cercle pour contour apparent* (**425**).

511. *Un cercle rencontre une sphère en deux points au plus, ou bien y est situé tout entier.* Car, si les deux figures ont en commun trois points distincts A, B, C, ceux-ci, qui ne peuvent être en ligne droite (**508**, IV), déterminent un plan qui coupe la sphère suivant un second cercle (*Ib.*, VI) passant aussi par A, B, C. Cet autre cercle se confond donc avec le proposé (**439**, III).

512. *Quand deux sphères non concentriques se rencontrent, ou bien c'est en un point de contact unique situé sur la droite de leurs centres, ou bien elles se coupent sous un même angle, en tous les points d'un cercle ayant cette droite pour axe.*

Comme leurs centres O, o déterminent une droite autour de laquelle toutes deux sont de révolution, avec des méridiennes pouvant être fournies par deux cercles dans un même plan diamétral commun, de mêmes centres O, o et rayons R, r (**508**, III), les théorèmes des nos **499**, IV et **476** sont applicables à la recherche des points communs. Après quoi, la combinaison de ces propositions avec les résultats de la discussion du système des deux cercles (**477**), conduit à des conclusions qui renferment les faits énoncés, mais dont le développement est assez facile pour être laissé aux soins du lecteur.

513. *La première partie du théorème du n° **463**, I et celui du n° **478** s'étendent immédiatement à deux sphères*, cela par les mêmes moyens. Seulement, chaque paire de tangentes communes à deux cercles est remplacée, pour deux sphères, par un cône ou cylindre circonscrit commun (**510**), et, aussi bien, par l'ensemble des plans tangents à ces derniers.

✣ **514**. PROBLÈME. *Construire une sphère passant par un cercle donné et par un point donné A étranger à son plan (Cf. **439**, III).*

I. *L'axe d'un cercle est le lieu des centres des sphères qui passent par cette ligne.*

Il doit effectivement contenir le centre de chacune de ces sphères, puisque le. cercle en est une section plane (**508, VI**). D'ailleurs, tout point du même axe est le centre d'une telle sphère, puisqu'il est équidistant de tous ceux du cercle (**497**).

II. Comme le lieu des points équidistants de A et d'un autre point B choisi arbitrairement sur le cercle, est le plan (AB) perpendiculaire au segment AB en son milieu (**275**), le centre de la sphère cherchée doit appartenir à la fois à ce plan et à l'axe ℬ du cercle donné. Or un tel point existe, unique et résolvant évidemment le problème ; car, la droite AB n'étant pas parallèle au plan du cercle, elle n'est pas orthogonale à la droite ℬ perpendiculaire à celui-ci (**175, I**) ; par suite, ℬ n'est pas parallèle au plan (AB) perpendiculaire à AB (**47**).

Si le point A était donné dans le plan du cercle, il y aurait impossibilité s'il était étranger à cette ligne (**508, VI**), indétermination s'il lui appartenait, puisque le problème serait alors résolu par toute sphère passant par quelque point du cercle et ayant pour centre un point de son axe (**I**).

515. Problème. *Construire une sphère passant par quatre points donnés A, B, C, D non situés dans un même plan* (*Cf.* **439, III**).

Les plans (AB), (BC), (CD), menés perpendiculairement aux segments AB, BC, CD par leurs milieux, étant les lieux des points respectivement équidistants de A, B, de B, C, de C, D, le centre de la sphère cherchée doit appartenir à ces trois plans à la fois. Or un tel point existe, unique et résolvant le problème ; car, les trois droites AB, BC, CD ne pouvant être parallèles à un même plan, puisque autrement les points A, B, C, D seraient dans le plan mené parallèlement à celui-ci par un quelconque d'entre eux, elles ne peuvent être orthogonales à une même droite (**175, I**) ; leurs plans perpendiculaires (AB), (BC), (CD) ne peuvent donc être parallèles à une même droite (**58**).

Si les points A, B, C, D étaient donnés dans un même plan, il y aurait visiblement impossibilité s'ils n'appartenaient pas à un même cercle, indétermination dans le cas contraire (*Cf.* **514**).

516. Problème. *Construire le rayon d'une sphère donnée matériellement, par des tracés faits sur elle et sur une épure.*

I. *Sur un plan* 𝒫, *ou sur une sphère* 𝒮, *le lieu des points qui sont à une même distance donnée* ρ *d'un point fixe quelconque* Ω *de l'espace, est (en général) un cercle ayant pour axe la droite* 𝒜 *allant de* Ω, *au plan* 𝒫 *perpendiculairement, ou au centre* O *de la sphère* 𝒮. *Car ce lieu est la trace d'une sphère, de centre* Ω, *de rayon* ρ, *soit sur le plan* (**508, VI**), *soit sur la sphère donnée* (**512**).

Sur un plan ou une sphère, un cercle est donc toujours décrit, comme sur une épure (**437**), par la pointe traçante d'un compas dont la pointe sèche est fixée en un point *quelconque*. Il faut seulement, que la longueur ρ ne soit pas inférieure au minimum des distances du point Ω à ceux du plan (**268**), ou de la sphère (**509**), ni supérieure à leur maximum pour cette dernière. (Quand il s'agit d'objets *matériels*, il faut encore que les branches du compas soient courbées de manière à ne pas butter contre eux.)

II. Au moyen d'un compas dont la pointe sèche est fixée en un point quelconque P de la sphère donnée, décrivons arbitrairement un cercle (I) dont nous obtiendrons le rayon en marquant sur lui trois points quelconques A, B, C, mesurant au compas les segments BC, CA, AB, construisant sur l'épure le triangle *abc* ayant ses côtés égaux à ces segments (**482**), et

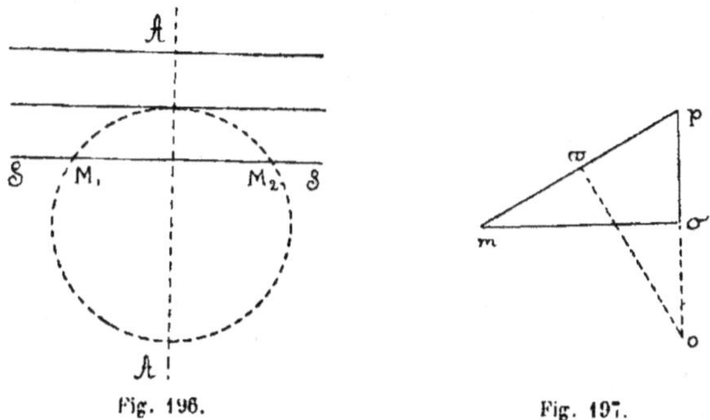

Fig. 196.   Fig. 197.

prenant le rayon du cercle circonscrit à ce triangle (**439**, III).

Si O, M sont le centre du cercle (ABC), marqué sur son plan par le diamètre OP de la sphère (I), et un point pris arbitrairement sur lui, le triangle POM est rectangle en O, et on connaît l'hypoténuse PM, ouverture donnée au compas, et l'un des côtés OM de son angle droit, rayon du cercle (*abc*). Sur l'épure, on pourra donc construire un triangle *pom* (*fig.* 197), égal à celui-ci (**479**, IV), et le rayon de la sphère sera le segment *po* découpé sur la droite *po* par la perpendiculaire élevée sur l'hypoténuse *pm*, en son milieu ω ; car, en nommant H le milieu de PM, la figure plane POOMH est visiblement égale à *poomω*.

517. Le fait constaté au n° **508**, II, assure à une sphère la propriété de pouvoir, comme un plan, *glisser indéfiniment sur elle-même*. Combiné avec la fixité simultanée du centre, il impose la forme sphérique aux surfaces d'un corps solide et de ses appuis, à mettre en application mutuelle pour guider ce corps dans divers mouvements laissant tous fixe un de ses points.

La nature nous montre des sphères presque parfaites, dans les surfaces des gouttes liquides libres, des bulles gazeuses très ténues, des spores et autres cellules reproductrices de la plupart des êtres vivants, dans celles de la terre et autres corps célestes. La construction du n° **516** fait concevoir la possibilité de mesurer le rayon de la terre, sans quitter sa surface qui nous est seule accessible ; mais elle ne serait pas praticable, et il a fallu recourir à d'autres moyens.

CHAPITRE XXI

MESURE DES CORPS RONDS

Aires de certaines plaques cylindriques, coniques et sphériques.

518. Une *gouttière cylindrique* est une région continue et illimitée d'un cylindre, qui en contient les génératrices issues de tous les points d'un arc de quelque ligne de la surface, tracé de manière à être rencontré en un seul point par chaque génératrice. Son *bord* est formé par les deux génératrices $\mathcal{A}$, $\mathcal{B}$ (*fig.* 198), issues des extrémités de l'arc ; ses *colliers* sont ses sections droites (**415**), sa *largeur* est la longueur évidemment uniforme de tous ses colliers.

L'aire de la plaque $A_1A_2B_2B_1A_1$ *que découpent dans une gouttière cylindrique, deux lignes superposables par une translation parallèle à son orientation, est donnée par la formule*

$$(1) \qquad A_1A_2B_2B_1A_1 = sl,$$

où s, l *désignent sa largeur et son côté, ou profil, longueur constante du segment intercepté par les lignes en question sur une génératrice quelconque* (**122**), (*Cf.* **289**, II).

Dans un collier AB, inscrivons une ligne brisée variable ayant sa longueur pour limite (**387**, III), et, par les sommets ..., m, n, .. de celle-ci, menons des génératrices sur lesquelles les les lignes A_1B_1, A_2B_2 découperont des segments tous égaux à l. A cause de leur parallélisme et de leur égalité, deux de ces segments consécutifs, m_1m_2, n_1n_2, sont les bases d'un parallélogramme $m_1m_2n_2n_1m_1$ ayant pour hauteur la corde mn de l'arc (mn) de la section droite ; et *la somme variable des aires de tous les parallélogrammes de ce genre a pour limite celle de la plaque ;* [il est visible que ces aires peuvent être décomposées en triangles infiniment petits, dont l'ensemble est inscrit dans la plaque conformément aux prescriptions du no **401**, III]. Cette somme d'aires, $\Sigma\,[l\,.\,mn]$ (**289**, II), étant égale à $l.\Sigma\,[mn]$, sa limite est bien $l\,.\,\lim\,\Sigma\,[mn] = ls$ (**375**).

519. Par la substitution d'une nappe de cône (**426**) à un cylindre, la définition d'une gouttière cylindrique (**518**) devient celle d'une *gouttière conique* et de son *bord*. Ici, les *colliers* sont tracés sur la gouttière, par les sphères ayant son sommet S pour centre commun ; ils coupent encore toutes les génératrices orthogonalement (**385**), parce que ces demi-droites sont normales aux sphères (**509**), et que les colliers sont tracés aussi sur ces dernières (**393**) ; mais, au lieu d'être égales, leurs longueurs sont proportionnelles aux rayons des sphères correspondantes, ces arcs n'étant qu'homothétiques par rapport au sommet de la gouttière (**419**, III), (**407**).

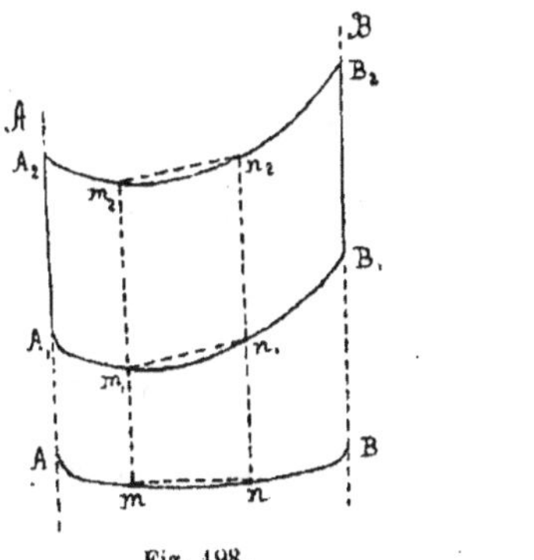

Fig. 198.

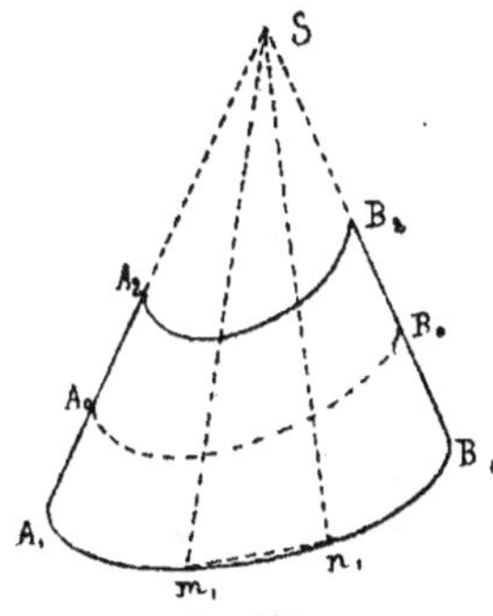

Fig. 199.

L'aire d'une plaque $A_1A_2B_2B_1A_1$ *(fig. 199), décóupée dans une gouttière conique par deux de ses colliers, est donnée par la formule*

$$(2) \qquad A_1A_2B_2B_1A_1 = \frac{(s_1 + s_2)}{2}\,l = s_0 l,$$

où s_1, s_2 *représentent les longueurs des colliers, et* l, *celle uniforme des segments* A_1A_2, B_1B_2, *... interceptés par eux sur les génératrices* (longueur dite le *côté*, *apothème*, ou *profil*, de la plaque), *et* s_0, *celle du collier moyen, c'est-à-dire passant par les milieux* A_0, B_0, *... des segments précités (Cf.* **289**, I).

I. Quand l'un des colliers extrêmes, A_2B_2 par exemple, est tracé par une sphère de rayon nul, il se réduit, comme elle, au sommet S, la plaque $A_1SB_1A_1$ ayant pour bord l'autre collier A_1B_1 associé aux profils SA_1, SB_1 ; et *son aire est la limite de la somme de celles des triangles ..., m_1Sn_1, ... ayant, pour sommet commun S, pour côtés opposés ceux d'une ligne brisée $A_1... m_1n_1... B_1$ inscrite dans l'arc A_1B_1, de manière à avoir sa longueur pour limite (Cf. 518).*

Cela posé, en raisonnant exactement comme pour un secteur circulaire (**467**, II), on trouvera la formule toute semblable

$$A_1SB_1A_1 = s_1 . \frac{SA_1}{2},$$

produit de la longueur du collier par la moitié du côté SA_1 (jouant ici le rôle du rayon du secteur) (Cf. **288**).

II. Quand il n'en est pas ainsi, l'aire Φ de la plaque proposée $A_1A_2B_2B_1A_1$, est la différence $\Phi_1 - \Phi_2$ de celles des plaques $A_1SB_1A_1$, $A_2SB_2A_2$, de la variété ci-dessus, ayant pour côtés $SA_1 > SA_2$ (I). La seconde étant homothétique à la première par rapport au sommet S, dans le rapport $\rho = SA_2 : SA_1$ 1 (**419**, II, III), on trouvera successivement (**407**), (I) :

$$\Phi = \Phi_1 - \Phi_2 = \Phi_1 - \rho^2\Phi_1 = \Phi_1(1 - \rho^2) = \Phi_1(1 + \rho)(1 - \rho)$$

$$= s_1 . \frac{SA_1}{2}(1 + \rho)(1 - \rho) = \frac{1}{2}[s_1(1 + \rho)][SA_1(1 - \rho)]$$

$$= \frac{1}{2}(s_1 + \rho s_1)(SA_1 - \rho.SA_1) = \frac{1}{2}(s_1 + s_2)(SA_1 - SA_2)$$

$$= \frac{s_1 + s_2}{2} l,$$

ce qui est bien le second membre de la première des formules (2), (Cf. **348**).

III. Le collier moyen étant homothétique, par rapport au sommet S, à chacun des extrêmes, on a encore

$$\frac{s_0}{SA_0} = \frac{s_1}{SA_1} = \frac{s_2}{SA_2} = \frac{s_1 + s_2}{SA_1 + SA_2},$$

d'où $2s_0 = s_1 + s_2$, puisque $2SA_0 = SA_1 + SA_2$, et la dernière des formules précitées se déduit de la première par la substitution de $2s_0$ à $(s_1 + s_2)$ [1].

520. *Quand deux parallèles d'une surface de révolution*

---

[1] Ces raisonnements pèchent par l'intervention du sommet de la gouttière qui est un point singulier (**422**, IV); mais ils seraient rendus moins expéditifs par le détour à prendre pour corriger ce défaut, et ici, comme dans les cas analogues (**529**, **531**, *inf.*), la brièveté, même boiteuse, est préférable à une rigueur moins coulante.

sont issus des extrémités d'un arc d'une demi-méridienne ne rencontrant pas l'axe (499), ils en découpent une plaque dont le bord est formé par l'ensemble de ces cercles. Une telle plaque est une *zone* de la surface, ayant, pour *bases* les parallèles en question, pour *hauteur* la distance de leurs plans, pour *profil* l'arc de demi-méridienne précité.

521. *Sur un cylindre de révolution de rayon* r **(504)**, *l'aire d'une zone de profil* l *a pour mesure* $2\pi r l$.

Car, en dédoublant en deux segments confondus $A_1 A_2$, $B_1 B_2$ (*fig.* 200), celui que les bases de la zone, $P_1 Q_1$, $P_2 Q_2$, découpent sur quelque génératrice du cylindre, on forme le contour $A_1 A_2 P_2 Q_2 B_2 B_1 Q_1 P_1 A_1$ d'une plaque de gouttière cylindrique ayant, pour largeur la longueur $2\pi r$ d'une circonférence telle que $A_1 P_1 Q_1 B_1$ **(463)**, pour côté le profil $A_1 A_2 = l$ **(518)**.

Une pareille zone se nomme encore la *surface latérale du tronc cylindrique à bases parallèles* $P_1 Q_1 P_2 Q_2$ **(528, inf.)**.

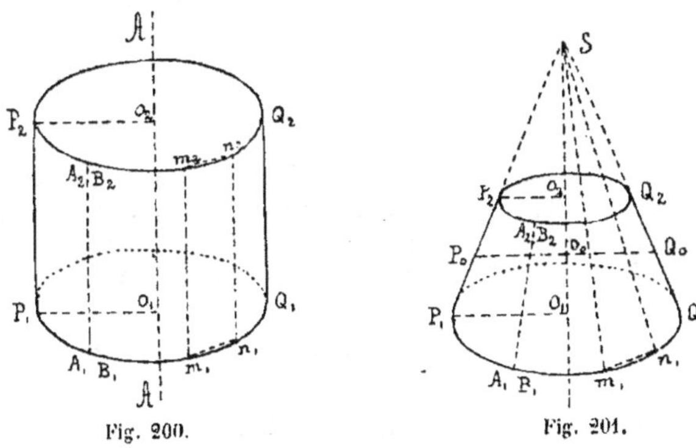

Fig. 200.　　　　　Fig. 201.

522. *Sur un cône de révolution, l'aire d'une zone dont les bases et le collier moyen ont les rayons* r_1, r_2, r_0, *dont le profil est de longueur* l, *a pour mesure*

$$(3) \qquad \pi(r_1 + r_2)\, l = 2\pi r_0\, l,$$

ou bien encore, le produit $2\pi R h$, *de sa hauteur* h, *par la longueur* $2\pi R$ *du grand cercle de la sphère circonscrite au cône suivant le collier moyen* **(510)**.

I. Car, en la fendant par un segment de génératrice, dédoublé en $A_1 A_2$, $B_1 B_2$ (*fig.* 201), on en fait une plaque conique de la nature de celles que nous avons mesurées au n° **519**, dont les colliers extrêmes et moyen sont les cercles $P_1 Q_1$, $P_2 Q_2$, $P_0 Q_0$, de longueurs $2\pi r_1$, $2\pi r_2$, $2\pi r_0$, dont le côté est l longueur du profil $P_1 P_2$. D'où, pour la mesure de son aire, les deux expressions $[(2\pi r_1 + 2\pi r_2) l] : 2 = 2\pi r_0 l$, équivalentes aux précédentes (3).

II. Un demi-plan méridien trace sur la zone, son profil, un segment rectiligne dont les extrémités et le milieu P_1, P_2, P_0 (*fig.* 202) se projettent sur l'axe $\mathcal{A}$, en p_1, p_2, p_0 centres des bases et du collier moyen ; et la trace O sur l'axe, de la perpendiculaire à la droite P_1P_2 élevée en P_0 dans ce demi-plan, est visiblement le centre de la sphère circonscrite au cône suivant le collier moyen.

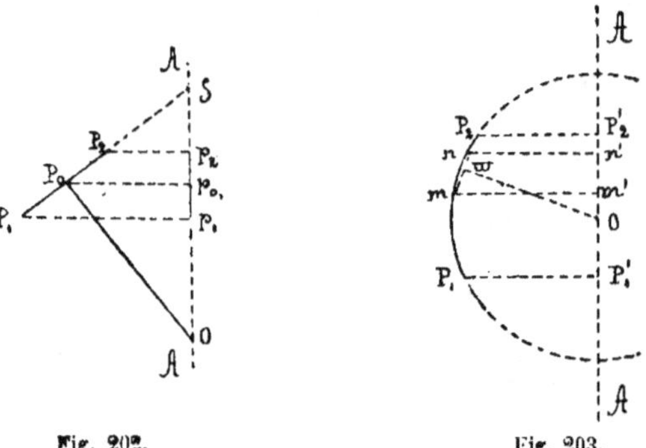

Fig. 202.   Fig. 203.

Maintenant, on a $P_1P_2 : p_1p_2 = SP_0 : Sp_0$ (**131**) ; puis, dans les triangles SP_0O, Sp_0P_0, rectangles en P_0, p_0, équiangles pour avoir encore identiques leurs angles aigus en S, $SP_0 : Sp_0 = OP_0 : P_0p_0$. Or, la combinaison de ces deux proportions conduit à

$$\frac{P_1P_2}{p_1p_2} = \frac{SP_0}{Sp_0} = \frac{OP_0}{P_0p_0}, \quad \text{d'où } P_1P_2 . P_0p_0 = OP_0 . p_1p_2,$$

c'est-à-dire $lr_0 = Rh$ entraînant bien $2\pi r_0 l = 2\pi Rh$.

III. La zone considérée porte encore le nom de *surface latérale du tronc conique*, $P_1Q_1P_2Q_2$ (*fig.* 201), *à deux bases parallèles, ou à une seule*, selon que le plan du cercle P_2Q_2 ne passe pas, ou passe par le sommet. Dans le second cas, le tronc P_1Q_1S se nomme improprement un *cône*, on a $r_2 = 0$, et la première expression de sa surface latérale (I) se réduit à $\pi r_1 l$, l représentant ici la longueur SP_1 (**530**, *inf.*)

La seconde expression $2\pi Rh$ est applicable à la mesure d'une zone cylindrique (**521**), car on y a évidemment $r = R$, $l = h$.

523. *Sur une sphère de rayon r, considérée comme surface de révolution* (**508**, III), *l'aire d'une zone de hauteur h, a pour mesure* $2\pi rh$, *produit de cette hauteur par la circonférence d'un grand cercle.*

Si la droite $\mathcal{A}$ (fig. 203) et l'arc de grand cercle P_1P_2 sont l'axe et le profil de la zone sphérique en question, l'aire de *celle-ci est la limite de la somme de celles de zones coniques de même axe, ayant pour profils les côtés d'une ligne brisée inscrite dans cet arc, de manière à avoir sa longueur pour limite.*

En représentant, par O le centre de la sphère, par P'_1, P'_2 les projections des extrémités de l'arc P_1P_2 sur l'axe, puis, indéfiniment, par ..., mn, ... les côtés de la ligne brisée, par ..., ϖ, ... leurs milieux, par ..., $m'n'$, ... leurs projections sur l'axe, on a ainsi pour l'aire (P_1P_2) de la zone,

$$(P_1P_2) = \lim \Sigma[2\pi.O\varpi. m'n'] \qquad (522,\ \text{II, III}).$$

Les considérations du n° **467**, I sont applicables à la recherche de cette limite, puisqu'on a $\lim \Sigma\, m'n' = \Sigma\, m'n' = P'_1P'_2 = h$, et que, comme pour les quantités v (*Ib.*, II), r est la limite commune de .., $O\varpi$, ... , distances, au centre O de l'arc P_1P_2, des côtés infiniment petits d'une ligne brisée inscrite dans cet arc. On a donc bien $(P_1P_2) = 2\pi r.h$.

524. Rien n'empêche de supposer tangents à la sphère, un seul des plans des bases, ou tous deux. Dans le premier cas, la zone se nomme encore une *calotte sphérique*. Dans le second, où elle a pour hauteur le diamètre $2r$ de la sphère, son aire est *celle de la totalité de la sphère, ayant ainsi pour mesure* $2\pi r.2r = 4\pi r^2$, *soit le quadruple de celle d'un grand cercle* (**468**).

525. Des dièdres ayant l'axe d'une zone (quelconque) pour arête commune, découpent sur elle, des plaques à bords composés d'arcs de ses bases et de méridiennes, *dont les aires sont visiblement proportionnelles aux amplitudes de ces angles.* Pour obtenir l'aire d'une telle plaque, il suffit donc *de multiplier celle de sa zone génératrice, par le rapport de son angle à l'axe, au dièdre replet* (*Cf.* **461**).

En considérant une zone sphérique embrassant la sphère entière, on a ainsi la mesure du *fuseau sphérique*, plaque découpée sur la surface par deux demi-grands cercles de mêmes extrémités.

Volumes à périphéries composées de certaines plaques planes, cylindriques, coniques ou sphériques.

526. Comme des bandes pour une moulure à faces planes (**292**), ou des angles rectilignes pour un angle polyèdre (**302**), des gouttières cylindriques parallèles (**518**), ou coniques d'un même sommet (**519**), peuvent être assemblées, les premières en une *moulure à faces courbes*, les dernières en un *coin à faces courbes*.

Le *déchevêtrement* d'une figure de l'un ou l'autre genre, ses points *intérieurs* ou *extérieurs*, son *amplitude*, se précisent par des moyens ayant la plus grande analogie avec les considérations esquissées au n° **390**, à propos d'un contour curviligne plan et de l'aire qu'il délimite.

527. A fort peu près comme pour un prisme (**330, II**), *la périphérie d'un tronc cylindrique à bases parallèles*, résulte de la combinaison d'un moulure déchevêtrée à faces courbes, avec un mur non parallèle à celle-ci. Les *bases* du tronc sont les traces, égales entre elles, de la moulure sur les faces du mur ; ses *faces, arêtes latérales*, sont les plaques, les segments égaux, découpés par les mêmes faces sur les gouttières, sur les génératrices de la moulure ; sa *section droite* est celle de la moulure ; sa *hauteur* est l'épaisseur du mur (**216**).

Le volume du tronc comprend les points de l'espace qui sont intérieurs à la moulure et au mur en même temps.

Ce volume a pour mesure, le produit de l'aire de la section droite du tronc par la longueur des arêtes latérales, et, aussi bien, celui de l'aire commune des bases par la hauteur.

I. *Il est la limite de celui du prisme variable ayant pour arêtes (de tous genres), les côtés des parallélogrammes dont la considération conduit à la mesure des aires des faces latérales du tronc* (**518**).

(La *figure* 200 montre en $m_1m_2n_2n_1m_1$, un de ces parallélogrammes pour un tronc dont la moulure est un cylindre de révolution, d'orientation perpendiculaire au mur. Présentement, les cercles P_1Q_1, P_2Q_2, sont à la fois bases et sections droites ; le profil P_1P_2 joue le double rôle, d'arête latérale et de hauteur.)

II. Soient, B et B′, S et S′, les bases du tronc et du prisme variable, leurs sections droites, puis l, h les valeurs évidemment communes, tant de leurs arêtes latérales, que de leurs hauteurs, V et V′ leurs volumes. On a $V = \lim V'$ (I), avec V′ $S'l = B'h$ (**336**). Or, on a aussi $\lim B' = B$, parce que chaque base du prisme variable est un polygone inscrit dans une base du tronc, de manière que l'aire de la première ait pour limite celle de la seconde (**390**), et semblablement, $\lim S' = S$. On a donc bien

$$(1) \qquad\qquad V = Sl = Bh \qquad\qquad (375).$$

528. Si, soit la base du tronc, soit sa section droite, étaient un cercle de rayon r, son volume aurait pour mesure $\pi r^2 h$ dans le premier cas, $\pi r^2 l$ dans le second (**468, II**).

Il est presque évident, que *l'expression Sl donne la mesure du volume de ce qui devient le tronc par la substitution aux faces de son mur, de deux surfaces que peut superposer quelque translation parallèle à sa moulure.*

529. Semblablement à ce qui précède (**527**), la combinaison d'un coin à faces courbes (**526**) avec un mur auquel son sommet n'est pas intérieur, et dont les faces rencontrent toutes ses génératrices, donne un *tronc conique à bases parallèles*, figure ayant les plus grandes analogies avec un tronc de pyramide (**332**). Ici, les *bases* sont, entre elles, non égales, mais homothétiques par rapport au sommet (**419**, IV), et les *arêtes latérales* sont inégales, sauf le cas où le tronc est une figure de révolution. La *hauteur* est toujours l'épaisseur du mur (**216**).

Le volume de ce tronc a pour mesure le tiers du produit de sa hauteur, par la somme des aires de ses bases et de leur moyenne proportionnelle.

I. *Quand l'une des faces du mur passe par le sommet, le volume du tronc* (dit alors à *une* base, ou *cône* improprement), *est la limite de celui de la pyramide variable ayant, pour sommet celui du coin, pour base un polygone inscrit dans celle du tronc, de manière à avoir sa longueur pour limite* (*Cf.* **527**, I).

(La *figure* 201 montre, dans le triangle $m_1 S n_1$, une face latérale d'une telle pyramide pour un tronc de cette variété, dont le coin est une nappe d'un cône de révolution, dont la base a son plan perpendiculaire à l'axe de ce cône. Ici, la base et la hauteur sont le cercle $P_1 Q_1$, et le segment $S o_1$ de son axe.)

En nommant maintenant, B et B′ les bases du tronc et de la pyramide, h leur hauteur commune, V, V′ leurs volumes, on a ainsi $V = \lim V'$, avec $V' = (B'h) : 3$ (**338**), et $\lim B' = B$ comme tout à l'heure (**527**, II), d'où $\lim B'h = Bh$ (**375**). On a donc

$$(2) \qquad\qquad V = \frac{Bh}{3}.$$

II. Le volume V d'un tronc à deux bases B_1, B_2 et de hauteur h, est la différence $V_1 - V_2$ de ceux de troncs du genre ci-dessus (I), résultant de la combinaison du coin du proposé avec les bases B_1, B_2, respectivement ; la différence $h_1 - h_2$ des hauteurs de ces derniers est h, et ces troncs, ainsi que leurs bases sont homothétiques par rapport au sommet dans le rapport $\rho = h_1 : h_2$.

Cela posé, un raisonnement identique à celui du n° **348** conduit à la formule toute semblable

$$V = \frac{(B_1 + \sqrt{B_1 B_2} + B_2)\, h}{3},$$

ayant évidemment (2) pour cas particulier.

530. Quand les bases du tronc sont des cercles de rayons r_1, r_2, cas se présentant en particulier, quand il résulte de la combinaison d'une nappe de cône de révolution avec un mur perpendiculaire à l'axe, son volume a pour expression

$$\frac{(\pi r_1^2 + \sqrt{\pi r_1^2 . \pi r_2^2} + \pi r_2^2)\,h}{3} = \pi \frac{(r_1^2 + r_1 r_2 + r_2^2)\,h}{3},$$

se simplifiant en $\pi r_1^2 h$, si le plan de la seconde base passait par le sommet de la nappe.

531. En combinant un coin conique à faces courbes, avec une sphère ayant son sommet pour centre, on obtient un *secteur sphérique*, dont la périphérie se compose ainsi, de la plaque découpée par le coin sur la sphère, c'est la *base* du secteur, et de celles, limitées, que la sphère détache des gouttières coniques composant le coin (*Cf.* **529**, I et **467**).

Le volume d'un secteur sphérique a pour mesure le tiers du produit de l'aire de sa base par le rayon de la sphère.

I. *Si, dans la base du secteur, on inscrit une plaque brisée ayant son aire pour limite* (**401**, III), *le volume du secteur est la limite de celui du polyèdre variable dont les arêtes sont celles de la plaque brisée et les rayons de la sphère allant aux sommets de son périmètre. En outre, les distances au centre de la sphère, des plans des faces ..., u, .., de la plaque brisée, ont, toutes, son rayon pour limite commune.* [Ce dernier point résulterait bien facilement, de ce que, chacune des faces..., u, ... étant un triangle dont le sinus d'un angle est de petitesse limitée (*Ib.*), le rayon de son cercle circonscrit (**536**, *inf.*) est infiniment petit comme ses côtés.]

II. Soient maintenant, O, r le centre et le rayon de la sphère, B la base du secteur, V son volume, puis ..., v, ... les distances au centre O, des faces triangulaires ..., u,... de la plaque brisée, et V' le volume du polyèdre variable précité.

Ce volume V' étant visiblement la somme de ceux des tétraèdres qui ont ..., u, ... pour bases et O pour sommet opposé commun, on a (**334**) $V' = \Sigma\,[(uv) : 3]$, avec $\lim \Sigma u = $ B, $\lim v = r$ (I). Il vient donc immédiatement

$$V = \frac{Br}{3} \qquad (467, \text{I}), (375).$$

532. Quand le secteur a pour base une calotte sphérique abcP (*fig.* 204), dont le plan du cercle de base, $abc\varpi$, est à une distance $O\varpi = d$ du centre de la sphère, son volume est mesuré ainsi par

$$2\pi r (r \pm d)\frac{r}{3} = \frac{\pi}{3}(r \pm d).2r^2 \qquad (524),$$

selon que la hauteur $P\varpi \,(= r \pm d)$ de la calotte, est supérieure comme ici au rayon de la sphère, ou inférieure.

En se plaçant dans le premier cas et prenant $O\varpi = r$, la calotte et le secteur deviennent la totalité de la surface de la sphère (*Ib.*) et le volume dont cette surface est la périphérie. *Le volume de la sphère a donc pour mesure*

$$\frac{\pi}{3}(r + r).2r = \frac{4}{3}\pi r^3.$$

533. La périphérie d'un *segment sphérique* est formée d'une zone sphérique et des aires des deux parallèles qui composent le bord de celle-ci; ces aires sont les *bases* du secteur, la distance de leurs plans est sa *hauteur*. Quand la zone est une calotte, le segment est dit à *une base* (*Cf.* **469** *et* **470, 3°**).

Le volume d'un segment sphérique a pour mesure le produit de la demi-somme de ses bases par sa hauteur, augmenté de la mesure du volume d'une sphère ayant cette hauteur pour diamètre.

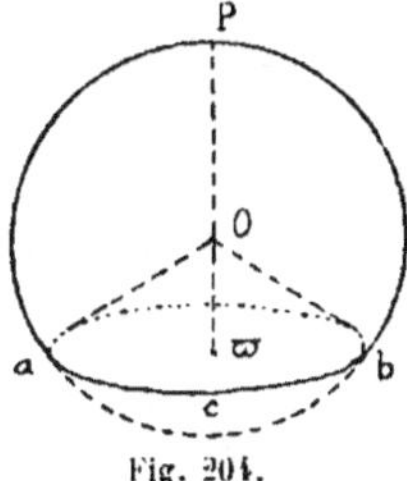

Fig. 204.

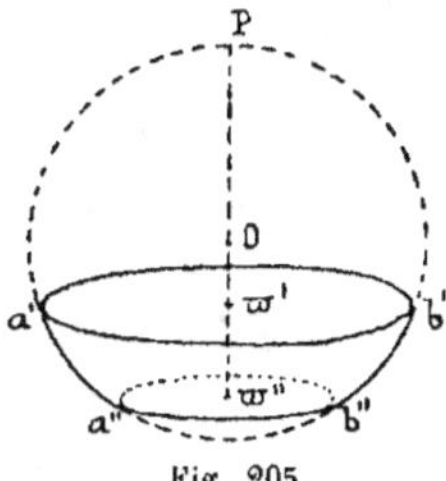

Fig. 205.

I. Quand le secteur a pour base unique, celle $abc\varpi$ (*fig* 204) d'une calotte $abcP$, et, suivant que la hauteur commune $P\varpi$ de ces deux figures est supérieure ou inférieure au rayon de la sphère, le volume du segment est la somme ou la différence de ceux du secteur $OabcP$, du tronc conique de révolution $Oabc\varpi$ dont le cercle $abc\varpi$ est la base unique aussi, dont la hauteur est $O\varpi = d$.

Comme le carré de ϖa rayon du cercle $abc\varpi$ est égal à $r^2 - \overline{O\varpi}^2$ (**508, VI**), le volume du tronc conique est mesuré par

$$\pi (r^2 - \overline{O\varpi}^2)\frac{O\varpi}{3} = \frac{\pi}{3}(r^2.O\varpi - \overline{O\varpi}^3) \qquad \textbf{(530)},$$

et le volume du segment ici considéré, par

$$(3) \qquad \frac{\pi}{3}[(r \pm O\varpi).2r^2 \pm (r^2.O\varpi - \overline{O\varpi}^3)] \qquad \textbf{(532)}.$$

II. Dans un segment quelconque, soient maintenant, $a'b'$, $a''b''$ (*fig.* 205) ses bases la moins et la plus éloignées de l'un, P, de leurs pôles communs, puis $d' = O\varpi'$, $d'' = O\varpi''$ les distances de leurs plans au centre de la sphère, dont, pour fixer les idées, nous supposerons toutes deux opposées à OP, les directions $O\varpi'$, $O\varpi''$. Comme ce segment est la différence $a''b''$P $-$ $a'b'$P de ceux à une seule base, que ces notations désignent, on obtiendra sa mesure, en faisant successivement $O\varpi = d''$, $- d'$, dans l'expression (3) écrite avec les signes supérieurs, puis la différence des résultats ainsi trouvés. Pour cette différence, il vient immédiatement

$$(4) \qquad \frac{\pi}{3}\,[(d'' - d').2r^2 \cdot r^2\,(d'' - d') - (d''^3 - d'^3)].$$

En remplaçant $d''^3 - d'^3$ par $(d''^2 + d''d' \cdot d'^2)\,(d'' - d')$, représentant par h la différence $d'' - d'$ $\varpi''\varpi'$ hauteur du segment, puis mettant cette hauteur en facteur, l'expression (4) devient

$$(5) \qquad \frac{\pi h}{3}\,(3r^2 - d''^2 \quad d''d' - d'^2).$$

Mais, à cause de $(d'' - d')^2 = d''^2 + d'^2 - 2d''d'$, on a $d''d' = (d''^2 + d'^2 - h^2) : 2$, ce qui change (5) en

$$\frac{\pi h}{3}\left(3r^2 - d''^2 - d'^2 - \frac{d''^2 + d'^2 \quad h^2}{2}\right)$$

$$= \frac{\pi h}{6}\,(6r^2 - 3d''^2 - 3d'^2 + h^2)$$

$$= \frac{\pi h}{6}\,[3(r^2 - d''^2) \quad 3(r^2 - d'^2) + h^2]$$

$$\left(\frac{\pi\rho''^2 \quad \pi\rho'^2}{2}\right)h \quad \frac{\pi h^3}{6},$$

si, pour abréger, on représente par ρ''^2, ρ'^2 les carrés $r^2 - d''^2$, $r^2 - d'^2$, des rayons des deux bases. Or $\pi\rho''^2$, $\pi\rho'^2$ et $\pi h^3 : 6$, sont bien les mesures des aires des bases et du volume d'une sphère de rayon $h : 2$ **(468, II), (532)**.

534. En combinant entre eux les résultats consignés dans ce chapitre, on obtient la mesure de figures assez variées dérivant de cylindres ou cônes de révolution, de sphères.

C'est le cas de celle découpée dans un segment par les faces d'un dièdre ayant son axe pour arête (*Cf.* **525**), de l'*onglet sphérique* en particulier, qui est donné ainsi par un segment comprenant tout le volume de la sphère, et qu'on peut encore considérer comme le secteur ayant pour base un fuseau (*Ib.*).

Citons encore: le *voussoir sphérique*, taillé par deux sphères concentriques et un coin conique ayant leur centre commun pour sommet (c'est la différence de deux secteurs sphériques homothétiques par rapport au centre); l'*anneau sphérique*, limité par une zone sphérique et la zone conique ou cylindrique ayant les mêmes parallèles extrêmes (c'est l'excès d'un segment sphérique sur un tronc conique, tous deux ayant les aires de ces parallèles pour bases communes).

✳ ADDITION I

FORMULES CALCULABLES PAR LOGARITHMES, POUR LA RÉSOLUTION DES TRIANGLES

535. Aux nᵒˢ **230, 231, 244, 479, 482**, nous avons vu successivement, qu'on peut *construire* un triangle, trois de ses éléments en particulier, dès que les trois autres sont connus, pourvu toutefois qu'un côté au moins se trouve parmi ces derniers. On peut donc aussi *calculer* les éléments inconnus, quand les autres sont donnés *numériquement*, opération nommée la *résolution* du triangle.

Mais, comme il y a d'immenses avantages *pratiques* à calculer par logarithmes, comme, d'autre part et pour cette raison, les rapports trigonométriques des angles (qui seuls, non ceux-ci directement, peuvent être mêlés à des segments rectilignes dans une expression analytique) ne sont inscrits dans les Tables (**252**) que par leurs logarithmes, il est absolument nécessaire d'employer exclusivement, des formules *calculables par logarithmes*, c'est-à-dire, n'exigeant le retour des logarithmes aux longueurs ou aux angles, que pour *écrire* les résultats définitifs du calcul. Ce sont les formules de cette aptitude spéciale, que nous allons donner pour les quatre cas principaux du problème.

Désormais, nous nommerons *sinus de tout angle obtus* Ω, celui de son supplément $\pi - \Omega$ alors aigu (**251**, I), et *nous le représenterons encore par la même notation* sin Ω.

536. Nous noterons généralement, a, b, c les côtés d'un triangle, A, B, C ses angles respectivement opposés, et nous commencerons par démontrer que *les premiers sont proportionnels aux sinus des seconds*.

Car, en considérant deux angles pris à volonté, B, C (*fig.* 206), et menant la hauteur AP issue du sommet du troisième A, les triangles BPA, CPA, rectangles en P, donnent (**252**) AP $= b$ sin C $= c$ sin B, d'où, $b : c = \sin B : \sin C$, puis, par suite (**118**, I),

$$(1) \qquad \frac{a}{\sin A} = \frac{b}{\sin B} = \frac{c}{\sin C}.$$

[Il est bon de remarquer, que *la valeur commune de ces rapports est le diamètre* D *du cercle circonscrit au triangle*. Car si A′, sur ce cercle, est le point diamétralement opposé à C, le triangle A′BC, rectangle en B (**453**), donne $BC = A′C.\sin BA′C$, et l'on a $\sin BA′C = \sin BAC$ (**535**), parce que les deux angles sont égaux ou supplémentaires (**453**) ; avec nos notations, il vient ainsi $a = D \sin A$, c'est-à-dire $a : \sin A = D$.]

537. *Premier cas : on donne un côté a et les deux angles adjacents* B, C (*Cf.* **230**).

Le troisième angle A est immédiatement fourni par la formule

$$A = \pi - (B + C) \qquad (222) ;$$

après quoi, les relations (1) donnent

$$b = \frac{a \sin B}{\sin A} = \frac{a \sin B}{\sin (B + C)} \quad (535), \qquad c = \frac{a \sin C}{\sin (B + C)}.$$

La seule condition de possibilité est $B + C < \pi$ (*Cf.* **230**).

Si les données étaient *un côté, un angle adjacent et l'angle opposé*, la valeur de l'angle inconnu serait encore le supplément de la somme des deux autres, et on serait ramené à ce qui précède, puisque ce troisième angle est l'autre adjacent au côté donné.

538. *Deuxième cas : on donne deux côtés b, c et l'angle* A *compris entre eux* (*Cf.* **231**).

I. Si l'on a $b = c$, le triangle est isocèle (**234**), et

$$B = C = \frac{B + C}{2} = \frac{1}{2} (\pi - A).$$

En nommant D′ la trace de la bissectrice de l'angle A sur le côté inconnu BC, les triangles AD′B, AD′C sont égaux, rectangles en D′, et le second, par exemple, donne $a : 2 = b \sin (A : 2)$, (**252**), d'où

$$a = 2b \sin \frac{A}{2} = 2c \sin \frac{A}{2}.$$

II. Sinon, et en supposant $b > c$, on obtient des formules calculables par logarithmes, par un artifice comportant le calcul préalable de $(B - C) : 2$. A cet effet, soient, ABC (*fig.* 207) le triangle en question, D′, D″ les traces, sur son côté BC, des bissectrices intérieure et extérieure de l'angle A, puis $\beta′$ et $\gamma′$, $\beta″$ et $\gamma″$, les projections des sommets B et C sur ces bissectrices respectivement.

Le point D′ est intérieur au côté BC, comme la bissectrice à l'angle opposé (**151**), et D″ est sur son prolongement au delà de B, à cause de $b > c$ (**456**). Les projections β', γ' sont sur la demi-droite AD′ et son identique AD′, parce que celles-ci font des angles aigus avec AB, AC ; β'', γ'' son' sur AD″ et sur son opposée, pour une cause semblable (**224**, II).

Le triangle ABD″ donne D″ = ABC — BAD″ = B — ($\mathcal{C}$ — A) : 2 = B — (B + C) : 2 = (B — C) : 2 (**222**), c'est-à-dire

$$(2) \qquad \frac{B - C}{2} = D'' ;$$

et, dans le triangle D′AD″, rectangle en A **265**), on a

$$(3) \qquad \operatorname{tang} D'' = \frac{AD'}{AD''} \qquad (\mathbf{251, I}).$$

Mais on a, d'autre part,

$$\frac{AD'}{\beta'\gamma'} = \frac{D''D'}{BC} = \frac{D''A}{\beta''\gamma''},$$

parce que D″D′, BC se projettent, en AD′, $\beta'\gamma'$ sur la bissectrice intérieure, en D″A, $\beta''\gamma''$ sur la bissectrice extérieure (**131**). Il en

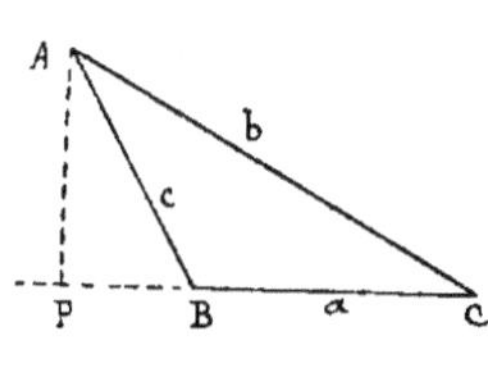

Fig. 206.

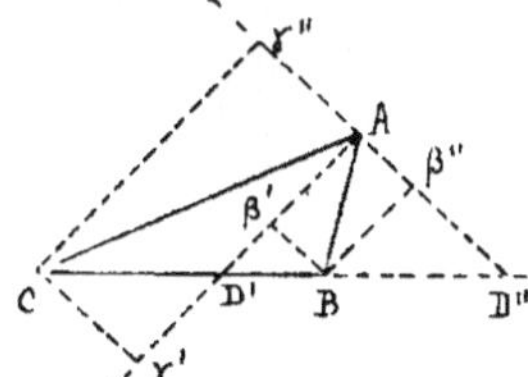

Fig. 207.

résulte AD′ : AD″ = $\beta'\gamma'$: $\beta''\gamma''$, puis (**252**), par la considération de triangles rectangles évidents,

$$(4) \qquad \operatorname{tang} \frac{B - C}{2} = \operatorname{tang} D'' = \frac{\beta'\gamma'}{\beta''\gamma''} = \frac{b\cos\dfrac{A}{2} - c\cos\dfrac{A}{2}}{b\sin\dfrac{A}{2} + c\sin\dfrac{A}{2}}$$

$$= \frac{(b - c)\cos\dfrac{A}{2}}{(b + c)\sin\dfrac{A}{2}} = \frac{b - c}{b + c}\cot\frac{A}{2} \qquad (2), (3), (\mathbf{251, II}),$$

ce qui est la formule cherchée.

III. La valeur Δ de (B — C) : 2 ayant été déduite de (4) au moyen des Tables, les équations du premier degré

$$\frac{B + C}{2} = \frac{\mathcal{C} - A}{2}, \qquad \frac{B - C}{2} = \Delta$$

donneront, par addition et soustraction membre à membre,

$$B = \frac{\mathcal{K} - A}{2} + \Delta, \qquad C = \frac{\mathcal{K} - A}{2} - \Delta,$$

et, pour le calcul de a, on est ramené au cas précédent (**537**), puisque, actuellement, on connaît les deux côtés b, c et tous les angles.

539. *Troisième cas : on donne deux côtés a, b et l'angle* A *opposé à l'un d'eux* (*Cf.* **479**).

Pour l'angle inconnu B, opposé à l'autre côté b, les relations (1) donnent immédiatement

$$\sin B = \frac{b \sin A}{a}.$$

1° Quand $a < b \sin A$, le second membre de cette formule est > 1, et le triangle n'existe pas, parce que nul angle B ne peut avoir son sinus supérieur à 1 (**251**, II), (**535**).

2° Quand $a = b \sin A$, le même second membre est $= 1$, et l'angle B est droit (**253**).

3° Quand $a > b \sin A$, le second membre est < 1, et on trouve deux valeurs pour l'angle B, l'une aiguë donnée par les Tables, l'autre obtuse qui en est le supplément (**535**).

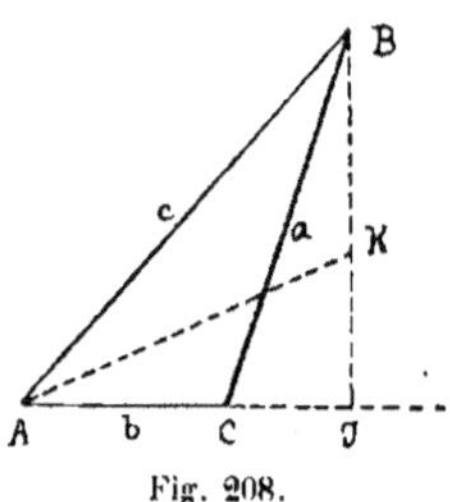

Fig. 208.

La suite de la discussion implique la prise en considération des valeurs aiguë, droite, obtuse, que l'angle donné A peut avoir ; nous la supprimons parce qu'elle ne serait guère que la répétition de ce que nous avons dit en exposant la solution graphique (**479**). On notera que la principale condition d'impossibilité (1°) s'accorde textuellement avec celle que montre le tracé ; car le triangle APC (*fig.* 184, 185), qui est rectangle en P, donne $b \sin A = CP$.

540. *Quatrième cas : on donne les trois côtés, a, b, c* (*Cf.* **482**).

I. Pour calculer un angle A du triangle, que nous supposerons aigu, afin de fixer les idées (*fig.* 208), nous couperons, en K, par sa bissectrice, la hauteur BJ issue de quelque autre sommet, et le triangle AJK, rectangle en J, nous donnera

$$(5) \qquad \tan\frac{A}{2} = \frac{KJ}{AJ}.$$

L'acuité supposée à l'angle A, rend la deuxième des relations (6) du n° **237**, applicable sous la forme

$$a^2 = b^2 + c^2 - 2b \cdot AJ,$$

donnant

$$(6) \qquad AJ = \frac{b^2 + c^2 - a^2}{2b};$$

puis la considération du triangle AJB, rectangle en J, conduira à

$$\overline{BJ}^2 = \overline{AB}^2 - \overline{AJ}^2 = c^2 - \frac{(b^2 + c^2 - a^2)^2}{4b^2}$$

$$= \left(c + \frac{b^2 + c^2 - a^2}{2b}\right)\left(c - \frac{b^2 + c^2 - a^2}{2b}\right).$$

Ensuite, il viendra facilement

$$(7) \qquad c + \frac{b^2 + c^2 - a^2}{2b} = \frac{(b + c)^2 - a^2}{2b} = \frac{\sigma\alpha}{2b},$$

$$(8) \qquad c - \frac{b^2 + c^2 - a^2}{2b} = \frac{a^2 - (b - c)^2}{2b} = \frac{\beta\gamma}{2b},$$

si, pour simplifier l'écriture, on pose

$$(9) \quad a + b + c = \sigma,\ b + c - a = \alpha,\ c + a - b = \beta,\ a + b - c = \gamma,$$

et, de ces diverses relations, on conclut

$$(10) \qquad BJ = \frac{\sqrt{\sigma\alpha\beta\gamma}}{2b}.$$

Dans le triangle JAB traversé par la bissectrice AJ, on a, d'autre part,

$$\frac{KJ}{AJ} - \frac{KB}{AB} = \frac{KJ - KB}{AJ + AB} \qquad (456),$$

c'est-à-dire, en particulier (5),

$$\tan\frac{A}{2} = \frac{KJ + KB}{AJ + c} = \frac{JB}{AJ + c}.$$

Le numérateur étant fourni par (10), et (6), (7) donnant pour le dénominateur,

$$AJ + c = c + \frac{b^2 + c^2 - a^2}{2b} = \frac{\sigma\alpha}{2b},$$

il vient finalement

$$(11) \qquad \operatorname{tang} \frac{A}{2} = \frac{\sqrt{\sigma\alpha\beta\gamma}}{2b} : \frac{\sigma\alpha}{2b} = \frac{\sqrt{\beta\gamma}}{\sqrt{\sigma\alpha}} = \sqrt{\frac{\beta\gamma}{\sigma\alpha}},$$

formule qui est bien calculable par logarithmes, et qu'on retrouvera identique en supposant A droit ou obtus.

II. Les relations (7) du n° **251**, III donnant aisément, pour les expressions du sinus et du cosinus d'un angle aigu quelconque $\mathfrak{B}$, en fonction de sa tangente,

$$\sin^2 \mathfrak{B} = \frac{\operatorname{tang}^2 \mathfrak{B}}{1 + \operatorname{tang}^2 \mathfrak{B}}, \qquad \cos^2 \mathfrak{B} = \frac{1}{1 + \operatorname{tang}^2 \mathfrak{B}},$$

on déduira de (11), si on le veut,

$$\sin^2 \frac{A}{2} = \frac{\beta\gamma}{\sigma\alpha} : \left(1 + \frac{\beta\gamma}{\sigma\alpha}\right) = \frac{\beta\gamma}{\sigma\alpha + \beta\gamma} = \frac{\beta\gamma}{4bc},$$

en vertu des relations (7), (8), c'est-à-dire

$$(12) \quad \sin \frac{A}{2} = \sqrt{\frac{\beta\gamma}{4bc}}, \quad \text{et, de même, } \cos \frac{A}{2} = \sqrt{\frac{\sigma\alpha}{4bc}}.$$

III. Habituellement, on introduit le périmètre $a + b + c$ du triangle, que l'on représente par $2p$. Les conventions (9) donnent alors

$$(13) \qquad \sigma = 2p, \quad \alpha = 2(p - a), \quad \beta = 2(p - b), \quad \gamma = 2(p - c),$$

et les formules de résolution (11), (12) prennent les formes

$$\operatorname{tang} \frac{A}{2} = \sqrt{\frac{(p - b)(p - c)}{p(p - a)}},$$

$$\sin \frac{A}{2} = \sqrt{\frac{(p - b)(p - c)}{bc}}, \qquad \cos \frac{A}{2} = \sqrt{\frac{p(p - a)}{bc}}.$$

De simples permutations entre les lettres, fourniront des moyens semblables pour le calcul des autres angles B, C du triangle considéré. Nous omettons encore la discussion de toutes ces formules, parce qu'elle ferait double emploi avec celle du n° **482**.

541. Nous plaçons ici un théorème qui est utile dans bien des circonstances.

L'aire S d'un triangle ABC, a pour mesure $bc \sin A : 2$, demi-produit de deux côtés quelconques par le sinus de l'angle compris entre eux.

Car on a évidemment (*fig.* 208)

$$S = \frac{AC \cdot BJ}{2} = \frac{b \cdot c \sin A}{2} = \frac{bc \sin A}{2}.$$

Il fournit des formules calculables par logarithmes, d'emblée dans le deuxième cas (**538**), presque immédiatement dans le premier (**537**) et le troisième (**539**).

Dans le quatrième (**540**), il nous sera plus expéditif de procéder directement, puisque la formule (10) nous a donné la hauteur BJ perpendiculaire au côté $AC = b$. On trouvera donc

$$S = \frac{AC \cdot BJ}{2} = \frac{\sqrt{\sigma\alpha\beta\gamma}}{4} = \sqrt{p(p-a)(p-b)(p-c)} \qquad (13).$$

DIJON, IMP. JOBARD.